水安全与水生态
研究系列

江苏省"十四五"时期重点出版物
出版专项规划项目

节水灌溉稻田
多尺度水热碳过程与模拟

刘笑吟　徐俊增　吕玉平　李亚威 ◎ 著

Multiscale Water–Heat–Carbon Fluxes
and Simulation in Water Saving Irrigated
Paddy Fields

河海大学出版社
·南京·

图书在版编目（CIP）数据

节水灌溉稻田多尺度水热碳过程与模拟 / 刘笑吟等著. -- 南京：河海大学出版社，2024.7
ISBN 978-7-5630-8962-8

Ⅰ.①节… Ⅱ.①刘… Ⅲ.①稻田—农田灌溉—节约用水—研究 Ⅳ.①S275

中国国家版本馆 CIP 数据核字(2024)第 080715 号

书　　名	节水灌溉稻田多尺度水热碳过程与模拟
	JIESHUI GUANGAI DAOTIAN DUOCHIDU SHUIRETAN GUOCHENG YU MONI
书　　号	ISBN 978-7-5630-8962-8
责任编辑	杜文渊
特约校对	李　浪　杜彩平
装帧设计	徐娟娟
出版发行	河海大学出版社
地　　址	南京市西康路 1 号(邮编：210098)
电　　话	(025)83737852(总编室)　(025)83722833(营销部)
经　　销	江苏省新华发行集团有限公司
排　　版	南京月叶图文制作有限公司
印　　刷	广东虎彩云印刷有限公司
开　　本	787 毫米×1092 毫米　1/16
印　　张	22.5
字　　数	400 千字
版　　次	2024 年 7 月第 1 版
印　　次	2024 年 7 月第 1 次印刷
定　　价	129.00 元

序 言 / PREFACE

以水资源短缺为核心的"水问题"和以大气 CO_2 浓度增加为特征的"全球气候变化问题",是全球陆地生态系统水热循环和碳循环研究的热点。对农田生态系统而言,水循环、热循环和碳循环过程密切关联,共同调节着陆地生态系统和大气间的水-碳-能量交换过程,影响农田生态系统水分消耗和碳同化量(干物质)积累。认识农田生态系统水热碳过程,能为优化农田水管理、提高水分利用效率、保障作物生产、增强农田生态系统固碳减排潜力等提供重要的科学依据。

稻田作为一种重要的农业生态系统,灌溉管理是影响稻田生态系统作物产量的重要因素,也是实现我国粮食安全和水资源安全目标的重要手段。作者所在团队二十余年研究形成的水稻控制灌溉技术模式,被证明能够实现稻田高效用水。干湿交替的土壤水分状态显著改变了稻田的物质和能量循环过程,使稻田生态系统中的水热碳循环更加复杂,这也影响着稻田与外界系统的能量和物质交换。聚焦高效节水灌溉的稻田,明确其水热碳过程与转化特征,构建多时空尺度的水热、水碳耦合模拟模型,并探索跨尺度模拟的方法,可为我国稻田适应气候变化策略制定和实现碳中和目标提供重要的理论支撑。

河海大学高效节水团队依托昆山排灌实验站,开展了长期的原位监测与深入系统的研究,获得了一系列创新性成果,明确了控制灌溉技术模式下节水灌溉稻田的能量分配特征、能量闭合情况及其修正方法,揭示了节水灌溉稻田不同尺度水碳通量变化规律及尺度间差异的主导因素,改进了适用于节水灌溉稻田的蒸散模拟模型,实现了节水灌溉水稻叶片尺度、冠层尺度和田间尺度的水碳通量(气孔导度-光合速率-蒸腾速率)耦合模拟、稻田水热通量耦合模拟,提出了稻田蒸散量在不同时间和空间尺度的转换关系,以及适用于节水灌溉稻田的叶片-冠层水碳通量提升方法。

本书的出版，可望为农业、水利等行业、部门和相关研究者，特别是从事农业节水研究、水资源综合管理、稻田需耗水估算、稻田碳汇潜力评估的学者提供最新的、系统的理论知识，促进我国在稻田高效用水与碳减排、气候变化条件下可持续稻作发展等方面的实践探索。

中国工程院院士

2023.7.28

前言 / FOREWORD

陆地生态系统的水循环、热循环和碳循环是陆地表层系统物质能量循环的核心。相互作用的地圈-生物圈-大气圈的水热循环和碳循环过程机理、变化趋势及其调控管理的综合研究,已成为全球变化科学和生态学领域研究的热点和核心问题(Schulze et al., 1999; Le Treut et al., 2007)。长期观测和研究各种生态系统水热和 CO_2 通量,分析生态系统能量物质传输的过程机理以及碳源汇的时空格局,预测未来气候变化趋势并评价生态系统水碳循环对全球变化的响应与适应特征,可为研究区域乃至全球应对气候变化、提高生态系统生产率、缓解淡水资源短缺、探索有效的生态系统管理与调控措施提供可靠的科学保障。目前全球通量观测网络(FLUXNET)包含 500 多个通量观测站,监测范围涵盖森林、农田、草地、湿地和苔原在内的主要陆地生态系统,为研究生态系统的水、热、碳通量及其对气候变化的响应提供了大量的数据资料(Baldocchi et al., 2001)。对于农田生态系统而言,水热循环和碳循环过程与作物生长密切相关,作物的蒸散和光合作用作为调节陆地生态系统和大气间水-碳-能量交换的主要过程,在能量平衡和物质循环中占有重要地位(Hunsaker et al., 2000; Burba and Verma, 2006; Piao et al., 2009)。此外,水碳通量的模拟也是摸清农田生态系统水分消耗和碳同化量(干物质)积累过程的重要手段,可为优化灌溉制度和提高水分利用效率提供依据。

水稻广泛种植于世界各大洲,其中亚洲水稻种植面积占世界的 90%。水稻作为我国第一大口粮品种,是我国最主要的粮食作物。2021 年全国水稻种植面积 29 921.2 千公顷,总产量 21 284.3 万吨,分别占粮食作物总面积和总产量的 25% 和 31%(《国家统计局关于 2021 年粮食产量数据的公告》)。粮食安全是我国国家安全的重要组成部分,稻米又是中国 60% 人口的主粮,所以水稻安全生产被认为是国家粮食安全的基石。同时,中国是世界上 13 个严重缺水的国家之一,2021 年农业用水占全国用水总量的 61.5%,农田灌溉水有效利用系数已提高到 0.568(《2021 年中国水资源公报》),而水稻生产用水总量占农业总用水的 65% 左右。随着人口增加,以及社会经济的发展,我国水资源紧缺导致的水资源供需矛盾不断加剧，农业用水不断减少，开展农田特别是稻田的节水研究与管理，已成为社会可持续发展的必然选择。2014 年，习近平总书记提出"节水优先、空间均衡、系统治理、两手发力"的指导方针。2016 年，陈雷指出应落实《全民节水行动计划》，强化农业节水，提高水资源利用效率（水利部、发展改革委联合召开视频会议）。2016 年，陈雷在全国水利厅局长会议上指出，我国已新增高效节水灌溉面积 1.2 亿亩，农田灌溉水有效利用系数提高到 0.532（陈雷，2016）。2018 年，中央一号文件《中共中央　国务院关于实施乡村振兴战略的意见》中提到要实施国家农业节水行动。2019 年，习近平在黄河流域生态保护和高质量发展座谈会上的讲话指出，要坚决抑制不合理用水需求，大力发展节水产业和技术，大力推进农业节水。2022 年水利部印发了《关于加强农业用水管理、大力推进节水灌溉的通知》，明确要加强农业用水管理，强化农业节水基础研究，促进灌溉用水效率和效益不断提升。2022 年水利部、财政部印发《全国中型灌区续建配套与节水改造实施方案（2021—2022 年）》，明确在未来两年将对 461 处中型灌区实施改造，提高供水效率和效益。由此可见，水资源安全和粮食安全一直是国家安全的重要保障，稻田的节水研究无疑是保障国家安全的重要途径。

我国水稻种植主要集中在东北平原、长江流域和东南沿海三大区域，分别占全国水稻种植面积的 12%、64% 和 22%（《2016 年中国水稻种子用量、库存、价格走势及市场规模预测》）。我国长江以南地区是主要的水稻种植区域，虽然降水丰沛，但也存在着雨量分配不均和季节性缺水等问题，这使得水成为制约我国南方水稻生产的一个重要因素。虽然节水工程和技术措施可以有效减少水资源损失，蓄丰补缺以提高水的利用率，但是，只有进一步减少水稻生长本身的需耗水量，明确节水环境下稻田水量循环规律，才能从根本上减少稻田耗水。节水灌溉条件下稻田甲烷的排放量会明显减少，但是节水灌溉产生的特殊土壤环境可能会使稻田排放更多二氧化碳。稻田水分的变化无疑会使稻田生态系统中的碳循环更加复杂，而这也深刻影响着稻田生态系统与外界系统的能量交换。目前稻田能量平衡与水碳变化特征模拟已成为农田水管理与生态可持续发展的研究热点。控制灌溉模式作为稻田高效用水的关键，改变了稻田的物质和能量循环过程，不同尺度不同过程的水碳通量有待深入研究。本研究以控制灌溉稻田为研究对象，监测叶片、冠层和田间不同尺度的水热碳通量，阐明不同尺度的水碳通量变化规律与主要特征，构建水热通量耦合递推模型与水碳通量耦合模拟模型，并研究叶片到冠层尺度水碳通量的机理性提升。研究成果对于加深控制灌溉稻田不同尺度水碳通量变化规律和碳源汇状况的认识，实现稻田高效用水与减少碳排放，制定气候变化条件下可持续稻作发展对策等具有重要的理论意义和实用价值。

目录 / CONTENTS

第一章　绪论 / 001
 1.1　农业水热碳通量研究的意义 / 001
 1.2　基于涡度相关法的农田能量平衡及闭合度研究 / 002
  1.2.1　涡度通量数据分析与能量平衡闭合度研究概况 / 002
  1.2.2　能量平衡方程与闭合状况评价方法 / 003
  1.2.3　能量平衡不闭合原因及修正 / 004
 1.3　水、碳通量测算方法研究 / 006
  1.3.1　水通量测算方法 / 006
  1.3.2　碳通量测算方法 / 008
 1.4　水、热、碳通量过程与模拟研究 / 009
  1.4.1　农田水热过程与模拟研究 / 009
  1.4.2　农田碳通量过程与模拟研究 / 012
  1.4.3　农田水碳通量过程与模拟研究 / 013
 1.5　水碳通量尺度差异与转换研究 / 015
 1.6　有待研究的问题 / 016

第二章　水热碳通量观测试验 / 019
 2.1　试验区概况 / 019
 2.2　试验设计与布置 / 019
 2.3　观测内容与观测方法 / 020
  2.3.1　水稻生长指标观测 / 020
  2.3.2　田间土壤水分监测 / 024
  2.3.3　不同尺度水碳通量测定与数据处理 / 025
  2.3.4　常规气象观测 / 030

2.4 数据统计与分析方法 / 030

第三章 节水灌溉稻田能量分配特征与能量闭合评价 / 032
 3.1 能量分量的变化过程与特征分析 / 032
  3.1.1 典型天气能量平衡各分量的日变化特征 / 032
  3.1.2 水稻各生育期能量平衡分量的平均日变化和分配特征 / 039
  3.1.3 能量平衡各分量的稻季变化特征 / 042
 3.2 能量平衡闭合分析 / 044
  3.2.1 能量平衡闭合评价指标 / 045
  3.2.2 基于OLS的能量平衡闭合度评价 / 046
  3.2.3 基于EBR的能量平衡闭合度评价 / 047
  3.2.4 基于D的能量平衡闭合度评价 / 049
 3.3 稻田能量平衡不闭合的修正 / 052
  3.3.1 能量平衡各分量值的修正 / 052
  3.3.2 能量平衡各分量相位的修正 / 059
 3.4 能量不平衡的其他原因及强制闭合 / 064
  3.4.1 能量平衡不闭合的其他原因 / 064
  3.4.2 能量平衡的强制闭合法 / 064
 3.5 本章小结 / 073

第四章 节水灌溉稻田不同尺度水碳通量特征分析 / 076
 4.1 叶片水碳通量特征分析 / 076
  4.1.1 叶片水碳通量日变化 / 076
  4.1.2 叶片水碳通量生育期变化 / 082
  4.1.3 叶片蒸腾和光合速率影响因素分析 / 087
 4.2 冠层水碳通量特征分析 / 089
  4.2.1 冠层水碳通量日变化 / 089
  4.2.2 冠层水碳通量生育期变化 / 092
  4.2.3 冠层尺度水碳通量影响因素分析 / 095
  4.2.4 蒸散中蒸发和蒸腾量分配特征 / 100
 4.3 田间水碳通量特征分析 / 104
  4.3.1 田间尺度水碳净通量日变化 / 104

4.3.2 田间尺度水碳通量生育期变化 / 108

4.3.3 田间尺度水碳通量影响因素分析 / 110

4.4 水碳通量时空尺度差异 / 113

4.4.1 水碳通量日变化尺度差异 / 113

4.4.2 水碳通量生育期变化尺度差异 / 115

4.5 本章小结 / 118

第五章 节水灌溉稻田蒸散量模拟模型 / 121

5.1 修正的 P-M 和 S-W 蒸散模型 / 121

5.1.1 P-M 模型 / 121

5.1.2 S-W 模型 / 122

5.1.3 冠层和土壤表面阻力模型 / 124

5.1.4 不同空间尺度冠层和土壤表面阻力模型参数的率定 / 128

5.1.5 蒸散模型的验证 / 130

5.2 模型的适用性分析 / 134

5.2.1 不同冠层覆盖度条件下的蒸散模拟 / 134

5.2.2 各生育阶段典型晴、阴天气条件下的蒸散模拟 / 138

5.2.3 蒸散模型在日尺度的运用 / 141

5.3 模型敏感性分析 / 143

5.3.1 蒸散量对阻力模型参数的敏感性分析 / 144

5.3.2 蒸散量对阻力值和气象环境因子的敏感性分析 / 146

5.4 本章小结 / 149

第六章 稻田水热通量耦合模拟模型 / 152

6.1 水热耦合的关键变量 / 152

6.2 水热耦合模型的构建 / 154

6.3 模型的运行 / 159

6.4 模型的模拟效果分析 / 161

6.4.1 作物生理生长指标的模拟与分析 / 161

6.4.2 稻田相关水分状态的模拟与分析 / 162

6.4.3 稻田相关热量状态的模拟与分析 / 166

6.4 本章小结 / 173

第七章　考虑叶龄影响的稻田水碳通量耦合模拟 / 176

7.1　不同叶龄叶片的光响应特征 / 176
　　7.1.1　叶片气孔导度对光的响应 / 176
　　7.1.2　叶片蒸腾速率对光的响应 / 177
　　7.1.3　叶片净光合速率对光的响应 / 179

7.2　不同叶龄叶片的 CO_2 浓度响应特征 / 181
　　7.2.1　叶片气孔导度对 CO_2 浓度的响应 / 181
　　7.2.2　叶片蒸腾速率对 CO_2 浓度的响应 / 181
　　7.2.3　叶片净光合速率对 CO_2 浓度的响应 / 183

7.3　考虑叶龄的光响应曲线模型 / 185
　　7.3.1　模型描述 / 185
　　7.3.2　光响应曲线 / 185
　　7.3.3　光响应参数 / 186
　　7.3.4　改进光响应模型 / 187

7.4　考虑叶龄的 CO_2 响应曲线模型 / 190
　　7.4.1　模型描述 / 190
　　7.4.2　CO_2 响应曲线 / 192
　　7.4.3　CO_2 响应参数 / 194
　　7.4.4　改进 CO_2 响应模型 / 196

7.5　考虑叶龄参数的叶片水碳通量耦合模型 / 198
　　7.5.1　模型构建 / 198
　　7.5.2　模型运行 / 202
　　7.5.3　模拟结果 / 202

7.6　基于"大叶"模型的冠层和田间水碳通量耦合模拟 / 206
　　7.6.1　水碳通量耦合模型构建 / 206
　　7.6.2　模型运行 / 210
　　7.6.3　模型参数率定 / 211
　　7.6.4　模型的适用性分析 / 215

7.7　本章小结 / 232

第八章　节水灌溉稻田蒸散量的时空尺度转换 / 235

8.1　蒸散量的时间尺度转换 / 235

8.1.1 日尺度蒸散量的提升估算 / 235

8.1.2 生育期尺度蒸散量的估算 / 251

8.2 蒸散量的空间尺度转换 / 258

8.2.1 蒸散量空间尺度的线性提升 / 259

8.2.2 蒸散量空间尺度的非线性提升 / 264

8.3 不同尺度蒸散量差异的影响因素分析 / 265

8.4 本章小结 / 272

第九章 节水灌溉稻田水碳耦合的尺度提升方法研究 / 275

9.1 基于Jarvis模型提升的冠层水碳通量耦合模型 / 275

9.1.1 模型描述 / 275

9.1.2 模型运行 / 277

9.1.3 冠层水碳通量模拟 / 279

9.2 基于改进Jarvis模型提升的冠层水碳通量耦合模型 / 285

9.2.1 模型描述 / 285

9.2.2 模型运行 / 287

9.2.3 冠层尺度水碳通量模拟结果 / 289

9.3 基于水稻植株和棵间土壤水碳耦合的冠层水碳通量提升模型 / 292

9.3.1 模型描述 / 292

9.3.2 模型运行 / 295

9.3.3 冠层尺度水碳通量模拟结果 / 296

9.4 叶片到冠层的水碳通量提升方法对比 / 305

9.5 本章小结 / 310

第十章 主要结论与建议 / 311

10.1 主要结论 / 311

10.2 建议 / 315

参考文献 / 317

第一章

绪 论

1.1 农业水热碳通量研究的意义

农田生态系统在陆地生态系统中地位突出,其碳库在全球碳库中最为活跃(于贵瑞、孙晓敏,2008),它能够调节生态系统的碳循环并对全球气候有着重要影响(Paustian et al., 1997; Garbach et al., 2014)。一方面,农业活动是重要的温室气体排放源,大气中20%的CO_2和70%的CH_4来源于农业活动及其相关过程(Bouwman, 1990)。另一方面,农田生态系统是半自然半人工的生态系统(Hutchinson et al., 2007),系统内的碳循环在很大程度上受人类活动的控制和调节,因此适宜的田间管理措施可以有效地固碳减排。

Lal 和 Bruce(1999),Chambers 等(2016)认为农田生态系统具有巨大的碳汇潜力,对全球及区域碳平衡有着重要的作用(谢高地、肖玉,2013)。黄绍文等(2017)、张怡彬等(2021)发现节肥、节药等措施可以减少种植业温室气体排放。李道西等(2005)通过田间试验发现节水灌溉条件下产甲烷菌的生存环境受到了破坏,CH_4排放量显著降低。聂会东等(2023)通过对照试验发现,相较于空白对照组,在生长过程中施加生物炭的玉米中后期CO_2排放通量整体明显更低。郭乙霏等(2022)的实验结果表明,水肥条件相同的情况下,冬小麦在旋耕条件下的CO_2累计排放通量比深耕条件下减少15.33%。

同时,农田生态系统也是生态系统中耗水量最大的系统之一,提高农业用水率不仅可以减少淡水资源的消耗,而且在控制面源污染对生态环境的破坏方面有积极作用。周静雯等(2016)通过对比实验发现,干湿交替灌溉模式相较于深水淹灌能明显减低降雨或者人工排水造成的面源污染。

对于农田生态系统而言,作物的生长发育都离不开水循环和碳循环,水、碳循环不仅影响农业节水和作物产量,还影响到固碳减排等方方面面。在这样的背景下,关注水、碳循环的农田生态水文过程研究成为当前农学、生态学和水文学的前沿和热点问题之一。

作为我国南方地区主要的农田生态系统,稻田是全球生态系统中不可分割的一部分。我国有悠久的水稻种植历史,稻田面积在 3 000 万 hm² 左右,约占全国耕地总面积的 25%。稻田生态系统可以看成一种独特的人工湿地生态系统,稻田土除了具备寻常土壤具有的理化反应、生理过程之外,其表面还存在湿地生态系统干湿交替的现象,因此还存在许多特殊的生化反应和生理过程,这也导致其水、碳循环过程有别于其他土壤(李宝珍 等,2022)。肖万川等(2017)研究发现,稻田干湿交替会影响甲烷菌生长所需的厌氧环境,继而造成了稻田 CH_4 排放量的降低。虽然在节水灌溉措施下稻田温室气体的排放整体减少,但是落干和淹水条件转换的稻田会产生更多的 CO_2。张传更等(2018)认为干湿交替对砂壤土和黏壤土稻田的 CO_2 的排放速率均有激发效应。刘杰云等(2019)通过数据统计发现,节水灌溉稻田土壤 CO_2 排放量大于长期淹水稻田,平均增排率达 48.40%。罗文兵等(2020)和杨士红等(2015)认为节水灌溉为水稻土提供了有氧环境,增强了土壤和微生物的呼吸作用,促进了节水灌溉下稻田生态系统的 CO_2 释放量。由此看出,稻田不仅是温室气体的重要排放源(Yan et al.,2009;任孝俭 等,2022),还能通过水分管理等改变其碳汇功能(Wu,2011),稻田生态系统的水、碳循环过程及其控制机理研究对实现"双碳"目标具有重要意义。

1.2 基于涡度相关法的农田能量平衡及闭合度研究

1.2.1 涡度通量数据分析与能量平衡闭合度研究概况

20 世纪 50 年代,Swinbank 提出了关于涡度相关技术的理论计算,并对其进行验证。随后许多学者开始关注涡度相关理论,并尝试计算不同下垫面大气的能量交换,使该理论在 20 世纪 70 年代进入快速发展时期。20 世纪 90 年代中期,由于全球通量观测网络(FLUXNET)建立,涡度相关技术的运用得到空前发展,近地面不同下垫面能量、水汽和 CO_2 通量等交换过程的研究成为热点问题(Schmid,1997;Baldocchi et al.,2001)。随着涡度相关理论的不断成熟,该技术被认为是测量能量通量和闭合度的优选方法(Moderow et al.,2020),然而,能量不闭合依旧是研究中普遍存在的问题(Jin et al.,2022;Leuning et al.,2012)。Wilson 等(2002)将 FLUXNET 各通量站点能量数据进行了平衡度分析,研究结果表明各站点湍流通量数据占净辐射的 70%~90%。Stannard 等(1994)和 Sun

等(1998)发现,无论是地形起伏较大、容易形成夜间泄流和局地环流的山区,还是大气层结较为稳定、容易产生平流损失的平原,能量都不能完全闭合。并且,冠层不同高度间的冠层热储量(Binks et al.,2021),夜间较低的摩擦风速(Aubinet et al.,1999),涡度相关系统本身的高频和低频损失(Tang et al.,2020),涡度相关系统所测通量数据的源区测量面积和源区贡献率计算(Schmid,1997),土壤热通量板的埋置深度和测量误差导致的土壤热通量的估算误差(Mayocchi and Bristow,1995),均对能量平衡闭合度有明显的影响。由此可见,大多研究都表明下垫面的自然状况、气流运动,以及仪器本身的物理限制等均会对能量平衡产生影响(Leuning et al.,2012;Stoy et al.,2013;Sha et al.,2021)。

国内运用涡度相关法分析物质能量交换、物质能量平衡闭合度的研究起步较晚。我国相关研究机构依托国家生态系统观测研究网络(CNERN)和中国生态系统研究网络(CERN),于2002年创建了中国陆地生态系统通量观测研究网络(ChinaFLUX)。ChinaFLUX的建立涉及水文、气象、农业、环境、生态等学科的发展,使我国CO_2、水汽、能量通量等相关研究逐渐形成体系。目前,全国范围内已建成森林、草地、农田、湿地、水域、荒漠和城市等100余个通量观测站,其中农田观测研究站已达到17个,涉及水稻研究的有无锡站、桃源站和长沙站三个研究站点。近年来ChinaFLUX迅速发展,已成为亚洲通量网络(AsiaFLUX)的主体组成和全球通量观测研究网络(FLUXNET)的重要部分。李泉等(2008)对当雄草原站的通量数据分析发现,仪器的误差、高频低频损失、数据采样的误差、能量项忽略、平流损失、摩擦风速等都是影响能量闭合的重要原因。卞林根等(2003)在长江三角洲的常熟试验站也进行了能量通量的相关研究,发现土壤热通量(G)是影响能量闭合度的重要原因。刘允芬等(2006)分析了千烟洲森林通量站红壤丘陵区人工林的能量平衡状况,揭示了能量平衡不闭合的原因。伍琼(2009)指出,农田生态系统植被冠层矮小,且均匀性和一致性较好,特别单一作物群落下垫面是运用涡度相关法研究能量各通量较为理想的条件。朱咏莉等(2007)、贾志军等(2010)还分别用不同统计方法对涡度相关法所测的稻田通量数据进行了分析,发现稻田生态系统能量平衡闭合度较高,但仍存在10%~20%的不闭合现象。

1.2.2 能量平衡方程与闭合状况评价方法

能量平衡闭合度分析作为涡度相关系统测量数据可靠性的评价方法已被人们广泛接受(Schmid et al.,2000;Wilson et al.,2000),国内外许多通量观测站点都用能量平衡闭合度来衡量涡度数据的质量与可靠性,并逐渐形成一套标准的评价体系(王彦兵 等,2022)。根据热力学第一定律:自然界的能量是守恒的,它能从一种形式转化为另一种形式,但不会消失。净辐射能(Rn)作为SPAC(Soil-Plant-Atmosphere Continuum, SPAC)系统的能量输入项,主要以潜热通量(LE)加湿大气、感热通量(Hs)加热大气和土壤热通量(G)输入土壤的形式发生转换,还有一部分用于近地面植被的生理生长消耗,或作为热储存项储存于植被冠层内。但由于受植物影响的能量较小(一般占Rn的比值小于5%)且难以计算,在许多研究中常忽略这部分能量项(Baldocchi et al., 2001;金艳 等,2022)。准确测量地表能量平衡项,分析能量平衡各项的变化规律和转化特征,对了解近地面大气运动,掌握能量输送影响下的小气候特征,进一步发展气候预报和物质能量传输模型都具有重要的意义(Unland et al., 1996;Twine et al., 2000)。

关于能量平衡闭合度的研究方法很多(Dhungel et al., 2021;陆宣承 等,2022),从时间上可以分为短期研究和长期研究两种。在短期研究中,常用的两种研究方法是能量残余量(D)分析和能量平衡相对残差(δ)分析。其中,D不但是地表能量平衡状况的绝对量度,而且具有和能量通量相同的量纲。D的正负与大小不仅能反映能量转换过程中能量平衡不闭合与过闭合的交替变化特征,还能体现不同时间点上的能量不平衡程度(岳平 等,2012;王喜花、徐俊荣,2017)。δ是另一个用于评价短期能量平衡闭合程度的参考指标,δ无量纲,指有效能量($Rn-G$)和湍流通量($Hs+LE$)两者之差与有效能量($Rn-G$)的比值。δ的频率分布图一般最大趋向于1,并且表现出收敛性。若$\delta>0$,表明涡度相关系统观测的$Hs+LE$项小于$Rn-G$项,若$\delta<0$,则$Hs+LE>Rn-G$(赵静,2013)。

能量平衡闭合度的长期研究方法也有多种(Baldocchi et al., 2001),一种是利用最小二乘法OLS(Ordinary Least Squares)求线性回归系数,这种方法是利用最小二乘法来求解平均时长内湍流能量和有效能量之间的线性拟合系数,使用斜率和截距来分析能量平衡闭合情况(Wohlfahrt and Widmoser, 2013)。另一种常用方法是通过计算能量闭合比率(EBR)来评价能量平衡闭合情况。在一定时间内,计算的$Hs+LE$与$Rn-G$的比率便为EBR。它不但可以在一个较长的时间范围内对其能量平衡闭合状况进行总体的评价,而且还通过求平均降低了随机误差。

1.2.3 能量平衡不闭合原因及修正

涡度相关技术应用广泛,但有两个基本的假设条件:①近地面边界层大气均匀混合；②监测下垫面均匀平坦。但是实际条件往往难以满足，全球通量站点监测下垫面种类丰富，不仅有较平坦的平原草地，更有高大的森林、运动复杂的江河等非理想观测场地(Lee，1998；Kang and Cho，2021)，实际中大多观测站不能完全满足理想的监测条件，从而导致涡度相关系统监测的准确性受到一定的影响(Baldocchi et al.，2000；Baldocchi et al.，2001)，往往表现为监测的有效能量($Rn-G$)比湍流通量($Hs+LE$)大(Campos et al.，2019)。早在20世纪80年代国外学者对地表能量平衡的研究中发现，不论监测下垫面为何种类型，地表能量均不能完全闭合，不闭合程度在10%~30%之间(Leuning et al.，2012)。地气交换模式基于能量和物质平衡基本原理，全球范围内的通量站监测数据普遍表现出的能量平衡不闭合问题，使许多学者开始质疑涡度相关法的准确性与可靠性。近年来，随着大量通量站的建立和资料积累，如何准确测量与修正地表各能量通量分量，以及如何提高能量平衡闭合度，成了近地面地气间物质和能量交换研究的基础研究和相关模型建立的必要保障。

目前关于能量不平衡的解释有很多，但是量化不同因素对闭合度的影响大小，并提出修正方法的很少。朱治林等(2006)用二次、三次以及平面拟合三种坐标旋转方法对ChinaFLUX站点通量数据进行修正，并比较分析了不同方法修正后的数据质量。吴家兵等(2006)对长白山森林通量站的数据进行了平流损失修正、超声风速倾斜校正和频率响应修正，提高了通量数据的可靠性。Sun等(2005)基于ChinaFLUX各站点的观测资料，发现仪器采样频率和数据平均周期对通量数据的质量也有明显影响。张军辉等(2004)提出强风条件下摩擦风速(u^*)的修正方法，对提高通量数据的质量也做出了贡献。此外，能量各通量相位的不匹配也是造成能量不平衡的重要原因。郭建侠等(2008)研究表明，在玉米田下垫面将湍流通量相位前移半小时，可提高能量闭合度1.4%~2.5%。李泉等(2008)也发现，在高寒草甸地区LE、Hs和G的相位变化均滞后于Rn约半小时，相位修正后，最小二乘法OLS得到的线性回归斜率由0.53增加到0.79，能量闭合度显著提高。同时，国内外研究也发现，由于仪器本身的原因，以及一些无法测量和计算的能量损失项，无论对能量通量做出怎样的修正，地表能量都不能达到完全平衡的状态(Frank et al.，2013；Eshonkulov et al.，2019；Dhungel et al.，2021)。

今后，一方面应全面分析能量平衡各通量的相互转换关系，通过更多的观测试验明确导致能量不闭合的残余能量到底在什么情况下以何种方式损失，或以何种方式储藏在大气或是土壤中，并在这种能量不闭合情景下发展合理的通量数据不闭合研究和模拟。另一方面，应依据修正的各通量数据发展能量闭合条件下的参数化模型，通过简便的参数模型精确推算近地面能量、水汽等转换过程，更好地完成气候变化条件下的农田生态系统生长模拟，指导农田灌溉和农业生产。

1.3 水、碳通量测算方法研究

1.3.1 水通量测算方法

近地表水通量（蒸散量）的准确测定是开展多时空尺度水热模拟的基础，随着科学研究理论与技术的迅猛发展以及学科间的相互渗透，基于不同原理的蒸散测定方法不断涌现并完善，在不同条件与不同目的的研究中表现出不同的优势（Rana et al.，2000）。蒸散测定按照空间尺度的不同，可以分为叶片尺度、单株尺度、冠层尺度、田间尺度以及区域或景观大尺度的测定法。

（1）叶片尺度

叶片尺度蒸散测定方法主要包括枝叶快速称重法和气孔计法等。

快速称重法是原理简单、操作易行的传统测定方法。假设植物叶片和植株分离的短时间内，植物因蒸腾作用失水，失水速率较为稳定，其单位时间的失水量可用高精度天平来测量。但随着叶片失水的增加，气孔逐渐关闭，蒸腾速率将逐渐减弱，测量误差增加，故此方法应快速（在数分钟内）完成（刘奉觉，1990；李宏 等，2016）。该方法缺点在于测定有间断性和破坏性，对于幼树，取叶次数增加影响树木生长，常应用于野外的简易快速测定。

气孔计为测定叶片的瞬时蒸腾提供了便利手段，其基本原理是通过测量单位叶片面积上的水通量在单位时间上的变化来确定蒸腾量（胡兴波，2010）。此方法适用于各种树木叶片蒸腾速率的观测（岳广阳 等，2009；赵文智 等，2011），操作简单，特别是对活体叶片的测定具有较高的精度，且能够从植物生理机制上解释许多问题。自气孔计问世以来，多种型号的产品被广泛应用，其中光合作用仪作为气孔计法最为经典的产品，目前已被广泛应用于研究植物叶片蒸腾与光合的动态变化（于占辉 等，2009）、植物对变化环境（光、温、水、气、营养等）的生理生态响应机制（Irmak et al.，2008），以及植物生长过程的动态模拟等（Januskaitiene，2014）。

（2）单株尺度

茎流计是广泛采用的测定植株尺度蒸腾速率的设备，其工作原理主要归结为热脉冲法、热平衡法、热扩散法和激光热脉冲法，其中热脉冲法和热平衡法是研究液流的主要方法(Green et al.，2003)。茎液流法不受地形条件、植物冠结构和根系特征的影响,方法简单,测定精度高,可以直接反映植株的蒸腾状况并可实现连续监测(Yunusa et al.，2004)。但液流法仅测量植被蒸腾而忽略土壤蒸发,在计算群落蒸散时,应当把土壤蒸发考虑进去。

(3) 冠层尺度

蒸渗仪是一种设在田间(反映田间自然环境)或温室内(人工模拟自然环境)的装满土壤的大型仪器,仪器中的土壤表面裸露或种植不同作物,用来测量裸土蒸发量或作物的腾发量、潜在腾发量以及作物耗水规律(谢永玉 等,2022)。蒸渗仪可分为称重式和非称重式两类。其中称重式蒸渗仪根据土体水量平衡原理,测定不同时刻蒸渗仪土体总重量的变化,直接计算蒸散量,在不同作物上广泛应用(强小嫚 等,2009;杨宜 等,2018;张宝珠 等,2021)。蒸渗仪测定结果有较高的精度,已成为校正和检验其他蒸散测定和模拟方法的标准(Girona et al.，2011; Evett et al.，2012; Alfieri et al.，2012)。蒸渗仪缺点是测定数据仅能代表某一处的蒸散量,数据缺乏代表性,另外设备还会限制植物的生长,仪器与作物间会产生热流交换(Rana et al.，2000)。

(4) 田间尺度

农田尺度上蒸腾量的测定方法主要包括水量平衡法和微气象法,其中微气象法主要有波文比能量平衡法和涡度相关法。

水量平衡法的基本原理是根据计算区域内水量的收入和支出差额来推算植物蒸散量,可作为其他估算的验证途径,是测量蒸散量最基本的方法(Zhang et al.，2020)。该方法使用范围广,准确取得水量平衡各分量测定值便可得到较为准确的蒸散量,适用于各种下垫面且不受空气条件影响(左大康、谢贤群,1991;贾芳、樊贵盛,2022)。缺点是不能解释蒸散量的动态变化过程,只能给出较长时间的蒸散发总量,无法阐明各类因子在蒸散量变化过程中的作用(张和喜 等,2006)。

波文比能量平衡法的理论基础是地面能量平衡方程与近地层梯度扩散理论。该方法物理概念明确、理论成熟,实测参数少、计算方法简单,可以估算大面积和短时间尺度的潜热通量(张和喜 等,2006;Liu and Yang,2021),测定精度较高(Dugas and Fritschen，1991; Cellier and Brunet，1992; Meraz-Maldonado and Flores-Magdaleno，2019)。另外可以分析蒸散发对太阳辐射、大气温湿度等环境因子的响应关系,揭示不同地形的蒸散发特点(黄松宇 等,2021)。缺点是局限于均质下垫面,非均匀下垫面、平流逆温及非均匀平流条件会导致较大的测量误差。另外,在早晚时段或土壤干旱条件下,因净辐射和土壤热通量的差值很小,采用波文比能量平衡法估算蒸腾量的误差也较大。

涡度相关法是基于涡度相关理论,通过直接测定和计算下垫面潜热和感热的湍流脉动值推求作物蒸散量。该方法理论假设少,精度高,可以对地表蒸散量实施长期的、连续的和非破坏性的定点监测,可以在短期内获取大量高时间分辨率的蒸散量与环境变化信息(于贵瑞 等,2006)。但该方法要求有足够大的、平坦均一的下垫面,而且需要进行平流校正,夜间观测结果误差较大(李思恩 等,2008a);测定的蒸散量存在能量不闭合和低估现象(Wilson et al.,2002;Wolf et al.,2008);传感器精密,在恶劣天气下易受损坏,维护费用高;需根据当地实际特点来选取数据校正与插补方法,计算比较复杂(郑培龙,2006)。

(5) 区域或景观大尺度

更大尺度上蒸腾量的测定主要包括大孔径激光闪烁仪法和遥感法等。

大孔径闪烁仪由发射端和接收端两部分组成,发射端发射波束,接收端接收光程上受到大气波动影响的发射波束,并用空气折射指数结构参数来表达大气的湍流强度,再利用相似理论计算感热通量,利用地表能量平衡方程推求潜热通量。大孔径闪烁仪的最大优势在于可以测量大尺度非均匀下垫面(包括不同的土地覆盖类型和地形起伏等)的水热通量(Meijninger et al.,2002;Beyrich et al.,2002)。

卫星遥感主要依靠传感器主动发射或被动接收信息,根据多通道多波段的辐射、亮度、温度、反射率等信息,通过传感器得到的地面参数建立经验性或机理性的遥感蒸散模型,配合地面资料得到遥感蒸散数据(French et al.,2005;Timmermans et al.,2007)。遥感法具有很好的时效性和区域性,可使传统的蒸散量测定方法在不同时空尺度上得以扩展(易永红 等,2008)。

1.3.2 碳通量测算方法

箱式法和微气象法是陆地生态系统碳通量观测中应用最为广泛的两种方法(Burkart et al.,2007)。

(1) 箱式法

利用箱式法测定 CO_2 通量的方式主要包括静态箱-碱液吸收法、静态箱-气相色谱法和动态箱-红外分析仪法等。理论上,将箱内初始 CO_2 浓度先降低,利用接近环境浓度的值来计算通量能使自然浓度梯度的改变降到最小,计算的通量接近真实值(Welles et al.,2001;Davidson et al.,2002)。但若土壤表面的 CO_2 浓度本来就高于环境浓度值,将箱内 CO_2 浓度人为降低则加大浓度梯度,会引起对真实通量的过高估算(王云龙,2008)。箱式法可将光合和呼吸分量从净生态系统CO_2交换量中分离出来,这对于正确理解生态系统碳循环过程和控制机制,开发生态系统过程机理模型具有重要意义(Valentini et al.,2000;Wang and Wang,2003)。在实际测量中,环境或者管理措施对碳通量的影响很大,观测技术要求冠层面积足够小(Burkart et al.,2007)。箱式法已在中国的草地(王跃思 等,2002)、农田(郑循华 等,2002)、湿地(郝庆菊 等,2004)和森林(周存宇 等,2004)等不同类型的生态系统中得到广泛应用。

(2) 微气象法

微气象法通过测量近地面湍流状况和被测气体浓度变化来获取气体的通量值,主要包括质量平衡法、能量平衡法、空气动力学方法和涡度相关法。微气象法的基本条件是微气象参数必须在常通量层中进行,下垫面为大面积均匀地表(Lee et al.,2002)。与箱式法相比,灵敏度高、响应快、可连续观测且可测定较大范围的气体通量,其中涡度相关法可以实现水汽与碳通量的同步观测,是目前运用最多的方法。

质量平衡法、能量平衡法和空气动力学方法的理论基础都依赖于通量廓线关系,存在很多假设,从而限制了这些方法的应用范围和估算精度。涡度相关法是通过测量某一高度上被测气体浓度和风速的脉动,来计算大气-植被界面物质和能量交换的方法。涡度相关技术可以实现数百米到数千米的空间尺度(Schmid,1994)、半小时到数年的时间尺度的生态系统碳交换监测(Baldocchi et al.,2001;Wofsy et al.,1993)。涡度相关法的优点在于测量精度高,不要求涡度扩散系数和大气稳定性的校正,或风速垂直廓线形状的假定。此外,该方法是一种连续的实时监测,数据覆盖时间长,并提供当地同步的气象资料。涡度相关法对观测下垫面几乎没有任何影响,理想条件下测得的通量值接近所能代表区域的平均真实通量。但是对大气的稳定程度和下垫面的均匀程度、空间尺度范围、通量排放均匀度均有较高的要求,并不适合在下垫面粗糙的多山地区和景观变化剧烈的地区(如湖泊等)使用。

1.4 水、热、碳通量过程与模拟研究

1.4.1 农田水热过程与模拟研究

国外对农田生态系统水热循环、水热平衡的研究较早,涉及内容广泛,早在20

世纪50年代就取得了较大进展,主要包括农田水量平衡、热量平衡、辐射平衡以及农田土壤水分循环、土壤蒸发和作物蒸腾等(Penman,1948;Monteith,1973)。20世纪80年代末,我国也开始了对农田SPAC系统水热传输的关注。相关研究主要开始于对水热通量的监测,大型称重式蒸渗仪系统、微气象剖面观测系统、波文比系统、涡度相关系统等高精度仪器均在农田(相对主要集中在旱田)水分循环、能量平衡等研究中取得了大量的观测数据,并为农田与大气间水热交换、物质与能量交换等研究奠定了基础。张一平和白锦鳞(1990)、高俊凤等(1990)在对SPAC系统的研究中,提出了水热耦合的水势温度效应的概念,建立了水热的计算函数,在室内模拟土壤水分热力学过程的基础上,根据实际田间条件下温度对土壤水热的影响,实现了水热函数的实际运用。刘昌明(1999)在华北平原栾城和禹城试验基地研究了农田水热变化特征,发现潜热蒸散是华北平原农田生态系统净辐射能的主要消耗项,其次是感热消耗,土壤热通量所占比例最小。同时,还研究了水分控制条件下冠层温差和叶片水势之间的关系,分析了影响作物水分变化的主要环境因子,以判断作物水分胁迫条件,明确水分调控机制。张永强等(2002)从能量平衡的角度出发,采用波文比和涡度相关法,在研究华北平原农田生态系统的能量平衡的基础上,以潜热通量为水热耦合项,定量揭示了生态系统水热变化过程和传输规律。李胜功等(1997)、杨晓光和沈彦俊(2000)分别运用波文比能量平衡法和空气动力学法分析了北方半干旱地区不同旱作农业生态系统(大豆田、麦田)的微气象特征,明确了各生态系统能量平衡各分量的变化规律和分配特征。莫兴国和刘苏峡(1997),谢小立等(2003)和王毅勇等(2003)对不同气候带的农田SPAC系统水热循环进行了研究,分析了土壤、作物和大气间的水热动态变化特征,探讨了能量与水分特征的相关关系,得到了能量驱动下的农田耗水规律。雷慧闽等(2007)在黄河流域典型灌区对农田水热的研究发现,当叶面积指数较大时,潜热蒸散是冬小麦和夏玉米生长期内净辐射能消耗的主要方式,但耗水量不同,冬小麦全生育期耗水量较小,在返青至收割期内作物耗水略小于供水,而在玉米生长期内供水远大于作物耗水。李君等(2007)在锦州分析了从日到年不同时间尺度玉米田的水热通量特征和能量闭合状况,认为田间水热变化受降雨影响较大,潜热通量与气温年变化呈正相关,显热通量与大气压的年变化呈负相关。郭家选等(2008)则用涡度相关法测量了冬小麦生育期农田能量平衡各分量的变化特征,研究发现可用Priestly-Taylor经典参数系数($\alpha=LE/LE_{eq}$)描述冬小麦地表能量分配特征,同时计算农田的实际蒸散耗水量。各研究均表明,农田水热通量受气候环境条件、作物自身特征、灌溉管理制度等多方面的综合影响,表现出各自的变化特征(石俊杰 等,2012)。

近年来在模型研究方面也取得了大量的成果。SPAC 水分能量传输模型从最为常见的基于 Penman-Monteith 公式的单层"大叶"模型(Monteith,1965;Noilhan and Planton,1989),到 Shuttleworth 和 Wallace 提出的双层模型(Sellers et al.,1986;Ács et al.,1991),再发展到 Kustas(1996)、Kim 和 Entekhabi(1998)、Oltchev(1996)等人在一层或二层模型的基础上进一步深化的多层模型,有关蒸散及水汽传输的过程、影响机制等也一步步得到了明确和详细的描述,其中最具代表性的是以美国农业部提出的基于 S-W 理论的 RZWQM(Root Zone Water Quality Model)模型和 Flerchinger 等(1996)提出的多层水热通量模拟模型 SHAW(Simultaneous Heat and Water)。除此之外,Aboitiz 等(1986)通过研究发现,可用自回归滑动平均 ARMA(p,q)模型来描述蒸散量在时域上的变化,从而建立蒸散变化的随机模型。Wegehenkel 和 Kersebaum(1997),Olejnik 等(2001)应用 THESEUS 系统模型,建立了农田水量平衡中各因子与农作物生理生长的模拟关系,并在水热平衡的条件下将大气与近地面水热传输、水热交换过程进行耦合。Or 和 Hanks(1993)则以优化农田灌溉策略为目标,建立了结合作物产量的水热随机模型。Steduto 和 Hsiao(1998a;1998b)以美国加州种植的玉米为研究对象,详细讨论了两种灌溉处理下玉米田水热通量在不同时间尺度上(从小时到季节)的变化特征,并分析了不同水分条件下近地面水热通量差异以及影响因素。Ross(2003)运用 Richard 方程对农田系统中水在土壤界面的流动进行了模拟。Varado 等(2006)在其基础上提出了包括植物根系吸水模型和冠层截流模拟的大尺度水力模型。Bresta 等(2011)对不同水分含水率小麦叶片气体交换和氮素分布做出分析,明确了小麦叶片水汽通量的影响因素。

在掌握了大量实测数据的基础上,国内学者便开始对农田水热及其变化过程的模拟展开大量的研究。康绍忠和刘晓明(1992)建立了根区土壤水分、作物根系吸水和农田蒸发蒸腾 3 个动态模拟子系统,实现了 SPAC 系统中近地面水分传输的模拟计算。王全九等(1994)研究了土壤的水热模拟,在土壤水力学和热力学有机结合的基础上,再与作物生长动力学相结合,从能量的角度,建立了土壤水、汽、热和作物耦合运移的计算模型。龚元石和李保国(1996)根据 DeJong 吸水函数,建立了农田水量平衡模型,再结合土壤水分的实测结果不断率定,最终发现 Selim 根系吸水函数和 Penman-Monteith 蒸散公式的结合,能更好地反映土壤水量平衡特征以及模拟土壤水分变化过程。毛晓敏等(1998)根据能量平衡原理,应用土壤水动力学和微气象学,在 SPAC 系统建立了冬小麦生育期的水热迁移和转化模型,并用有限差分离散后反复迭代,得到了数值模型程序。姚德良等(2001)在红壤农田同样运用有限差分计算方法,建立了水热动态耦合模式,并实现了红壤花生地水热交换过程的数值模拟。吴洪颜等(2001)则根据能量平衡和土壤水热耦合方程,综合考虑棉田作物冠层和土壤内部的水热变化,建立了 SPAC 系统的多层模式,对近地面水热传输过程进行了模拟分析。王靖等(2004)采用 Shuttleworth - Wallace 双层模型,结合感热和潜热通量,将模型中的冠层阻力参数化,在冬小麦 SPAC 系统建立了光合和蒸散的耦合模型。丛振涛等(2005)则建立了冬小麦生长过程中作物的动态模拟与 SPAC 系统的水热运移耦合模型(Wheat SPAC)。Ji 等(2007)运用 Richard 方程以及水平衡模型模拟了中国西北半干旱地区作物在传统灌溉条件下的状况,实验结果表明该区域的 SPAC 系统中用于植物蒸散与渗入地下的水的关系,并通过实验证明增加灌溉次数且减少灌溉水量更适合当地的缺水条件。丁日升等(2014)基于物质和能量交换多层模型(ACASA),结合实际的土壤水分运动和交换特征,构建并验证了适用于玉米田的水热通量多层模型 ACASA-M,该模型不仅能较准确地反映土壤水热动态特征,也能真实反映作物冠层内的水热分布和传输,对分析农田水热环境,管理农田水分消耗都有重要的指导作用。

1.4.2 农田碳通量过程与模拟研究

农田生态系统中作物光合作用和土壤、作物呼吸作用是农田碳循环中重要的碳固定与碳释放环节。光合速率是叶片 CO_2 通量的度量形式,国内外学者对不同作物叶片光合速率变化规律、影响因素等进行了大量研究(Yamori et al., 2020;宗毓铮 等,2021)。针对整个农田较大面积上的碳通量一般以 CO_2 传输通量来表征(Skaggs et al., 2018),施肥、耕作、土壤、作物、气候等均会影响农田 CO_2 通量(Vleeshouwers and Verhagen,2002;Wani et al., 2023)。土壤温度、水分、有机质含量、降水、植被类型等影响土壤呼吸,在干旱或半干旱地区当土壤水分成为胁迫因子时土壤湿度将替代温度成为主要控制因子(Wang and Wang, 2003;Zhao et al., 2013)。叶面积指数直接影响植物群体的光合碳固定,从而对农田碳固定产生影响(Kruk et al., 2006;van Dijke et al., 2020)。叶面积也会通过引起土壤同异化 CO_2 量而改变土壤碳通量(Rossi, et al., 2023)。

Farquhar 生化模型在众多光合作用机理模型中影响深远,研究者以 Farquhar 模型为理论基础,提出了多个叶片光合作用模型(Leuning, 1995;Leuning et al., 1995;Leuning et al., 1998)。其中,Norman 基于叶片光合与光强、叶温、水气压、植物水势的关系提出了 CUPID 叶片模型(Boote and Loomis,1991)。Ball 提出了涉及气孔导度与净光合速率、大气湿度、CO_2 浓度等关系的 Ball-Berry(B-B) 综合模型(Ball et al.,1987),于强等(2000)对该模型进行了修正,目前该模型作为光合作用模块被广泛集成到不同空间尺度的生态系统碳循环、水循环以及全球气候变化陆面过程的模拟模型中(Chen et al.,1999;于贵瑞,2010)。根据不同冠层的模拟方法,可以将冠层的光合模型分为大叶模型、双叶模型、多层模型和多层双片模型。大叶模型将冠层看作一个伸展的叶片(Sellers et al.,1986),将叶片尺度的模型直接扩展到冠层。Amthor(1994)在 Farquhar 光合模型和气孔导度模型的基础上提出的冠层光合作用大叶模型,较好地模拟了森林冠层的光合作用过程。大叶模型仅仅考虑了辐射在冠层内部衰减的平均状况,只有在冠层为均质的情况下才适用(Friend,2001)。双叶模型考虑到冠层内部不同受光条件下叶片温度不同,将所有叶片分为受光叶片和背光叶片两大类(Wang and Leuning,1998)。多层模型关注植物和环境的垂直结构,冠层内的结构参数、物理参数、生理参数在垂直方向变化,首先采用大叶模型计算每层的 CO_2 通量,然后将所有层的计算结果累加得到整个冠层的结果(Leuning et al.,1995)。Kim 和 Verma(1991)利用冠层辐射传输模型,分别计算冠层受光叶片和背光叶片的光合作用,并考虑土壤呼吸作用,比较分析了模拟结果与涡度相关观测结果。Chen 等(2000)利用两片大叶模型较好地模拟估算了加拿大北方森林的净初级生产力(NPP)。Dai 等(2004)提出了分别计算受光叶片和背光叶片的光合作用、气孔导度、叶片温度和能量通量的一层、两片大叶模型,并将此模型合并到两层的通用陆面模型中。多层双叶模型在计算每一层的冠层 CO_2 通量时采用了双叶模型,而后又将每层的计算结果累加得到整个冠层的 CO_2 通量(Leuning et al.,1995;肖文发,1998),如 SPAM 和 CANWHT 模型(Sinclair et al.,1976;Baldocchi,1992)。

另外,Leuning 提出了冠层光合作用的时空积分算法,假设植物的叶片随机分布,区别受光叶片和背光叶片所接受的辐射差异,使用耦合的光合-气孔模型,求解叶片的能量平衡方程,引入冠层氮含量以及光合能力的指数衰减廓线,使用简便有效的冠层五点 Gaussian 积分方法,计算冠层碳通量(Leuning et al.,1995)。Jarvis 采用 Farquhar 光合模型和 Jarvis 的经验模型模拟 C_3 植物叶片的光合作用和气孔导度(Jarvis,1976),Medlyn 等对该模型进行了改进,将 Jarvis 的经验模型替换成 Ball 的气孔导度模型模拟冠层碳通量(Medlyn et al.,1999)。

1.4.3 农田水碳通量过程与模拟研究

生态系统机理模型对水碳通量的模拟以 Farquhar 光合模型(Farquhar et al.,

1980)和光合依赖的气孔导度算法(Ball et al.，1987)为理论依据(Baldocchi and Wilson，2001)。科学研究者从不同的学科角度建立了一系列的水碳耦合模型。这些模型多以Jarvis的气孔导度与环境变量之间的阶乘响应模型(Jarvis et al.，1976)、Farquhar(1980)等的光合模型和Ball等(1987)的光合与气孔导度关系模型为基础,并在植物单叶(Collatz et al.，1991；Collatz et al.，1992；Leuning，1995)、冠层(Hatton et al.，1992)、区域(Zhan et al.，2003)和全球(Sellers et al.，1996；Sellers et al.，1997)尺度上得到了广泛的应用。Yu等通过引入CO_2内部导度,建立了基于气孔行为的气孔导度-光合-蒸腾耦合模型SMPT-SB,并在叶片尺度上验证了其适用性(Yu, et al.，2001；Yu et al.，2003)。几十年来,用来描述农田生态系统物质传输和能量交换的通量模型不断完善和发展(Leuning et al.，1998；Gu et al.，1999；Tanaka，2002；Mendes et al.，2021),这些模型按对冠层的处理方式可以分为大叶模型、双叶模型、多层模型和多层双叶模型,最经典的大叶模型是Sellers等研制的简明生物模式SiB2,模型不区分考虑受光叶片和背光叶片,用平均叶片辐射吸收来表示冠层总吸收,结果显著高估冠层的光合作用,忽略受光叶片和背光叶片的叶片温度差异会偏估冠层的感热通量和显热通量(Sellers et al.，1996；Denning et al.，1996；Sellers et al.，1997)。双叶模型考虑冠层内受光叶片和背光叶片的差异,Chen等(1999)、Wang和Leuning等(1998)分别使用大叶和双叶模型计算阴、阳叶的显热、潜热和CO_2通量,结果显示双叶模型较大叶模型结果理想。Wang和Leuning(1998)利用双叶模型计算叶片的感热通量、显热通量和CO_2通量,发现小麦冠层的感热通量、显热通量和CO_2通量的误差都控制在5%以内。Leuning等(1998)对小麦的研究结果也表明双叶模型的模拟结果与实测地面辐射通量、潜热通量和CO_2通量非常吻合。Lanotte等研究表明利用大叶模型模拟的辐射通量、潜热通量和CO_2通量与地面实测结果吻合得非常好,但感热通量的结果不是很理想(陈泮勤,2008)。多层模型考虑冠层内不同垂直高度气象环境条件和植物生理生态学特性的差异,模型中的物理参数、生理参数等在垂直方向变化(Peters-Lidard et al.，1997)。Harley利用多层积分模型计算了从叶片到冠层的温带落叶阔叶林的CO_2和水汽的光合过程、微气象过程(Harley and Baldocchi，1995)。Harley和Baldocchi(1995)利用多层积分模型计算并验证了温带阔叶林的光合和蒸发。多层双叶模型,在多层模型中区别受光叶片和背光叶片,提高了整个冠层显热、潜热和CO_2通量的计算精度。Leuning等利用多层双叶模型避免了对冠层同化作用的过高估计(Spitters，1986；Leuning et al.，1995),申双和等(2005)改进Chen等(1999)提出的单层阴、阳叶面积计算公式并将双叶模型用于多层计算,实现了多层模拟和双叶模拟的很好结合。

但目前关于土壤水分调控和农田 CO_2 通量关系的定量化研究多局限于叶片尺度,其他尺度很少,侧重于光合作用对水分亏缺的适应,而且少数研究主要针对旱作物,节水灌溉稻田相关方面的研究很少,且对节水灌溉稻田中不同尺度间 CO_2 通量的对比分析,以及不同尺度间的相关关系等的研究也比较少。

1.5 水碳通量尺度差异与转换研究

水碳通量的空间尺度一般可划分为叶片、单株、冠层、田间、区域(景观)乃至更大尺度,时间尺度一般划分为小时、日、月、季和年尺度。目前,对不同生态系统单一尺度水碳通量研究已较成熟,但研究普遍认为尺度转换必然要改变现有的尺度边界条件和临界值,突破现有尺度内的约束条件和主控因子,转化后的结果并不是简单的线性叠加或分解,而是一种多层次多因素影响下的机理性复杂关系(岳天祥、刘纪远,2003)。不同空间尺度的高时间分辨率的水碳通量观测技术实现了通量的连续同步观测,这为不同时空的蒸散、碳通量和能量平衡研究等提供了基础(Shen et al.,2004;Lei and Yang,2010a,2010b)。

受不同时空尺度各自边界条件和框架体系的限制,影响水碳通量过程的主控因子有所不同(王培娟 等,2005;许洁,2020)。蔡甲冰等(2010)研究表明华北地区冬小麦蒸散在叶片、田块和农田尺度之间存在尺度效应,刘国水等(2011a)指出裸土面积所占比重不同将导致田块与农田之间存在蒸散尺度效应。Mccabe 和 Wood(2006)基于多分辨率遥感数据,分析了田块、农田与区域之间的尺度效应。蒸散发的空间尺度提升与转换主要在于关键参数如气孔导度的尺度提升与转换,常见的方式是利用气孔计、光合作用仪等直接测定不同叶位的叶片气孔导度,根据整体平均法、顶层阳叶分层采样法、权重法、有效叶面积指数法、水平冠层分层法或多冠层叶倾角分类法等方法计算获得植被尺度的气孔导度(于贵瑞、孙晓敏,2006)。近年来,很多研究者致力于探讨利用非线性模型实现叶片气孔导度向冠层气孔导度的尺度提升(Magnani et al.,1998;Furon et al.,2007)。其中,一些方法是假定叶片气孔导度仅由辐射的垂直分布状况所决定,对其进行积分可直接获得冠层气孔导度(Choudhury and Monteith,1988)。另外一些方法则是利用 Jarvis 叶片气孔导度模型等直接估算冠层气孔导度。另外,孙龙等(2007)研究表明影响红松树干液流的环境主控因子为饱和水汽压差和光合有效辐射,植被主控因子为边材面积,通过统计方法获得了边材面积和胸径的时空分布规律,实现了由单株到农田的尺度转换。熊伟等(2008)研究了不同空间位置和周围树木遮阴影响的松树干液流之间的差异,提出了基于林木空间差异来估计华北落叶松林分蒸腾的方法。

基于涡度相关的通量观测数据已经用来研究北美(Anderson-Teixeira et al.,2011)、欧洲(Lund and Tang, 2010)、亚洲(Kato and Tang, 2010)乃至全球(Yi et al., 2010; Christian et al., 2010)尺度陆地生态系统碳平衡的时空分布及其环境驱动因素。国内外学者对农田生态系统通量尺度转化的研究多集中在水通量,且多针对旱作物(刘国水 等,2012;Cammalleri et al., 2013),对碳通量的尺度差异研究较少。

植物的生理过程大致包括能量传输过程、物质交换过程和生理调节过程,分别对应于光合作用模型、气孔导度模型和蒸腾蒸散模型。植物的光合作用和蒸腾作用均通过气孔导度调节,耦合模型可同时模拟光合速率、蒸腾速率和气孔导度等,从而能够实现不同尺度的水碳过程耦合模拟,如叶片水平光合-蒸腾-气孔导度耦合模型(于强 等,2000),植被群体光合-冠层导度-蒸散耦合模型(CPCEM)(张永强 等,2004)。任传友等(2004)基于单叶气孔内部导度与光合有效辐射的关系,通过模拟冠层内的光分布再对冠层进行积分实现冠层气孔内部导度由单叶向冠层的尺度转换,冠层气孔导度沿用 Ball 模型的形式,实现了叶片尺度的气孔导度-光合-蒸腾耦合模型(SMPT - SB)在冠层尺度上的扩展,建立了冠层尺度上的生态系统光合-蒸腾耦合模型。

1.6 有待研究的问题

(1) 节水灌溉稻田能量分配与能量闭合特征

节水灌溉改变了传统稻田的土壤水分状态,影响了稻田的能量分配与转化规律,决定能量平衡闭合情况。能量的平衡闭合程度又是保证涡度通量数据可靠性以及蒸散量模拟模型精度的重要依据。因此,节水灌溉干湿交替土壤环境下稻田的能量分配与闭合状况有待研究,能量不闭合原因及修正有待深入分析。

(2) 节水灌溉稻田不同尺度水碳通量变化规律与主要特征

国内外学者针对稻田水碳进行了大量的估测和研究,但节水灌溉条件改变了稻田水分状态、能量平衡条件、水分循环规律以及水稻生长发育情况,其水碳变化规律、分配特征和影响因素等均有待深入研究。只有明确了节水灌溉技术背景下稻田的蒸发蒸腾过程以及碳通量过程，才能准确地估算稻田水分消耗和碳同化量积累，为优化灌溉制度和提高水分利用效率提供基础数据。

（3）适用于节水灌溉稻田蒸散模型的构建、率定与优选

不同地区、不同作物、不同土壤水分条件，适用的蒸散模型不同，影响蒸散的阻力模型参数也不同，有时存在较为明显的差异，建立合理的蒸散模拟模型需要进一步的参数率定与模型优选。因此，重新率定并验证不同尺度蒸散模型，才能优选适用于节水灌溉稻田的蒸散模型和参数。

（4）适用于节水灌溉稻田的水热通量耦合递推模拟

SPAC系统的水热过程包含土壤、植物、大气间的物质和能量传输交换，受水分、热量、能量、动力、作物生长变化和边界条件等多方面的影响。以低成本真实刻画农田气候变化、水分循环以及生态环境变化，解决实际生产决策、水分管理、环境效应等科学问题，是农田水热研究发展的方向。通过常规气象资料推算稻田蒸散变化和水热过程，得到一个真实合理且适用于干湿交替土壤水分变化的水热耦合简化模型，能推动节水灌溉技术的运用与农田水热研究的发展，为优化稻田灌溉制度提供参考和依据。

（5）节水灌溉稻田水稻叶片尺度、冠层尺度和田间尺度的水碳通量（气孔导度-光合速率-蒸腾速率）耦合模拟

目前关于水碳通量的模拟模型，大多是基于概化的大叶理论，且多以土壤充分供水为前提。因此，构建节水灌溉条件下考虑叶片分龄的稻田水碳通量耦合模拟模型并揭示气孔导度参数与光合参数的尺度效应，能从机理上反映稻田水碳耦合关系和变化特征，为土壤水分变化条件下稻田水碳通量过程的精细刻画提供理论支撑。

（6）"小时-日-生育期"时间尺度和"冠层-田间"空间尺度稻田蒸散量的提升转换

蒸散量时空尺度转换方法的适用性和精确性受不同气候、下垫面特征等影响较大，具有较高的环境特殊性和依赖性。ET时间尺度转换在不同区域的研究结论没有可移植性，在方法的选择上也没有统一的标准，且实际研究中很难兼顾大小尺度长时间的同时观测。因此，蒸散量在不同时空尺度间的转换关系有待确定，不同转换方法需要进行验证和适用性评价。

（7）节水灌溉稻田系统水碳通量模拟的尺度提升方法研究

目前，涉及碳通量尺度的研究，多为时间尺度的分析。国内外研究学者正密切关注各种类型陆地生态系统碳通量的日、季节和年际变化规律及其环境控制机

制，从而估计陆地生态系统水碳通量的时间尺度变化，但缺少对碳通量空间变异性的分析以及水碳通量不同空间尺度上相互关系的研究。且模型建立主要涉及尺度扩展问题，最主要是要解决冠层内部环境要素以及叶片生理参数的变化规律以及如何在冠层内积分的问题。因此，研究水碳通量的转化规律、多过程联合模拟和机理性尺度提升，对深化农田生态系统水碳通量研究具有重要意义。

第二章 水热碳通量观测试验

2.1 试验区概况

试验研究于2014—2017年在河海大学水文水资源与水利工程科学国家重点实验室昆山试验研究基地开展,试验区属亚热带南部季风气候区,年平均气温15.5℃,年降雨量1 097.1 mm,年蒸发量1 365.9 mm,日照时数2 085.9 h,平均无霜期234天。当地土壤为潴育型黄泥土,耕层土壤为重壤土,0~20 cm深度内土壤容重为1.3 g·cm^{-3},土壤有机碳含量为30.3 g·kg^{-1},全氮含量为1.79 g·kg^{-1},全磷含量为1.4 g·kg^{-1},全钾含量为20.86 g·kg^{-1},pH值为7.4。2014—2017年水稻种植品种为南粳46,种植的行距和株距分别为23 cm和16 cm。

2.2 试验设计与布置

在2014年、2015年、2016年和2017年,水稻分别于6月26日、6月27日、7月1日、6月30日种植,于10月27日、10月25日、11月3日、10月31日收割。试验区面积约为200 m×200 m,主要由涡度试验小区和微型称重式蒸渗仪小区构成[其中微型称重式蒸渗仪小区用来监测冠层尺度的水通量(蒸散量),涡度试验小区用来监测其他尺度的水通量(蒸散量)和碳通量],在水稻品种、育秧、移栽、施肥、用药等技术措施相同的条件下,试验小区均采用控制灌溉模式,涡度试验小区和称重式蒸渗仪小区保持灌水的同步性。具体的水稻水分管理参照控制灌溉水分调控指标执行,各生育期具体控制指标见表2.1,灌水时以尽量不出现水层或有薄水层为宜。

表 2.1　水稻各生育阶段根层土壤水分控制指标

生育期	返青期	分蘖期 前期	分蘖期 中期	分蘖期 后期	拔节孕穗期 前期	拔节孕穗期 后期	抽穗开花期	乳熟期	黄熟期
灌水上限	25 mm	100%θ_{s1}	100%θ_{s1}	100%θ_{s1}	100%θ_{s2}	100%θ_{s2}	100%θ_{s3}	100%θ_{s3}	自然落干
灌水下限	5 mm	70%θ_{s1}	65%θ_{s1}	60%θ_{s1}	70%θ_{s2}	75%θ_{s2}	80%θ_{s3}	70%θ_{s3}	自然落干
根层观测深度/cm	—	0~20	0~20	0~20	0~30	0~30	0~40	0~40	

注：1) 返青期水层为田间水层深度,mm。
　　2) θ_{s1}、θ_{s2} 和 θ_{s3} 分别为 0~20 cm、0~30 cm 和 0~40 cm 根层观测深度的土壤饱和含水率(体积比),其值分别为 52.4%、49.7%和 47.8%。当现场观测的土壤水分达到下限时才灌水至上限,保证灌水后田面无水层。遇降大雨,田面可蓄水(分蘖后期除外),但蓄水深度不超过 5 cm,蓄水历时不超过 5 天。

研究采用光合仪(2015 年和 2016 年测定仪器为 Lc Pro+光合测定系统,2017 年测定仪器为 LI-6800 便携式光合作用测定系统)监测叶片尺度的水碳通量,采用微型称重式蒸渗仪系统(直径 60 cm,土层深度 50 cm)监测冠层尺度的水通量,采用 WEST 便携式通量测定系统(WEST SYSTEMS S.r.l.)监测冠层尺度的碳通量,采用涡度相关系统(Campbell Sci.,USA)监测田间尺度的水碳通量。试验区主风向为东南风,叶片水碳通量和冠层碳通量的监测区布置在试验区正西方向,涡度相关系统和微型称重式蒸渗仪系统布置在试验区下风向西北方向。其中涡度相关系统风浪区长度约 200 m,蒸渗仪系统位于距离涡度相关系统 15 m 左右的西北侧。试验区内涡度相关系统、微型称重式蒸渗仪系统以及叶片水碳通量和冠层碳通量监测区位置如图 2.1,具体监测方法详见 2.3.3 节。

2.3　观测内容与观测方法

2.3.1　水稻生长指标观测

2.3.1.1　叶龄观测

本研究所述叶龄为水稻叶片出叶天数,在 2014—2017 年水稻生育期内,自第一片完全叶露尖起,在叶片水碳通量监测区内观测记录主茎叶片开展日期,每天观测一次,并标注新生叶片的叶位,直到剑叶完全展开。

2.3.1.2　冠层高度

在水稻生育期内,每 5 天随机选择涡度试验小区的 20 穴水稻,测量水稻冠层

图 2.1 试验区概况及不同尺度水碳通量监测区位置与相关设备设施

高度 h_c，测量值为田面至最高叶尖或穗顶的自然高度。随着移栽天数（DAT）的增加，2014—2017 年水稻 h_c 特征见图 2.2。

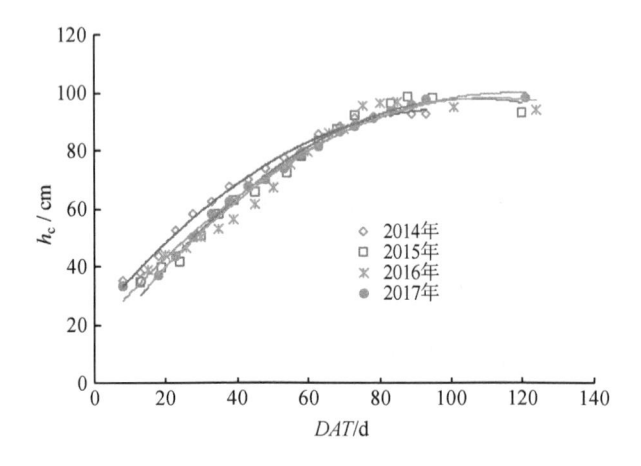

图 2.2　水稻生育期内冠层高度 h_c 变化特征（2014—2017 年）

2.3.1.3　干物质积累

每 10 天在涡度试验小区选取有代表性植株 3 株，按根、茎、穗、绿叶和衰老叶对水稻植株进行分割，装入信封，105℃杀青半小时、75℃烘干 48 小时后分别测定水稻各部分干物质重量 M（根、茎、穗、绿叶和衰老叶干物质重量分别记为 WRT、WST、WSO、$WLVG$ 和 $WLVS$）。研究直接采用在本试验基地校核的 Oryza2000 模型参数模拟水稻的干物质积累（Xu et al.，2018），2015—2017 年 WRT、WST、WSO 和 $WLVG$ 的干物质积累过程见图 2.3。

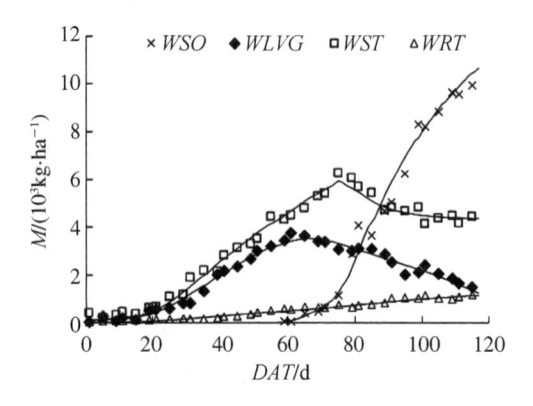

图 2.3　水稻生育期内干物质积累过程图
（散点为 2015—2017 年实测值，曲线为 Oryza2000 估算值）

2.3.1.4 叶面积指数

研究为分析不同叶龄叶片在冠层内的叶面积分布,同时测定冠层内的绿叶叶面积指数(即叶面积指数)LAI 和衰老叶片叶面积指数 LAI_s。在水稻 2014—2017 年生育期内,每 5 天观测一次涡度试验小区的叶面积指数 LAI,每次选取植株 5 株(定株观测),测量叶片的长和宽,利用长宽乘积法取样测定叶面积,叶面积修正系数选择在本试验基地的修正值(Liu et al.,2018)。随着移栽天数的增加,2014—2017 年水稻绿叶叶面积指数 LAI 的变化见图 2.4。同时,根据 2.3.1.3 节测定的衰老叶干物质量,按照绿叶的比叶重换算累积衰老叶片的叶面积指数 LAI_s。2015—2017 年水稻衰老叶片的叶面积指数 LAI_s 变化特征如图 2.5。

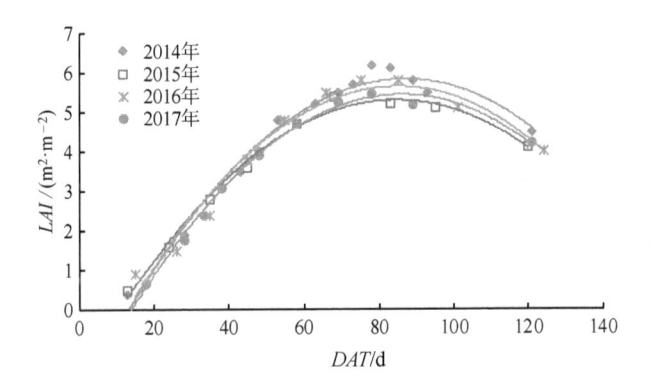

图 2.4 水稻生育期内冠层绿叶叶面积指数 LAI 变化特征(2014—2017 年)

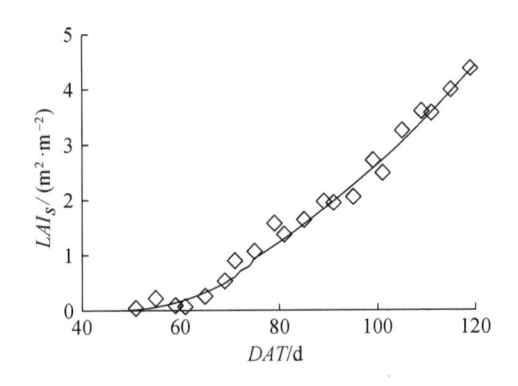

图 2.5 水稻生育期内衰老叶片叶面积指数 LAI_s 积累过程图
(散点为 2015—2017 年实测值,曲线为依据 Oryza 2000 模型估算值)

2.3.2 田间土壤水分监测

在每个称重式蒸渗仪小区埋设两根 TDR 波导棒，每天上午 8:00 通过 TDR 测定各小区的土壤水分。涡度试验小区的土壤含水率采用涡度相关系统的土壤水分传感器(CS616)每半小时自动采集土壤水分数据获得。在水稻生育期内称重式蒸渗仪小区和涡度试验小区同时灌水，尽量保持土壤水分同步变化。2014—2017 年水稻生育期稻田土壤呈现干湿交替的水分状态，田间土壤水分变化见图 2.6。

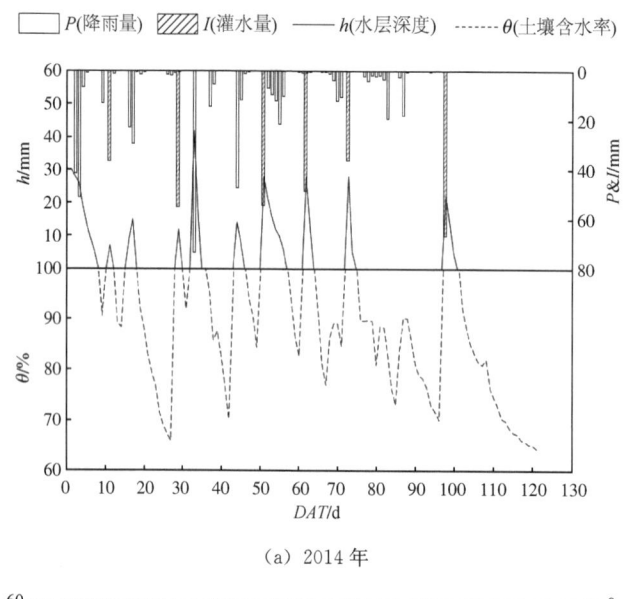

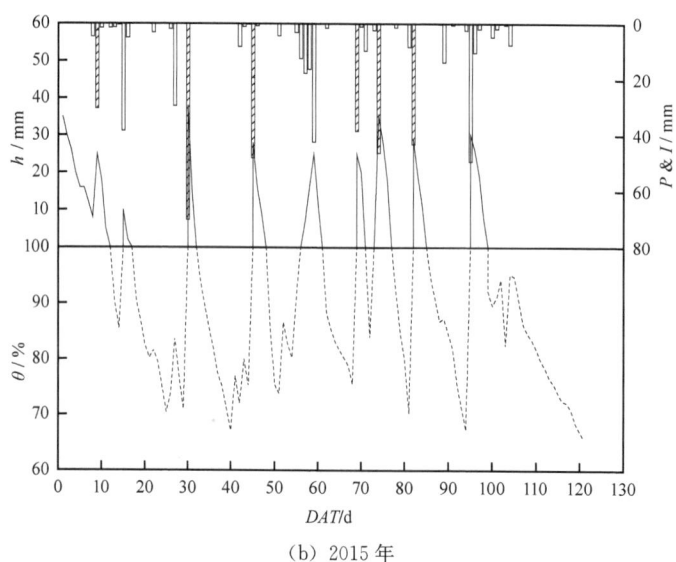

(a) 2014 年

(b) 2015 年

(c) 2016 年

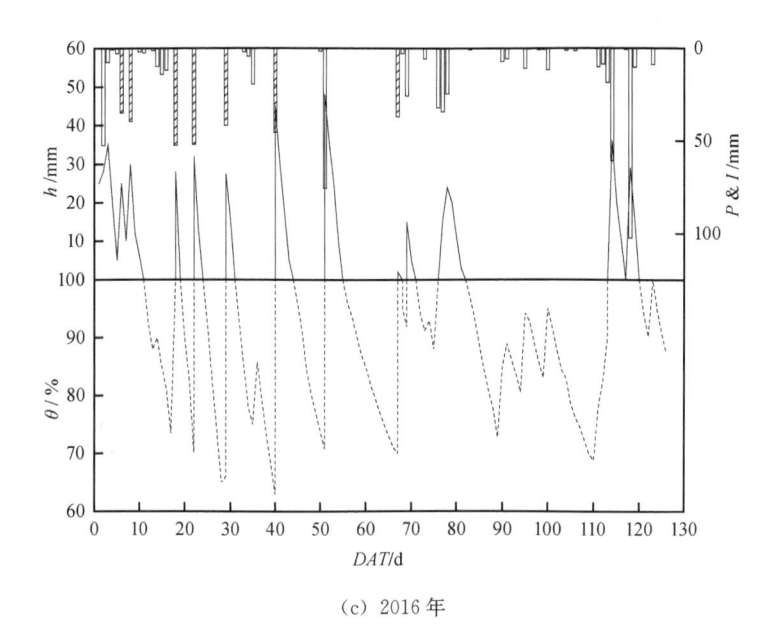

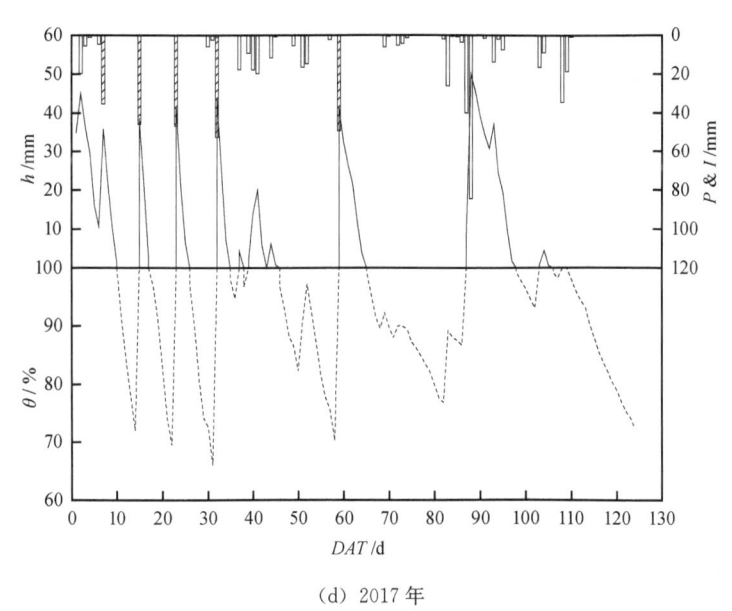

(d) 2017 年

图 2.6 2014—2017 年控制灌溉稻田土壤水分状况逐日变化图

2.3.3 不同尺度水碳通量测定与数据处理

2.3.3.1 叶片尺度

在 2015—2017 年水稻生育期内,在典型晴天选择叶片水碳通量监测区内长势均匀、有代表性的 3~5 穴水稻进行叶片光合特性的测定,同时记录叶片叶龄。

对于冠层不同深度的叶片,按照水稻株高将冠层分为上、中、下三层,每层选择三片完全展开叶利用光合仪(2015 年和 2016 年测定仪器为 Lc Pro＋光合测定系统,2017 年测定仪器为 LI-6800 便携式光合作用测定系统)测定自然条件下叶片的气孔导度 g_{sw}、蒸腾速率 T_r 和净光合速率 P_n。光合特性典型日变化观测在 8:00~18:00 时段内每 2 h 测定一次(在水稻生长后期,日长时数变短,在 8:00~17:00 观测),生育期变化每隔一周左右上午 10:00 测定一次。

另外,随机选择叶片测定不同叶龄叶片的光响应曲线和 CO_2 响应曲线。光响应和 CO_2 响应曲线的样本气体流速设为 400 mmol·s^{-1},叶室温度设为 30℃,叶室湿度设为 70%。对于光响应曲线,叶室 CO_2 浓度设为 400 μmol·mol^{-1},光合有效辐射 PAR_a 设定为 2 000 μmol·m^{-2}·s^{-1},测定前对叶片预处理 15 min,然后利用人工光源自动控制光合有效辐射 PAR_a 强度(2 000、1 950、1 900、1 800、1 600、1 400、1 200、1 000、800、600、400、300、200、150、100、70、50、30 和 0 μmol·m^{-2}·s^{-1}),测定相应的净光合速率 P_n;对于 CO_2 响应曲线,叶室 CO_2 浓度设为 400 μmol·mol^{-1},叶室 PAR_a 设为 1 600 μmol·m^{-2}·s^{-1},测定前对叶片预处理 15 min,然后利用高压缩 CO_2 小钢瓶调节叶室 CO_2 浓度分别为 400、300、200、100、50、400、400、500、600、800、1 000、1 300、1 500 和 1 800 μmol·mol^{-1},测定相应的净光合速率 P_n。

2.3.3.2 冠层尺度

冠层尺度水通量(蒸散量)由水稻植株蒸腾与棵间土壤蒸发构成,碳通量由水稻植株碳通量(日间固碳夜间排碳)和棵间土壤呼吸构成。

(1) 水通量

冠层尺度的水通量观测包括水稻植株蒸腾及棵间土壤蒸发。研究选用自制的适用于稻田冠层尺度蒸腾 ET_{CML} 测量的微型称重式蒸渗仪 CML 和适用于冠层覆盖下棵间蒸发 E 测量的微型称重式蒸渗仪 ML。蒸渗仪埋置于田间,由测量部分(三个 CML、三个 ML 和一个观测井)、数据传输部分和终端显示部分构成。CML 和 ML 均由内筒、外筒、称量系统和排水装置等组成。蒸渗仪每半小时自动采集一次数据,根据前后两次数据之差计算时间段内的冠层蒸腾 ET_{CML}(测量精度 0.03 mm)和冠层蒸发 E(测量精度 0.02 mm),关于微型称重式蒸渗仪系统的详细介绍参见文献(Liu et al., 2018)。在整个生育期内蒸渗仪的灌溉制度、土壤水分状态和种植密度等均需与大田保持一致。土壤水分变化通过灌溉排水控制,蒸渗仪排水仅在规定时间内进行,避免排水时扰动称重的精确测量。

根据水量平衡,冠层尺度蒸散量 ET_CML 和棵间土壤蒸发量 E 由测量时段内蒸渗仪的质量变化直接计算

$$ET_\text{CML}(E) = I + P + C - W_\text{s} - W_\text{d} - \Delta M \tag{2.1}$$

植株蒸腾

$$T = ET_\text{CML} - E \tag{2.2}$$

式中:ET_CML、E、T 分别为时段内的蒸散量、蒸发量和蒸腾量,mm;I 为灌溉量,mm;P 为降雨量,mm;C 为冠层和土壤表面的水汽凝结量(多发生于夜间),mm;W_s 为稻田渗漏量,mm;W_d 为排水量,mm;ΔM 为给定时段内的质量变化(转化为水深),mm。一般情况下,C 所占比例较小且难以测量,在试验研究中往往忽略不计。同时,试验区水稻生育期地下水位较高(埋深小于 0.3 m),渗漏量小,且蒸渗仪有底,因此 W_s 也忽略不计。

(2)碳通量

在 2015—2017 年的水稻生育期内,对单穴水稻 CO_2 通量和棵间土壤呼吸值进行典型日变化和生育期变化观测。对于生育期变化,每 5 天左右选择典型晴天在 10:00 进行观测;对于典型日变化,观测时间为 0:00、6:00、8:00、10:00、12:00、14:00、16:00、18:00、20:00、22:00、24:00。

研究采用透明箱和 WEST 便携式通量测定系统观测单穴水稻碳通量及棵间土壤呼吸。采样装置由底座、透明柱和 WEST 便携式通量测定系统三部分构成。其中底座直径为 20 cm,高为 10 cm,采用 PVC 材料制成;透明柱直径为 20 cm,高为 40 cm,采用有机玻璃制成,水稻生长前期和后期分别使用 1 个和 2 个透明柱(高度分别为 40 cm 和 80 cm)来适应不同生育期水稻植株高度;WEST 便携式通量测定系统包括主机和气室两部分,测量主机为 LI-840 分析仪,气室为直径 20 cm、高 10 cm 的圆柱桶。底座、中段透明柱和 WEST 便携式通量测定系统气室通过水槽密封连接。

水稻移栽后,随机选择试验小区的单穴水稻和棵间土壤各布置 3 套采样底座。采样前将 WEST 便携式通量测定系统提前 20 min 开机预热,并将透明箱各部分安装好,确保水槽密封连接。测量时连接 WEST 便携式通量测定系统,采样时间为 120~180 s,仪器每秒钟测量 1 个 CO_2 浓度值,然后计算 CO_2 浓度变化率,测量完成后依次进行下一个取样。取样结束后将 WEST 便携式通量测定系统与

电脑连接,输出每个采样点的 CO_2 浓度变化速率,根据 CO_2 浓度变化率计算单穴植株碳通量速率和棵间土壤呼吸速率。

$$A_{ps}(R_s) = KS \quad (2.3)$$

$$K = \frac{P}{RT_k} \cdot \frac{v}{A_s} \quad (2.4)$$

式中:A_{ps}、R_s 分别为单穴植株碳通量(光合固碳为正,植株和土壤呼吸排碳为负)和棵间土壤呼吸速率,$\mu mol \cdot m^{-2} \cdot s^{-1}$;$K$ 为累积气室的影响系数,$\mu mol \cdot s \cdot ppm^{-1} \cdot m^{-2} \cdot s^{-1}$(1 ppm= 10^{-6},下同);S 为 WEST 实际测量的 CO_2 气体浓度变化率(浓度增加为正,浓度降低为负),$ppm \cdot s^{-1}$;P 为气室内部压强,mbar(1 mbar ≈ 100 Pa);R 为气体常数,0.083 14 $bar \cdot L \cdot K^{-1} \cdot mol^{-1}$;$T_k$ 为气室内部热力学温度,K;v 为累积气室的体积,m^3;A_s 为气室内径的横截面积,m^2。

单穴植株碳通量由单穴水稻和装置底座范围内的土壤呼吸构成,对于水稻植株碳通量 A_p,按照下式计算

$$A_p = \frac{A_s}{WL}(A_{ps} + R_s) \quad (2.5)$$

$$A = A_p + R_s \quad (2.6)$$

式中:A_p、A 分别为植株碳通量和冠层碳通量,$\mu mol \cdot m^{-2} \cdot s^{-1}$;$W$、$L$ 分别为水稻种植的行间距和列间距,m。

2.3.3.3 田间尺度

(1) 数据采集

在试验区西北位置安装有涡度相关系统用来采集田间尺度水碳通量,该系统主要由 CR3000 数据采集器、CAST3A 型三维超声风速仪、EC150 型 CO_2/H_2O 分析仪、HMP155A 型温湿探头、CNR4 净辐射计、TE525MM 雨量桶、HFP01SC 热通量传感器组成,数据采集频率为 10 Hz,每 30 min 数据取平均以便分析(采集内容见表2.2)。通过涡度相关系统可以将采集的数据经传输送达室内计算机软件(Loggernet 4.1)中,以便对其进行计算、检验、校正,最终可以获得显热(Hs)、潜热(LE)、CO_2 通量(F_c)、土壤热通量(G)等。本研究采用了从 2015 年至 2017 年稻季的观测数据,在数据观测过程中,进行日常设备运行维护,保证仪器在正常状况下运行。其中 2017 年 9 月 11 日之后由于涡度相关系统损坏,仅分析水稻返青期到拔节孕穗期的数据。

表 2.2 涡度相关系统主要测量内容及仪器

观测要素	仪器说明	设置高度(m)
CO_2 和 H_2O 浓度	EC150 开路 CO_2/H_2O 分析仪	2.5
垂直风速	CAST3A 型三维超声风速仪	2.5
净辐射	CNR4 四分量净辐射表	1.5
土壤热通量	HFP01SC 热通量板	−0.08
空气温度和湿度	HMP155A 空气温湿度探头	2.0
土壤温度	109 土壤温度传感器	−0.1、−0.2、−0.3
土壤含水量	CS616 土壤水分传感器	−0.1、−0.2、−0.3

(2) 数据预处理

为了实现通量数据的质量保证和质量控制(QA/QC),研究将涡度相关系统 2015 年所测定的原始通量数据(10 Hz)用 EdiRe 软件处理(Aubinet et al.,2012;Mauder,2013;Anderson and Wang,2014),以 30 min 为时间步长,对原始湍流数据进行了预处理,具体包括倾斜修正(二次坐标旋转)(Anthoni et al.,2004)、通量单位转换及频率响应修正(Moore,1986)、感热通量超声虚温修正(Mauder et al.,2006)、潜热通量空气密度脉动(WPL)订正等(Ueyama et al.,2012)(2016 年安装了 EasyFlux 在线处理程序,可直接得到修正后的通量数据)。研究对观测数据进行严格筛选,剔除降雨时段及降雨前后 1 小时的通量数据(陈琛,2012)和夜间湍流不充分混合引起的潜热通量低估数据。摩擦风速 u^* 是反映湍流强弱的指标,本研究选择了 $u^* = 0.1$ m/s 作为摩擦风速临界值(通常取 0.1~0.3 m/s),剔除 $u^* < 0.1$ m/s 的通量数据(Massman and Lee,2002;Anthoni et al.,2004)。经过对通量数据质量进行严格控制和筛选后,本试验剔除了占数据总量约 16% 的通量数据。对于缺失的 LE 和 F_C,本次研究采用线性内插法插补观测资料中短时间内(<3 h)的缺失数据,采用平均日变化法(以 10 d 为窗口的相邻数据)插补较长时间(>3 h)的缺失数据(MDV)(Falge et al.,2001)。

(3) 能量平衡与强制闭合

对于农田生态系统,其能量平衡方程可表示为(Aston,1985;康绍忠,1994):

$$LE + Hs = Rn - G - S - E_D - E_M \tag{2.7}$$

式中:LE 为潜热通量,W·m^{-2};Hs 为感热通量,W·m^{-2};Rn 为净辐射,W·m^{-2};G 为地表土壤热通量,W·m^{-2};S 为冠层热储量,W·m^{-2};E_D 为平流损失

能量，$W \cdot m^{-2}$；E_M 为生化作用消耗能量，$W \cdot m^{-2}$。

Rn 作为 SPAC 系统的能量输入项，主要以 Hs 的形式加热大气和 LE 的形式加湿大气边界层底部，还有一部分以 G 的形式进入土壤，或者转化为农田植物冠层 S，由于平流作用从水平方向移走的能量 E_D 以及作物生化作用所消耗的能量 E_M。能量平衡方程（2.7）左端为标准湍流通量，右端为有效能量或可利用能量。在能量平衡的计算中，因 E_D 和 E_M 值很小常常被忽略[小于净辐射 Rn 的 5%（Jones，2013）]，且 Wilson 等（2002）也曾指出，对于冠层高度小于 8 m 的低矮作物，S 项常被忽略。因此，前人研究农田生态系统的能量平衡公式常简化为（Lee，1998；Kato et al.，2004b）：

$$LE + Hs = Rn - G \tag{2.8}$$

2.3.4 常规气象观测

为验证仪器测量数据的准确性，在 2015—2017 年的水稻生育期内，利用涡度相关系统进行气象数据观测的同时，加设了一套自动监测气象站（WS-STD1，DELTA-T，UK）。观测数据包括太阳净辐射（Rn）、日照时数、风速（u）、风向、空气温度（T_a）、空气相对湿度（RH）、大气压（P_a）和降雨量（P）等。涡度相关系统还能监测 10、20 和 30 cm 不同深度的土壤温度（T_{s-10}、T_{s-20} 和 T_{s-30}）、土壤湿度以及冠层表面温度（T_c）等。

2.4 数据统计与分析方法

文中数据统计分析采用 Microsoft Excel 2003 和 SPSS 22 完成，图表采用 Microsoft Excel 2003 绘制，非线性模型模拟参数求解采用 1stopt 专业版 1.5 和 Origin 85 完成。影响因素的显著性分析采用逐步线性回归方法，模型的模拟效果评价采用线性回归系数、相关系数（R）和确定性系数（R^2）反映模拟值与目标值的相关性，用均方根误差（$RMSE$）评价模型的绝对无偏性，用一致性系数（IOA）验证模型精确度和相对无偏性，回归分析显著性水平均为 0.05。相关指标的计算公式如下：

$$R = \frac{\sum_{i=1}^{n}(O_i - \bar{O})(P_i - \bar{P})}{\sqrt{\sum_{i=1}^{n}(O_i - \bar{O})^2 \sum_{i=1}^{n}(P_i - \bar{P})^2}} \tag{2.9}$$

$$R^2 = \left[\frac{\sum_{i=1}^{n}(O_i - \bar{O})(P_i - \bar{P})}{\sqrt{\sum_{i=1}^{n}(O_i - \bar{O})^2 \sum_{i=1}^{n}(P_i - \bar{P})^2}} \right]^2 \quad (2.10)$$

$$RMSE = \sqrt{\frac{\sum_{i=1}^{n}(P_i - O_i)^2}{n}} \quad (2.11)$$

$$IOA = 1 - \frac{\sum_{i=1}^{n}(P_i - O_i)^2}{\sum_{i=1}^{n}(|P_i - \bar{O}| + |O_i - \bar{O}|)^2} \quad (2.12)$$

式中：P_i、O_i 分别为估算值和实测值；$\bar{P}$ 和 $\bar{O}$ 分别为估算值和实测值的平均值；n 为样本数。

第三章

节水灌溉稻田能量分配特征与能量闭合评价

3.1 能量分量的变化过程与特征分析

净辐射在各生态系统内部的分配比例及规律是现代农业水文学、气象学和农田生态学等学科研究的热点问题(康燕霞,2006)。净辐射能转化为潜热通量、感热通量和土壤热通量的比例与特征,取决于气候条件、下垫面物种组成、植被结构、土壤、地形等(Ding et al.,2013),能反映水热传输在不同下垫面和气候条件下的不同特质,是研究不同时间尺度地表能量收支与土壤-作物-大气间物质和能量转换的关键。本研究基于涡度相关系统观测数据(采用 30 min 平均值),分析了水稻生育期内各月典型晴天和阴天条件下的能量通量过程,各生育阶段能量平衡各分量的平均日变化和分配特征以及能量平衡分量的稻季变化特征。

3.1.1 典型天气能量平衡各分量的日变化特征

3.1.1.1 典型晴天能量各通量的变化及分配特征

本研究选择了 2014—2016 年水稻生育期各月连续晴天中的一天为典型晴天的观测资料,由图 3.1～图 3.3 可知,亚热带南部季风气候区节水灌溉稻田能量平衡各分量存在显著的日变化特征,典型晴天净辐射(Rn)、潜热通量(LE)、感热通量(Hs)和土壤热通量(Gs)(2016 年为地表土壤热通量 G_0)均呈明显的倒"U"形单峰变化趋势,变化规律基本一致。

典型晴天 Rn 夜间为负值且变化小,日出后变为正值,即转变为地表能量的收入项,之后随着太阳辐射的增强而迅速增大,日峰值出现时间为 12:00 左右,然后迅速减少,日落后又转变为负值且变化平稳。水稻生育期各月,典型晴天日 Rn 平

图 3.1　2014 年稻季各月典型晴天能量通量日变化

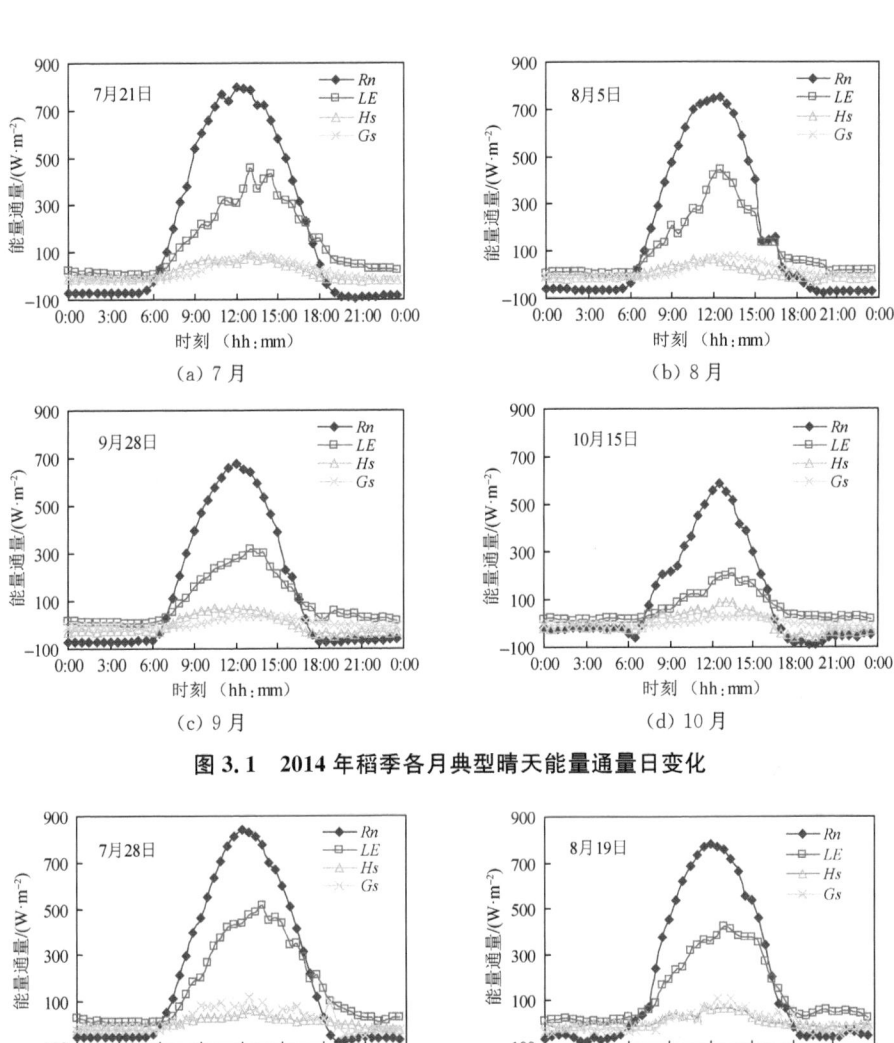

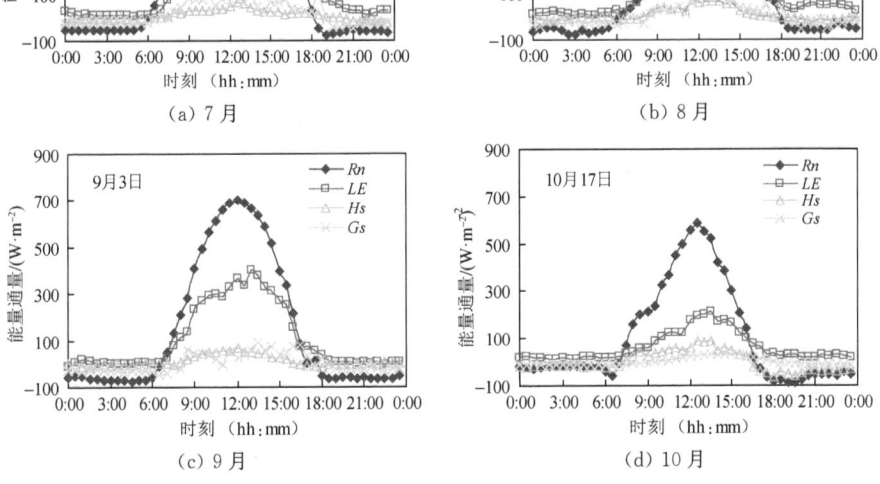

图 3.2　2015 年稻季各月典型晴天能量通量日变化

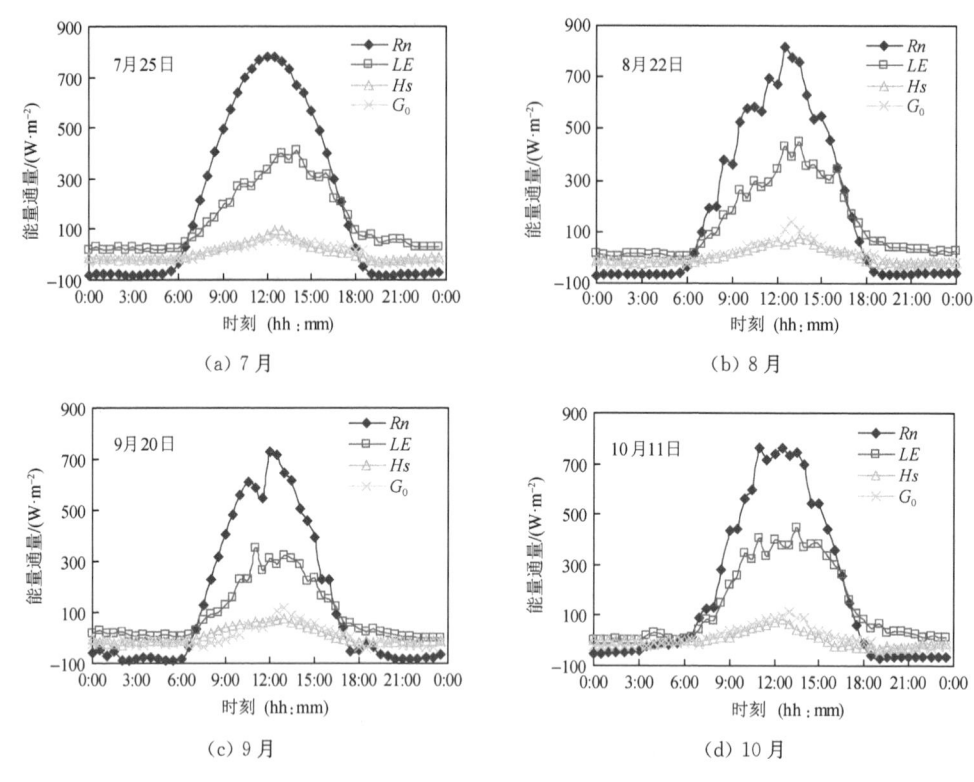

图3.3 2016年稻季各月典型晴天能量通量日变化

均通量值和 Rn 峰值均表现为7月＞8月＞9月＞10月，且一天内 Rn 为正值的时间逐渐缩短。2014—2016 年 Rn 各月典型日的峰值和均值见表3.1。

表3.1 2014—2016年典型晴天稻田能量各通量的日变化特征值（$W \cdot m^{-2}$）

典型晴天		Rn 日峰值	Rn 平均值	LE 日峰值	LE 平均值	Hs 日峰值	Hs 平均值	Gs（或G_0）日峰值	Gs（或G_0）平均值
2014年	7月21日	800.0	208.6	455.7	138.3	91.5	17.2	83.7	15.9
	8月5日	750.7	169.0	446.0	113.8	65.9	6.5	75.1	14.5
	9月28日	677.1	138.3	318.2	96.8	68.2	−0.5	38.1	6.3
	10月15日	586.7	104.6	211.4	63.5	88.3	0.6	32.1	1.4
2015年	7月28日	837.9	219.5	512.5	165.9	66.0	10.9	116.3	16.7
	8月19日	782.0	190.4	425.3	137.5	67.2	9.3	108.5	4.6
	9月3日	704.6	153.9	400.8	110.1	70.2	11.5	90.8	3.7
	10月17日	529.8	105.4	258.1	75.8	85.6	12.1	90.6	−2.6

续表

典型晴天		Rn		LE		Hs		Gs（或 G_0）	
		日峰值	平均值	日峰值	平均值	日峰值	平均值	日峰值	平均值
2016年	7月25日	783.5	202.1	409.5	140.0	95.6	7.2	73.6	3.6
	8月22日	763.2	188.2	447.0	138.9	83.9	4.2	114.1	9.5
	9月20日	728.9	139.4	321.4	94.7	78.4	7.9	115.3	2.1
	10月11日	620.6	119.5	321.8	73.1	116.8	10.6	84.9	2.4

晴天 LE 变化趋势与 Rn 相似，但全天均为正值，说明无论昼夜稻田下垫面均存在蒸散现象。Hs 与 Rn 进程相似，白天为正夜间为负，说明 Hs 全部来源于 Rn，并主要用于大气增温。日间 LE 的数据和日变化幅度明显大于 Hs，说明该稻田下垫面能量通量主要以潜热消耗为主。2014—2016 年稻季各月典型晴天 LE 与 Hs 日峰值和日均值见表 3.1，LE 日峰值约为 Hs 的 3～8 倍，日均值为 Hs 的 6 倍以上，因为该试验区地处亚热带季风区，空气湿度大，且稻田土壤含水率较高，蒸散作用较强，水稻生长期太阳辐射能主要用于地面向上的水汽输送。湍流通量（潜热和感热）日变化趋势与 Rn 相似，但因间歇性湍流传输作用（Zhang et al.，2002），其日变化曲线均不如 Rn 平滑，存在小幅度波动上升或波动下降的现象。同时，与 Rn 相比，LE、Hs 都有一定的滞后性，Hs 滞后约 1 h，LE 滞后约 1～2 h。由表 3.1 还可看出，2014—2016 年 LE 均表现为 7、8 月大于 9、10 月。Hs 各年表现不一致，2014 年 7 月份日峰值（91.5 W·m^{-2}）和日均值最大（17.2 W·m^{-2}），9 月份日均值为负（-0.5 W·m^{-2}），说明夜间大气放出的热量大于白天吸收增温的热量。2015 年，Hs 日峰值和日均值差别不大，最大发生在 2015 年 10 月典型日，日峰值和日均值分别为 85.6 和 12.1 W·m^{-2}。2016 年，Hs 日峰值表现为 10 月＞7 月＞8 月＞9 月，日均值表现为 10 月＞9 月＞7 月＞8 月，最大也发生在 10 月典型日，日峰值和日均值分别为 116.8 和 10.6 W·m^{-2}。

土壤热通量 G（Gs 和 G_0）在典型晴天峰值大小与变化趋势均与 Hs 相似，但峰现时间有明显的滞后性，较 Rn 滞后约 1.5～2.5 h。G 夜间为负值，白天在日出后一段时间由负变为正，日落后变为负，说明 G 与 T_a、Rn 等有关，且从全天 24 h 来看土壤向外输送热量的时间多于吸收热量的时间。2014—2016 年 Gs（G_0）日峰值与日均值见表 3.1，各年表现不尽相同。2014 和 2015 年 Gs 日峰值与日均值表现为 7 月＞8 月＞9 月＞10 月，2014 年日峰值和日均值最大分别为 83.7 和

15.9 W·m^{-2},2015 年分别为 116.3 和 16.7 W·m^{-2}。2015 年 10 月 Gs 日均值为负(−2.6 W·m^{-2}),说明土壤夜间放出的热量大于白天吸收的热量。2016 年与前两年不同,通量数据直接采用在线程序 EasyFlux 处理计算,得到的土壤热通量值直接为地表土壤热通量 G_0,所以 2016 年考虑了 0~8 cm 的土壤热储存,各月典型晴日 G_0 日峰值和日均值分别表现为 9 月>8 月>10 月>7 月和 8 月>7 月>10 月>9 月,最大日峰值和日均值分别为 115.3 和 9.5 W·m^{-2}。不同年份同月各典型日日峰值和日均值的差异与所选典型日 Rn 的大小与日过程有关。

3.1.1.2 典型阴天能量各通量的变化及分配特征

选择 2014—2016 年水稻生育期各月连续阴天中的一天为典型阴天(图 3.4~图 3.6)。与水稻种植期间大多数阴天日变化规律相似,典型阴天条件下,Rn 呈多峰型变化趋势,变化曲线不如晴天条件下(图 3.1~图 3.3)平滑,且日均值和峰值均小于各月典型晴日。这是由于阴天条件下,云层厚度不同,且云层的时隐时现对辐射的影响较大,而晴天云层的影响很小,辐射变化连续平滑。Rn 通量夜间为负值且变化小,日出后变为正值,总体呈早晚小、正午大,但峰值不明显,出现时刻

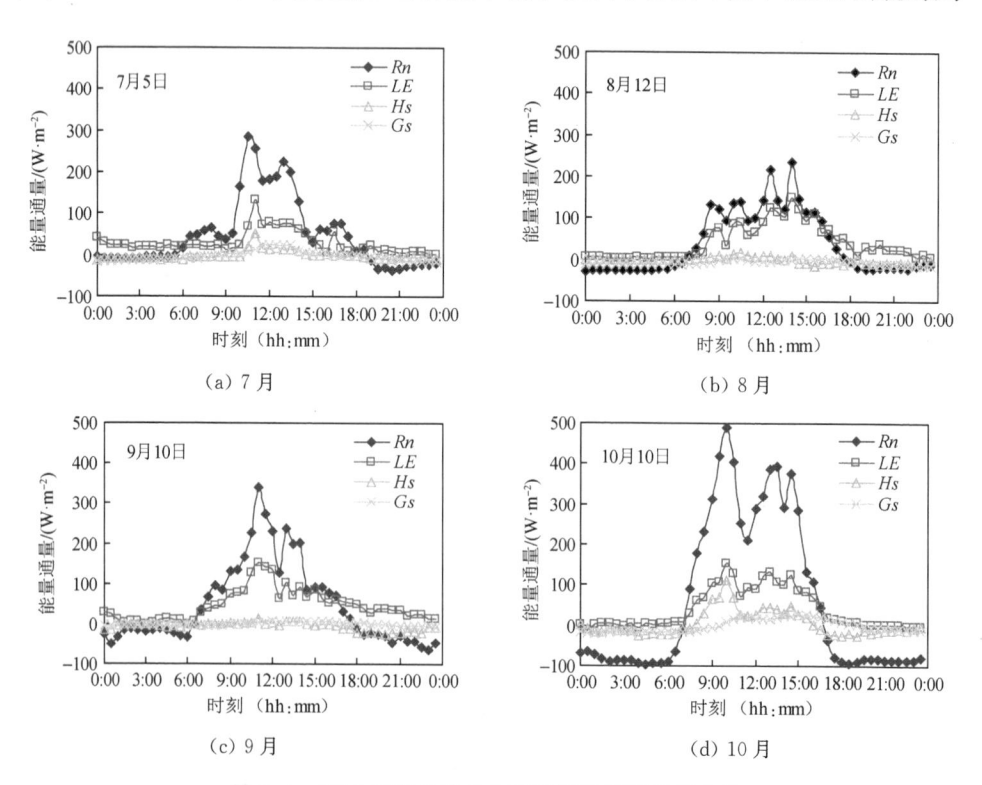

图 3.4 2014 年稻季各月典型阴天能量通量日变化

图 3.5　2015 年稻季各月典型阴天能量通量日变化

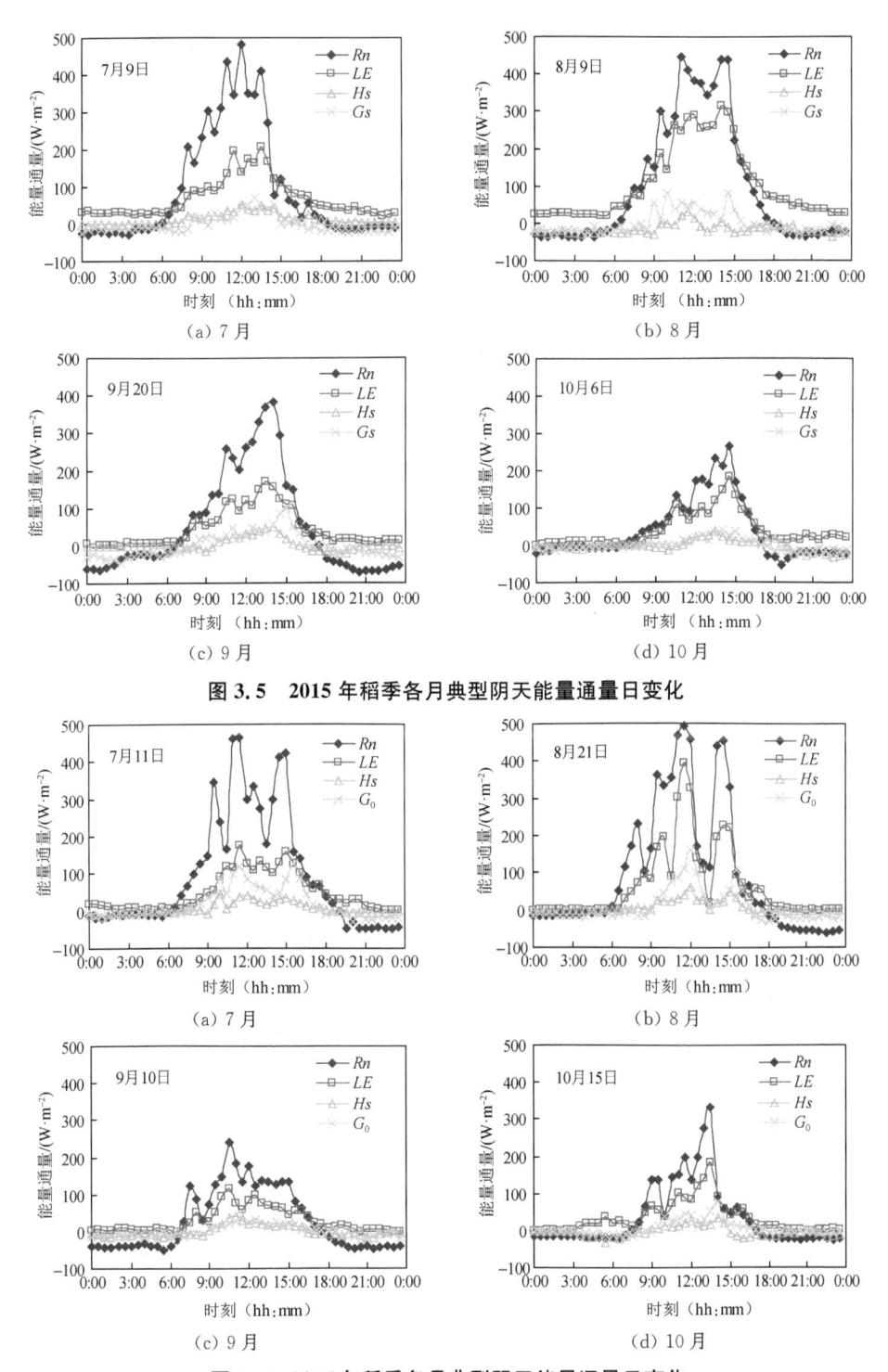

图 3.6　2016 年稻季各月典型阴天能量通量日变化

波动较大,日落后又转变为负值。2014年、2015年和2016年各月典型阴天受云层日间差异等影响,不同典型月之间Rn没有明显的差异,2014年各典型阴天Rn日均值平均为48.2 W·m^{-2},Rn峰值平均为313.5 W·m^{-2}。2015年和2016年各典型阴天Rn日均值平均分别为68.8和62.0 W·m^{-2},峰值平均分别为393.1和382.5 W·m^{-2}。各典型阴天日的均值和峰值见表3.2。

表3.2 2014—2016年稻田能量各通量典型阴天的日变化特征值(W·m^{-2})

典型阴天		Rn 日峰值	Rn 平均值	LE 日峰值	LE 平均值	Hs 日峰值	Hs 平均值	Gs(或G_0) 日峰值	Gs(或G_0) 平均值
2014年	7月5日	283.0	47.2	132.5	29.5	51.1	−1.0	25.0	−3.0
	8月12日	236.9	37.9	149.9	41.2	16.6	−1.3	2.3	−7.7
	9月10日	340.2	47.3	153.3	45.9	12.0	−6.1	7.3	−0.8
	10月10日	393.7	60.4	131.9	40.0	49.3	4.8	28.0	−0.4
2015年	7月9日	481.0	90.5	206.2	67.9	54.1	12.2	73.0	−2.1
	8月9日	445.4	95.9	314.5	105.3	31.1	−16.2	81.2	0.2
	9月20日	381.5	50.8	170.8	43.4	47.4	2.8	100.5	−0.4
	10月6日	264.6	37.9	182.3	39.4	36.1	−1.8	38.6	−0.7
2016年	7月11日	463.2	91.8	175.1	48.4	43.5	6.2	117.9	17.6
	8月21日	492.3	93.6	393.6	64.9	64.1	8.2	160.2	9.5
	9月10日	241.0	27.8	116.9	29.2	42.2	0.68	45.2	−0.3
	10月15日	333.3	34.7	183.8	34.2	35.8	−3.3	76.3	6.3

典型阴天LE数值及其日变化幅度明显大于Hs,与Rn变化趋势相似,也呈多峰型变化。阴天LE同样全为正值,没有相对Rn的滞后现象,各典型日之间也没有明显的季节差异。2014—2016年各典型日的LE日均值的平均值分别为39.2、64.0和44.2 W·m^{-2},日峰值平均值分别为141.9、218.5和217.4 W·m^{-2}。Hs波动起伏也受Rn的影响,但变化幅度较小,2014—2016年日均值平均值仅为−0.9、−0.8和3.0 W·m^{-2},日峰值平均值分别仅为32.3、42.2和46.4 W·m^{-2}。Hs只有在正午时段出现短时间的正值,日均值较小或为负,说明阴天由于Rn的减弱,稻田系统开始从大气吸收热量,而大气则表现为降温,与晴天条件不同,阴天大气常处于放热状态。

阴天能到达地表的太阳辐射大大减少,从而到达地面的Rn减少,地面温度降低,地面热传导和水汽蒸发也变缓,随之 Hs 和 LE 降低,向下传到土壤的热通量值也相应减小。Gs 和 G_0 在阴天并没有随着 Rn 的波动而波动,其值变化幅度小而平缓,但起伏变化较 Rn 存在一定的滞后性。$Gs(G_0)$ 日均值常为负,2014—2016 年日均值平均分别为 -3.0、-0.8 和 $8.3\text{ W}\cdot\text{m}^{-2}$,仅在午后一段时间内为正值,说明全天 24 h 中多于 2/3 的时间土壤降温,并向大气释放热量。

3.1.2 水稻各生育期能量平衡分量的平均日变化和分配特征

图 3.7 是将 2014—2016 年水稻各生育阶段不同观测日不同时刻(半小时)从 00:00~24:00 每日 48 个观测时刻的 Rn、LE、Hs 和 $Gs(G_0)$ 生育阶段平均日变化。

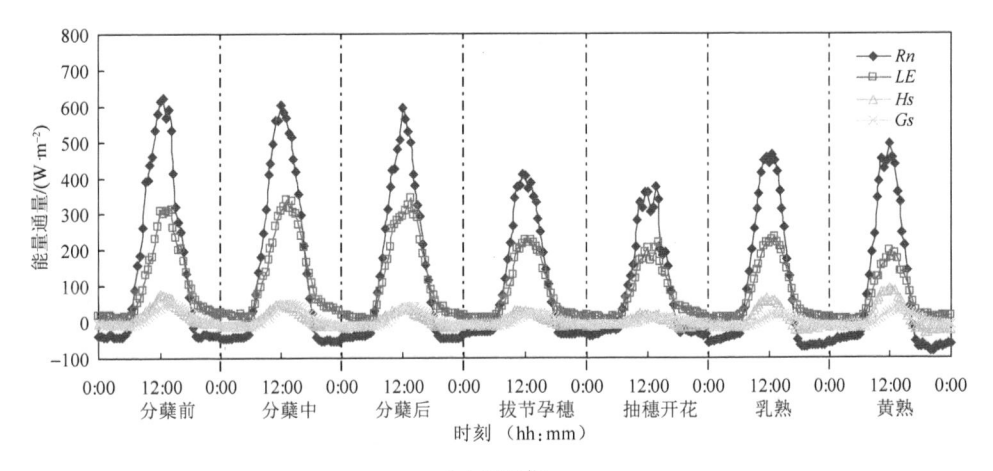

(a) 2014 年

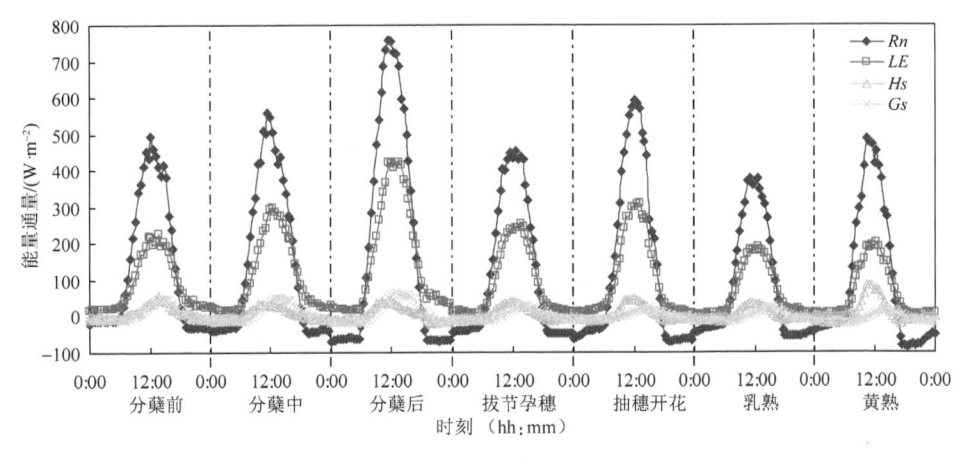

(b) 2015 年

(c) 2016 年

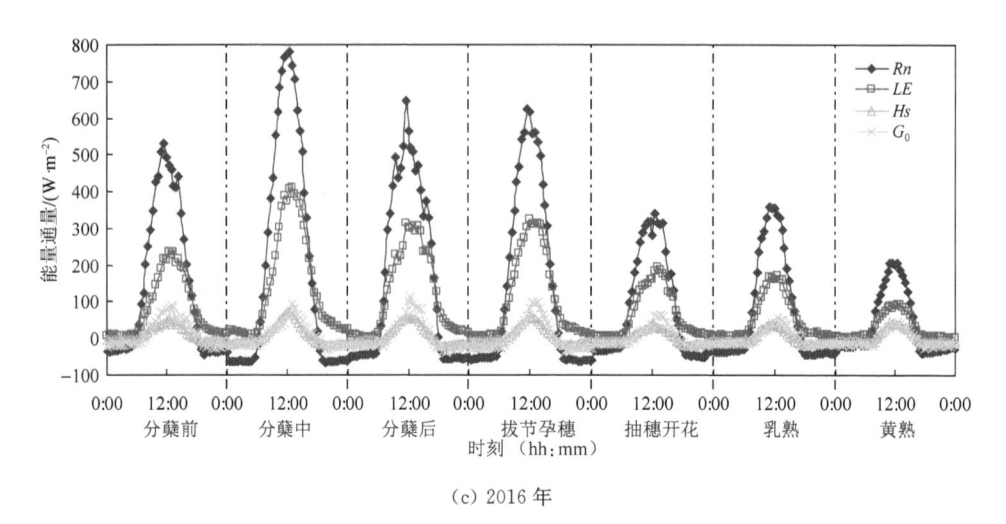

图 3.7　不同生育阶段稻田能量平衡各分量的平均日变化(2014—2016 年)

Rn、LE、Hs 和 $Gs(G_0)$ 各生育阶段日变化都呈倒"U"形单峰曲线(图 3.7)。Rn、Hs 和 $Gs(G_0)$ 均在白天为正、夜间为负,且随着水稻生长,3 个通量值一天内正值对应时段逐渐缩短,但无论白天还是夜间 LE 值均为正,且 LE 占 Rn 的比例远大于 Hs 和 $Gs(G_0)$,说明水稻生育期 Rn 主要用于蒸散消耗,以 Hs 形式加热大气的部分最少。受生长季节的影响,Rn 在水稻营养生长阶段大于生殖生长和成熟阶段,LE 和 Hs 的大小起伏随 Rn 的变化而变化,$Gs(G_0)$ 阶段间差异相对较小。此外,各能量分量的相位变化与 Rn 均有所不同,各生育期 Rn 在正午 12:00 左右达到最大值,但无论是起波时间、峰现时间还是回落时间,LE、Hs 和 $Gs(G_0)$ 相对于 Rn 都有不同程度的滞后,LE 滞后约 0.5~1 h,Gs 滞后约 1.5~2.5 h,G_0 滞后程度小于 Gs,约 1 h。Hs 滞后现象最不明显,约 0~0.5 h,说明能量支出项对 Rn 的响应有明显的延时特征。此外,G_0 波动程度大于 Gs,说明土壤表面热通量 G_0 与 0.08 m 深度的热通量 Gs 在幅值和相位上有所差异。

表 3.3 给出了稻季不同生育阶段能量分量占 Rn 的比例,分析 2014—2016 年三年数据可知,节水灌溉水稻生长期间 LE 和 Hs 占 Rn 的比例大小关系为 $LE > Hs$。$Gs(G_0)$ 占 Rn 的比例较小,Hs 与 $Gs(G_0)$ 的大小关系在不同生育阶段因冠层覆盖度差异而有所不同。

从水稻移栽到成熟,LE 所占比例都较大(60%以上),表明节水灌溉稻田生态系统的 Rn 消耗以潜热输送加湿大气为主,这主要由于亚热带南部季风气候区降水丰富,气候湿润,稻田 $θ$ 高,蒸散作用较强。这与黄土高原半干旱地区以及敦煌干旱地区地气间以 Hs 交换为主的规律相反(张强、曹晓彦,2003;岳平 等,2011),

表3.3 稻季能量各组分占净辐射的比例(2014—2016年)(%)

年份	比例关系	分蘖前	分蘖中	分蘖后	拔节孕穗	抽穗开花	乳熟	黄熟	稻季
2014	LE/Rn	68.1	81.0	85.1	80.0	86.8	82.3	68.0	75.3
	Hs/Rn	11.7	4.5	2.5	3.9	−1.4	5.7	9.2	5.4
	Gs/Rn	8.5	6.6	4.2	1.9	−0.1	−2.9	2.6	3.9
	$(Hs+LE+Gs)/Rn$	88.3	92.1	91.9	85.8	85.3	85.0	79.8	84.6
2015	LE/Rn	67.1	77.1	80.7	76.3	76.7	79.0	67.0	75.1
	Hs/Rn	8.4	4.6	2.5	5.2	3.9	4.5	13.4	5.4
	Gs/Rn	12.7	11.0	7.3	2.9	1.2	1.6	7.0	5.8
	$(Hs+LE+Gs)/Rn$	88.2	92.7	90.4	84.4	81.7	85.1	87.5	86.8
2016	LE/Rn	60.0	72.4	75.2	77.4	82.4	78.8	86.6	76.1
	Hs/Rn	7.0	4.1	4.4	4.5	2.1	1.6	12.1	5.1
	G_0/Rn	9.8	3.6	4.4	3.5	3.9	1.9	−6.7	2.9
	$(Hs+LE+G_0)/Rn$	76.8	80.0	84.4	85.5	88.4	82.3	92.0	84.1

与一般稻田规律相同,但 LE 与 Hs 的差异较一般稻田更为显著(郭建侠 等,2008;贾志军 等,2010)。LE 占 Rn 的比例整体上还呈现先增加后减小的变化趋势,可能是因为生育中期太阳辐射较强,且水稻叶面积指数(LAI)最大,使得稻田蒸散发剧烈,LE 增加。2014 年从分蘖前到黄熟期,LE/Rn 分别为 68.1%、81.0%、85.1%、80.0%、86.8%、82.3% 和 68.0%,2015 年分别为 67.1%、77.1%、80.7%、76.3%、76.7%、79.0% 和 67.0%,2016 年分别为 60.0%、72.4%、75.2%、77.4%、82.4%、78.8% 和 86.6%。2014—2016 年稻季,LE 占 Rn 的比例非常接近,分别为 75.3%、75.1% 和 76.1%,说明试验区节水灌溉稻田能量消耗主要以 LE 输送为主,约占 Rn 的 75.0%。

Hs 和 $Gs(G_0)$ 所占 Rn 比例随生育期不同而不同。Hs 和 $Gs(G_0)$ 在分蘖前期所占比例较大,2014—2016 年 Hs/Rn 分别为 11.7%、8.4% 和 7.0%,$Gs(G_0)/Rn$ 分别为 8.5%、12.7% 和 9.8%,可能因为分蘖前期 LAI 小,能量用于水稻蒸散的比例小,同时,稻田覆盖度低,Rn 直接作用于土壤的比例加大,土壤增温,T_a 也增加,Hs 和 $Gs(G_0)$ 就相对较大。黄熟期 Hs/Rn 达到另一高峰,三年分别为

9.2%、13.4%和12.1%,可能因为水稻成熟后需水量减少,土壤含水率降低,稻田蒸散所需能量小,同时黄熟期LAI较生育前期大,所以Rn到达地面的比例较小,即Rn主要用于加热大气。黄熟期,Gs占Rn比例也有所增加,但较生育前期小,而G_0占Rn比例为负(-6.7%)。稻季,Hs/Rn和$Gs(G_0)/Rn$的年际变化也不大,三年分别平均为5.4%、5.4%、5.1%和3.9%、5.8%、2.9%。

此外,各能量分量之和($Hs+LE+Gs$)占Rn的比例各年表现不尽相同。2014年、2015年和2016年($Hs+LE+Gs$)/Rn最小分别发生在黄熟期、抽穗开花期和分蘖前期,最大分别发生在分蘖中期、分蘖中期和黄熟期,该比例大说明能量损失小或能量消耗、储存项少。2014—2016年水稻各生育期($Hs+LE+Gs$)/Rn基本在75%以上,年际变化不大,均约85%,说明LE、Hs和Gs的稻田能量转换过程中存在一定的损失,但相比其他生态系统,该损失值较小(Twine et al., 2000; Wilson et al., 2002; Castellví et al., 2008)。

3.1.3 能量平衡各分量的稻季变化特征

2014—2016年水稻生长期间的降雨量属正常年份,水稻从移栽到成熟,各能量分量与降雨量的逐日变化如图3.8所示。从图中可以看出,LE与Rn逐日变化趋势及波动状况基本一致,总体上为先增加后减小,高峰期出现在分蘖中后期(移栽后约第20~45天),同时又呈现多峰多谷的动态,谷值一般出现在阴雨天气。降雨过后,Rn和LE都迅速增加,主要因为雨后天气晴朗,Rn增加,气温升高,地面田面水层变薄,水温升温较快,水面蒸发相对加剧,再加上此时水稻蒸腾能力恢复,共同导致了LE在降雨后迅速增加。2014年Rn与LE最大值出现在移栽后第28天,分别为232.7和173.6 W·m^{-2};2015年Rn最大值(226.9 W·m^{-2})出现在移栽后第31天,LE最大值为182.5 W·m^{-2},出现在移栽后的第41天;2016年,Rn与LE最大值分别为219.0和166.5 W·m^{-2},分别出现在第20和21天,峰值出现时间较前两年早,这是因为2016年水稻移栽晚,从季节来看Rn与LE最大值均发生在7月末8月初。从图3.8中还可看出,在Rn较大或无降雨日,LE与Rn差异较大,在有降雨情况下,LE与Rn值较接近,说明降雨一方面减小了太阳辐射,另一方面补充了土壤水分,增加了大气湿度。Hs和$Gs(G_0)$受降雨和辐射的影响有较小波动,但变化特征不明显,且日均值较小。2014—2016年稻季,Hs和$Gs(G_0)$平均分别为5.6、6.2和5.2 W·m^{-2},4.0、6.7和4.9 W·m^{-2}(表3.4)。从图3.8还可看出,在水稻生长前期,Hs和Gs波动相对较大。可能因为该时段T_a高,Rn强,水稻生长旺盛,LAI较小且变化较快,大气湍流交换多种因素影响变化剧烈。同时，在较低的冠层覆盖条件下土壤温度和水分受太阳辐射和降雨的影响较大，使所监测的 G_s 变化较大。

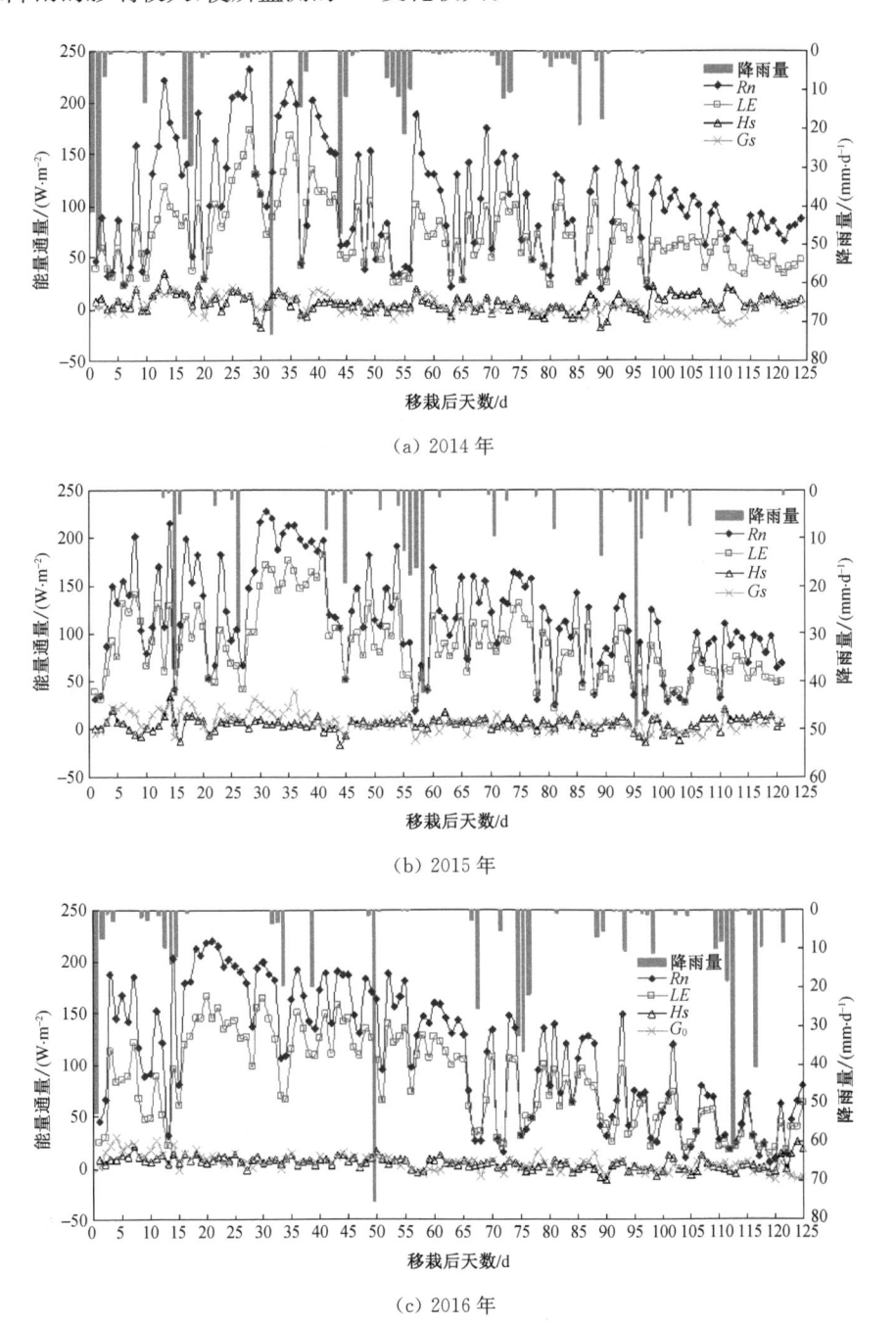

图 3.8　各能量通量的稻季逐日变化特征（2014—2016 年）

表 3.4 所示为 2014—2016 三年能量各通量稻季平均值和水稻生育期降雨量和灌水量。2014—2016 年稻季,降雨量依次为 478.2、336.7 和 564.9 mm,2016 年生育后期受降雨量的影响,Rn 明显小于前一年,LE 也明显小于前一年。三年灌水量依次为 410.9、394.8 和 418.3 mm(含泡田水量,泡田水量分别为 112.8、118.0 和 115.0 mm)。水稻生育期 Rn 平均依次为 103.4、114.6 和 111.3 W·m^{-2},LE 依次为 77.9、86.1 和 82.2 W·m^{-2},Hs 依次为 5.6、6.2 和 5.2 W·m^{-2},$Gs(G_0)$ 依次为 4.0、6.7 和 4.9 W·m^{-2}。三年相比,2015 年降雨量相对最少,Rn、LE、Hs 和 $Gs(G_0)$ 相对均最大。Rn、LE、Hs 和 $Gs(G_0)$ 三年平均分别为 109.8、82.1、5.6 和 5.2 W·m^{-2},LE、Hs 和 $Gs(G_0)$ 占 Rn 的比例平均分别为 74.8%、5.1% 和 4.7%。

表 3.4　降雨、灌水量和能量各通量稻季平均值(2014—2016 年)

年份	2014 年	2015 年	2016 年	平均
降雨量(mm)	478.2	336.7	564.9	459.9
灌水量(mm)	410.9	394.8	418.3	408.0
Rn(W·m^{-2})	103.4	114.6	111.3	109.8
LE(W·m^{-2})	77.9	86.1	82.2	82.1
Hs(W·m^{-2})	5.6	6.2	5.2	5.6
$Gs(G_0)$(W·m^{-2})	4.0	6.7	4.9	5.2

3.2　能量平衡闭合分析

可靠的通量数据资料能准确分析通量变化规律,反映蒸散发与土壤水分状况的相互制约关系,也是研究地表能量分配、农田水分时空分布、近地表蒸发以及水热交换等规律的基础。目前,原始数据分析、稳态测试、大气湍流统计特性、谱分析与能量闭合评价等方法都被用于评价通量观测的数据质量(温学发 等,2004)。其中能量平衡闭合程度作为地面与大气之间能量交换的一个重要约束条件,能够直接影响地面温度、湿度、改变土壤-植被-大气之间的水分输送与交换(谢五三 等,2009),已成为国内外学者广泛接受的评价数据质量与可靠性的参考指标。

3.2.1 能量平衡闭合评价指标

关于能量闭合评价有很多计算方法(Li et al.，2005;刘渡 等,2012)，为了能够全面评价稻田的能量平衡状况,从各个角度探讨不同修正方法对稻田能量平衡不闭合的影响,本文利用最小二乘法(OLS)线性回归、能量平衡比率(EBR)和能量平衡残差(D)3种方法来分析不同时间尺度上稻田能量观测结果的闭合状况。

(1) 最小二乘法线性回归

最小二乘法求线性回归系数 OLS(Ordinary Least Squares),是利用大量短时(0.5 h 或 1 h)数据统计分析能量平衡长期闭合度的有效方法。这种方法是利用最小二乘法来求解平均时长内湍流能量和有效能量之间的线性拟合系数,用斜率和截距来分析能量平衡闭合情况(Wohlfahrt and Widmoser,2013)。基本假设条件是使 E_{OLS} 最小(Li et al.，2005),回归方程可表示为:

$$LE+Hs=a(Rn-G)+b \tag{3.1}$$

$$E_{\mathrm{OLS}}=\sum[(x_i-X_i)^2+(y_i-Y_i)^2] \tag{3.2}$$

式(3.1)中, a 是直线回归斜率,代表能量平衡闭合程度; b 为截距。式(3.2)中 x_i、y_i 为数据点的横纵坐标值, X_i、Y_i 为回归直线上离数据点最近点的横纵坐标值。在能量平衡的理想状况下, $a=1, b=0$,但实际回归斜率大多小于1,截距也与原点有所偏离。

(2) 能量平衡比率(EBR)

能量平衡比率表示在一定时间内,涡度相关系统观测到的湍流通量($LE+Hs$)与有效能量($Rn-G$)之间的比值,其适用范围广,是评价能量闭合程度最常用的方法之一(刘渡 等,2012):

$$EBR=\frac{LE+Hs}{Rn-G} \tag{3.3}$$

EBR 不仅能反映日内能量平衡状况,也能反映较长时段内的能量平衡状况。用于长期闭合度研究时,该方法能在一个较长的时间范围内平均时间的随机误差,对其能量平衡闭合状况进行总体的评价。但是,从上式中也可发现一个不稳定情况,即如果有效能量趋近于0,则此时 EBR 值会很大。这种情况通常发生在夜间和昼夜交替时刻,此时有效能量比较小,得到的 EBR 值将无法准确反映生态系统的能量闭合情况(Baldocchi et al.，2001;Hiyama et al.，2007)。

(3) 能量平衡残差（D）

能量平衡残差不仅是地表能量平衡状况的绝对量度，而且具有能量通量的量纲，其表达式为（Cava et al.，2008；Wohlfahrt and Widmoser，2013）：

$$D = Rn - G - LE - Hs \tag{3.4}$$

D 的正负大小可体现能量平衡过程中不闭合与过闭合的变化特征，反映不同时间点上的能量不平衡程度（郭建侠 等，2008；岳平 等，2012）。D 通常会有向 0 两边发散的趋势，其绝对值越大，表示能量不平衡的差额就越大。但 D 无法体现在能量转换相位修正前后日尺度计算能量闭合状况的差异。

3.2.2 基于 OLS 的能量平衡闭合度评价

图 3.9 和图 3.10 体现了节水灌溉稻田 2014 年和 2015 年水稻生育期以 30 min 和 1 d 为步长统计的通量数据的 OLS 回归分析。结果显示，在显著性水平为 0.1% 的条件下，两年统计数据为 30 min 步长的稻田能量平衡 OLS 回归系数相似，斜率为 0.52 和 0.56，截距为 24.09 和 29.21 W·m^{-2}，确定性系数（R^2）为 0.89 和 0.91，均方根误差（$RMSE$）为 43.18 和 41.76 W·m^{-2}。图 3.10 为用各通量日均值分析的 OLS 能量平衡状况，2014 年回归斜率、截距和 R^2 分别为 0.78、1.38 W·m^{-2} 和 0.94，2015 年各系数分别为 0.80、5.14 W·m^{-2} 和 0.96，$RMSE$ 分别为 9.24 和 8.43 W·m^{-2}。由此可见，日尺度下能量平衡闭合度明显高于半小时尺度，能量平衡闭合度存在明显的时间尺度效应。这是因为较大时间尺度的统计数据一定程度上均衡了时段内各通量数据的波动与不稳定性，尤其是不同分

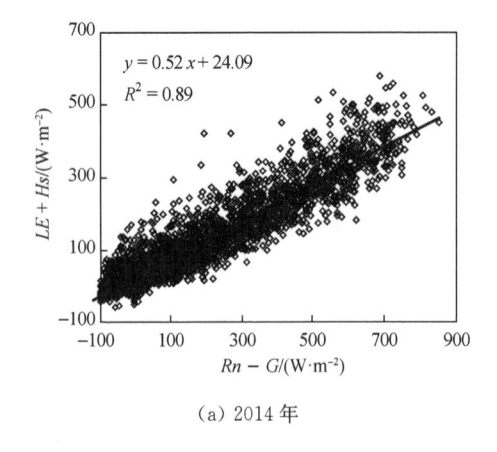

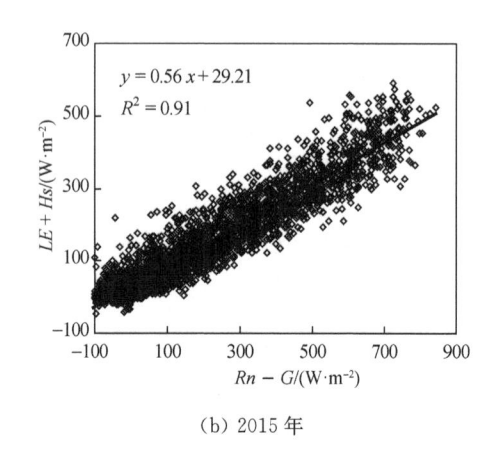

(a) 2014 年　　　　　　　　　(b) 2015 年

图 3.9　基于 30 min 统计数据的稻田能量平衡最小二乘法线性回归分析（2014—2015 年）

(a) 2014 年　　(b) 2015 年

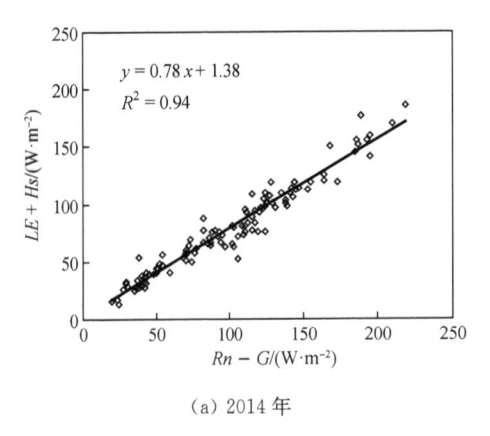

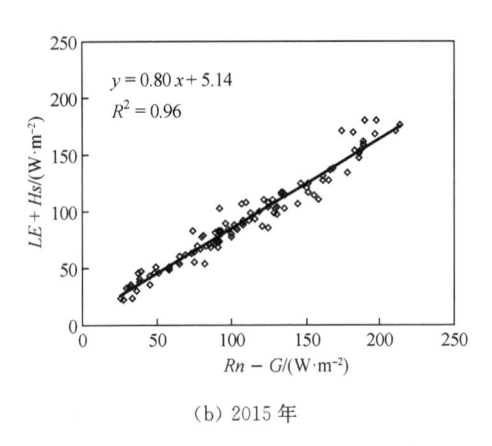

图 3.10　基于日均值通量数据的稻田能量平衡最小二乘法线性回归分析（2014—2015 年）

量之间的时间滞后，且白天和夜晚稻田能量的分配与转换存在一定的补偿效应，夜晚能量的过闭合一定程度上弥补了白天能量的不闭合，所以日尺度上的能量闭合率明显大于半小时尺度。2016 年与前两年不同，通量数据直接采用在线程序处理计算，得到的土壤热通量值直接为地表土壤热通量 G_0，具体分析见 3.3 节。

3.2.3　基于 EBR 的能量平衡闭合度评价

能量平衡比率 EBR 是分析生态系统能量平衡状况最常用的指标之一。图 3.11 体现了生育期各天基于 30 min 统计数据的 EBR 平均日内变化情况，结果显示，白天的能量平衡比率 EBR 基本在 0~1 合理范围内，夜间 EBR<0，昼夜交替时 EBR 正负大幅度波动。从日出到日落，EBR 从 0.7 到 1.5 逐渐增大，即下午的能量闭合度高于上午。在合理范围内，EBR 最大值出现在 16 点左右。产生这种现象，可能是因为上午 T_a、T_c 和土壤温度 T_s 随着 Rn 的增加经历了一个吸收热量并持续加热的过程，能量消耗项多，损失较大。午后温差没有上午剧烈，相对较稳定，因此能量平衡处于一个稳定的较高状态。16:00 过后的一段时间内，能量还出现了"过闭合"现象，本文推测可能由于水稻长势茂盛，蒸发蒸腾作用强烈，水汽垂直输送剧烈，使涡度相关系统测量的湍流通量瞬时值差异较大，较难得到一个稳定值，且所测各能量分量与 Rn 的时间不同步（郭建侠 等，2008；贾志军 等，2010），后续研究将检验这一推测。此外，在日出和日落时段 EBR 波动较大，因为在本试验通量观测中，Hs、LE 代表近地层通量，Rn 为冠层上方观测量，Gs 为地表下 8 cm 深度观测量，观测中能量各分量不在一个水平面上，就会导致观测量在时间和空间上的不同步，昼夜交替时，Rn 先于其他能量分量由正变为负值或由负变

为正值,使得湍流能量和有效能量的比值正负波动,再加上日出日落时温差大,大气湍流不稳定且存在平流损失,测量瞬时值易变且准确性较低,更加剧了此时的能量不平衡程度。夜间 EBR 值又恢复平稳但为负,超出了正常范围 0～1,说明能量平衡比率已不再适用于衡量日内小时尺度夜间能量闭合度,但由其稳定的分布趋势推测可能是涡度相关系统观测夜间(R_n 为负)通量值时出现了系统性的偏差,或者忽略了实验稻田存在的某一稳定的附加热源,又或是忽略的冠层热储量、0～8 cm 土壤热储量及热通量板自身的热储量等引起 G_s 等的损失,造成湍流能量和可利用能量收支不一致。

(a) 2014 年

(b) 2015 年

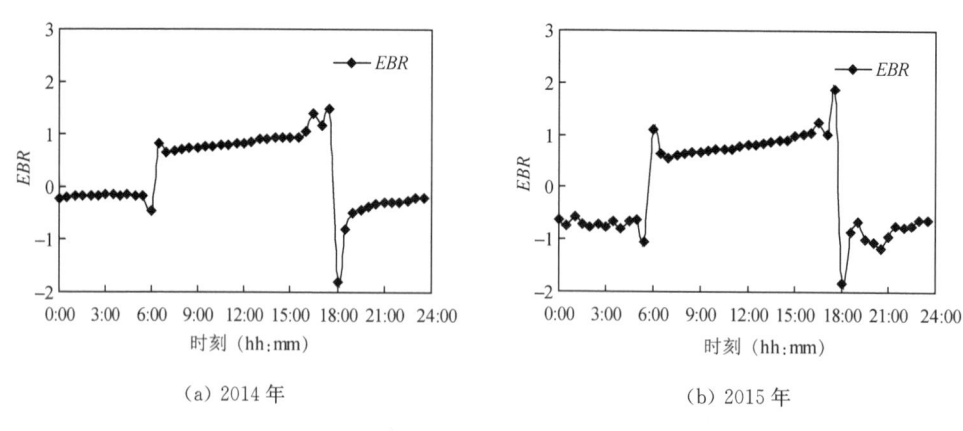

图 3.11　水稻生育期能量平衡比率(EBR)日内变化(2014—2015 年)

EBR 也可评价日时间尺度的能量闭合程度,以日累计通量数据计算得到节水灌溉稻田 2014 年和 2015 年水稻生育期能量闭合率分别为 0.80 和 0.86,2014 年较低(2013 年试验区日 EBR 为 0.88),可能因为 2014 年雨水较多,涡度相关系统所测通量数据的修正,需剔除降雨及降雨前后 1 h 的数据,虽然会用不同方法对剔除的数据进行合理的插补,但剔除的数据较多也会对数据的精度造成影响。同时,降雨多,土壤含水率大,甚至有水层,一方面改变了稻田水环境,使稻田能量和水分交换与晴天条件不同;另一方面,本文计算忽略了地表水层的热储存,经常积水状况下必然导致能量平衡计算中能量的低估。图 3.12 进一步分析了全生育期 EBR 的逐日变化情况。2014 和 2015 年日尺度的 EBR 大多在 0.7～1.0 之间小幅度波动,受降雨和灌溉的影响,EBR 波动较大。2014 年日 EBR 最大为 1.34(8 月 2 日),最小值 0.52 出现在 9 月 23 日。2015 年日 EBR 最大为 1.21(7 月 10 日),最小值为 0.61(7 月 6 日)。EBR 波动峰值和谷值多为灌溉日(2014 年 7 月 5 日、9 月 4 日、9 月 30 日;2015 年 7 月 5 日、9 月 15 日等)、降雨日(2014 年 8 月 17 日、9 月 18

日；2015年7月19日、8月22日、9月27日等），或灌溉降雨影响下的次日（2014年6月28日；2015年7月6日、9月5日、9月16日等）。除此之外，返青期EBR波动剧烈，原因在于该生育期田间有薄水层，一部分能量储存在土壤表面水层中或用于水分蒸发造成了能量损失，同时，该时期太阳辐射强，冠层覆盖率低，田间水面反射光对仪器测量造成了一定程度的干扰。还有少部分峰值和谷值与降雨灌溉无关（2014年9月23日、10月14日），可能因为试验区周围临时出现了能量的源或汇，改变了原有的能量平衡状态，表现为EBR的突然增大或减小。

(a) 2014 年

(b) 2015 年

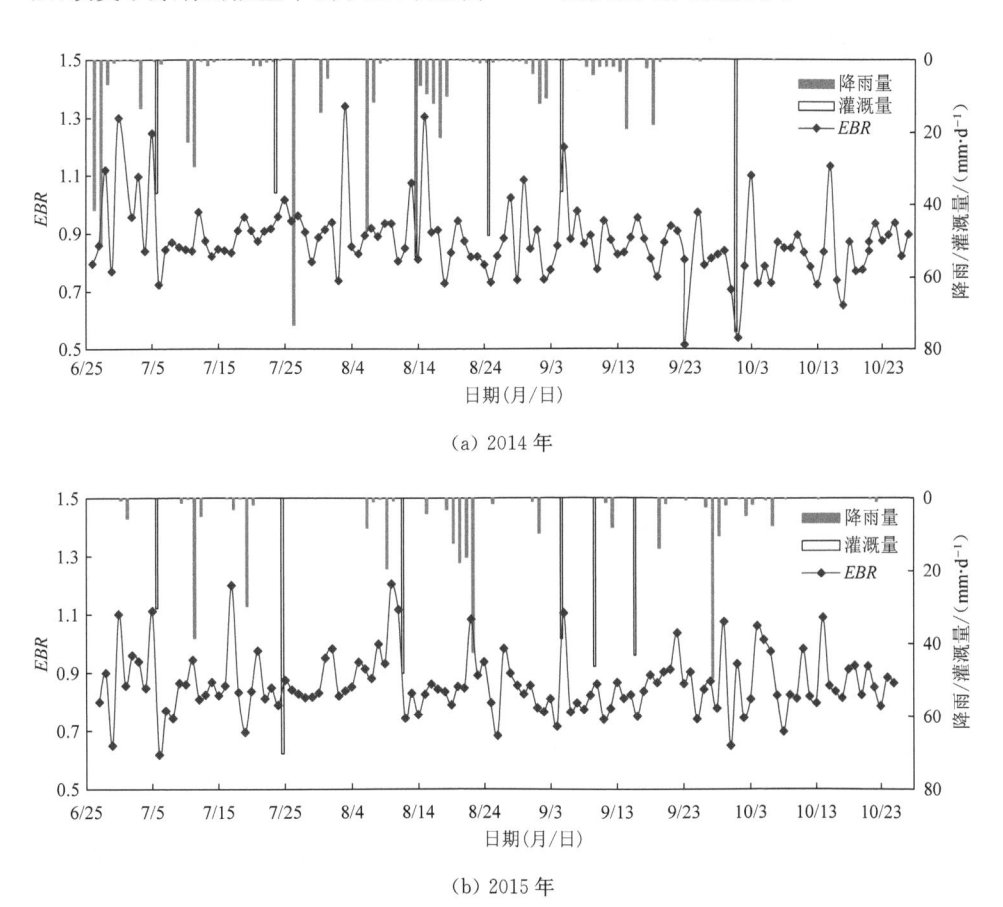

图3.12 稻季能量平衡比率（EBR）的逐日变化（2014—2015年）

3.2.4 基于D的能量平衡闭合度评价

能量平衡残差D的正负大小不仅可以体现能量平衡过程中不闭合与过闭合的变化特征，还反映了不同时间上的能量不平衡程度。分析D的生育阶段平均日变化可以发现(图3.13),水稻各生育期,能量不闭合与过闭合呈规律性的日内交替变化。日出前,D值为负,且变化和波动均较小。日出后,D值由负变正且迅速增大,在正午12:00以前达到最大,先于净辐射1~2 h达到峰值,之后迅速下降,昼夜交替时达到最小,此时过闭合程度最大,随后过闭合程度缓慢降低。2014年从分蘖到黄熟7个生育阶段,D的平均日变化范围分别为-116.5~220.9 W·m^{-2}、-105.5~217.0 W·m^{-2}、-74.6~226.7 W·m^{-2}、-58.2~151.1 W·m^{-2}、-58.8~138.5 W·m^{-2}、-75.6~171.1 W·m^{-2} 和-82.0~203.1 W·m^{-2};2015年对应生育阶段D的平均日变化范围分别为-92.6~206.1 W·m^{-2}、-100.5~219.5 W·m^{-2}、-126.4~283.7 W·m^{-2}、-71.1~176.9 W·m^{-2}、-83.8~198.3 W·m^{-2}、-72.8~168.3 W·m^{-2} 和-80.0~218.8 W·m^{-2}。分蘖期,D的波动较大,因为该时期水稻生长旺盛,水汽输送剧

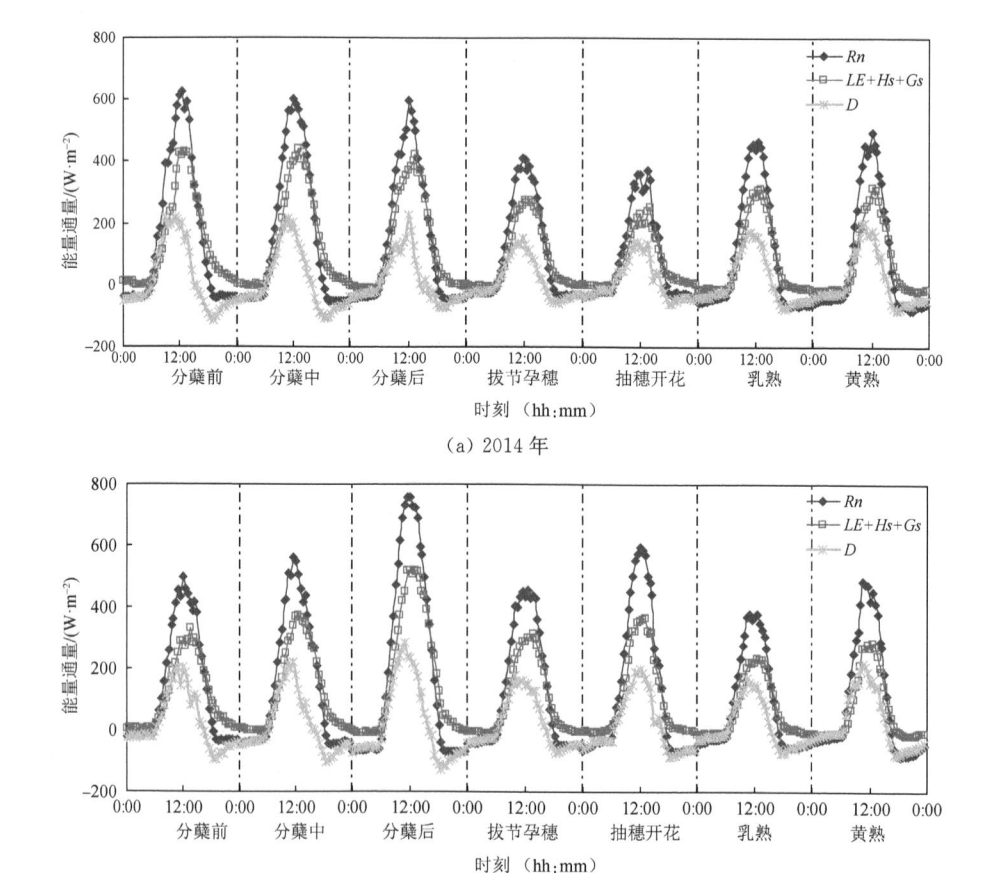

(a) 2014年

(b) 2015年

图3.13 稻田能量平衡残差(D)的各生育期日变化(2014—2015年)

烈,且 LAI 增长较快,下垫面不够平坦均一,使涡度相关系统不能准确捕捉近地面湍流变化,造成一部分的能量损失。由图 3.13 还可看出,能量分量之和($LE+Hs+Gs$)与 D 和 Rn 的相位变化均不一致,无论是起波时间、峰现时间还是回落时间,能量分量之和均落后于 Rn,D 的变化均超前 Rn 约 1~2.5 h,原因与前文分析一致,能量转化和传输都存在着时间消耗,同步计算的能量分量并不是对同一时段 Rn 的响应。已有文献(Agam et al., 2004; Oncley et al., 2007)中也有类似的研究结果,由此推测,能量分量时间尺度不匹配,可能是导致所测能量不平衡的重要原因之一。

图 3.14 为 2014 年和 2015 年能量平衡残差 D 的全生育期平均日变化,$LE+Hs+Gs$ 与 D 均呈平顺的倒"U"形曲线变化,相位分别滞后和超前 Rn 1~2 h。水稻生长期内,日出时和午后 15:00~16:00,地表能量闭合程度最高,能量不闭合与过闭合呈规律性的日变化。郭建侠等(2008)、岳平等(2012)分别在研究玉米生育期和草原生长期能量平衡特征时发现了类似的规律,但与其结果相比,节水灌溉稻田水稻生育期内 D 值变化幅度更大,2014 和 2015 年日最大值分别为 366.5 和 371.0 W·m^{-2},日最小值分别为 -208.7 和 -240.8 W·m^{-2},生育期平均值分别为 13.0 和 19.9 W·m^{-2},平均变幅分别为 -76.3~166.7 W·m^{-2} 和 -87.7~200.5 W·m^{-2},表明稻田的能量闭合情况较玉米、草原低。该结论与上述能量平衡比率评价能量平衡闭合情况的结论不一致,说明各评价指标侧重分析的问题不同,分析的时间尺度不同,结论也有所不同。另外,从 D 和 EBR 的生育期平均日变化均可看出,昼夜交替时,能量各分量正负交替变化的时间不同,使此时段能量闭合状况较差。

(a) 2014 年

(b) 2015 年

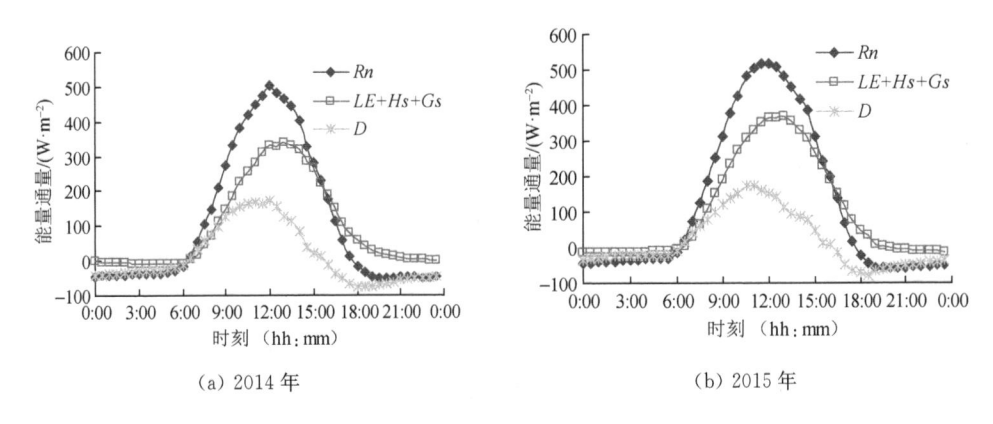

图 3.14 稻田能量平衡残差(D)的全生育期日变化(2014—2015 年)

3.3 稻田能量平衡不闭合的修正

近50年来,国际上针对不同生态系统能量平衡闭合问题开展了大量的试验研究,并得到一个普遍的关于能量不平衡的结论:不同条件下能量平衡不闭合率达 10%~30%(Twine et al., 2000; Wilson et al., 2002; Castellví et al., 2008)。目前关于能量不平衡的解释有很多,通常认为,土壤-作物-大气之间的能量储存未充分计入(Yang and Wang, 2008; Ding et al., 2013; Masseroni et al., 2014)以及 Rn 通量向 LE、Hs 和 G 转换过程中存在时间滞后性(张杰 等,2010; Leuning et al., 2012; Wohlfahrt and Widmoser, 2013),是能量不闭合且能够修正的原因。基于 EBR、OLS 和 D 评价指标,本节分析了热储存和相位滞后修正后地表能量的收支状况。

3.3.1 能量平衡各分量值的修正

3.3.1.1 热储量的计算

(1) 土壤热储量的计算

涡度相关系统 HFP01SC 土壤热通量板埋在地下 8 cm 深处,因此,在能量平衡方程中,地表土壤热通量不仅指土壤热通量板测定的热通量,还应包括土壤热通量板到地表的土壤热储存(Heusinkveld et al., 2004;窦兆一,2009;岳平 等,2011):

$$G_0 = Q + Gs + G_w \tag{3.5}$$

式中,G_0 为校正到地表的土壤热通量($W \cdot m^{-2}$);Q 为土壤热通量板到地表的土壤热储量($W \cdot m^{-2}$);Gs 为通量板测定的热通量($W \cdot m^{-2}$);G_w 为水体热储存($W \cdot m^{-2}$),由于实验区为节水灌溉稻田,没有水层,$G_w = 0$。

其中,Q 可根据公式(3.6)得到(Heitman et al., 2010):

$$Q = \frac{C_{soil} \cdot \Delta z \cdot \Delta T_s}{\Delta t} \tag{3.6}$$

式中:ΔT_s 为土壤热储量输出间隔时间内的土壤温度变化量(℃);C_{soil} 为实际(潮湿)土壤的热容量($J \cdot g^{-1} \cdot ℃^{-1}$);$\Delta z$ 为热通量板到地表的距离(m);Δt 为通量值输出间隔时间(s),本实验间隔时间为 30 min。

其中，C_{soil} 不便直接测量，可由式(3.7)计算得到(窦兆一，2009)：

$$C_{soil} = \rho_b C_d + \theta \rho_w C_w \tag{3.7}$$

式中，ρ_b 为土壤容重($g \cdot cm^{-3}$)；C_d 为干土的土壤热容量，取 $0.84 \, J \cdot g^{-1} \cdot ℃^{-1}$(窦兆一，2009；Hanks，2012)；$\theta$ 是土壤体积含水率，由 CS616 土壤水分传感器测得；ρ_w 为水的密度($g \cdot cm^{-3}$)；C_w 为水的比热容，取 $4.19 \, J \cdot g^{-1} \cdot ℃^{-1}$。

2014 年和 2015 年地表土壤热通量通过以上公式计算，2016 年通量数据直接采用 EasyFlux 在线处理程序计算，得到的土壤热通量直接为修正后的地表土壤热通量 G_0。

(2) 冠层热储量的估算

稻田冠层热储量(S)是从土壤表面到冠层顶端 h_c 的范围内，空气和植物中所储存的热量(康绍忠，1994；李正泉 等，2004)：

$$S = S_a + S_\lambda + S_{plant} \tag{3.8}$$

其中，

$$S_a = \frac{\partial}{\partial t} \int_0^{h_c} \rho \cdot C_p \cdot (1 + 0.84 \bar{q}) \cdot T_b dz \tag{3.9}$$

$$S_\lambda = \frac{\partial}{\partial t} \int_0^{h_c} \rho \cdot \lambda \cdot q_b \cdot T_b dz \tag{3.10}$$

$$S_{plant} = \frac{\partial}{\partial t} \int_0^{h_c} \rho_c \cdot C_{plant} \cdot T_c dz \tag{3.11}$$

式中：S_a 为冠层内感热通量($W \cdot m^{-2}$)；S_λ 为冠层内潜热通量($W \cdot m^{-2}$)；S_{plant} 为冠层内作物叶、枝干等的热储量($W \cdot m^{-2}$)；h_c 为冠层高度(m)；ρ 为空气密度，取 $1.29 \, kg \cdot m^{-3}$；C_p 为空气比热容，取 $1.013 \times 10^{-3} \, MJ \cdot kg^{-1} \cdot ℃^{-1}$；$q_b$ 为冠层内空气湿度；$\bar{q}$ 为冠层内空气平均湿度(%)；T_b 为冠层内空气温度(℃)；λ 为水的汽化潜热($MJ \cdot kg^{-1}$)；ρ_c、C_{plant}、T_c 分别为植冠密度($kg \cdot m^{-3}$)、比热容($MJ \cdot kg^{-1} \cdot ℃^{-1}$)和温度(℃)。由于试验区水稻冠层高度较小，随高度分布，温度、湿度变化很小，且观测资料有限，所以计算 S_a、S_λ 时，高度变化简化为两层，即土壤表面和冠层表面。

S 受环境(如地表植被覆盖、地形等)和作物本身的影响较大(赵静，2013)，在冠层高度大于 8 m 时对地表能量平衡有不可忽视的影响(Wilson et al.，2002)。Moderow 等(2009)对针叶林的研究发现，白天 S 约占 Rn 的 6%，晚上占 Rn 的比例高达 10%~35%。Lindroth 等(2010)也发现,松杉混合林 S 在 -35~40 W·m^{-2} 范围内变化。本研究由于缺乏植物叶和茎杆等生物温度观测数据,因此在计算 S 时没有考虑冠层内叶热储量和枝干热储量 S_{plant}。经计算,试验区水稻生育期冠层热储量在 -6~8 W·m^{-2} 范围内变化,约占稻田下垫面能量交换的 2%,小于测定主要能量组分时的实际误差(秦钟,2005),因此后续研究忽略该热储项。

3.3.1.2 G_0 与 G_s 的差异性分析

分析能量平衡方程中的各通量可知,多种热储项的忽略是造成能量平衡不闭合的重要原因之一。本研究发现,节水灌溉稻田冠层热储量占近地层能量交换的极少部分(<2%),可忽略不计。土壤热通量板(埋深 8 cm)以上土层热储存较其他热储大,是陆面能量平衡的重要组成部分。因此估算该热量储存项的大小是能量平衡研究中要考虑的关键问题。

按式(3.6)计算得到土壤热通量板到地表的土壤热储量 Q,图 3.15 反映了 2014 年和 2015 年分蘖前期到黄熟期 7 个生育阶段 8 cm 深度观测量 G_s 和由式(3.5)计算的地表土壤热通量 G_0 的平均日变化。由图可知,各生育期 G_0 均呈倒"U"形日变化趋势,中午 12:00 左右达到最大,夜晚 20:00 左右降至最低。2014 年 G_0 变化范围为 -43.8~110.6 W·m^{-2},平均为 5.3 W·m^{-2},无明显的生育期变化特征;2015 年变化范围为 -63.6~126.2 W·m^{-2},平均为 11.2 W·m^{-2},分蘖期变化幅度大于其他生育阶段,其中分蘖后期变化幅度最大,之后各生育阶段变化幅度相差不大。2014 年和 2015 年 G_0 的变化差异,可能是 Rn、θ、LAI 等多方面原因导致的。2015 年生育前期 Rn 较大,G_0 随 Rn 大小的变化而变化,之后由于冠层覆盖度的提高,以及 Rn 本身的减少,G_0 的生育期变化趋于平缓。2014 年,虽然水稻分蘖期 Rn 大,但降雨也大,θ 增加,土壤水分会储存并蒸发消耗一部分能量,还会降低 T_s,进而影响了由 θ 和 T_s 计算得到的 G_0。2014 年和 2015 年 G_s 的变化范围分别为 -14.9~51.8 W·m^{-2} 和 -20.9~64.1 W·m^{-2},平均分别为 4.0 W·m^{-2} 和 6.7 W·m^{-2}。两年有相似的生育期变化特征,随着水稻生长,G_s 的波动范围分蘖期最大,随后减小,成熟后又略有增加。从 G_0 和 G_s 各生育期平均日变化值分析可知,土壤放热阶段即热通量小于 0 时,普遍表现为 G_0 小于 G_s。2014 年和 2015 年同一时刻 G_0 与 G_s 之差,最大分别为 60.5 和 86.5 W·m^{-2},最小分别为 -44.5 和 -50.9 W·m^{-2},各生育期 G_0 变化幅度约为 G_s 的 3.66 倍和 2.57 倍。Yao 等(2008)研究发现,考虑土壤热通量板到地表(0~5 cm)的土壤热储存后,G_0 的日平均振幅提高了 27.6% 左右。另外,无论是峰值还是峰起、峰落时间,G_s 均

落后于 G_0，生育前期峰值滞后约 2 h，后期滞后约 1 h。所以，G_0 不仅相位超前于 Gs，而且变化幅度也明显较 Gs 大，即考虑地下 0～8 cm 的土壤热储量对地表能量平衡闭合率有明显影响。

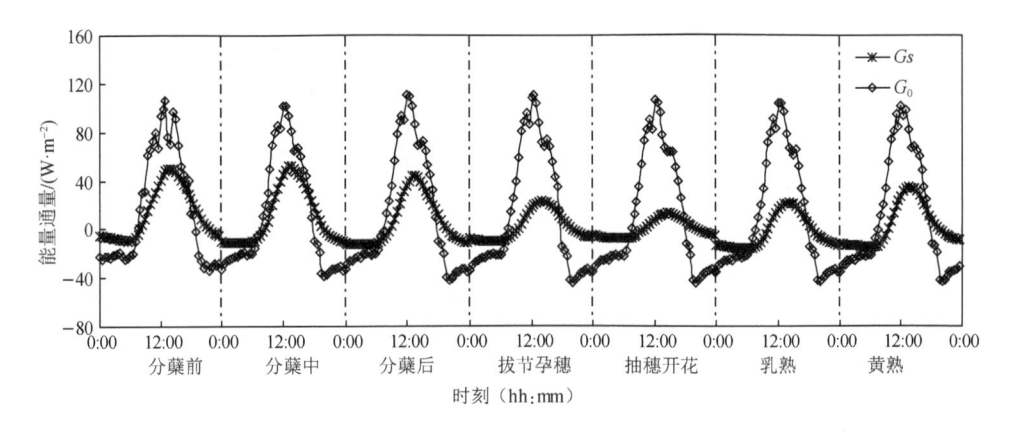

(a) 2014 年

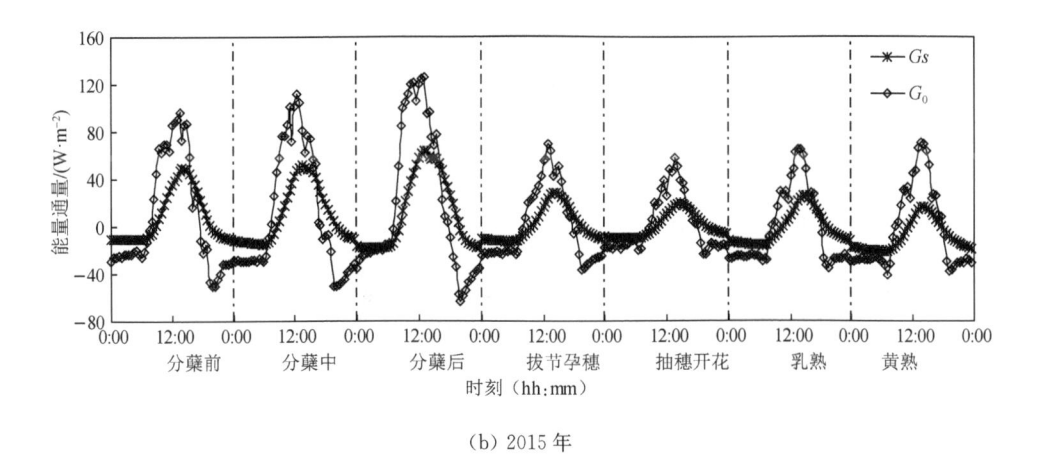

(b) 2015 年

图 3.15 地表与 8 cm 深处土壤热通量(G_0 与 Gs)的各生育期平均日变化(2014—2015 年)

3.3.1.3 考虑土壤热储量修正的能量闭合评价

用 G_0 取代 Gs 代入式(3.1)对 $(Hs+LE)$ 和 $(Rn-G_0)$ 进行 OLS 分析，考虑 0～8 cm 土壤热储量后节水灌溉稻田地表能量平衡特征如图 3.16 和图 3.17 所示。在显著性水平 $\alpha < 0.001$ 的条件下，考虑土壤热储存后，2014 年统计数据为 30 min 步长的 OLS 回归斜率为 0.61，截距为 24.24 W·m^{-2}，RMSE 为 39.09 W·m^{-2}，R^2 为 0.88，回归斜率较未考虑 0～8 cm 土壤热储量(图 3.9)提高了 17.3%，RMSE 减小了 9.5%。2015 年 OLS 回归斜率、截距、RMSE、R^2 分别为 0.61、

(a) 2014 年

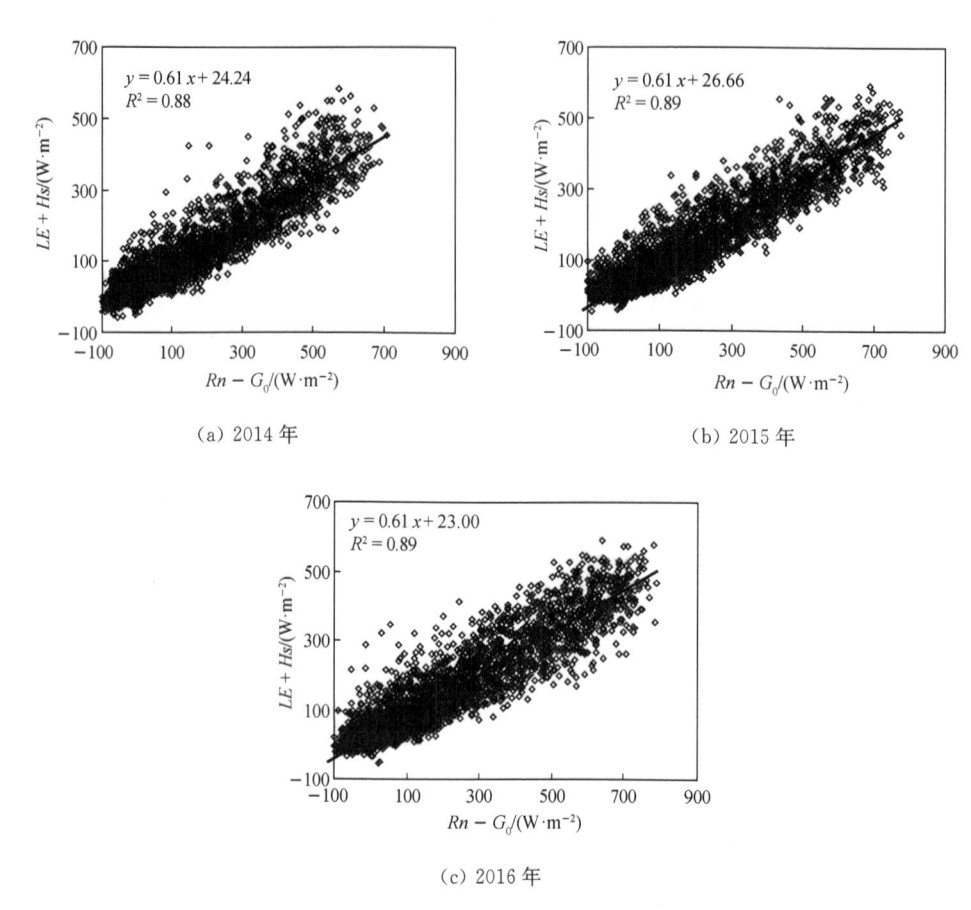

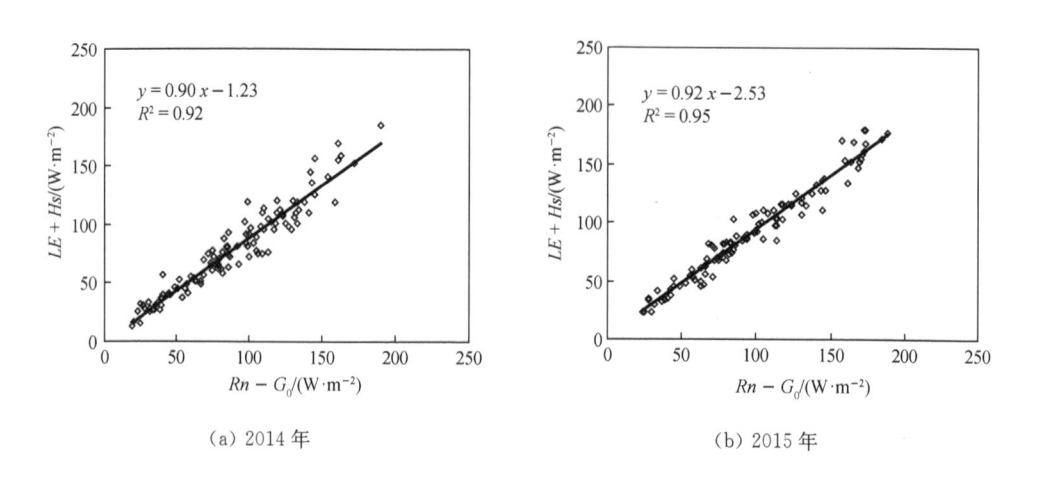

(b) 2015 年

(c) 2016 年

图 3.16 考虑土壤热储量后稻田能量平衡 30 min 统计值的最小二乘法线性回归(OLS)分析
（2014—2016 年）

(a) 2014 年

(b) 2015 年

$$y = 0.85x - 0.73$$
$$R^2 = 0.97$$

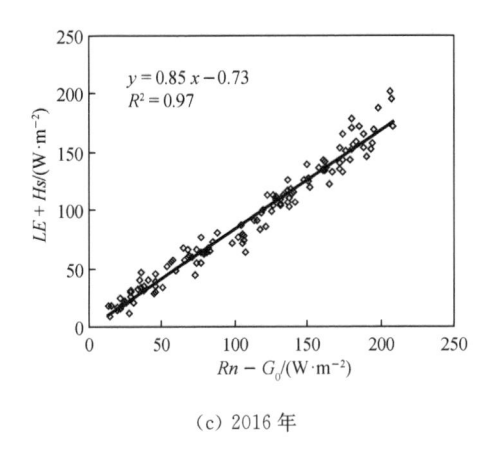

(c) 2016 年

图 3.17 考虑土壤热储量后稻田能量平衡日累计值的最小二乘法线性回归(OLS)分析
（2014—2016 年）

26.66 W·m^{-2}、40.76 W·m^{-2} 和 0.89，回归斜率较未考虑土壤热储存提高了 8.9%，RMSE 减小了 2.4%。两年数据均说明，考虑土壤热通量板到地表的土壤热储存 Q 后，基于 30 min 统计数据的稻田能量闭合状况得到了较大改善。2016 年涡度通量数据通过在线程序直接得到 G_0，代入式(3.1)可得 OLS 回归斜率为 0.61，截距为 23.00 W·m^{-2}，RMSE 和 R^2 分别为 43.58 W·m^{-2} 和 0.89，与 2014 年和 2015 年修正后的结果相近。

同样，用 G_0 取代 G_s，再将通量数据累计到日尺度用 OLS 方法分析能量闭合状况，结果如图 3.17 所示。OLS 分析说明，在显著性水平 $\alpha < 0.001$ 的条件下，考虑土壤热储存修正后的 2014 年和 2015 年稻季日尺度能量闭合度有较大提高。两年回归斜率分别 0.90 和 0.92，分别较土壤热通量修正前（图 3.10）提高了 15.4% 和 15.0%；RMSE 分别为 9.13 和 8.43 W·m^{-2}，2014 年略有减小，2015 年不变；R^2 分别为 0.92 和 0.95，较修正前略低，但相关关系仍较好。2016 年 OLS 回归斜率为 0.85，截距为 -0.73 W·m^{-2}，RMSE 和 R^2 分别为 9.15 W·m^{-2} 和 0.97，与 2014 年和 2015 年相比，日尺度上 OLS 闭合度较小，但相关性较好。总体上与不考虑土壤热储存两时间尺度研究结论相同，日尺度下能量平衡闭合度明显高于半小时尺度。

另外，考虑 0~8 cm 土壤热储量后，以日累计通量数据计算得到稻田 2014 年和 2015 年水稻生育期能量闭合比率（EBR_a）变化范围分别为 0.63~1.30 和 0.72~1.26，平均分别为 0.87 和 0.93，相比用 G_s 计算时能量闭合度分别提高了 8.8% 和 8.1%，波动幅度也有所减小，最小值分别增加了 21.2% 和 18.0%，最大值分别减少了 3.0% 和 1.0%。2016 年能量闭合状况稍低于前两年,由在线程序直接得到的 G_0 计算得到的 $EBRa$ 为 0.85。节水灌溉稻田 2014—2016 年三个水稻生育期日 $EBRa$ 平均为 0.88,略高于 FluxNet 各站点的能量闭合程度(Wilson et al.,2002),也较国内旱作物的能量闭合度有所提高(李君 等,2007;刘渡 等,2012)。

图 3.18 反映了考虑 0~8 cm 土壤热储量前后 2014 年和 2015 年能量平衡残差(Da)的各生育阶段平均日变化。从图 3.18 中可看出,考虑 0~8 cm 土壤热储量后稻田能量平衡残差(Da)与 D 波动趋势基本保持一致,但波动幅度有所减小,2014 年从分蘖前期到黄熟期的 7 个生育阶段,Da 的平均日变化范围分别为 $-97.4 \sim 178.2 \ W \cdot m^{-2}$、$-81.5 \sim 164.7 \ W \cdot m^{-2}$、$-54.8 \sim 152.3 \ W \cdot m^{-2}$、$-46.9 \sim 79.0 \ W \cdot m^{-2}$、$-45.3 \sim 72.4 \ W \cdot m^{-2}$、$-55.2 \sim 92.7 \ W \cdot m^{-2}$ 和 $-51.3 \sim 135.0 \ W \cdot m^{-2}$,平均为 $-56.4 \sim 107.5 \ W \cdot m^{-2}$。2015 年对应生育阶段 Da 的平均日变化范围分别为 $-67.7 \sim 155.9 \ W \cdot m^{-2}$、$-79.4 \sim 184.8 \ W \cdot m^{-2}$、$-82.4 \sim 197.0 \ W \cdot m^{-2}$、$-56.9 \sim 138.4 \ W \cdot m^{-2}$、$-62.7 \sim 137.5 \ W \cdot m^{-2}$、$-55.2 \sim 111.8 \ W \cdot m^{-2}$ 和 $-58.2 \sim 154.7 \ W \cdot m^{-2}$,全生育期平均为 $-53.8 \sim 140.8 \ W \cdot m^{-2}$。随着水稻的生长,两年 Da 的变化范围都表现为分蘖期最大,拔节孕穗、抽穗开花和乳熟期都相对较小,黄熟期略有增加。中间三个生育阶段 Da 变化小可能因为该时段水稻 LAI 较大,下垫面匀质性较好,为涡度相关系统提供了一个较好的测量环境,湍流通量低估现象得到改善,能量闭合度较高。从图 3.18 还可看出,昼夜交替时,虽然考虑土壤热储存后过闭合程度有所减小,但 Da 的变化曲线仍然存在一个突降,能量过闭合程度达到最大,随后曲线逐渐回升,过闭合程度减小。由此进一步推测产生这种现象是因为能量平衡各分量在昼夜交替时由正变负的时刻存在一定的时间间隔,Rn 通量变化最快,也最先变为负值,使得此刻过闭合程度最大。2014 年、2015 年 Da 的平均值分别为 8.2、15.7 $W \cdot m^{-2}$,分别较考虑土壤热储存前(图 3.14)减小了 36.9% 和 21.1%,说明考虑 0~8 cm 的土壤热通量能提高稻田能量闭合度。2016 年考虑土壤热储量后 Da 的各生育期平均日变化规律与 2014 年和 2015 年相似但不完全相同[图 3.20(c)],分蘖期最大,拔节孕穗、抽穗开花、乳熟期逐渐减小,黄熟期最小。7 个生育阶段 Da 的变化范围分别为 $-70.5 \sim 206.4 \ W \cdot m^{-2}$、$-104.8 \sim 277.3 \ W \cdot m^{-2}$、$-57.1 \sim 210.2 \ W \cdot m^{-2}$、$-57.2 \sim 202.9 \ W \cdot m^{-2}$、$-36.6 \sim 117.4 \ W \cdot m^{-2}$、$-38.9 \sim 123.5 \ W \cdot m^{-2}$ 和 $-28.0 \sim 50.2 \ W \cdot m^{-2}$,生育期平均变化范围为 $-52.3 \sim 160.3 \ W \cdot m^{-2}$,平均值为 18.8 $W \cdot m^{-2}$。总体来看,

Da 较 D 有所减小,且最大值有所减小,最小值(负值)有所增加,考虑 0~8 cm 土壤热储量前后,用能量平衡残差(Da)分析得 2016 年能量平衡闭合度最低,2014 年最高。

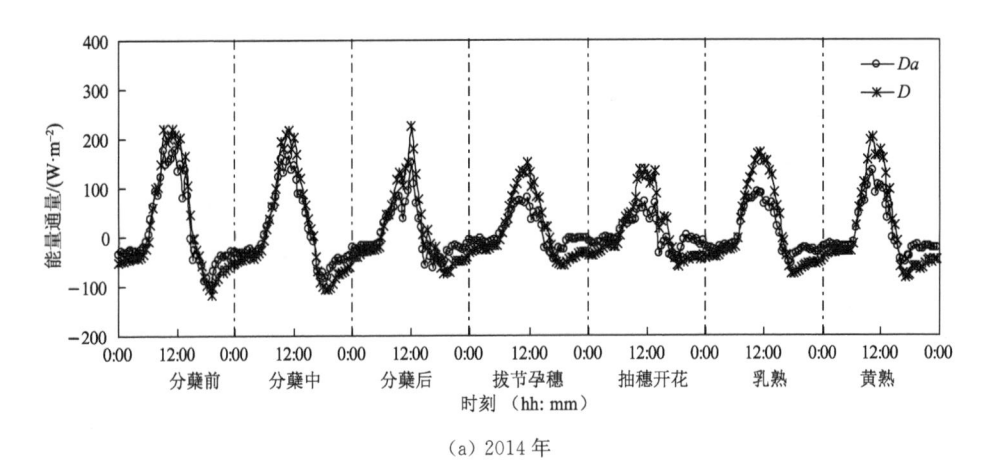

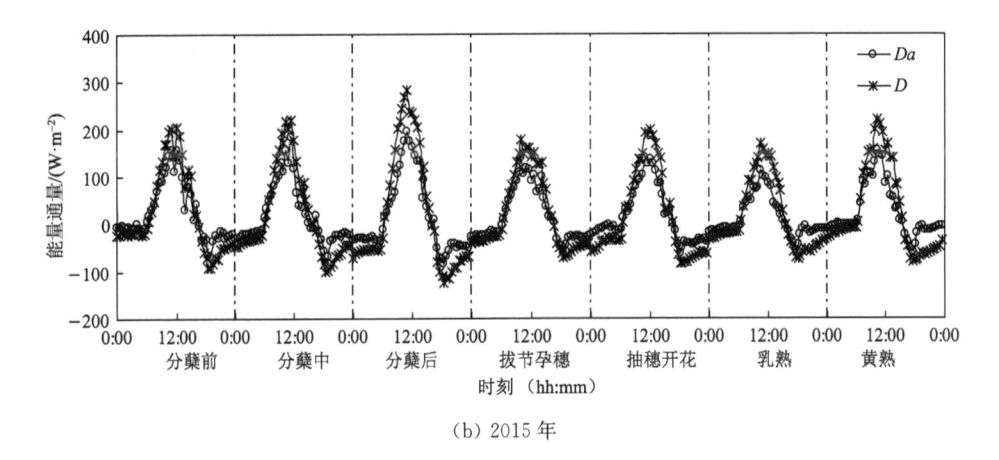

(a) 2014 年

(b) 2015 年

图 3.18 考虑土壤热储量前后稻田能量平衡残差的各生育期日变化(2014—2015 年)

3.3.2 能量平衡各分量相位的修正

理论上,能量平衡方程中各分量应是代表同一观测平面的测量结果,但实际观测中能量各分量通常不在一个平面上。本研究在以稻田为下垫面的涡度相关系统观测中,Hs、LE 代表近地层 2.5 m 高的湍流通量,Rn 为冠层上方 1.5 m 高度观测量,Gs 为地表下 8 cm 深度观测量,G_0 为 Gs 加上 0~8 cm 土壤热储存但未考虑相位滞后的土壤热通量。所以,测量面的不同以及能量传输和测量的滞后性,就会导致观测量不同步,LE、Hs 和 G_0 不同程度滞后于 Rn(详见前文 3.1 节),进而对能量闭合产生影响。

为了分析相位滞后对地表能量平衡状况的影响,本文以净辐射为参照,将滞后的各能量平衡分量分别前移一定的时间(0.5~2.5 h),得到修正后的潜热通量(LE')、感热通量(Hs')和地表土壤热通量(G_0'),使得白天时段($Rn > 1$ W·m^{-2})(Oltchev et al.,1996)所对应的各能量平衡分量值之和也为最大。从图 3.19 可以看出,在 $\alpha<0.001$ 显著性水平下,2014 年半小时步长的 OLS 回归斜率为 0.66,确定性系数为 0.91,较相位修正前分别提高了 8.2% 和 3.4%;回归截距为 22.73 W·m^{-2},$RMSE$ 为 34.35 W·m^{-2},较相位修正前分别降低了 6.2% 和 12.1%。2015 年,OLS 回归斜率由 0.61 增加到 0.68,较相位修正前提高了 11.5%,R^2 仍较高,由 0.89 变为 0.90,同时回归截距和 $RMSE$ 也有所改善,回归

(a) 2014 年

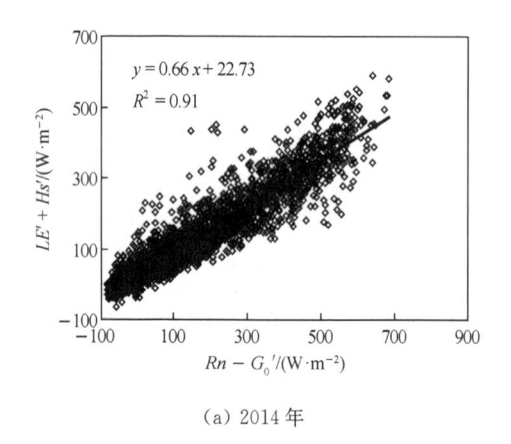

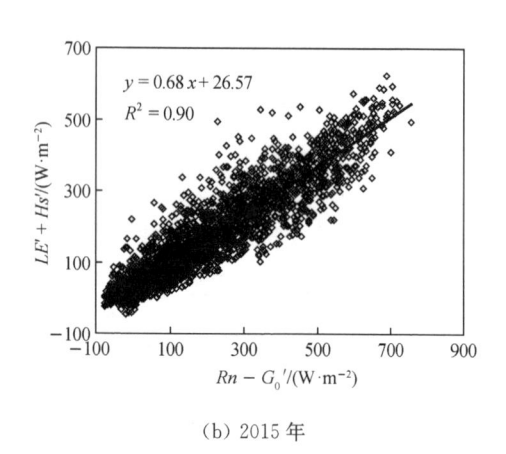

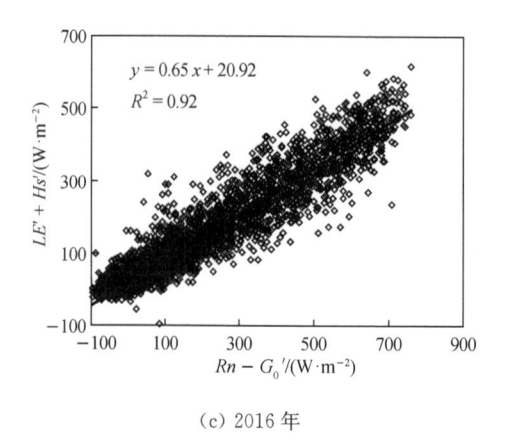

(b) 2015 年

(c) 2016 年

图 3.19 水稻生育期能量相位修正后的最小二乘法线性回归(OLS)分析(2014—2016 年)

截距由 26.66 W·m^{-2} 减小为 26.57 W·m^{-2}，RMSE 较相位修正前降低了 10.6%。2016 年半小时步长的 OLS 回归斜率为 0.65，确定性系数为 0.92，较相位修正前分别提高了 6.6% 和 3.4%，回归截距为 20.92 W·m^{-2}，RMSE 为 37.45 W·m^{-2}，较相位修正前分别降低了 9.0% 和 14.1%。因此，从半小时统计值的 OLS 评价可看出，能量分量的同步性是影响稻田生态系统能量平衡闭合度的重要因素。但相位修正前后，仅日内时刻对应的能量各分量有所变化，累积的各通量日值不变，所以日尺度统计值的 OLS 回归分析各参数无变化，且能量平衡比率（$EBRa'$）、能量平衡残差（Da'）的日均值也均没有变化，即能量转换滞后修正后只能提高能量的短期（小时）闭合率，影响日内闭合过程，不影响日尺度闭合率。

为了进一步分析相位修正对日内不同时刻能量平衡闭合度的影响，本文将相位修正后的能量平衡残差（Da'）与修正前的 D、Da 进行了对比。从图 3.20 看出，相位修正后三年中各生育期 Da' 的波动幅度均减小，相位起伏也明显滞后，但均值不变。2014 年，7 个生育阶段 Da' 的平均日变化范围分别为 −35.2~155.5 W·m^{-2}、−39.0~134.9 W·m^{-2}、−36.8~121.7 W·m^{-2}、−22.3~63.4 W·m^{-2}、−17.8~68.0 W·m^{-2}、−42.7~79.1 W·m^{-2} 和 −35.7~117.9 W·m^{-2}，平均为 −29.9~87.2 W·m^{-2}。2015 年各生育阶段 Da' 的平均日变化范围分别为 −45.2~105.9 W·m^{-2}、−34.0~99.0 W·m^{-2}、−47.0~136.2 W·m^{-2}、−23.8~111.2 W·m^{-2}、−41.4~112.2 W·m^{-2}、−34.5~77.0 W·m^{-2} 和 −23.7~131.5 W·m^{-2}，全生育期平均为 −31.5~87.6 W·m^{-2}。2016 年各生育阶段 Da' 的平均日变化范围分别为 −37.4~144.5 W·m^{-2}、−56.4~200.4 W·m^{-2}、−41.0~132.8 W·m^{-2}、−35.4~123.2 W·m^{-2}、−31.5~103.5 W·m^{-2}、−24.6~79.2 W·m^{-2} 和 −21.0~38.1 W·m^{-2}，平均为 −37.8~122.5 W·m^{-2}。从 2014—2016 年三年的研究分析可看出，Da' 较 Da 变化范围明显缩小。分蘖期和拔节孕穗期，Da' 与 Da 的相位差均较大，Da' 滞后 1~2 h，说明该时期能量转换滞后明显，能量通量相位修正对提高能量闭合度效果明显。成熟期相位差异相对较小，Da' 滞后约 0.5 h。从图 3.20 还能看出，昼夜交替时，Da' 相比能量通量相位修正前没有明显的突降，说明相位修正后，LE'、Hs' 和 G_0' 的大小是同一时刻净辐射能的分配。但夜间 Da' 仍为负，说明即使考虑了土壤热储存和能量各通量相位的滞后，夜间稻田能量平衡依旧处于过闭合状态。

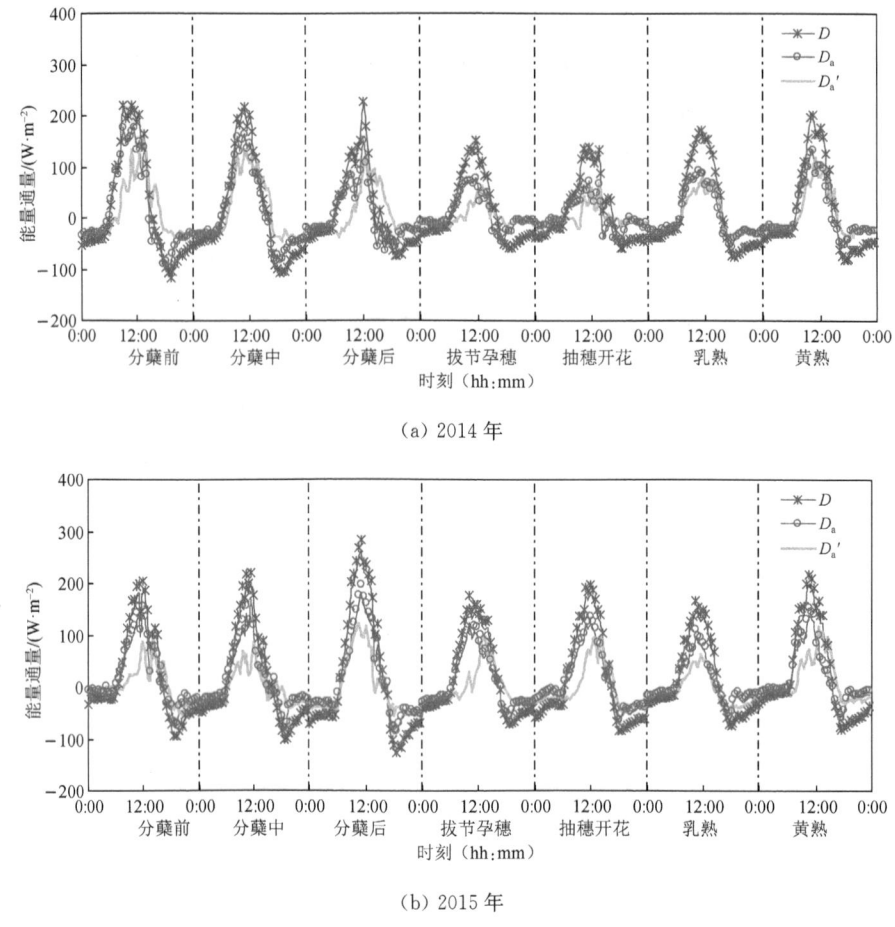

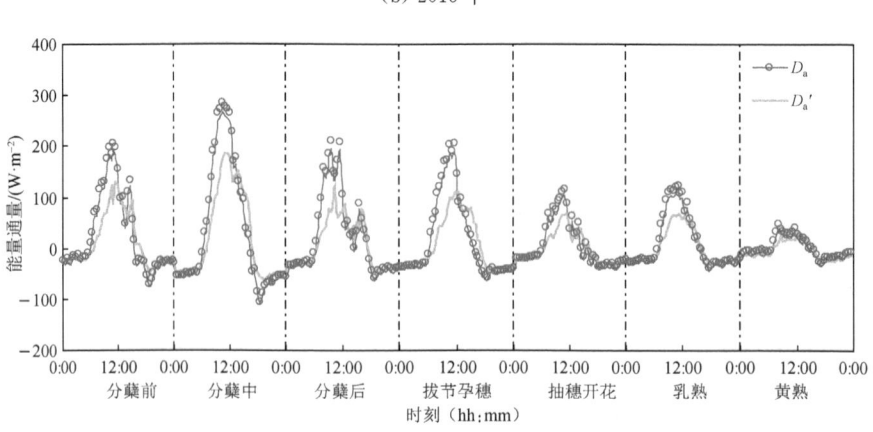

图 3.20 相位修正前后稻田能量平衡残差各生育期日变化(2014—2016 年)
(D, D_a 和 D_a' 分别为未修正、考虑土壤热储存后和考虑土壤热储存及相位修正后的能量平衡残差)

表 3.5 总结了用 OLS 线性回归、EBR 和 D 三种评价方法分析的 2014—2016 年节水灌溉稻田考虑土壤热储存和相位修正前后的能量平衡闭合情况。考虑土壤热储存后,用半小时数据计算的 OLS 斜率和日内 D 的变化范围,以及用日均值数据计算的 OLS 斜率、EBRa 和 Da 值均表明,节水灌溉稻田能量平衡闭合度有明显提高。其中,2014 年和 2015 年基于半小时数据的 OLS 斜率平均提高了 13.0%,Da 变化范围平均减小了 50.2%;基于日数据的 OLS 斜率平均提高了 12.7%,EBRa 较 EBR 平均提高了 6.0%,Da 较 D 平均减小了 22.4%。再对 2014—2016 年能量转换各分量相位进行修正后,基于小时数据的 OLS 斜率平均提高了 8.2%,Da' 的变化范围平均减小了 30.6%,表明稻田能量平衡闭合度有明显提高,但基于日数据的三个评价指标没有改变,说明时和日尺度的指标均适用于评价热储项修正效果,但只有时尺度指标适用于评价能量相位修正的效果。

表 3.5 考虑了土壤热储存和相位修正前后稻田能量平衡闭合状况评价(2014—2016 年)

	评价指标	2014 年	2015 年	2016 年	平均
未修正	OLS_h 斜率$/R^2$	0.52/0.89	0.56/0.91	—	0.54/0.90
	OLS_d 斜率$/R^2$	0.78/0.94	0.80/0.96	—	0.79/0.95
	EBR	0.80	0.86	—	0.83
	D 变化范围 $(W \cdot m^{-2})$	−76.3~166.7	−87.7~200.5	—	−82.0~183.6
	$D(W \cdot m^{-2})$	13.0	19.9	—	16.5
考虑土壤热储存修正	OLS_h 斜率$/R^2$	0.61/0.88	0.61/0.89	0.61/0.89	0.61/0.89
	OLS_d 斜率$/R^2$	0.90/0.92	0.92/0.95	0.85/0.97	0.89/0.95
	EBRa	0.87	0.93	0.85	0.88
	Da 变化范围 $(W \cdot m^{-2})$	−56.4~107.5	−53.8~140.8	−52.3~160.3	−54.2~136.2
	$Da(W \cdot m^{-2})$	8.2	15.7	18.8	12.8
考虑土壤热储存和相位修正	OLS_h 斜率$/R^2$	0.66/0.91	0.68/0.90	0.65/0.92	0.66/0.91
	OLS_d 斜率$/R^2$	0.90/0.92	0.92/0.95	0.85/0.97	0.89/0.95
	EBRa'	0.87	0.93	0.85	0.88
	Da' 变化范围 $(W \cdot m^{-2})$	−29.9~87.2	−31.5~87.6	−37.8~122.5	−33.1~99.1
	$Da'(W \cdot m^{-2})$	8.2	15.7	18.8	12.8

注:下标"h"和"d"分别代表半小时和日数据计算值;"—"表示无此项。

再对比分析考虑土壤热储存和相位修正后 2014—2016 三年的能量平衡程度，基于小时数据计算的 OLS 斜率和日内 Da' 的变化范围，以及用日均值数据计算的 OLS 斜率、$EBRa'$ 和 Da'，均表明 2016 年能量平衡闭合程度最低。可能因为 2016 年降雨量最大，且 T_a 变化最大，一方面影响了仪器的测量精度，另一方面使湍流变化剧烈而产生平流损失。OLS 斜率和能量平衡比率表明 2015 年能量平衡程度最高，而能量平衡残差值和变化范围显示是 2014 年能量平衡程度更高。由此可知，由于各评价指标的意义不同，评价结果可能存在不一致。在今后的研究中，应根据具体的研究目的，综合考虑选择合理的评价方法。

3.4 能量不平衡的其他原因及强制闭合

3.4.1 能量平衡不闭合的其他原因

能量存储项和能量各分量相位的修正，提高了能量平衡闭合率。但上述研究结果也表明，提高作用是有限的，修正后仍然存在一定程度的能量不闭合，这就说明还存在其他一些导致能量不闭合的原因。Ding 等(2013)研究也发现，在中国南方香蕉园考虑了能量存储项后，还存在 20% 无法修正的能量亏缺。对于导致能量不平衡的原因，国内外普遍的观点还有(Kohsiek et al.，2007；Mauder et al.，2007；陈琛，2012)：

(1) 测量仪器本身系统误差及安装问题等引起的偏差；

(2) 各能量项测量源区贡献大小不同及确定实际源区面积产生的误差；

(3) 部分能量汇在观测中被忽略造成的能量损失；

(4) 采样平均时长对能量闭合的影响；

(5) 高频或低频部分对湍流通量贡献的丢失；

(6) 摩擦风速对湍流通量测定的影响以及摩擦风速阈值确定对计算夜间湍流的误差等。

由此可见，因为仪器的系统误差等原因，无论测量仪器精度再高，也无论将观测数据做怎样的修正，地表能量都很难完全闭合。大量国内外研究表明，在考虑了能量各存储项后，湍流通量的低估是造成能量不闭合的最主要原因(Kochendorfer et al.，2012；Frank et al.，2013)。

3.4.2 能量平衡的强制闭合法

湍流通量是近地面水热研究的关键，是进一步计算、模拟实际蒸散量的基础。

为了保障相关数据的合理性与准确性,许多学者采用不同的强制闭合方法以修正低估的湍流通量数据。波文比(Barr et al.,2006;Foken,2008)和蒸发比强制闭合法(Kessomkiat et al.,2013;Gebler et al.,2014)是修正涡度相关法低估湍流通量的有效方法。波文比能量平衡法认为,在一给定表面,分配给 LE 和 Hs 的比值相对稳定,近似为一个常数(即波文比)。波文比强制闭合法即通过这一比值重新将能量残余项分配给 LE 和 Hs。但波文比的计算需要近地面两个不同高度间的空气温度差和实际水汽压差的测量数据,实际测量数据受周围环境变化影响较大。而蒸发比法提供了一个更稳定和直接的能量分配思路(Shuttleworth et al.,1989)。所以,本文采用较为简单的蒸发比强制闭合法对节水灌溉稻田白天的湍流通量数据进行修正。但夜间,一方面稻田蒸散量小且趋近 0,按蒸发比分配能量将没有实际意义;另一方面,夜间能量平衡受平流损失和摩擦风速等影响较大,湍流通量的随机相对误差因通量绝对值很小而被无限放大(Vickers et al.,2010;Aubinet et al.,2012),从而使蒸发比强制闭合法不再适用于夜间湍流通量的修正。因此,对于夜间的湍流数据,本文用过滤插值法(丁日升 等,2010)进行修正,即根据摩擦风速和饱和水汽压亏缺对湍流数据进行剔除插补。

3.4.2.1 蒸发比强制闭合法和过滤插值法

(1) 日间修正

蒸发比强制闭合法的适用性很强,因为只要能确定能量亏缺的原因,就能将能量亏缺项在不同通量间进行分配。国内外研究普遍认为,考虑热储存项后,有效能量($Rn-G_0$)与湍流通量($LE+Hs$)之差即为能量平衡亏缺(Foken,2008)。所以本研究采用蒸发比强制闭合法,先以 3 h 为移动窗口的通量数据重新计算 3 h 平均能量平衡亏缺(D^{3h})(Kessomkiat et al.,2013):

$$D^{3h} = Rn^{3h} - (G_0^{3h} + LE^{3h} + Hs^{3h}) \qquad (3.12)$$

式中:Rn^{3h}、G_0^{3h}、LE^{3h} 和 Hs^{3h} 分别为以 30 min 时间步长的 EC 测量值统计的 3 h 内的平均净辐射能(W·m^{-2})、平均地表土壤热通量(W·m^{-2})、平均潜热通量(W·m^{-2})和平均感热通量(W·m^{-2});D^{3h} 为用 3 h 内各通量平均值计算的平均能量平衡亏缺。如前所述,研究假设能量平衡亏缺全部由低估的 LE 和 Hs 造成,则低估的湍流通量可根据时段内蒸发比进行修正。

蒸发比(EF),即潜热通量占可供能量的比值,是衡量能量分配的重要指标,本研究中用式(3.13)计算:

$$EF^{7d}=\frac{LE^{7d}}{LE^{7d}+Hs^{7d}} \tag{3.13}$$

式中，EF^{7d}、LE^{7d} 和 Hs^{7d} 分别为 7 d 内的平均蒸发比、平均潜热通量（$W \cdot m^{-2}$）和平均感热通量（$W \cdot m^{-2}$）。选择以 7 d 为移动窗口的时间周期计算蒸发比（EF^{7d}），是为了保证计算结果的可靠性（Kessomkiat et al.，2013）。选择一天的观测值计算 EF，有时会因为较小的可利用能量值使计算结果没有意义（李思恩等，2008）。另一方面，EF 会随着时间的推移不断变化，其计算周期也不宜太长。EF 的有效范围在 0～1 之间，当计算的 $EF<0$ 或 $EF>1$，则令 $EF=0$ 或 1。最后根据计算的蒸发比重新分配能量平衡亏缺项，使能量平衡强制闭合。修正的潜热和感热通量可分别由式（3.14）和（3.15）计算得到：

$$LE^* = LE + D^{3h}(EF^{7d}) \tag{3.14}$$

$$Hs^* = Hs + D^{3h}(1-EF^{7d}) \tag{3.15}$$

式中，LE^* 和 Hs^* 分别为根据蒸发比重新分配后，能量强制闭合条件下 30 min 时间步长的潜热通量（$W \cdot m^{-2}$）和感热通量（$W \cdot m^{-2}$）。

图 3.21 为 2014—2016 年水稻生育期的日蒸发比（EF），从图中可看出，节水灌溉稻田水稻全生育期 EF 均在 0.7～1.0 之间变化，LE 占湍流通量的极大部分。分蘖前期，EF 相对较低，基本在 0.8～0.9 之间变化，分蘖后期，EF 增大，大多在 0.9 以上波动变化，2015 年分蘖后期末甚至偶尔达到 1。拔节孕穗期，EF 依旧维持在 0.9 以上，抽穗开花或乳熟期 EF 达到最大，且连续多日能达到 1，生育期末（黄熟期），由于土壤含水率降低、水稻蒸腾减弱，EF 迅速降低，最后降至 0.8 以

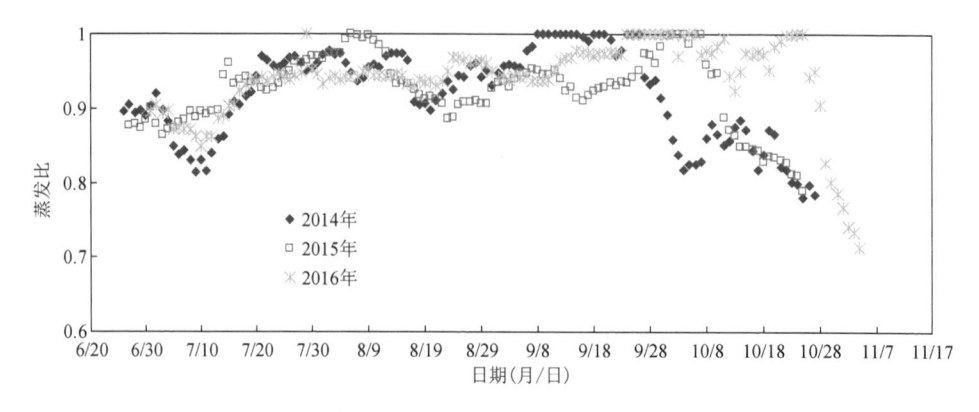

图 3.21 节水灌溉稻田 2014—2016 年水稻生育期蒸发比

下，2014—2016 年最小值分别为 0.780、0.790 和 0.713。2014 年、2015 年和 2016 年，EF 平均分别为 0.920、0.926 和 0.939，分别在抽穗开花期、乳熟期和乳熟期达到最大，对应的生育阶段 EF 平均分别为 0.995、0.944 和 0.981。

（2）夜间修正

由前文分析可知，蒸发比强制闭合法不适用于夜间通量数据的修正。过滤插值法考虑了夜间通量数据的影响因素，根据摩擦风速（u^*）将不稳定通量值剔除后[研究选择 $u^* = 0.3 \text{ m} \cdot \text{s}^{-1}$ 为界限（Foken et al.，2004），剔除 $u^* < 0.3 \text{ m} \cdot \text{s}^{-1}$ 对应的夜间蒸散量值]，再建立水稻不同生育阶段夜间蒸散量与饱和水汽压差（VPD）的函数关系，分段插补被剔除的蒸散量值（丁日升 等，2010）。

3.4.2.2 强制闭合后湍流通量的变化和特征

图 3.22 为节水灌溉稻田 2014—2016 年水稻生育期以 30 min 为步长统计的潜热和感热通量数据在能量强制闭合前后的 OLS 回归关系（LE 与 LE^*，Hs 与 Hs^*）。结果显示，2014—2016 年 LE 和 LE^* 回归系数相似，回归斜率分别为 1.47、1.36 和 1.38，R^2 和 IOA 分别为 0.88、0.90 和 0.90，0.914、0.935 和 0.934，$RMSE$ 分别为 50.33、49.40 和 51.61 $\text{W} \cdot \text{m}^{-2}$，说明能量强制闭合修正后 LE^* 明显增大，其中 2014 年增加比例最大，但修正前后相关性和一致性均较好。2014—2016 年 Hs 和 Hs^* 回归系数也相似，回归斜率分别为 1.21、1.16 和 1.13，R^2 和 IOA 接近于 1，R^2 均高达为 0.97，IOA 分别为 0.982、0.987 和 0.987，$RMSE$ 较小，分别为 6.02、4.53 和 4.64 $\text{W} \cdot \text{m}^{-2}$。能量强制闭合修正后感热通量也有所增加，2014 年增加较大，修正前后 Hs 与 Hs^* 的相关性和一致性均高于 LE 与 LE^*。

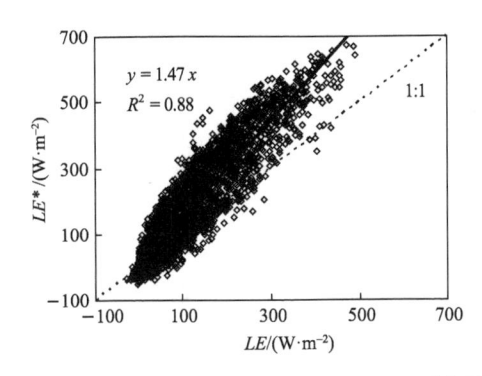

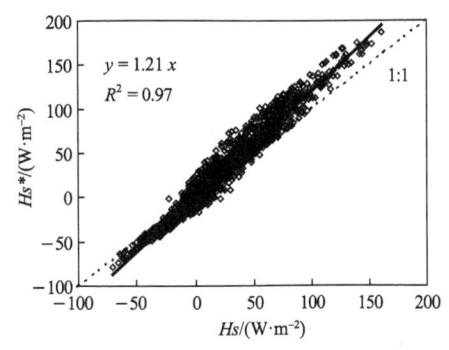

(a) 2014 年

(b) 2015 年

(c) 2016 年

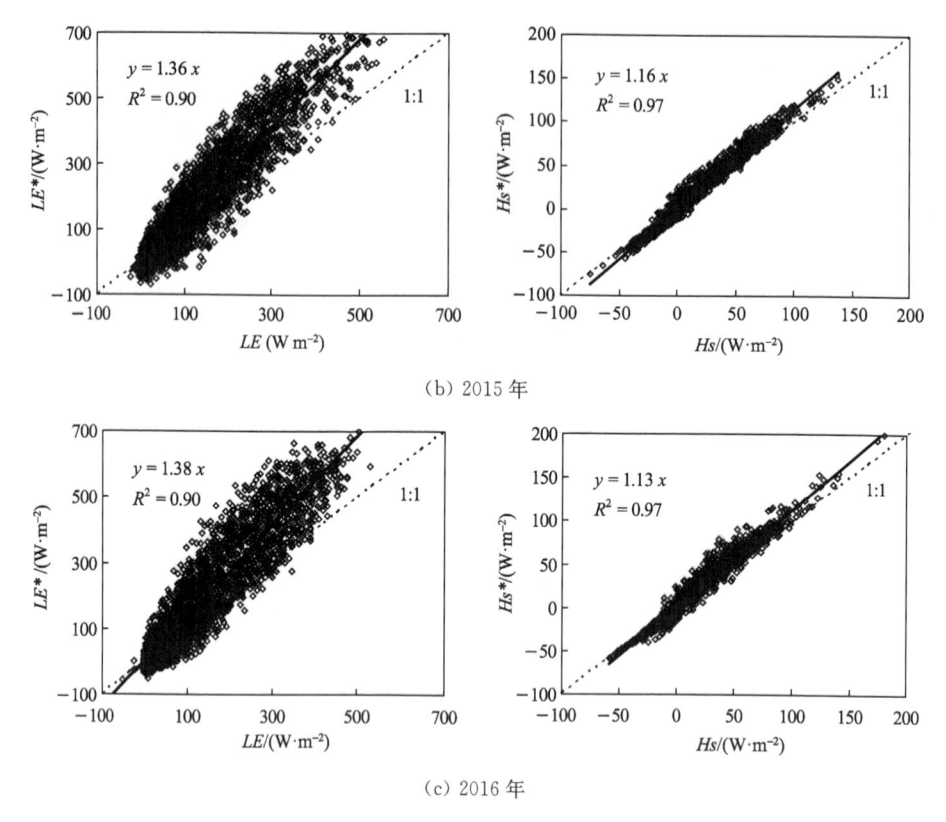

图 3.22　能量强制闭合前后潜热和感热通量的线性相关关系（2014—2016 年）

为了进一步探究潜热和感热通量在能量闭合前后的变化情况，将 2014—2016 年能量闭合前后水稻各生育阶段从 00:00 至 24:00 每日 48 个时次的 30 min 潜热（LE 与 LE^*）和感热通量（Hs 与 Hs^*）再平均得到各分量的生育阶段平均日变化图（图 3.23）。从图中可看出，潜热和感热通量变化规律和趋势在能量强制闭合修正前后均相似。修正后 LE^* 变化幅度明显增加，日峰值差异最大，即通量值越大，强制闭合修正后增量越大。昼夜交替时，LE^* 明显低于 LE，说明修正前该时段能量平衡处于过闭合状态。修正后 Hs^* 变化幅度也有所增加，但因为 EF 较大，所以感热通量增量小于潜热通量。2014—2016 年能量强制闭合修正后各生育期 LE^* 和 Hs^* 平均值及相对修正前 LE 和 Hs 的平均增量见表 3.6。

能量强制闭合后，三年 LE^* 和 Hs^* 的生育期大小关系均与强制闭合前一致，但较闭合前增加的幅度，即 (LE^*-LE)/LE 和 (Hs^*-Hs)/Hs 在不同年份各生育期表现不同（表 3.6）。2014 年稻季，LE^* 和 Hs^* 相比 LE 和 Hs 分别增加了 20.5% 和 12.5%，平均增长率最大值均发生在黄熟期，最大分别为 36.0% 和

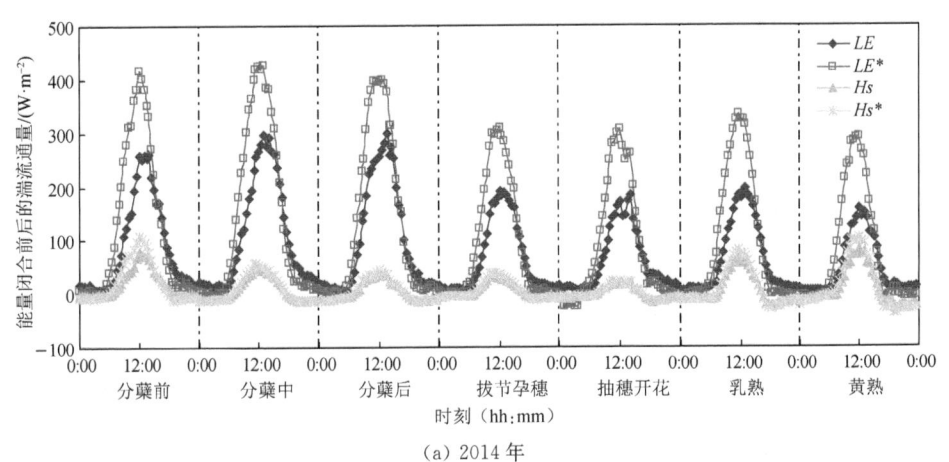

第三章 节水灌溉稻田能量分配特征与能量闭合评价

(a) 2014 年

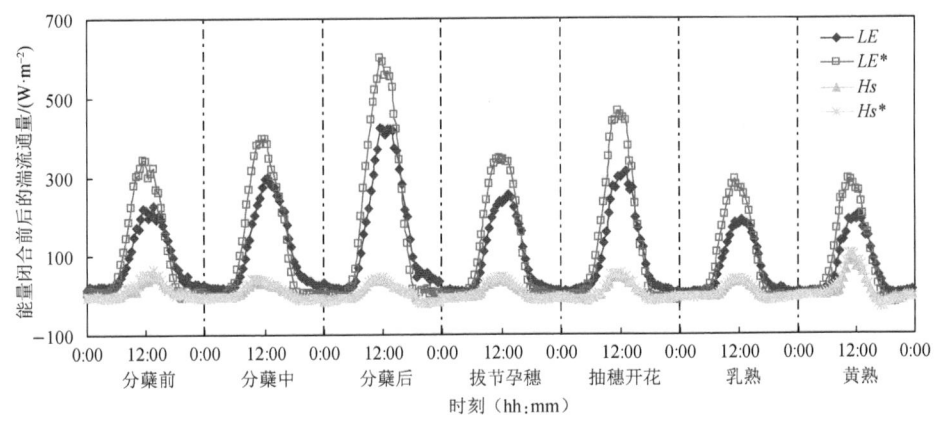

(b) 2015 年

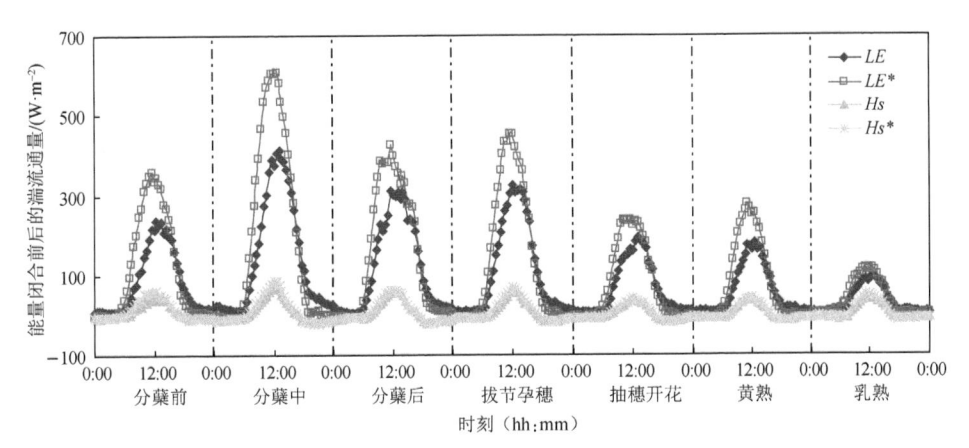

(c) 2016 年

图 3.23 能量强制闭合前后湍流通量的各生育期平均日变化 (2014—2016 年)

28.6%,说明黄熟期能量不闭合程度相对较高。增长率最小的生育期阶段不同,分别发生在分蘖后期(14.6%)和分蘖中期(0.7%)。抽穗开花期 Hs^* 较 Hs 增加了 0.35 W·m^{-2},但 Hs^* 和 Hs 均为负,所以计算的增长率为负(−27.0%)。2015 年稻季 LE^* 和 Hs^* 增长率平均分别为 17.4%和 12.8%,LE^* 和 Hs^* 生育期平均增长率最大分别为 20.9%和 22.5%,均发生在抽穗开花期,最小分别为 4.6%和 9.8%,分别发生在分蘖中和分蘖后期,说明 2015 年能量闭合前抽穗开花期的能量亏缺程度相对较大,分蘖中后期相对较小。2016 年,LE^* 和 Hs^* 全生育期增长率平均分别为 21.5%和 15.4%,分蘖前期 LE^* 和 Hs^* 增长率最大,分别为 31.8%和 24.1%,LE^* 和 Hs^* 增长率最小值为 8.5%和 2.2%,分别发生在黄熟期和乳熟期。由此说明不同年份水稻各生育期能量不平衡状况因受多种因素影响而表现不同,但强制闭合前能量不平衡程度越大,LE^* 和 Hs^* 较 LE 和 Hs 增加的幅度越大,具体表现为能量平衡比率 $EBRa$:2016 年＜2014 年＜2015 年,而 LE^* 和 Hs^* 的增长率:2016 年＞2014 年＞2015 年。

表 3.6　能量强制闭合修正后各生育期潜热和感热平均值及相对修正前的平均增量(2014—2016 年)

年份	湍流通量	分蘖前	分蘖中	分蘖后	拔节孕穗	抽穗开花	乳熟	黄熟	稻季
2014	LE^*(W·m^{-2})	111.2	125.6	117.8	83.0	74.7	85.1	66.9	93.9
	(LE^*-LE)/LE(%)	23.0	15.0	14.6	22.1	20.5	28.6	36.0	20.5
	Hs^*(W·m^{-2})	19.3	6.8	3.7	4.3	−0.8	6.2	8.6	6.3
	(Hs^*-Hs)/Hs(%)	8.2	0.7	8.2	13.6	−30.4	21.4	28.6	12.5
2015	LE^*(W·m^{-2})	99.3	113.8	169.4	102.7	118.5	74.0	71.4	101.1
	(LE^*-LE)/LE(%)	13.1	4.6	10.2	18.4	20.9	18.2	18.3	17.4
	Hs^*(W·m^{-2})	12.9	7.6	4.9	7.3	6.1	4.2	13.9	7.0
	(Hs^*-Hs)/Hs(%)	15.8	17.1	9.8	22.1	22.5	17.8	14.9	12.8
2016	LE^*(W·m^{-2})	106.0	177.2	136.0	127.9	70.9	68.2	33.3	99.9
	(LE^*-LE)/LE(%)	31.8	25.2	19.1	18.8	13.6	22.3	8.5	21.5
	Hs^*(W·m^{-2})	11.7	9.6	7.5	6.8	1.7	1.2	4.4	6.0
	(Hs^*-Hs)/Hs(%)	24.1	17.9	12.2	9.7	7.6	2.2	2.4	15.4

从 2014—2016 年的分析来看,能量强制闭合后,LE^* 占 Rn 的比例约 89.5%,较强制闭合前所占比例(75.0%)明显增加。Hs^* 占 Rn 的比例约 5.4%,较强制闭合前 Hs^* 所占比例(5.1%)稍有增加。潜热蒸散是节水灌溉稻田绝对主要的能量消耗项。

3.4.2.3 能量平衡闭合对田间蒸散量(水通量)的影响

根据能量强制闭合修正前和修正后潜热通量(LE 和 LE^*),分别计算节水灌溉稻田田间尺度蒸散量(ET_{EC} 和 ET_{EC}^*)(Chávez et al.,2009;Gebler et al.,2014):

$$ET_{EC} = \frac{1\,800 \times LE}{\rho \times \lambda} \tag{3.16}$$

$$ET_{EC}^* = \frac{1\,800 \times LE^*}{\rho \times \lambda} \tag{3.17}$$

式中:ET_{EC} 和 ET_{EC}^* 为能量强制闭合修正前和修正后田间尺度蒸散量(mm×$0.5^{-1} \times h^{-1}$);LE 和 LE^* 为能量不闭合和强制闭合条件下潜热通量(W·m^{-2});ρ 为水汽密度(1 000 kg·m^{-3});λ 为汽化潜热(MJ·kg^{-1}),$\lambda = 2.501 - (2.361 \times 10^{-3}) T_a$,$T_a$ 为平均空气温度(°C);1 800 为"s"到"0.5 h"的时间转换系数。计算出半小时蒸散量后再分别累积计算小时和日尺度蒸散量。

本研究根据式(3.16)和式(3.17)分别计算了 2014—2016 年能量强制闭合前后的田间尺度蒸散量,能量闭合前后小时和日尺度上蒸散量的相关性分别如图 3.24 和图 3.25 所示。由图 3.24 可知,能量强制闭合后,基于小时数据的田间尺度蒸散量明显增大,2014—2016 年过原点的 OLS 线性回归斜率分别为 1.48、1.36 和 1.38,2014 年较后两年稍大,说明能量平衡修正对 2014 年田间尺度蒸散量影响最大。根据三年数据的回归分析还可知,虽然能量平衡修正后蒸散量明显增大,但与修正前蒸散量的相关性和一致性仍较好,R^2 均达到 0.88 以上,IOA 分别为 0.914、0.935 和 0.934。$RMSE$ 也较小,分别为 0.073、0.072 和 0.075 mm·h^{-1}。再将半小时计算值累积计算日尺度蒸散量,分析可知能量平衡前后田间尺度蒸散量的回归斜率较小时尺度小,2014—2016 年分别为 1.38、1.25 和 1.31。相关性和一致性较小时尺度更高,R^2 分别为 0.93、0.95 和 0.97,IOA 分别高达 0.966、0.974 和 0.970,$RMSE$ 也较小,分别为 0.371、0.422 和 0.366 mm·d^{-1}。由此可知,能量强制闭合使涡度所测田间尺度蒸散量明显增加,增加后数据相关性和一致性更好。

(a) 2014 年

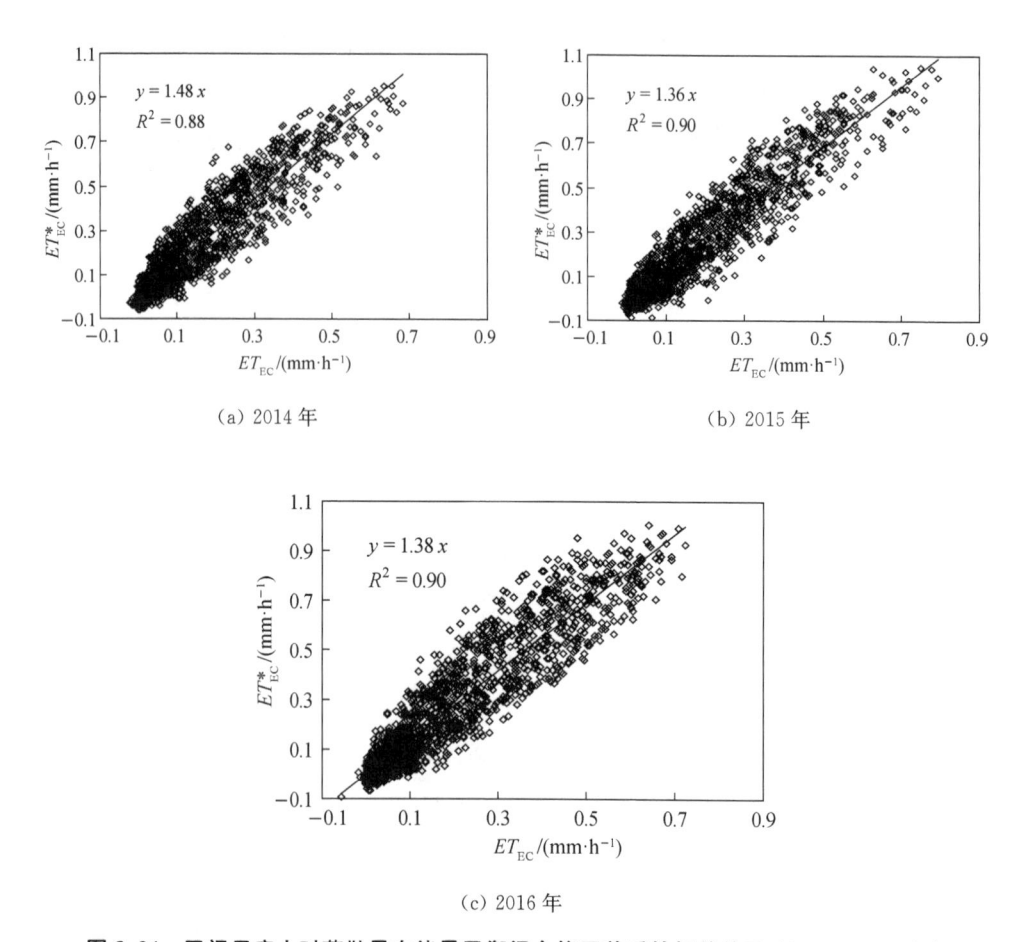

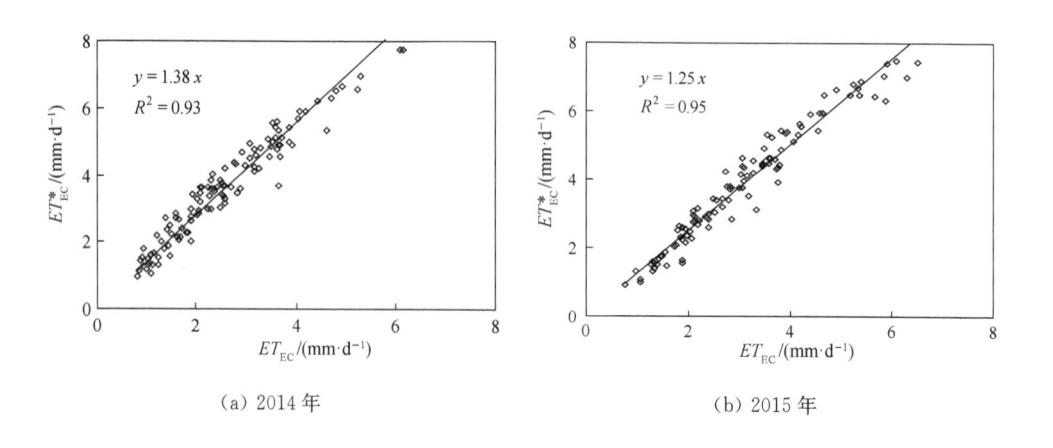

(b) 2015 年

(c) 2016 年

图 3.24 田间尺度小时蒸散量在能量平衡闭合修正前后的相关关系（2014—2016 年）

(a) 2014 年

(b) 2015 年

（c）2016 年

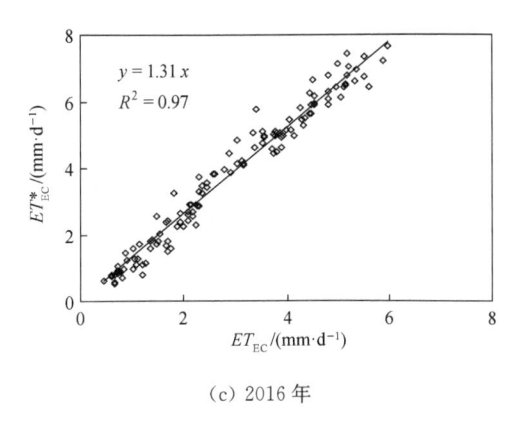

图 3.25　田间尺度日蒸散量在能量平衡闭合修正前后的相关关系（2014—2016 年）

3.5　本章小结

本章在分析涡度相关法测量的节水灌溉稻田能量平衡各分量变化规律和分配特征的基础上，探讨了稻田能量平衡闭合程度，揭示了土壤热储存和能量转换相位对稻田能量平衡状况的影响，并评价了不同能量平衡评价指标的时间尺度效应，最后还分析了导致能量不闭合的其他原因，并提出了能量强制闭合的研究思路。主要结果与结论如下：

（1）涡度相关法测量的节水灌溉稻田能量通量 LE、Hs、$Gs(G_0)$ 与 Rn 日变化特征基本一致，但占 Rn 的比例大小不同，且与 Rn 之间存在不同程度的相位差异。

LE、Hs 和 $Gs(G_0)$ 的日内变化和逐日变化均随 Rn 而变化。各月典型晴天能量平衡各分量呈明显的倒"U"形单峰变化趋势，阴天呈多峰型变化趋势。LE 变化趋势与 Rn 相似，但全天均为正值；Hs 白天为正夜间为负，与 Rn 进程相似；$Gs(G_0)$ 在典型晴天峰值大小与变化趋势均与 Hs 相似，但阴天多于 2/3 的时间土壤降温，并向大气释放热量。各分量月均日变化均呈倒"U"形单峰变化趋势，LE 日变化幅度明显大于 Hs 和 $Gs(G_0)$，LE 约占 Rn 的 75.0%，Hs 和 $Gs(G_0)$ 约占 5.1%和 4.8%，说明水稻生育期净辐射能主要用于加湿大气。无论是起波时间、峰现时间还是回落时间，Hs、LE 滞后 Rn 约 0.5 h，$Gs(G_0)$ 滞后于 Rn 约 1～2.5 h，说明能量支出项对 Rn 的响应有明显的时延特征。$(Hs+LE+Gs)/Rn$ 年际变化不大，平均约 85%，说明考虑 LE、Hs 和 Gs 的节水灌溉稻田能量转换过程中存在一定的损失,但相比其他生态系统,该损失值较小。

(2) OLS 最小二乘法线性回归、能量平衡比率 EBR 和能量平衡残差 D 是评价能量平衡闭合度的重要指标,OLS 适用于小时和日时间尺度,D 适用于小时尺度,EBR 更适用于日尺度,各指标意义不同,联合分析才能更好地反映能量闭合状况。

能量平衡闭合程度是评价通量数据质量与可靠性的重要指标。采用最小二乘法线性回归(OLS)分析了小时和日时间尺度上的能量平衡状况,2014 年和 2015 年小时尺度 OLS 斜率分别为 0.52 和 0.56,小于日尺度 OLS 斜率 0.78 和 0.80。两年 EBR 评价日尺度能量闭合度分别为 0.80 和 0.86,D 值分别为 13.0 和 19.9 W·m^{-2},变化范围分别为 $-76.3 \sim 166.7$ W·m^{-2} 和 $-87.7 \sim 200.5$ W·m^{-2}。根据 OLS、EBR 和 D 三指标不同的意义与优势,能从不用时间尺度全面评价稻田的能量平衡状况。

(3) 基于 OLS 线性回归、EBR 和 D 的评价结果均表明,考虑地表到土壤热通量板之间的热储变化是提高稻田能量平衡闭合率的关键之一。

用各评价指标计算地表能量平衡状况均表明,考虑地表到土壤热通量板之间的热储量后,能量平衡闭合度有明显提高。2014 年和 2015 年,小时尺度 OLS 回归斜率较未考虑 $0 \sim 8$ cm 土壤热储量提高了 17.3% 和 8.9%,日尺度回归斜率提高了 15.4% 和 15.0%,其他回归系数也均得到较大改善,且修正前后日尺度闭合度均高于小时尺度。2014 年和 2015 年 EBR 也分别提高了 8.8% 和 8.1%,D 的变化幅度分别由 $-76.3 \sim 166.7$ W·m^{-2} 和 $-87.7 \sim 200.5$ W·m^{-2},缩小到 $-56.4 \sim 107.5$ W·m^{-2} 和 $-53.8 \sim 140.8$ W·m^{-2},D 均值也减小了 36.9% 和 21.1%。因此,地表土壤热通量是影响南方稻田下垫面地表能量平衡闭合率的重要因素。

(4) 能量转换的相位差异是影响小时尺度稻田能量平衡不闭合的重要原因。

用小时尺度评价指标计算地表能量平衡状况表明,考虑能量转换相位的滞后性后,能量平衡闭合度有明显提高。对 2014—2016 年能量转换各分量相位进行修正后,基于小时数据的 OLS 斜率分别提高了 8.2%、11.5% 和 6.6%,D 的变化范围分别缩小了 28.6%、38.8% 和 37.8%,D 评价更精确地揭示能量闭合日内动态过程中的差异,虽然日均值计算的闭合度没有变化。

(5) 蒸发比强制闭合法是解决涡度相关系统低估节水灌溉稻田湍流通量导致能量平衡不闭合的有效方法。

考虑土壤热储存和能量各通量相位的滞后性后,节水灌溉稻田能量依旧处于不平衡状态。影响能量平衡闭合的因素很多，湍流通量的低估是造成能量不闭合的最主要原因。采用蒸发比法将能量平衡强制闭合后，潜热和感热通量均有明显增加，但相关性和一致性与闭合前相比均有所提升。2014—2016 年能量平衡强制闭合后，潜热和感热通量平均增加了 19.8% 和 13.6%，占 Rn 的比例分别约为 89.5% 和 5.4%，且强制闭合前能量不平衡程度越大，LE^* 和 Hs^* 较 LE 和 Hs 增加的幅度越大。能量平衡的强制闭合为进一步准确计算稻田蒸散量奠定了基础。

第四章

节水灌溉稻田不同尺度水碳通量特征分析

不同时空尺度的水碳通量研究可以明确水碳循环过程的生理生态学机制,有助于了解水碳耦合尺度效应和内在联系,构建协调统一的水碳耦合模式。本章以控制灌溉稻田为研究对象,利用 Lc Pro＋光合测定系统和 LI-6800 便携式光合作用测定系统、微型称重式蒸渗仪系统、WEST 便携式通量测定系统和涡度相关系统等设备测定水稻叶片、冠层和田间尺度的水碳通量,结合气象因子、冠层结构和田间水分状态等参数的同步监测,探究不同尺度水碳通量的变化特征及其影响因素,以期为南方湿润区稻田下垫面水碳通量尺度间的转换提供科学依据。

4.1 叶片水碳通量特征分析

研究将冠层按照植株高度分为上、中、下三层(分蘖期冠层较矮,分为上、下两层),选择不同生育阶段典型晴天光合特性的测定结果,分析不同冠层位置叶片水碳通量的日变化和生育期变化。鉴于作物通过调节气孔导度控制叶片蒸腾和光合作用,研究同时分析了叶片气孔导度特性。

4.1.1 叶片水碳通量日变化

4.1.1.1 气孔导度日变化

太阳辐射、土壤水分和大气温湿度在一天内不断变化,导致气孔导度 g_{sw} 呈现明显的变化特征。由图 4.1 可知,从 8:00 到 14:00,叶片 g_{sw} 变化平稳,始终保持在一天内的较高值,16:00 左右之后,由于太阳辐射降低较大,叶片 g_{sw} 急剧下降。

在水稻不同生育期,冠层上、中、下三层的 g_{sw} 分别在 0.008～0.601、0.004～0.497 和 0.001～0.387 mol·m^{-2}·s^{-1} 范围内变化,冠层各层叶片 g_{sw} 随冠层自上而下降低,呈现平行变化的趋势。在不同生长阶段 g_{sw} 层间差异不同,在分蘖中期，2015—2017 年上下两层叶片 g_{sw} 的差值范围分别为 0.020～0.042、0.006～0.015 和 0.013～0.029 mol·m^{-2}·s^{-1}，上下两层叶片 g_{sw} 差异较小，这主要是由于该阶段水稻处于生长初期，叶面积指数 LAI 较小（2015—2017 年 LAI 分别为 1.55、1.30 和 1.57 m^2·m^{-2}），下层叶片受上层叶片的消光作用较小，上下两层叶片接收到的光合有效辐射 PAR_a 差异不大（2015—2017 年上下两层的 PAR_a 差值范围为 13.03～270.80、29.87～196.04 和 28.73～199.15 μmol·m^{-2}·s^{-1}）。随着 LAI 的快速增加，g_{sw} 出现明显的层间差异。分蘖后期，2015—2017 年上下层叶片的 g_{sw} 差值范围分别为 0.031～0.074、0.033～0.062 和 0.084～0.130 mol·m^{-2}·s^{-1}。拔节孕穗前期，2015—2017 年上中层和中下层的 g_{sw} 差值范围分别为 0.026～0.056、0.034～0.161、0.136～0.296 mol·m^{-2}·s^{-1} 和 0.047～0.163、0.019～0.122、0.081～0.215 mol·m^{-2}·s^{-1}。拔节孕穗后期，2015—2017 年上中层和中下层的 g_{sw} 差值范围分别为 0.023～0.093、0.029～0.312、0.030～0.257 mol·m^{-2}·s^{-1} 和 0.027～0.189、0.014～0.202、0.017～0.179 mol·m^{-2}·s^{-1}。抽穗开花期，2015—2017 年上中层和中下层的 g_{sw} 差值范围分别为 0.023～0.085、0.049～0.286、0.008～0.420 mol·m^{-2}·s^{-1} 和 0.021～0.163、0.026～0.210、0.004～0.306 mol·m^{-2}·s^{-1}。从拔节孕穗前期到抽穗开花期，下层叶片 g_{sw} 明显低于中上层叶片 g_{sw}，且中层叶片 g_{sw} 与上层叶片 g_{sw} 差异也越来越明显。至乳熟期，三年的上中层和中下层 g_{sw} 差值范围分别为 0.022～0.200、0.013～0.239、0.009～0.318 mol·m^{-2}·s^{-1} 和 0.015～0.306、0.005～0.166、0.004～0.224 mol·m^{-2}·s^{-1}，上中层的 g_{sw} 略有减小，中下层的 g_{sw} 差异仍较大。

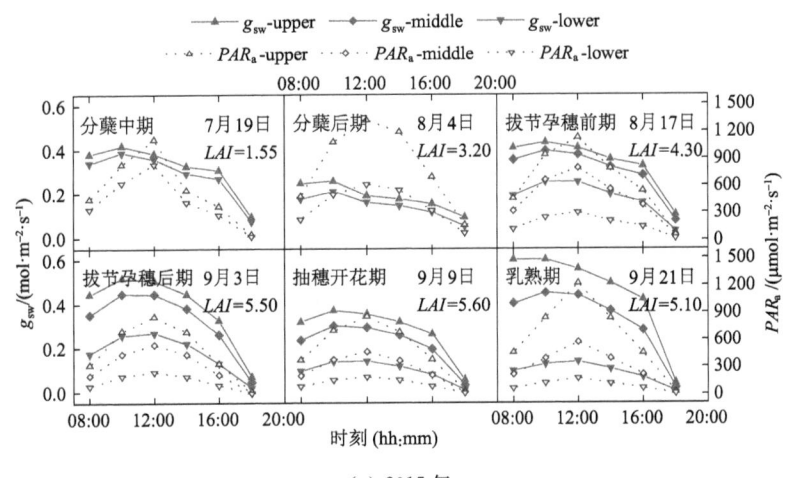

(a) 2015 年

(b) 2016 年

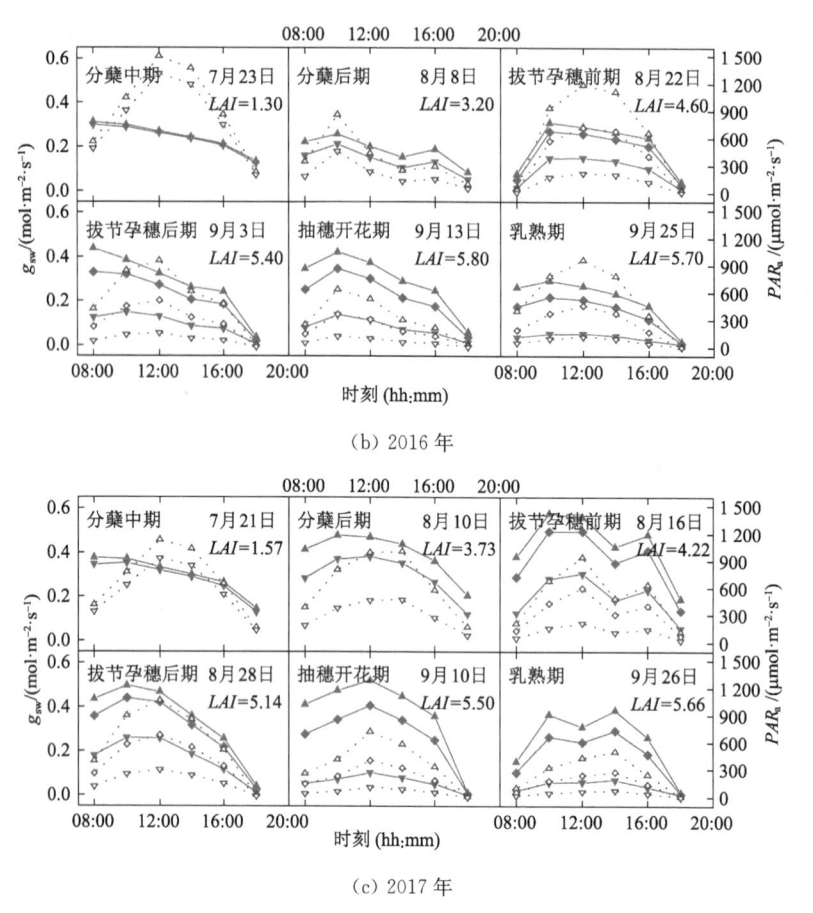

(c) 2017 年

图 4.1 各生育阶段典型晴天水稻叶片气孔导度 g_{sw} 日变化（$1\text{ mm}\cdot\text{s}^{-1}=1/22.4\text{ mol}\cdot\text{m}^{-2}\cdot\text{s}^{-1}$）

由于上层叶片的消光作用，冠层内中下层叶片接收到的太阳净辐射 Rn 随着冠层的降低而递减，具体表现为各层叶片接收到的光合有效辐射 PAR_a 表现为上层＞中层＞下层，这是引起 g_{sw} 降低的主要原因（孙景生，1996）。在水稻生长前期，冠层 LAI 较小，上层叶片消光作用较弱，叶片 g_{sw} 层间差异较小。随着 LAI 增加，水稻冠层内叶片接收到的 Rn 出现明显差异，下层叶片由于冠层上层叶片的遮挡 PAR_a 显著减小，导致拔节孕穗前期至抽穗开花期的下层叶片 g_{sw} 显著低于中上层叶片 g_{sw}。随着叶位的降低，叶片的氮含量降低也是导致 g_{sw} 减小的因素之一。另外 g_{sw} 与叶片叶龄（出叶天数）等生理指标有关，在水稻乳熟期，下层叶片逐渐变黄，叶片 g_{sw} 逐渐减小，其与中上层叶片 g_{sw} 层间差异增大。

4.1.1.2 蒸腾速率日变化

冠层各层叶片蒸腾速率 T_r 的日变化呈现早晚低中午高的单峰变化规律，上、中、下层叶片 T_r 平行减小(图 4.2)。叶片 T_r 与其接收到的太阳净辐射 Rn 呈正相关,在水稻冠层内,随着叶位降低叶片接收到的光合有效辐射 PAR_a 减小,叶片气孔导度 g_{sw} 降低,叶片 T_r 也相应降低。分蘖中期,2015—2017 年上下两层叶片的 T_r 差值范围分别为 0.134～1.171、0.259～0.821 和 0.394～1.005 mmol·m^{-2}·s^{-1},该生育阶段冠层 LAI 较小,冠层内叶片接收的太阳辐射差异不明显。在分蘖后期,2015—2017 年上下两层叶片的 T_r 差值分别在 0.960～2.714、0.526～1.658 和 1.050～2.704 mmol·m^{-2}·s^{-1} 范围内变化,与分蘖中期相比,T_r 层间差异明显增加,这主要是因为分蘖期的水稻处于生理生长盛期,冠层 LAI 快速增加,造成水稻冠层内叶片接收到的光强出现明显差异。拔节孕穗前期,2015—2017 年上中层和中下层的 T_r 差值范围分别为 0.292～1.491、0.196～1.965、0.420～1.722 mmol·m^{-2}·s^{-1} 和 0.568～2.623、0.261～2.700、0.676～2.331 mmol·m^{-2}·s^{-1}。拔节孕穗后期,2015—2017 年上中层和中下层的 T_r 差值范围分别为 0.262～1.560、0.346～2.147、0.181～1.964 mmol·m^{-2}·s^{-1} 和 0.332～2.142、0.338～2.897、0.237～2.713 mmol·m^{-2}·s^{-1}。抽穗开花期,2015—2017 年上中层和中下层的 T_r 差值范围分别为 0.309～1.774、0.239～1.290、0.045～1.902 mmol·m^{-2}·s^{-1} 和 0.296～2.207、0.290～1.912、0.044～2.924 mmol·m^{-2}·s^{-1}。乳熟期,2015—2017 年上中层和中下层的 T_r 差值范围分别为 0.228～3.148、0.091～2.009、0.050～1.447 mmol·m^{-2}·s^{-1} 和 0.170～3.434、0.071～2.537、0.049～2.513 mmol·m^{-2}·s^{-1}。

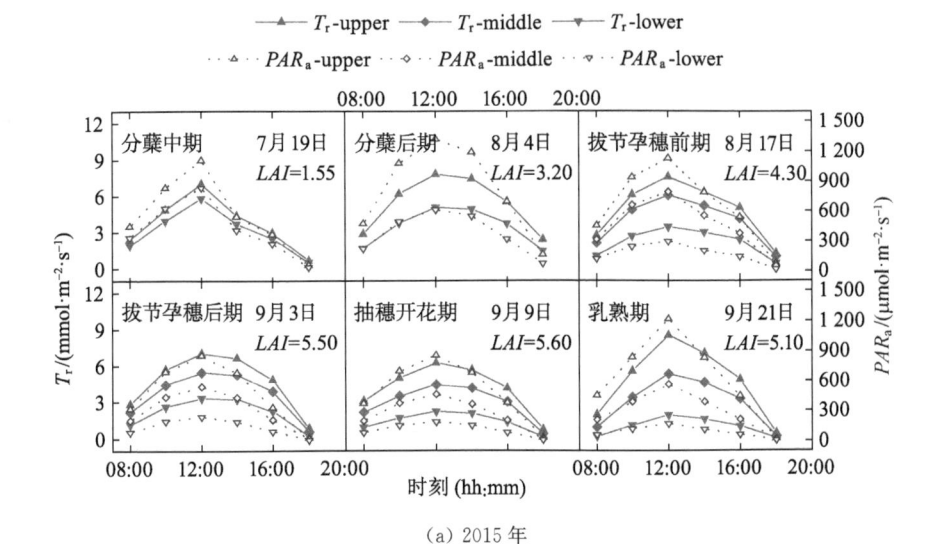

(a) 2015 年

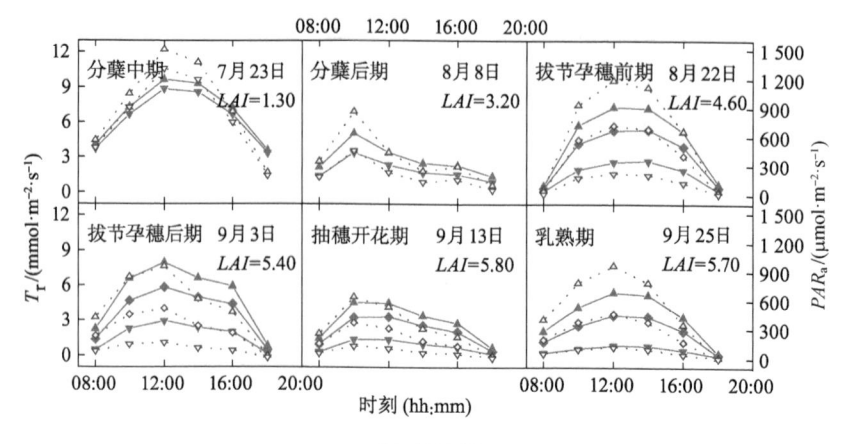

(b) 2016 年

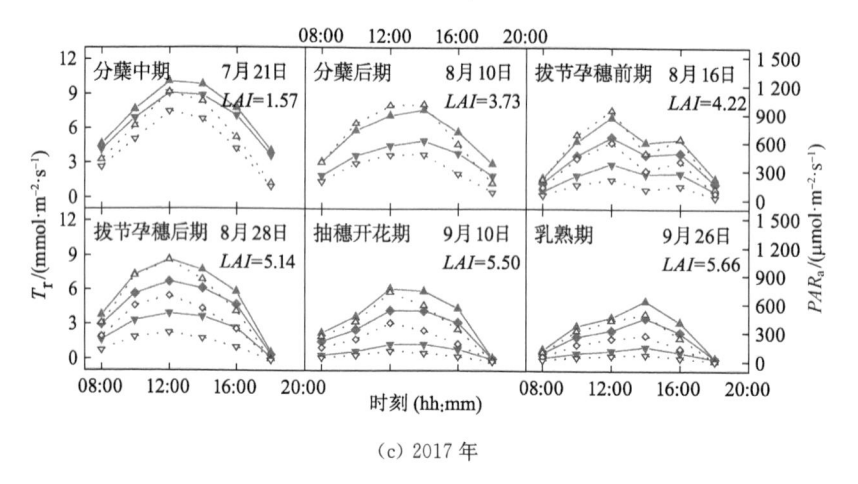

(c) 2017 年

图 4.2 各生育阶段典型晴天水稻叶片蒸腾速率 T_r 日变化

影响 T_r 层间差异的主要因素有两部分：一是叶片气孔本身的状态和结构对蒸腾产生影响，生长旺盛的叶片集中在冠层上层，叶片气孔调节能力强，叶片蒸腾主要通过气孔将水分扩散到外界大气中，叶片 T_r 与 g_{sw} 的变化趋势基本保持一致；二是外界条件对叶片蒸腾产生影响，叶片接收到的光照和风速等在冠层内自上而下降低，冠层 T_r 也随之减小。

4.1.1.3 净光合速率日变化

由图 4.3 可知，净光合速率 P_n 与气孔导度 g_{sw}、蒸腾速率 T_r 呈现相似的日变化规律，日出后叶片 P_n 随着太阳净辐射 Rn 与大气温度 T_a 的增加而增加，在 12:00 左右达到峰值，此后逐渐下降。

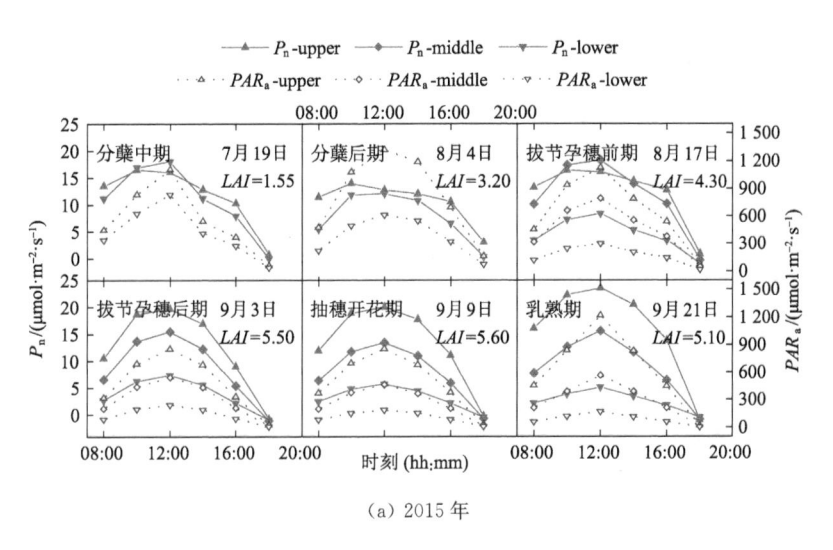

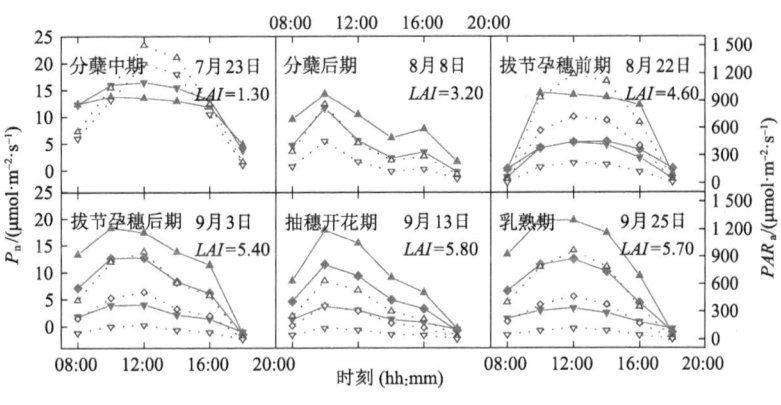

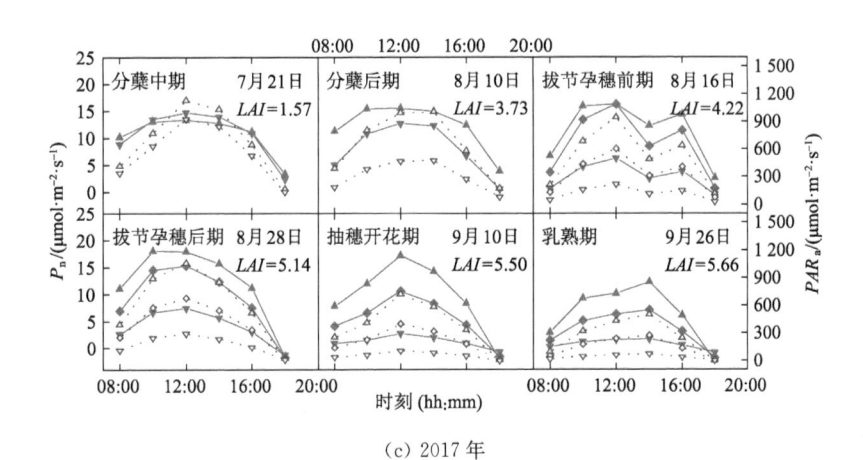

图 4.3 各生育阶段典型晴天水稻叶片净光合速率 P_n 日变化

在水稻不同生育阶段,冠层上中下三层的叶片 P_n 分别在 $-2.37\sim23.51$、$-1.79\sim18.24$ 和 $-1.42\sim18.02$ μmol·m^{-2}·s^{-1} 范围内变化,呈现平行降低的趋势。在分蘖中期,2015—2017 年上层叶片 P_n 分别在 $0.74\sim16.46$、$4.83\sim13.69$ 和 $3.30\sim13.32$ μmol·m^{-2}·s^{-1} 范围内变化,下层叶片 P_n 分别在 $0.06\sim18.02$、$3.84\sim16.45$ 和 $2.40\sim14.71$ μmol·m^{-2}·s^{-1} 范围内变化。分蘖后期,2015—2017 年上层叶片 P_n 分别在 $3.02\sim14.02$、$1.73\sim14.30$ 和 $3.82\sim15.49$ μmol·m^{-2}·s^{-1} 范围内变化,下层叶片 P_n 分别在 $0.30\sim12.09$、$-0.18\sim11.72$ 和 $0.54\sim12.62$ μmol·m^{-2}·s^{-1} 范围内变化。分蘖期冠层叶面积指数 LAI 较小,下层叶片受上层叶片的光遮挡影响较小,叶片 P_n 层间差异较小。随着水稻生育期的推进,冠层 LAI 迅速增加,叶片 P_n 的层间差异也随着增加。拔节孕穗前期,2015—2017 年上中层的 P_n 差值范围分别为 $-2.20\sim3.18$、$-0.96\sim2.80$ 和 $0.00\sim3.88$ μmol·m^{-2}·s^{-1},中下层差值范围分别为 $0.53\sim10.11$、$-0.15\sim9.86$ 和 $1.16\sim10.05$ μmol·m^{-2}·s^{-1},P_n 中下层差异明显大于上中层差异。拔节孕穗后期,2015—2017 年上中层的 P_n 差值范围分别为 $0.32\sim5.08$、$0.25\sim6.15$ 和 $0.17\sim4.08$ μmol·m^{-2}·s^{-1},中下层差值范围分别为 $-0.24\sim8.06$、$-0.44\sim8.72$ 和 $-0.53\sim7.88$ μmol·m^{-2}·s^{-1},P_n 上中层差异和中下层差异均较大。抽穗开花期,2015—2017 年上中层的 P_n 差值范围分别为 $0.36\sim7.15$、$0.27\sim6.45$ 和 $-0.52\sim6.56$ μmol·m^{-2}·s^{-1},中下层差值范围分别为 $-0.16\sim7.76$、$-0.18\sim7.73$ 和 $-0.89\sim7.84$ μmol·m^{-2}·s^{-1},上中层差异和中下层差异均保持在较大值。乳熟期,2015—2017 年上中层的 P_n 差值范围分别为 $-0.13\sim8.83$、$-0.25\sim8.25$ 和 $-0.58\sim5.10$ μmol·m^{-2}·s^{-1},中下层差值范围分别为 $-0.44\sim10.42$、$-0.56\sim9.13$ 和 $-1.00\sim5.40$ μmol·m^{-2}·s^{-1}。乳熟期,下层叶片明显衰老且由于中上层叶片的遮挡,下层叶片 P_n 明显下降,上层叶片尽管叶龄较长,仍可保持较强的光合作用,这对提高整个冠层的田间光能利用率和干物质积累有利。

4.1.2 叶片水碳通量生育期变化

4.1.2.1 气孔导度生育期变化

选择 10:00 典型时刻分析水稻生育期内的气孔导度 g_{sw} 变化。在水稻生育期内,2015 年冠层上、中、下三层的 g_{sw} 分别在 $0.258\sim0.518$、$0.270\sim0.446$ 和 $0.087\sim0.387$ mol·m^{-2}·s^{-1} 范围内变化,2016 年分别在 $0.258\sim0.602$、$0.218\sim$

0.470 和 0.052～0.520 mol·m^{-2}·s^{-1} 范围内变化,2017 年分别在 0.276～0.577、0.265～0.497 和 0.055～0.374 mol·m^{-2}·s^{-1} 范围内变化(图 4.4)。整个生育期内叶片 g_{sw} 呈现上层＞中层＞下层的规律,生长前期叶片 g_{sw} 较低,水稻生长最为旺盛的中期(8 月初至 9 月中旬的分蘖后期至抽穗开花期)叶片 g_{sw} 较大,水稻生长后期由于叶片衰老,太阳净辐射 Rn 及大气温度 T_a 降低,g_{sw} 逐渐减小。

2015—2017 年冠层上中层的 g_{sw} 差值分别在 0.006～0.227、0.004～0.147 和 0.012～0.133 mol·m^{-2}·s^{-1} 范围内变化,中下层的 g_{sw} 差值分别在 0.056～0.223、0.122～0.271 和 0.106～0.270 mol·m^{-2}·s^{-1} 范围内变化。随着生育期的推进,叶片 g_{sw} 的层间差异增加。水稻叶面积不断增加,冠层的消光作用使中下层叶片的接收到的 Rn 显著减小,这是导致 g_{sw} 层间差异增加的主要原因。另外,随着生育期推进,冠层内的叶片含氮量、叶龄等也出现明显差异,叶片生理结构差异增大也是导致叶片 g_{sw} 层间差异增加的重要原因。

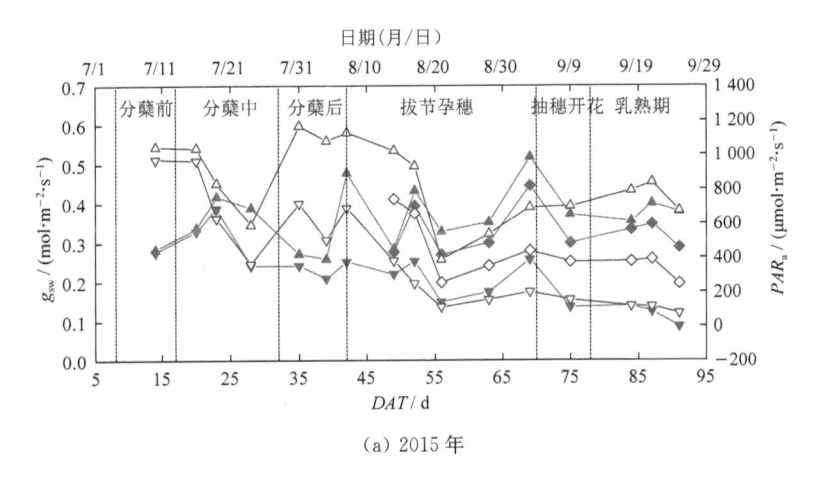

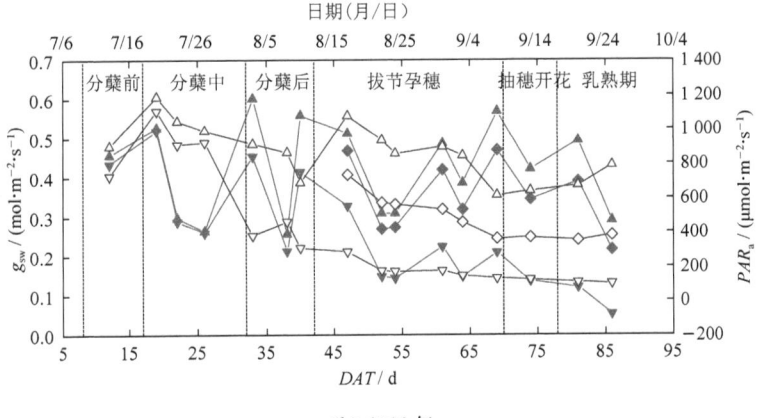

(a) 2015 年

(b) 2016 年

(c) 2017年

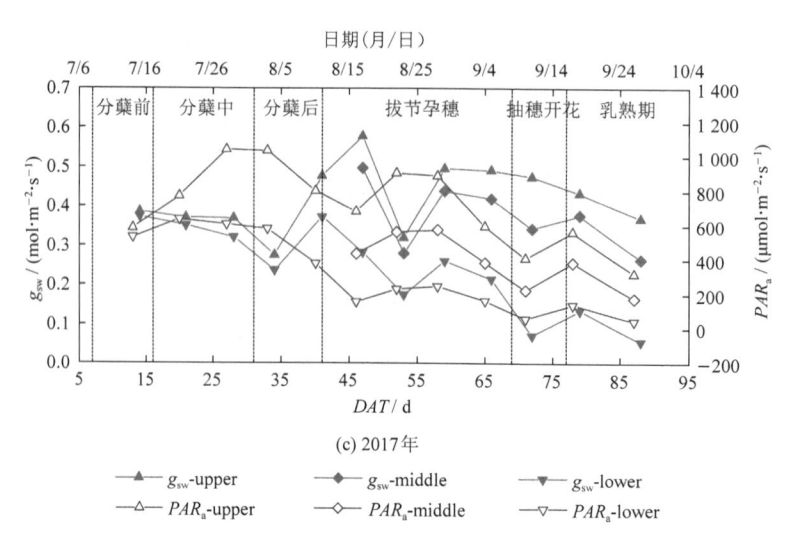

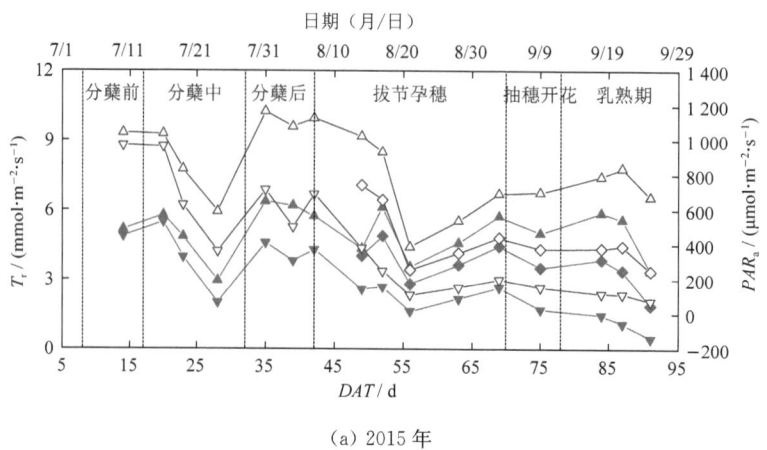

图 4.4 2015—2017 年水稻叶片气孔导度 g_{sw} 生育期变化(10:00)

4.1.2.2 蒸腾速率生育期变化

由图 4.5 可知,在水稻生育期内,2015 年冠层上、中、下三层的 T_r 分别在 2.95～6.35、1.88～4.86 和 0.47～5.47 mmol·m^{-2}·s^{-1} 范围内变化,2016 年分别在 3.78～8.96、2.53～6.82 和 0.61～8.55 mmol·m^{-2}·s^{-1} 范围内变化,2017 年分别在 2.87～7.67、1.96～5.63 和 0.52～6.91 mmol·m^{-2}·s^{-1} 范围内变化,叶片 T_r 表现为上层>中层>下层的规律。叶片 T_r 与气孔导度 g_{sw} 的变化规律相似,受外界光热环境、土壤水分状况和作物生长状态的影响,在生育期内呈现多峰多谷的动态。总体表现为生长前期 T_r 较低,中期水稻生长最为旺盛的阶段 T_r 较大,后期逐渐减小。叶片 T_r 与光合有效辐射 PAR_a 呈现同增同减的变化

(a) 2015年

(b) 2016 年

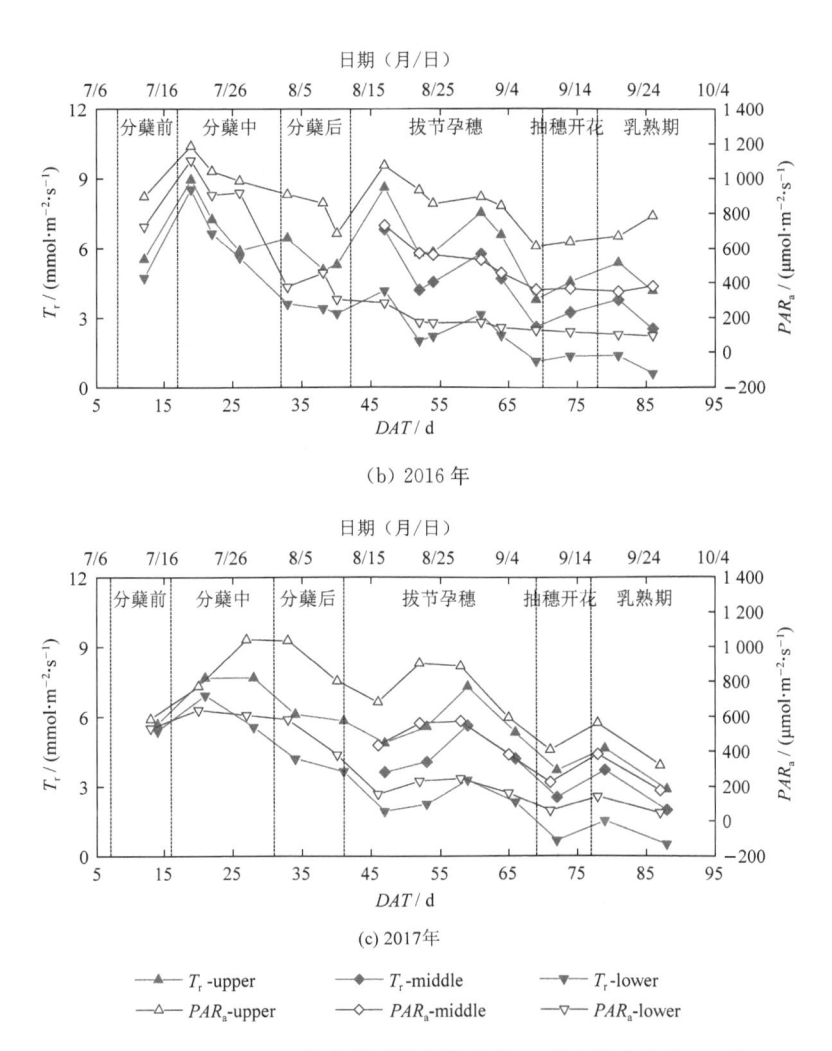

(c) 2017 年

—▲— T_r-upper　　—◆— T_r-middle　　—▼— T_r-lower
—△— PAR_a-upper　—◇— PAR_a-middle　—▽— PAR_a-lower

图 4.5　2015—2017 年水稻叶片蒸腾速率 T_r 生育期变化(10:00)

规律,太阳净辐射 Rn 在水稻生育期内先增加后减小是造成叶片 T_r 生育期变化的主要原因。

2015—2017 年冠层上中层的 T_r 差值分别在 0.295~2.392、0.279~2.845 和 0.290~2.154 mmol·m^{-2}·s^{-1} 范围内变化,中下层的 T_r 差值分别在 1.178~2.385、1.473~2.662 和 1.448~2.331 mmol·m^{-2}·s^{-1} 范围内变化。在分蘖前中期,由于水稻叶面积指数 LAI 较小,下层叶片受上层叶片的遮光影响较小,叶片 T_r 层间差异不大。随着生育期的推进,持续增加的 LAI 导致下层叶片接收到的 Rn 不断减小,叶片 T_r 层间差异持续增加,另外下层叶片在拔节孕穗后期开始衰老也是造成 T_r 减小的原因之一。

4.1.2.3 净光合速率生育期变化

叶片净光合速率 P_n 表现出与叶片气孔导度 g_{sw} 和蒸腾速率 T_r 同增同减的变化规律。由图 4.6 可知，在水稻生育期内，2015 年冠层上、中、下三层的 P_n 范围分别为 11.40~19.50、7.47~17.38 和 2.41~20.12 $\mu mol \cdot m^{-2} \cdot s^{-1}$，2016 年三层 P_n 范围分别为 11.62~19.87、11.45~16.56 和 2.94~18.39 $\mu mol \cdot m^{-2} \cdot s^{-1}$，2017 年三层 P_n 范围分别为 9.24~18.02、5.07~14.52 和 1.16~14.31 $\mu mol \cdot m^{-2} \cdot s^{-1}$。叶片 P_n 表现为上层>中层>下层的规律。生育期内 P_n 总体表现为生长前期较低，生长最为旺盛的阶段 P_n 较大，乳熟后期叶片衰老速度加快，叶片 P_n 逐渐减小。太阳净辐射 Rn 是影响叶片 P_n 最主要的因素，生育期内 P_n 与 PAR_a 表现出同增同减的变化规律。Rn 在水稻生育期内先增加后减小是造成叶片 P_n 生育期变化的主要原因。同时叶片 P_n 受外界水热环境、土壤水分状况和作物生长状态的影响，在生育期内呈现多峰多谷的动态变化。

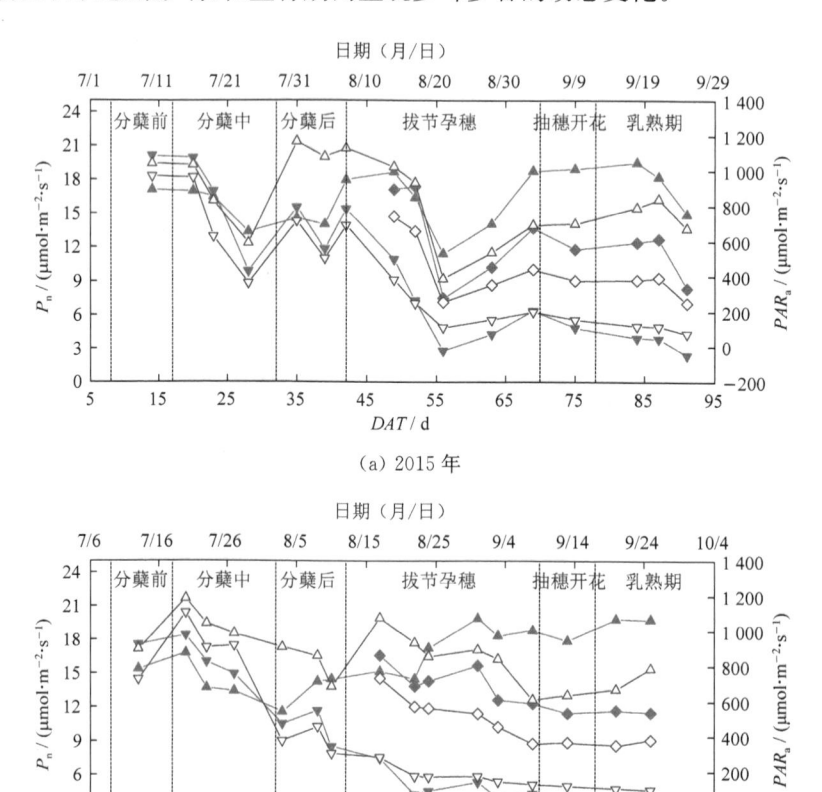

(a) 2015 年

(b) 2016 年

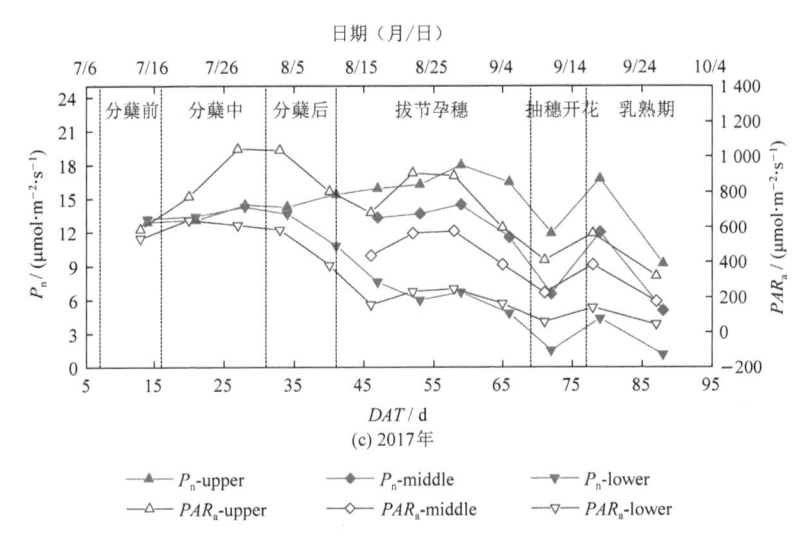

图 4.6 2015—2017 年水稻叶片净光合速率 P_n 生育期变化(10:00)

2015—2017 年冠层上中层的 P_n 差值范围分别为 $-3.03\sim7.15$、$-2.33\sim8.25$ 和 $-0.38\sim5.38$ $\mu mol \cdot m^{-2} \cdot s^{-1}$，中下层 P_n 差值范围分别为 $4.65\sim10.11$、$7.73\sim10.34$ 和 $3.91\sim7.83$ $\mu mol \cdot m^{-2} \cdot s^{-1}$。在分蘖前中期，水稻叶面积指数 LAI 较小，下层叶片受上层叶片的遮光影响较小，不同叶层的 P_n 差异不大，甚至出现下层叶片 P_n 大于上层叶片 P_n 的状况，这主要是因为在水稻生长前期，水稻分蘖迅速，冠层 LAI 快速增加，上层叶片新长出叶片较多，叶片还处于生长不完全阶段，下层叶片的光合固碳能力大于上层叶片光合固碳能力。随着生育期的推进，叶片 P_n 层间差异持续增加，且 P_n 的中下层差异大于上中层差异，这主要是由于减小的 R_n 以及增大的 LAI 造成下层叶片接收到的 PAR_a 不断减小。在拔节孕穗后期下层叶片开始衰老也是造成中下层叶片差异增加的原因之一。

4.1.3 叶片蒸腾和光合速率影响因素分析

叶片气孔导度 g_{sw}、蒸腾速率 T_r 和光合速率 P_n 在冠层内自上而下明显降低，鉴于水稻新生叶片从冠层顶部长出，即冠层自上而下叶片叶龄 LA（叶片出现天数）增加。本节基于 2015—2017 年实测的叶片 g_{sw}、T_r 和 P_n，分析叶片 LA、田间含水率 θ 以及气象因子（大气湿度 RH、大气温度 T_a、饱和水汽压差 VPD 和光合有效辐射 PAR_a）对叶片 g_{sw}、T_r 和 P_n 的影响。

表 4.1 为叶片 g_{sw}、T_r 和 P_n 在 $p<0.05$ 显著性水平上的逐步线性回归检验结果，回归方程显著性水平均达到 $p<0.001$，复相关系数 R 较高，分别为 0.810、0.803

和 0.835。PAR_a、LA、RH 和 θ 显著影响叶片 g_{sw}($p<0.001$)，PAR_a、T_a、LA、θ 和 VPD 显著影响叶片 T_r($p<0.001$)，PAR_a、LA、VPD、θ 和 RH 显著影响叶片 P_n($p<0.001$)。PAR_a、LA 和 θ 是影响叶片 g_{sw}、T_r 和 P_n 的共同因子，其中 PAR_a 与 g_{sw}、T_r 和 P_n 呈正相关，偏相关系数分别为 0.405、0.554 和 0.559，是对叶片 g_{sw}、T_r 和 P_n 影响最大的因子。LA 与 g_{sw}、T_r 和 P_n 均呈负相关，随着 LA 增加叶片 g_{sw}、T_r 和 P_n 显著减小。θ 与 g_{sw}、T_r 和 P_n 均呈正相关，随着 θ 增加叶片 g_{sw}、T_r 和 P_n 显著增加。RH 与 g_{sw} 正相关，与 P_n 负相关，随着大气湿度增加，叶片 g_{sw} 显著增加，P_n 显著减小。T_a 与 T_r 呈正相关，随着 T_a 增加，叶片 T_r 增加。VPD 与 T_r 呈正相关，与 P_n 呈负相关，随着 VPD 增加，叶片蒸腾增加，但光合能力减弱。

表 4.1 叶片气孔导度 g_{sw}、蒸腾速率 T_r 和光合速率 P_n 与各相关因子的逐步回归分析

因变量	自变量	回归系数	标准误差	t 分布	各系数限制性水平 p	偏相关系数	F 分布	回归方程显著性水平 p	复相关系数 R
g_{sw}	常量	−0.495	0.042	−11.845	<0.001	—	283.950	<0.001	0.810
	PAR_a	0.000	0.000	16.640	<0.001	0.405			
	LA	−0.004	0.000	−13.373	<0.001	−0.334			
	RH	0.005	0.001	11.588	<0.001	0.320			
	θ	0.010	0.001	10.312	<0.001	0.276			
T_r	常量	−11.735	0.966	−12.152	<0.001	—	214.948	<0.001	0.803
	PAR_a	0.003	0.000	22.341	<0.001	0.554			
	T_a	0.236	0.027	8.754	<0.001	0.305			
	LA	−0.066	0.006	−11.924	<0.001	−0.300			
	θ	0.167	0.020	8.533	<0.001	0.235			
	VPD	0.544	0.178	3.047	0.002	0.108			
P_n	常量	10.006	1.679	5.958	<0.001	—	274.375	<0.001	0.835
	PAR_a	0.005	0.000	24.460	<0.001	0.559			
	LA	−0.160	0.008	−19.196	<0.001	−0.450			
	VPD	−2.357	0.280	−8.405	<0.001	−0.292			
	θ	0.150	0.029	5.128	<0.001	0.131			
	RH	−0.055	0.020	−2.793	0.005	−0.107			

4.2 冠层水碳通量特征分析

本节分析冠层蒸散量 ET_{CML}、棵间蒸发 E 和水稻植株蒸腾 T 的日变化(各生育阶段平均值)和生育期变化(10:00),以及冠层碳通量 A、棵间土壤呼吸速率 R_s 和水稻植株固碳量 A_p 的典型日变化(各生育阶段典型晴天)和生育期变化(10:00),并探究 ET_{CML}、E、T 和 A、R_s、A_p 的主要影响因子。

4.2.1 冠层水碳通量日变化

4.2.1.1 水通量日变化

研究选取 2015—2017 年不同生育阶段冠层水通量 ET_{CML} 的时刻平均值分析其日变化。从图 4.7 可以看出,不同生育季各生育阶段典型晴天的 ET_{CML} 均呈现较为一致的倒"U"形单峰变化趋势。具体表现为:夜间 ET_{CML} 在 0 mmol·m^{-2}·s^{-1} 附近呈现正负交替波动,日出后随着太阳净辐射 Rn 和大气温度 T_a 的增加,ET_{CML} 迅速增加,日峰值出现在正午 12:00 左右,之后 ET_{CML} 逐渐减小,到日落后又减小到 0 mmol·m^{-2}·s^{-1} 左右。2015—2017 年返青期、分蘖前期、分蘖中期、分蘖后期、拔节孕穗前期、拔节孕穗后期、抽穗开花期、乳熟期和黄熟期的日 ET_{CML} 平均值分别为 2.729、3.398、4.549、3.839、3.500、2.645、2.272、1.818 和 1.327 mmol·m^{-2}·s^{-1},棵间土壤蒸发 E 平均值分别为 2.308、2.649、2.108、1.199、1.092、0.712、0.525、0.393 和 0.307 mmol·m^{-2}·s^{-1},水稻植株蒸腾 T 平均值分别为 0.341、0.721、2.461、2.737、2.379、1.892、1.651、1.417 和 1.021 mmol·m^{-2}·s^{-1}。随着生育期的推进,ET_{CML} 日均值不断增加,在分蘖中期达到最大值,直至拔节孕穗期一直保持在较大值,之后开始减小。返青期稻田一直处于有水层状态,分蘖前期田间处于无水层状态,但分蘖前期的 E 大于返青期的 E,这主要是由于返青期处于多雨天气,较低的大气蒸发能力导致低的棵间蒸发,之后随着水稻冠层叶面积指数 LAI 的不断增加,棵间土壤接收到的太阳净辐射 Rn 不断减小,稻田 E 也持续减小。植株蒸腾 T 在水稻分蘖期迅速增加,与 ET_{CML} 保持相似的变化规律。另外,不同生育年同一生育阶段的 ET_{CML} 不同,这主要是由于气象因素和田间水分状态的年际间差异造成的。

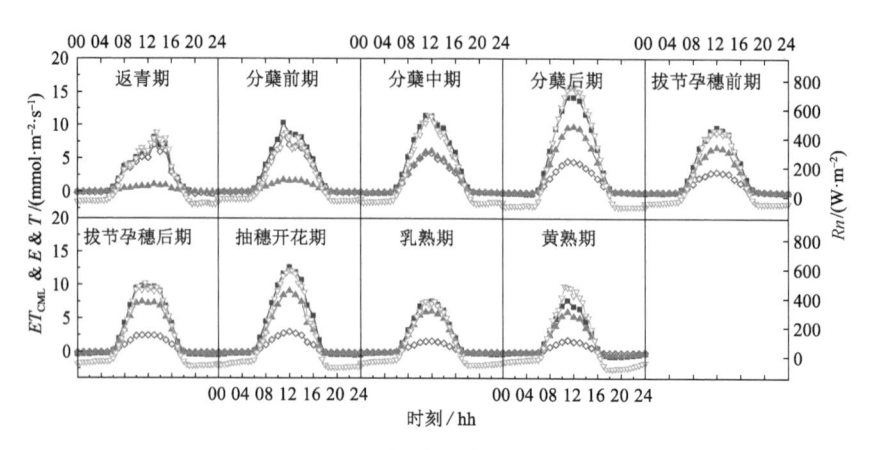

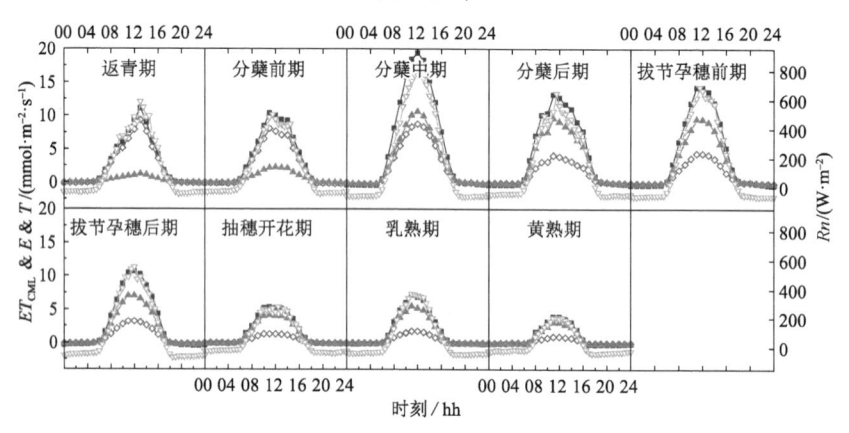

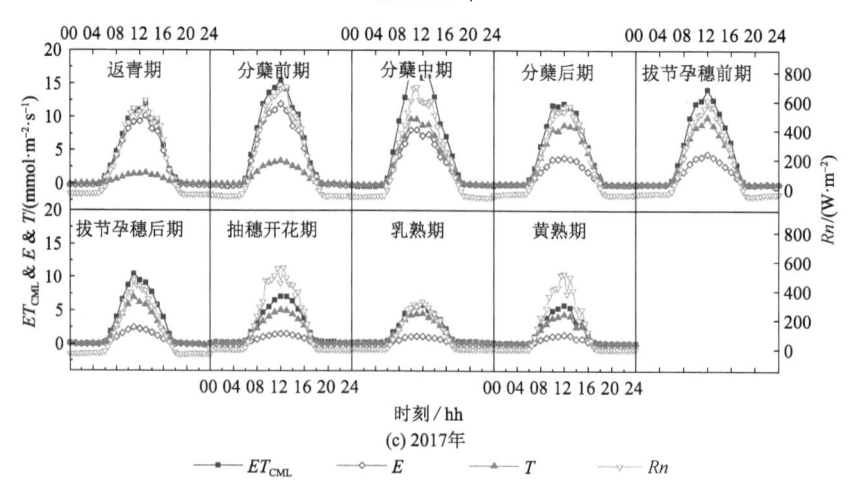

图 4.7 2015—2017 年水稻各生育阶段冠层水通量 ET_{CML} 日变化（阶段平均）
($1\ mg\cdot H_2O\ m^{-2}\cdot s^{-1}=10^{-6}\ mm\cdot s^{-1}=1/18\ mmol\cdot m^{-2}\cdot s^{-1}$)

4.2.1.2 碳通量日变化

研究选择水稻各生育阶段典型晴天的冠层碳通量 A、棵间土壤呼吸 R_s 和水稻植株固碳量 A_p 进行日变化分析。从图 4.8 可以看出，水稻各生育阶段典型晴天的 A 和水稻植株固碳量 A_p 有明显的日变化规律，早上日出后，水稻叶片的光合能力开始增大，植株光合吸收的 CO_2 大于稻田呼吸释放的 CO_2，A 和 A_p 逐渐表现为正值，之后随着太阳净辐射 Rn 逐渐增加，A 和 A_p 不断升高，在 12:00 左右达到最大值，正午后随着 Rn 的减小，A 和 A_p 开始减小，至日落时减小到 0 μmol·$m^{-2}·s^{-1}$ 以下。棵间土壤呼吸 R_s 主要受土壤温度和田间水分状态的影响，变化较为平稳。在返青期、分蘖前期、分蘖中期、分蘖后期、拔节孕穗前期、拔节孕穗后期、抽穗开花期和乳熟期的典型晴天，A 日均值为 -0.02、1.43、3.00、3.85、3.53、3.52、3.34 和 3.52 μmol·$m^{-2}·s^{-1}$，A 夜间平均值为 -1.83、-2.69、-3.24、-4.27、-5.36、-5.84、-5.65 和 -4.54 μmol·$m^{-2}·s^{-1}$，A 日间平均值为 1.46、4.73、7.97、15.78、16.65、17.33、16.62 和 15.39 μmol·$m^{-2}·s^{-1}$；R_s 日均值为 -0.71、-2.34、-2.97、-3.10、-3.65、-2.79、-3.46 和 -2.06 μmol·$m^{-2}·s^{-1}$，R_s 夜间平均值为 -0.60、-1.95、-2.23、-2.75、-3.00、-2.57、-2.72 和 -1.72 μmol·$m^{-2}·s^{-1}$，R_s 日间平均值为 -0.76、-2.55、-3.43、-3.42、-4.41、-2.95、-4.36 和 -2.44 μmol·$m^{-2}·s^{-1}$；A_p 日均值为 0.69、3.77、5.97、6.94、7.19、6.31、6.80 和 5.58 μmol·$m^{-2}·s^{-1}$，A_p 夜间平均值为 -1.23、-0.74、-1.01、-1.52、-2.36、-3.27、-2.93 和 -2.81 μmol·$m^{-2}·s^{-1}$，A_p 日间平均值为 2.23、7.28、11.40、19.20、21.06、20.28、20.99 和 17.83 μmol·$m^{-2}·s^{-1}$。

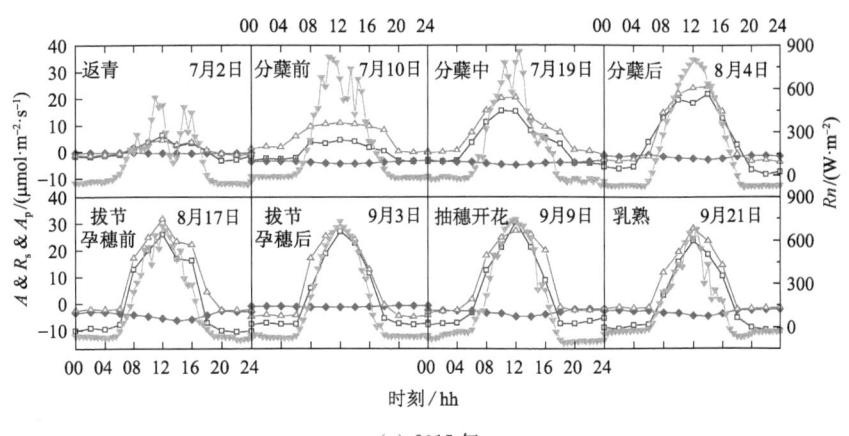

(a) 2015 年

(b) 2016 年

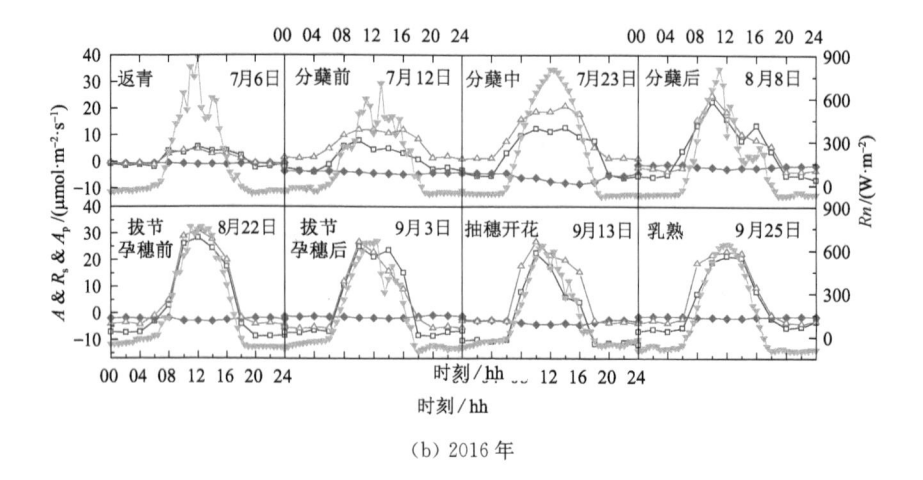

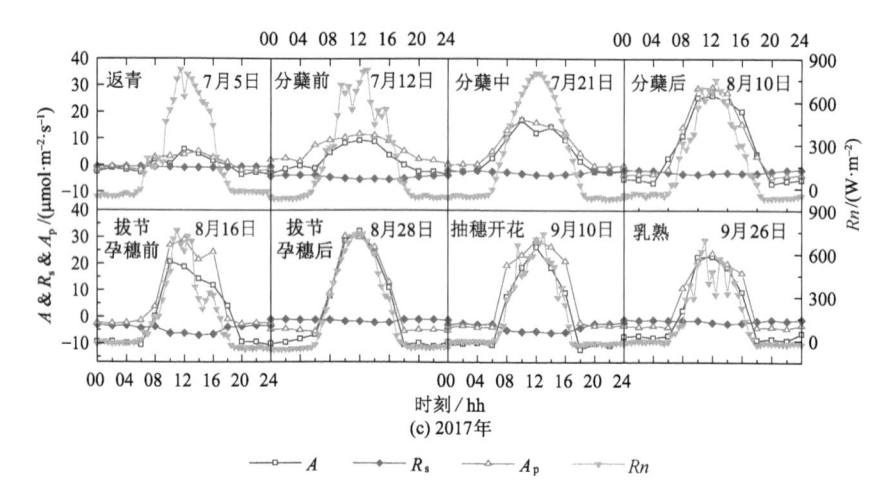

(c) 2017年

—○— A —◆— R_s —△— A_p —▼— Rn

图 4.8   2015—2017 年水稻各生育阶段冠层碳通量日变化（典型日）

总体来看，不同生育期水稻的光合能力不同。在分蘖期，水稻分蘖旺盛，作物处于快速生长上升阶段，冠层 LAI 快速增加，加之太阳净辐射 Rn 升高，水稻冠层日间固碳量最快增加，夜间碳排放量也随之增加。在拔节孕穗期，叶片光合能力保持在较高值。进入抽穗开花期以后，不断减小的 LAI 和 Rn 导致 A 持续减小。

4.2.2   冠层水碳通量生育期变化

4.2.2.1   水通量生育期变化

水稻生育期内的冠层水通量 ET_{CML}、棵间土壤蒸发 E 和水稻植株蒸腾 T 的逐日变化如图 4.9。2015—2017 年水稻生育期内，ET_{CML} 的变化范围分别为

0.680~6.370、0.320~6.999 和 0.894~6.556 mmol·m^{-2}·s^{-1}，E 的变化范围分别为 0.148~3.710、0.080~4.565 和 0.147~4.852 mmol·m^{-2}·s^{-1}，T 的变化范围分别为 0.163~3.795、0.029~5.242 和 0.160~5.218 mmol·m^{-2}·s^{-1}。冠层 ET_{CML} 和 T 的逐日变化趋势和波动状态在整个生育期内基本保持一致，总体上表现为先增加后减小，峰值出现在分蘖中期或拔节孕穗前期。稻田在生长前期有较高的冠层 E，之后开始减小并最后稳定在较低值。在返青期，水稻秧苗处于成活期，冠层覆盖率较低，且田面保持有水层，稻田蒸散量 ET_{CML} 主要以水面蒸发 E 为主，水稻植株蒸腾 T 较低，水面蒸发 E 与太阳净辐射 Rn 保持同增同减的变化规律，返青期较高的 Rn 导致 2016 年和 2017 年的 E 明显高的 2015 年的 E。在分蘖前期到分蘖中期，冠层 ET_{CML} 和 T 随着冠层 LAI 的增加而不断增加，而冠层 E 由于冠层覆盖度增加不断减小。分蘖后期控制灌溉稻田的土壤水分下限较低导致冠层 ET_{CML}、T 和 E 均明显减小。拔节孕穗期冠层保持较高的 ET_{CML} 和 T，冠层 E 不断减小。进入乳熟期后，随着下层叶片的衰老冠层 LAI 开始减小，Rn 也不断减小，冠层 ET_{CML} 和 T 随之减小，E 保持在较低值。黄熟期，稻田处于自然落干状态，田间含水率持续降低，Rn 也处于水稻生育季最低值，冠层 ET_{CML}、T 和 E 减小到生育期最低值。

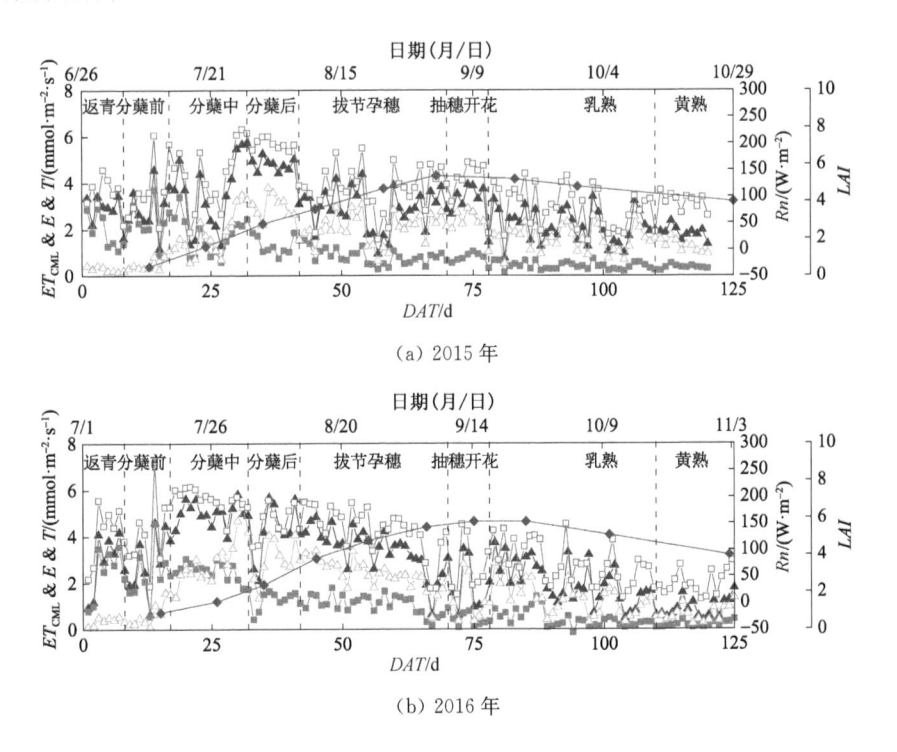

(a) 2015 年

(b) 2016 年

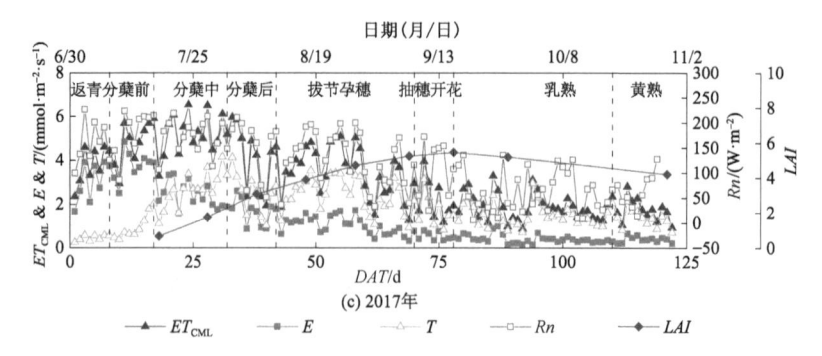

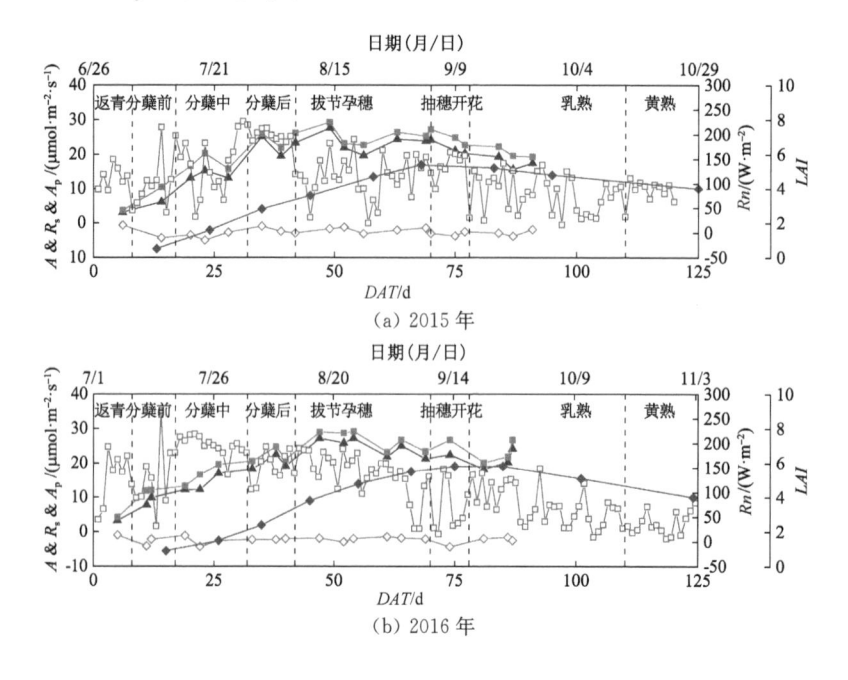

图 4.9 2015—2017 年水稻冠层水通量 ET_{CML} 生育期变化（日均值）

4.2.2.2 碳通量生育期变化

冠层碳通量在整个生育期内的观察频次较低，反映出生育期内的变化能力较弱，冠层碳通量 A、棵间土壤呼吸 R_s 和水稻植株固碳量 A_p 的生育期变化如图 4.10。在 2015—2017 年水稻生育季，A 的变化范围为 3.065～27.550、3.319～27.297 和 2.342～28.397 $\mu mol \cdot m^{-2} \cdot s^{-1}$，$R_s$ 的变化范围为 -4.922～-0.621、-4.298～-0.885 和 -6.198～-0.871 $\mu mol \cdot m^{-2} \cdot s^{-1}$，$A_p$ 的变化范围为 3.686～29.231、4.204～29.272 和 3.213～30.142 $\mu mol \cdot m^{-2} \cdot s^{-1}$。通量 A 和 A_p 总体表现为同增同减的变化趋势，从返青期到乳熟期随着冠层光合固碳能力逐渐增强，A 和 A_p 逐渐增加，黄熟期以后开始逐渐降低。在水稻生育期内 R_s 相对 A 和 A_p 变化比较平稳。

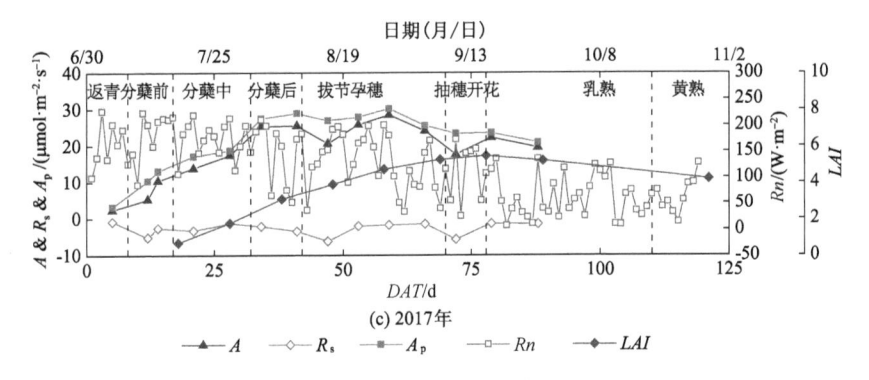

图4.10 2015—2017年水稻冠层碳通量生育期变化（10:00）

4.2.3 冠层尺度水碳通量影响因素分析

4.2.3.1 水通量影响因素

表4.2为2015—2017年冠层水通量ET_{CML}与冠层叶面积指数LAI、田间水分状况和大气环境等因子的逐步线性回归检验结果。从表可以看出，水稻三个生育季的回归方程显著性水平均达到$p<0.001$，复相关系数分别为0.912、0.951和0.838。LAI、Rn、VPD和θ是显著影响ET_{CML}的共同因素（$p<0.01$），其中Rn作为对ET_{CML}影响最大的因素，2015—2017年偏相关系数分别为0.883、0.862和0.734。LAI、VPD、θ、T_a和u等因素的显著性和偏相关系数在不同生育季表现不同，说明不同年份ET_{CML}的影响因素存在一定的差异。此外，θ与ET_{CML}的偏相关系数较小，三年分别为0.106、0.119和0.060，这说明控制灌溉制度下干湿交替的土壤水分状况对冠层水通量有一定的影响。

表4.2 水稻冠层水通量ET_{CML}与各相关因子的逐步回归分析

生育季	自变量	回归系数	标准误差	t分布	各系数限制性水平p	偏相关系数	F分布	回归方程显著性水平p	复相关系数R
2015年	LAI	−0.008	0.002	−3.198	<0.001	−0.091	1 853.459	<0.001	0.912
	Rn	0.001	0.000	58.458	<0.001	0.833			
	VPD	0.023	0.006	3.607	<0.001	0.093			
	T_a	0.004	0.001	4.459	<0.001	0.114			
	θ	0.002	0.001	4.023	0.005	0.106			

续表

生育季	自变量	回归系数	标准误差	t 分布	各系数限制性水平 p	偏相关系数	F 分布	回归方程显著性水平 p	复相关系数 R
2016年	常数	0.020	0.008	2.408	0.016	—	3 606.315	<0.001	0.951
	LAI	−0.007	0.001	−4.575	<0.001	−0.116			
	Rn	0.001	0.000	66.424	<0.001	0.862			
	VPD	0.092	0.004	22.436	<0.001	0.479			
	u	0.047	0.006	8.368	<0.001	0.210			
	θ	0.002	0.001	4.886	0.003	0.119			
2017年	常量	−0.084	0.042	−3.847	<0.001	—	1 382.129	<0.001	0.838
	LAI	−0.008	0.004	−2.500	<0.001	−0.146			
	Rn	0.016	0.000	58.633	<0.001	0.734			
	VPD	0.018	0.048	2.145	<0.001	0.040			
	T_a	0.071	0.014	5.001	<0.001	0.092			
	θ	*0.031	0.009	3.267	0.001	0.060			

稻田棵间土壤蒸发 E 与相关影响因子的逐步线性回归方程显著性水平达到 $p<0.001$，2015—2017 年的复相关系数分别为 0.658、0.830 和 0.712（表 4.3）。在不同生育季 E 的影响因子保持一致，LAI、Rn、VPD、T_a 和 θ 是不同生育季 E 的共同影响因子，其中 LAI 作为 E 最重要的影响因子，与 E 表现为负相关，这说明随着 LAI 的增加 E 减小。其他影响因子与 E 表现为正相关，随着 Rn、VPD、T_a 和 θ 的增加 E 增加。T_a 和 θ 对 E 有显著影响，但影响程度较低。

表 4.3 稻田棵间土壤蒸发 E 与各相关因子的逐步回归分析

生育季	自变量	回归系数	标准误差	t 分布	各系数限制性水平 p	偏相关系数	F 分布	回归方程显著性水平 p	复相关系数 R
2015年	常数	−0.107	0.035	−3.037	0.002	—	229.903	<0.001	0.658
	LAI	−0.021	0.001	−14.252	<0.001	−0.345			
	Rn	0.000 1	0.000	11.288	<0.001	0.279			
	VPD	0.018	0.004	3.963	<0.001	0.101			
	T_a	0.002	0.001	3.105	0.002	0.080			
	θ	0.004	0.001	4.531	<0.001	0.116			

续表

生育季	自变量	回归系数	标准误差	t分布	各系数限制性水平p	偏相关系数	F分布	回归方程显著性水平p	复相关系数R
2016年	常数	0.259	0.051	5.066	<0.001	—	678.967	<0.001	0.830
	LAI	−0.016	0.001	−10.866	<0.001	−0.268			
	Rn	0.0003	0.000	32.054	<0.001	0.634			
	VPD	0.048	0.004	12.078	<0.001	0.295			
	T_a	0.003	0.001	4.172	<0.001	0.106			
	θ	0.002	0.001	2.321	0.002	0.059			
2017年	常数	0.024	0.040	−0.102	0.020	—	362.642	<0.001	0.712
	LAI	−0.025	0.001	−10.464	<0.001	−0.281			
	Rn	0.000	0.000	20.333	<0.001	0.495			
	VPD	0.034	0.004	7.246	<0.001	0.199			
	T_a	0.003	0.001	3.984	<0.001	0.118			
	θ	0.003	0.001	3.546	<0.001	0.096			

水稻植株蒸腾量 T 与相关影响因子在 $p<0.05$ 显著性水平上的逐步线性回归分析如表4.4所示。回归方程显著性水平均达到 $p<0.001$，2015—2017年的复相关系数分别为0.874、0.844和0.811。LAI、Rn、VPD 和 θ 是显著影响 T 的共同因子（$p<0.001$），其中 Rn 作为最重要的影响因子，2015—2017年 Rn 与 T 的偏相关系数分别为0.795、0.673和0.681。对比 E 和 T 的影响因子（表4.3和表4.4）可以发现，T_a 显著影响 E，但对 T 影响并不显著，这可能是因为大气温度对微型称重蒸渗仪内的土壤温度产生了影响，使 T_a 成了 E 的显著影响因子。

表4.4 水稻植株蒸腾 T 与各相关因子的逐步回归分析

生育季	自变量	回归系数	标准误差	t分布	各系数限制性水平 p	偏相关系数	F分布	回归方程显著性水平p	复相关系数R
2015年	LAI	0.022	0.002	10.839	<0.001	0.269	1 223.628	<0.001	0.874
	Rn	0.001	0.000	50.862	<0.001	0.795			
	VPD	0.063	0.005	6.704	0.007	0.270			
	θ	0.003	0.001	2.382	0.017	0.061			

续表

生育季	自变量	回归系数	标准误差	t 分布	各系数限制性水平 p	偏相关系数	F 分布	回归方程显著性水平 p	复相关系数 R
2016年	常数	−0.241	0.076	−3.173	0.002		946.380	<0.001	0.844
	LAI	0.004	0.002	2.145	0.012	0.055			
	Rn	0.000 5	0.000	35.634	<0.001	0.673			
	VPD	0.064	0.005	13.189	<0.001	0.319			
	θ	0.005	0.002	3.219	0.001	0.082			
2017年	常数	−0.257	0.061	−4.563	0.007		817.937	<0.001	0.811
	LAI	0.014	0.004	4.970	<0.001	0.131			
	Rn	0.001	0.000	35.282	<0.001	0.681			
	VPD	0.073	0.008	8.792	<0.001	0.273			
	θ	0.004	0.001	3.072	0.005	0.091			

4.2.3.2 碳通量影响因素

表 4.5～表 4.7 分别为 2015—2017 年冠层碳通量 A、棵间土壤呼吸 R_s 和水稻植株固碳量 A_p 与冠层叶面积指数 LAI、田间水分状况和大气环境等因子的逐步线性回归分析。对于冠层 A，三个水稻生育季的回归方程显著性水平均达到 $p<0.001$，复相关系数分别为 0.950、0.934 和 0.924。Rn 作为对 A 影响最大的因子，与 A 呈现显著的正相关关系，偏相关系数分别为 0.902、0.882 和 0.889。2015 年 RH 对 A 产生显著影响，2016 年 θ、T_a 和 u 均对 A 有显著影响，2017 年 u 和 T_a 对 A 产生显著影响，不同气象因子、LAI 和 θ 在不同生育季对 A 的影响不同。

2015—2017 年，棵间土壤呼吸 R_s 与相关影响因子的逐步线性回归均达到显著水平（$p<0.001$），复相关系数分别为 0.963、0.826 和 0.889（表 4.6）。θ、T_a 和 LAI 是不同生育季影响 R_s 的共同因子，其中 θ 和 T_a 与 R_s 成正相关，表明 R_s 随着 θ 和 T_a 的增加而增加；LAI 与 R_s 呈负相关，R_s 随着 LAI 的增加而减小。2015 年和 2016 年 Rn 显著影响的 R_s，但在 2017 年对 R_s 影响不显著。

三个水稻生育季的水稻植株固碳量 A_p 与相关影响因子的逐步线性回归显著性水平均达到 $p<0.001$，复相关系数分别为 0.961、0.952 和 0.958（表 4.7）。Rn、T_a 和 VPD 是不同生育季 A_p 的共同影响因子。其中 Rn 是最主要的影响因子，与 A_p 呈正相关，三年偏相关系数分别为 0.846、0.940 和 0.953；T_a 与 A_p 呈正相关，

VPD 与 A_p 呈负相关;θ、LAI 和 RH 在不同生育季对 A_p 的影响程度不同。

表 4.5 稻田冠层碳通量 A 与各相关因子的逐步回归分析

生育季	自变量	回归系数	标准误差	t 分布	各系数限制性水平 p	偏相关系数	F 分布	回归方程显著性水平 p	复相关系数 R
2015年	常量	3.253	2.875	1.131	0.262	—	318.467	<0.001	0.950
	Rn	0.037	0.002	17.317	<0.001	0.902			
	RH	−0.087	0.035	−2.459	0.016	−0.284			
2016年	常量	−0.322	4.508	−0.071	0.943	—	113.536	<0.001	0.934
	Rn	0.039	0.003	15.321	0.000	0.882			
	θ	−0.175	0.043	−4.091	0.000	−0.447			
	T_a	0.522	0.152	3.442	0.001	0.388			
	u	−3.209	1.333	−2.407	0.019	−0.282			
2017年	常量	−2.775	1.205	−2.304	0.025	—	166.091	<0.001	0.924
	Rn	0.048	0.003	14.662	0.000	0.889			
	u	−3.523	1.673	−2.106	0.040	−0.269			
	T_a	0.223	0.083	2.686	0.008	0.174			

表 4.6 稻田棵间土壤呼吸 R_s 与各相关因子的逐步回归分析

生育季	自变量	回归系数	标准误差	t 分布	各系数限制性水平 p	偏相关系数	F 分布	回归方程显著性水平 p	复相关系数 R
2015年	常量	27.567	2.209	12.478	<0.001	—	151.761	<0.001	0.963
	θ	0.523	0.021	−24.467	<0.001	1.091			
	T_a	0.244	0.039	−6.293	<0.001	0.635			
	LAI	−0.649	0.058	−11.174	<0.001	−0.569			
	Rn	0.002	0.000	6.234	<0.001	0.283			
2016年	常量	−1.635	0.241	−6.790	<0.001	—	125.939	<0.001	0.826
	θ	0.087	0.007	11.568	<0.001	0.663			
	T_a	0.030	0.006	5.044	<0.001	0.289			
	Rn	0.001	0.001	1.145	<0.001	0.167			
	LAI	−0.090	0.141	−0.634	<0.001	−0.122			

续表

生育季	自变量	回归系数	标准误差	t 分布	各系数限制性水平 p	偏相关系数	F 分布	回归方程显著性水平 p	复相关系数 R
2017年	常量	−42.662	4.454	−9.579	<0.001	—	239.418	<0.001	0.889
	T_a	0.469	0.094	4.963	<0.001	1.059			
	θ	0.102	0.025	4.003	<0.001	0.661			
	LAI	−0.594	0.115	−5.179	<0.001	−0.502			

表 4.7 水稻植株固碳量 A_p 与各相关因子的逐步回归分析

生育季	自变量	回归系数	标准误差	t 分布	各系数限制性水平 p	偏相关系数	F 分布	回归方程显著性水平 p	复相关系数 R
2015年	常量	−38.085	17.502	−2.176	0.033	—	142.48	<0.001	0.961
	Rn	0.038	0.002	18.131	<0.001	0.846			
	T_a	0.859	0.307	2.800	0.007	0.291			
	VPD	−4.974	2.666	−1.865	0.006	−0.271			
	θ	0.618	0.169	3.649	<0.001	0.168			
	LAI	1.350	0.460	2.934	0.005	0.154			
2016年	Rn	0.042	0.002	18.095	<0.001	0.940	113.505	<0.001	0.952
	VPD	−12.482	3.111	−4.012	<0.001	−0.782			
	T_a	0.880	0.293	2.999	0.004	0.335			
	RH	−0.365	0.122	−2.983	0.004	−0.527			
2017年	Rn	0.045	0.002	20.965	<0.001	0.953	133.309	<0.001	0.958
	VPD	−15.624	3.188	−4.901	<0.001	−0.930			
	T_a	1.054	0.338	3.120	0.003	0.315			
	RH	−0.476	0.138	−3.445	<0.001	−0.575			

4.2.4 蒸散中蒸发和蒸腾量分配特征

图 4.11 所示分别为 2015 年和 2016 年水稻全生育期 E 和 T 的分配关系和比例变化。因为 ET_{CML} 和 E 为蒸渗仪系统测量值，而 T 为 ET_{CML} 与 E 相减计算得到，所以 E 与 T 占 ET_{CML} 的比例呈此消彼长的规律变化。

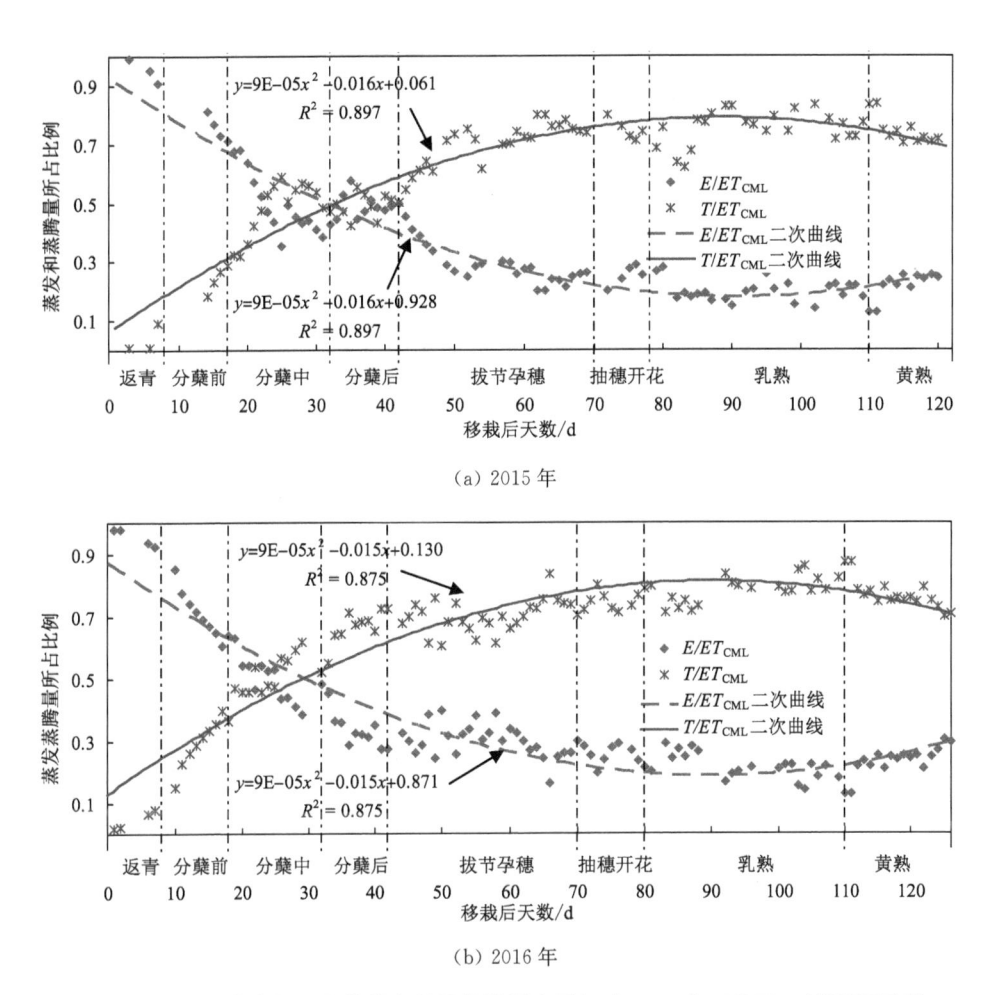

图 4.11 棵间蒸发与作物蒸腾占稻田蒸散量比例（E/ET_{CML} 与 T/ET_{CML}）的逐日变化

对不同作物的农田下垫面，棵间蒸发均是灌溉用水的重要消耗途径，尤其是作物生育前期（Yan et al.，2011；Yan et al.，2015）。本研究与前人研究结果相同，返青期，由于水稻冠层覆盖率最小，E 在 ET_{CML} 中所占比例最大，均在 0.9 以上，田间耗水以棵间土面蒸发为主，特别是刚移栽后，棵间蒸发量接近时段蒸散水量，相应的该生育期 T 所占 ET_{CML} 比例最小。随着水稻的生长，E 占 ET_{CML} 的比例逐渐减小。分蘖期，水稻叶片数逐渐增加，叶片逐渐增大，且土壤表面含水率较低，E 占 ET_{CML} 的比值迅速下降。分蘖末期控制灌溉稻田土壤含水率控制下限最低，2015 年和 2016 年 E 占 ET_{CML} 的比值平均分别为 0.47 和 0.34。拔节孕穗和抽穗开花期，水稻转入旺盛的生殖生长阶段，需水强度大，且 LAI 的继续增加，叶面蒸腾在阶段蒸散中占据重要地位，棵间蒸发量占阶段蒸散量的比例明显减小,所以 E 占 ET_{CML} 的比值继续下降,但下降速率有所减缓,2015 年和 2016 年拔节孕穗期 E 占 ET_{CML} 的比值分别为 0.26 和 0.30,抽穗开花期均为 0.25。乳熟期为水稻产量形成阶段,E 占 ET_{CML} 的比值达到最小,平均约为 0.19 和 0.21。之后水稻叶片变黄,LAI 有所减少,因此黄熟期 E/ET_{CML} 略有增加,2015 年和 2016 年平均分别为 0.23 和 0.24。T 的变化规律与 E 相反,随着水稻的生长,T 占 ET_{CML} 的比例逐渐增加,乳熟期达到最大,黄熟期略有减小。各生育期 E 和 T 占阶段蒸散量的均值,以及 LAI 的均值见表 4.8。2015 年和 2016 年水稻生育期 E/ET_{CML} 平均分别为 0.38 和 0.35,LAI 平均分别为 3.75 和 4.00,同样表现为 LAI 越大,E 所占比例越小。从图 4.11 还可看出,2015 年 E 和 T 占 ET_{CML} 比例的拟合曲线交叉点在移栽后第 32 天(7 月 28 日),处于分蘖中后期过渡阶段;2016 年曲线相交于移栽后第 29 天(7 月 29 日),相对 2015 年稍有提前。可能因为 2016 年水稻移栽晚,水稻生育前期净辐射大,水稻生长快,使 T 增加的速率和 E 减小的速率较 2015 年更大,所以相交日处于水稻分蘖中期。

E 和 T 的水稻全生育期比例变化关系可以用随移栽天数变化的二次曲线来刻画。2015 年和 2016 年,E 随移栽后天数变化的曲线方程分别为 $E/ET_{CML} = 9\mathrm{E}-05x^2 - 0.016x + 0.928$ 和 $E/ET_{CML} = 9\mathrm{E}-05x^2 - 0.015x + 0.871$,$T$ 和 E 曲线方程的一次和二次项系数相同,但正负关系相反,T 随移栽后天数变化的曲线方程分别为 $T/ET_{CML} = -9\mathrm{E}-05x^2 + 0.016x + 0.061$ 和 $T/ET_{CML} = -9\mathrm{E}-05x^2 + 0.015x + 0.130$。2015 和 2016 年 E、T 曲线变化趋势相似,确定性系数 R^2 均较高,分别为 0.897 和 0.875。但返青期到分蘖前期,拟合曲线误差较大,因为水稻移栽后一段时间田间有薄水层,且 LAI 很小,棵间蒸发接近于水面蒸发,此时的蒸散变化规律有异于冠层覆盖条件下干湿交替的稻田蒸散和棵间蒸发,不同的拟合关系也反映了实际稻田蒸散变化和分配关系。

表 4.8 水稻生长各阶段蒸发、蒸腾占蒸散量的比例特征(2015—2016 年)

生长阶段	特征值	返青	分蘖前	分蘖中	分蘖后	拔节孕穗	抽穗开花	乳熟	黄熟	稻季
2015 年	E/ET_{CML}	0.95	0.76	0.49	0.47	0.26	0.25	0.19	0.23	0.38
	T/ET_{CML}	0.05	0.24	0.51	0.53	0.73	0.75	0.81	0.77	0.62
	LAI	0.03	0.56	1.70	3.05	4.57	5.62	5.38	4.17	3.75
2016 年	E/ET_{CML}	0.95	0.70	0.49	0.34	0.30	0.25	0.21	0.24	0.35
	T/ET_{CML}	0.05	0.30	0.51	0.66	0.70	0.75	0.79	0.76	0.65
	LAI	0.03	0.84	1.62	3.01	4.86	5.88	5.70	4.68	4.00

除此之外，LAI 是常用来量化 E/ET_{CML} 关系的重要参数，不同研究表明，E/ET_{CML} 可表示为 LAI 的对数、指数或二次函数等关系（Brisson et al.，1992；Zhang et al.，2013；Yan et al.，2015）。由表 4.8 以及对比图 4.11 也可看出，在节水灌溉条件下，E 占 ET_{CML} 的比例同样受 LAI 的影响，基本符合 LAI 增大，E/ET_{CML} 值减小的变化规律。因此，本研究分别用 LAI 的对数、指数和二次函数关系来反映 E/ET_{CML} 的生育期变化规律（图 4.12）。研究发现，2015 年和 2016 年 E/ET_{CML} 均与 LAI 的对数关系相关性最好，R^2 分别为 0.884 和 0.910，与 LAI 的指数关系相关性最差，R^2 分别为 0.803 和 0.761。因此，节水灌溉稻田水稻生育期棵间蒸发占稻田蒸散量的比例变化可以用 LAI 的对数曲线来表示，2015 年和 2016 年拟合曲线分别为 $E/ET_{CML}=-0.259\ln(LAI)+0.658$ 和 $E/ET_{CML}=-0.241\ln(LAI)+0.642$。$E/ET_{CML}$ 随 LAI 的增加而呈对数函数形式下降，当 $LAI<1.5$ 时，E/ET_{CML} 随 LAI 的增加迅速减少，拟合曲线斜率较陡；当

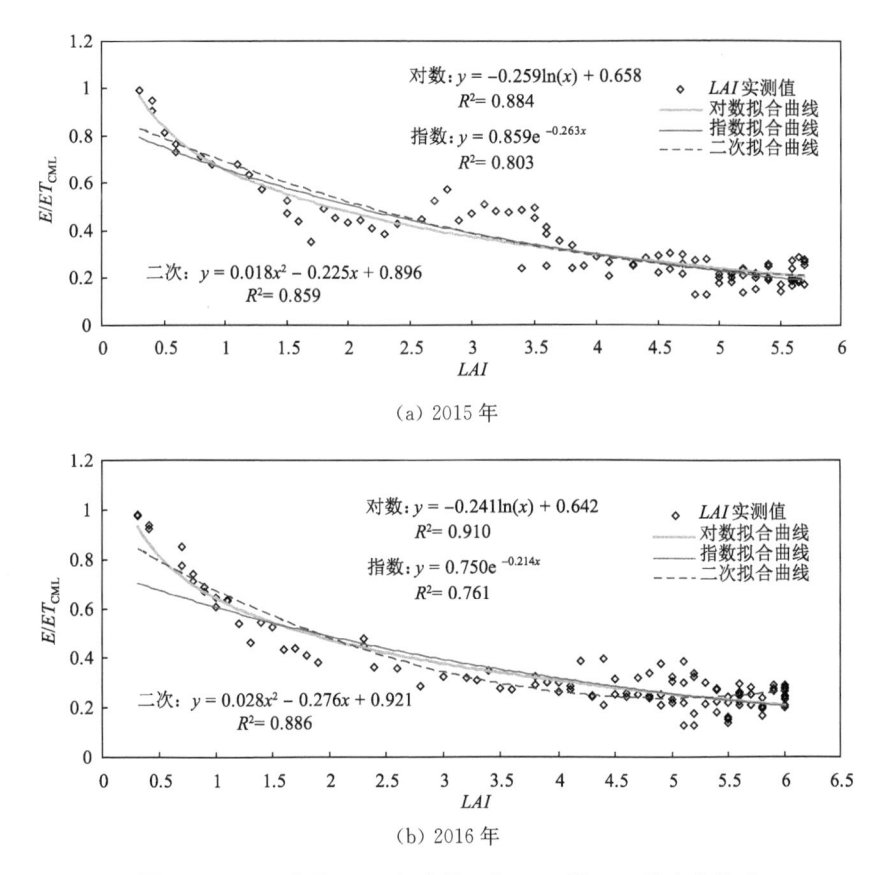

图 4.12　2015 年和 2016 年水稻 E/ET_{CML} 随 LAI 的变化关系

$1.5 \leqslant LAI \leqslant 4.5$ 时，E/ET_{CML} 随 LAI 的增加而减小的速率变缓；当 $LAI > 4.5$，拟合曲线斜率平缓，E/ET_{CML} 对 LAI 的增加反应较为不敏感。本研究明确了 E 和 T 的比例变化规律，得到了节水灌溉条件下稻田 E 占 ET_{CML} 的比例与水稻移栽天数的二次函数关系和与 LAI 的对数相关系数，对今后稻田用水管理和水稻灌溉制度的优化具有重要的现实意义。

4.3 田间水碳通量特征分析

本节研究分析田间水通量 ET_{EC} 和田间碳通量 F_C 的日变化（各生育阶段平均值）和生育期变化（10:00），并探究 ET_{EC} 和 F_C 的主要影响因子。由于 2017 年 9 月份之后涡度相关系统数据缺失，2017 年数据仅包含了水稻返青期至拔节孕穗后期的 ET_{EC} 和 F_C。

4.3.1 田间尺度水碳净通量日变化

4.3.1.1 水通量日变化

选择 2015—2017 年水稻不同生育阶段各时刻的田间水通量 ET_{EC}^* 平均值进行分析。由图 4.13 可以看出，稻田各生育期的日 ET_{EC}^* 均呈倒"U"形的单峰曲线。夜间稻田 ET_{EC}^* 在 0 mmol·m^{-2}·s^{-1} 左右波动，白天 ET_{EC}^* 从早晨 6 点左右开始升高，10 点到 14 点之间一直保持在相对较高的水平，然后开始下降，到 18 点以后变化缓慢，逐渐减小到夜间水平。

稻田 ET_{EC}^* 日均值的阶段差异较大。返青期，水稻处于成活阶段，水稻植株蒸腾微弱，但田面始终处于有水层状态，稻田棵间水面蒸发较高，2016 年和 2017 年返青期的 ET_{EC}^* 日均值分别为 2.23 和 3.35 mmol·m^{-2}·s^{-1}。在分蘖期，水稻分蘖迅速，水稻叶面积指数 LAI 快速增加，植株蒸腾也随之增加，2015—2017 年 ET_{EC}^* 分别从分蘖前期的 2.44、2.28 和 4.31 mmol·m^{-2} 增加到分蘖中期的 2.81、3.99 和 4.34 mmol·m^{-2}·s^{-1}，再到分蘖后期的 4.19、3.11 和 3.67 mmol·m^{-2}·s^{-1}。从分蘖前期到分蘖中期，由于 LAI 的迅速增大，稻田 ET_{EC}^* 明显增加；较低的土壤水分控制是造成 2016 年和 2017 年的分蘖后期 ET_{EC}^* 出现阶段性降低的原因，但 2015 年分蘖后期的强净辐射 Rn 导致分蘖后期的 ET_{EC}^* 高于分蘖中期的 ET_{EC}^*。2015—2017 年拔节孕穗前期的 ET_{EC}^* 日均值分别为 2.30、3.53 和 3.36 mmol·m^{-2}·s^{-1}，拔节孕穗后期的 ET_{EC}^* 日均值分别为 2.41、2.60 和 2.46 mmol·m^{-2}·s^{-1}。

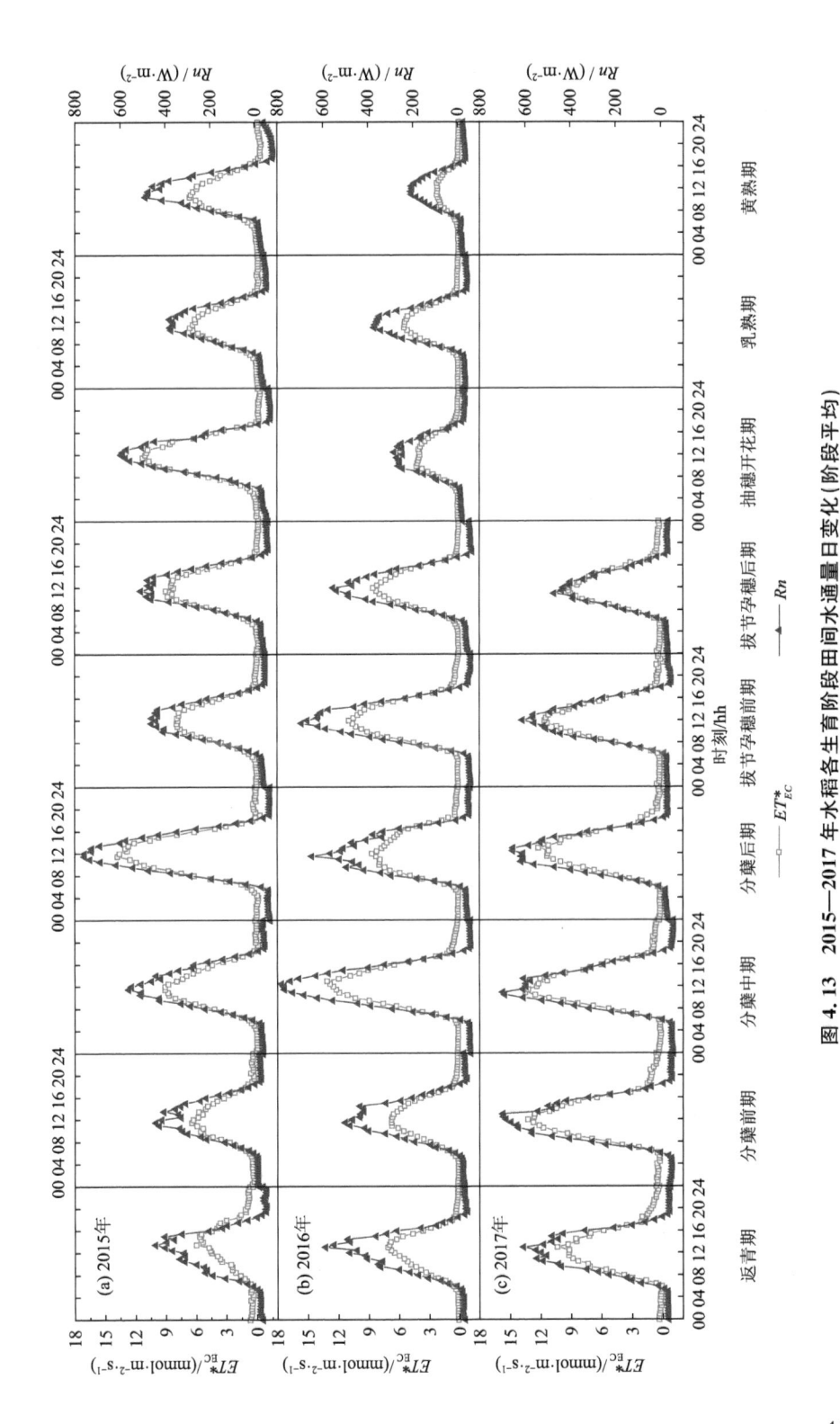

图 4.13 2015—2017 年水稻各生育阶段田间水通量日变化(阶段平均)

2015年和2016年抽穗开花期的ET_{EC}^*日均值分别为2.64和1.48 mmol·m^{-2}·s^{-1}，乳熟期的ET_{EC}^*日均值分别为1.63和1.72 mmol·m^{-2}·s^{-1}，黄熟期的ET_{EC}^*日均值分别为1.68和0.811 mmol·m^{-2}·s^{-1}。拔节孕穗之后，冠层内下层叶片开始衰老，叶面积指数LAI开始减小，田间ET_{EC}^*总体表现为下降趋势，但强烈的Rn依旧引起高的ET_{EC}^*（2015年抽穗开花期）。另外，随着生育期的推进，日长小时数逐渐减小，上午ET_{EC}^*开始升高的时间推迟，下午ET_{EC}^*降到夜间水平的时间提前。

4.3.1.2 碳通量日变化

对田间碳通量F_C进行持续观测，选择各生育阶段内的时刻平均值分析其日变化。由图4.14可以发现，水稻不同生育阶段观测的F_C日变化相似，田间F_C均随着太阳辐射的变化呈倒"U"形，具体表现为：夜间水稻呼吸和土壤呼吸并存，在不同水稻生育阶段F_C在$-5.886\sim0$ μmol·m^{-2}·s^{-1}范围内变化。日出后，叶片的光合能力开始增大，至7:00左右水稻光合吸收的CO_2开始超过稻田（水稻植株和棵间土壤）呼吸释放的CO_2，F_C开始表现为正值，之后随着太阳净辐射Rn逐渐增加，F_C开始升高，在12:00左右达到最大值，之后随着Rn减小F_C开始减小。至18:00左右，F_C减小到夜间水平。总体来讲，稻田白天吸收的CO_2要远远大于夜间排放的CO_2，在整个稻季稻田是大气CO_2的一个汇。

随着水稻生育期的推进，水稻生长状态以及气象条件发生变化，田间F_C变化明显。返青期稻田处于成活期，2015—2017年返青期的F_C日均值分别为-0.86、-0.58和-0.06 μmol·m^{-2}·s^{-1}，该阶段稻田固碳能力极弱，稻田CO_2通量以土壤呼吸为主。2015—2017年的F_C日均值分别从分蘖前期的0.46、0.65、1.00 μmol·m^{-2}·s^{-1}到分蘖中期的1.65、2.67、3.01 μmol·m^{-2}·s^{-1}，再到分蘖后期的3.75、4.24、4.90 μmol·m^{-2}·s^{-1}。分蘖前期水稻秧苗较小，白天光合固碳能力较弱，夜间稻田以呼吸作用为主，各时刻通量变化不大且日均值均为负值，分蘖中后期水稻分蘖迅速，冠层叶面积指数LAI快速增加，稻田固碳能力及相应的F_C通量随之快速增加。拔节孕穗期是整个生育期水稻光合固碳能力最强的时期，2015—2017年拔节孕穗期的F_C日均值分别达到5.51、4.39、4.17 μmol·m^{-2}·s^{-1}，稻田吸收的CO_2明显高于生长初期与生长后期。其中2015年拔节孕穗前期的光合能力（F_C日均值分别为4.57 μmol·m^{-2}·s^{-1}）弱于拔节孕穗后期（F_C日均值为6.75 μmol·m^{-2}·s^{-1}），而2016年和2017年水稻拔节孕穗前期的光合能力（F_C日均值分别为4.56、4.79 μmol·m^{-2}·s^{-1}）强于拔节孕穗后期（F_C日均值分别

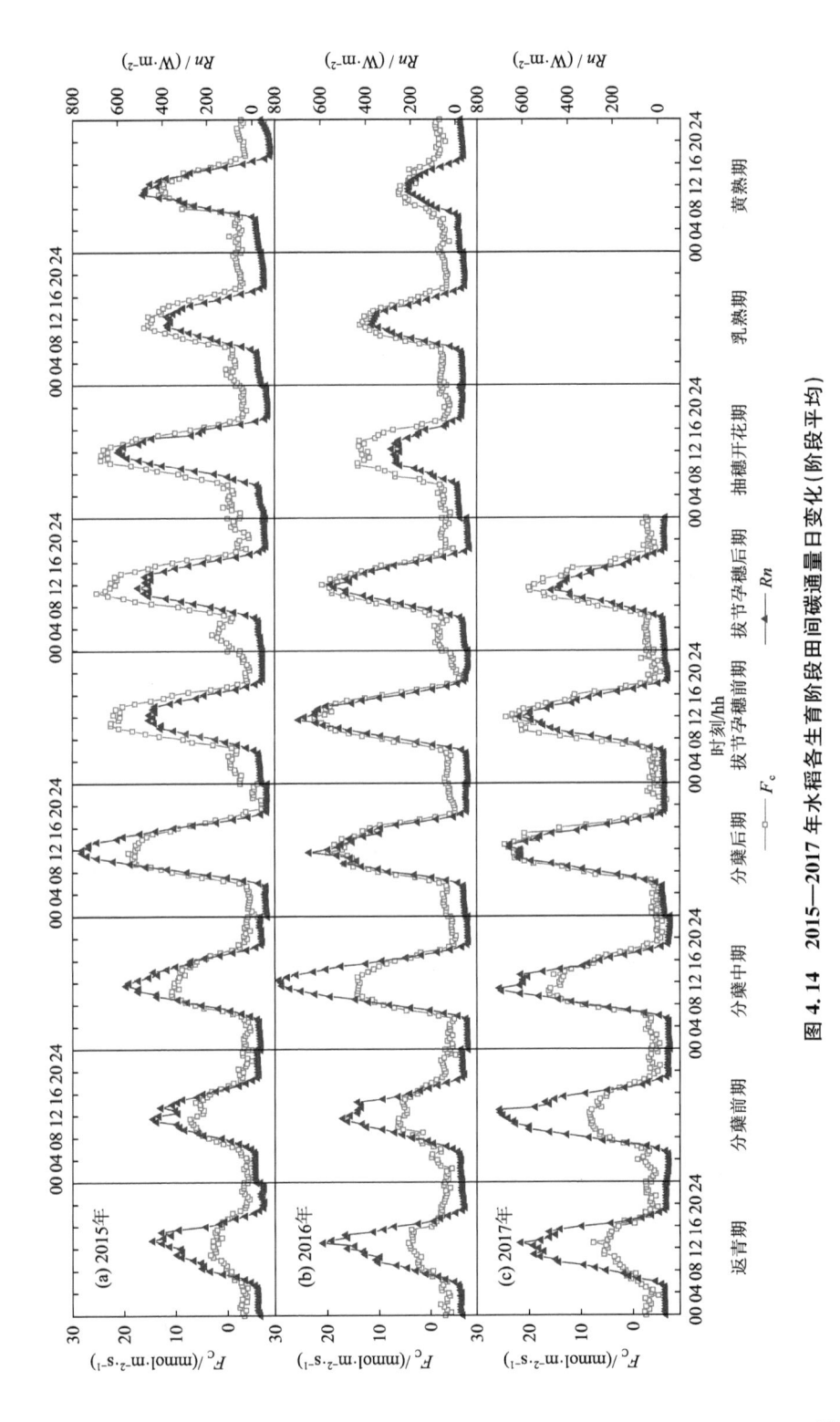

图 4.14　2015—2017 年水稻各生育阶段田间碳通量日变化（阶段平均）

为 4.16、3.35 μmol·m^{-2}·s^{-1}，这主要是由于 2015 年拔节孕穗后期和 2016 年和 2017 年拔节孕穗前期的太阳净辐射 Rn 较强造成的。2015 年和 2016 年的抽穗开花期 F_C 日均值分别为 5.86、2.94 μmol·m^{-2}·s^{-1}，2015 年的 F_C 相对于拔节孕穗后期仍保持在较高水平，而 2016 年抽穗开花期明显降低的 Rn 导致 F_C 显著下降。从乳熟期到黄熟期稻田下层叶片开始衰老，田间 F_C 开始减小。2015 年和 2016 年乳熟期的 F_C 分别为 3.41 μmol·m^{-2}·s^{-1} 和 2.02 μmol·m^{-2}·s^{-1}，黄熟期的 F_C 分别为 1.81 μmol·m^{-2}·s^{-1} 和 0.31 μmol·m^{-2}·s^{-1}，黄熟期田间固碳能力明显减弱，对应的 F_C 明显减小。此外，不同生育季同一生育阶段的 F_C 存在明显区别，这主要是由于生育季不同的气象条件造成的，通常高的 Rn 伴随着高的作物固碳能力。

4.3.2 田间尺度水碳通量生育期变化

4.3.2.1 水通量生育期变化

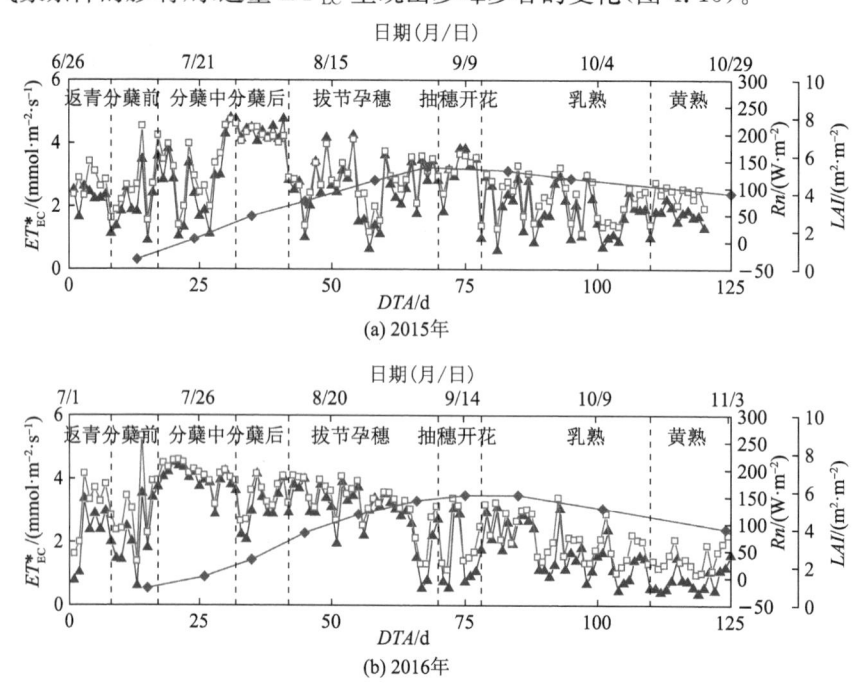

2015—2017 年田间水通量 ET_{EC}^*（日均值）在 0.36～5.52 mmol·m^{-2}·s^{-1} 范围内变化，与太阳净辐射 Rn 和冠层叶面积指数 LAI 呈现出较为一致的变化趋势，水稻生育期内总体呈现先升高后降低的季节变化。同时受田间土壤含水率 θ 和气象条件的影响，水通量 ET_{EC}^* 呈现出多峰多谷的变化（图 4.15）。

(a) 2015年

(b) 2016年

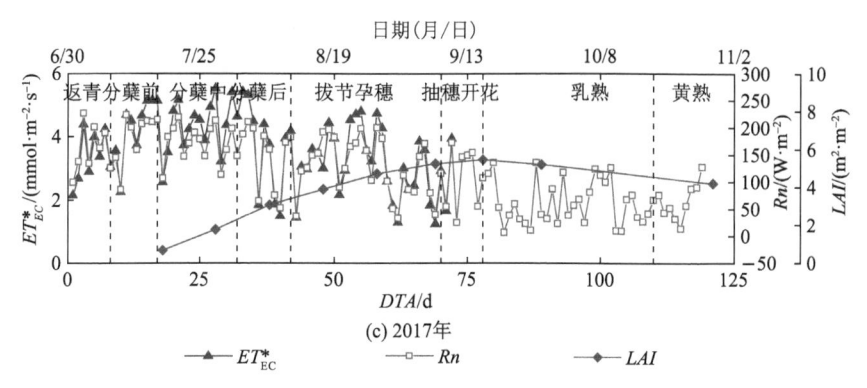

图 4.15　2015—2017 年稻田田间水通量生育期变化(日均值)

在返青期,冠层覆盖度较低,稻田 ET_{EC}^* 以水面蒸发为主(返青期田间处于有水层状态),2015 年低 Rn 伴随着低的 ET_{EC}^*,2016 年和 2017 年高 Rn 伴随着较高的 ET_{EC}^*。进入分蘖期后,Rn 和 T_a 逐渐增加,同时冠层 LAI 迅速增加,ET_{EC}^* 随之迅速增加,2016 年和 2017 年 ET_{EC}^* 在分蘖中期达到峰值,而 2015 年分蘖中期的 Rn 整体偏低,ET_{EC}^* 在分蘖后期达到峰值。在拔节孕穗期,虽然影响稻田 ET_{EC}^* 的 Rn 略有减小,但 LAI 继续增加,ET_{EC}^* 保持在较高水平。抽穗开花期 LAI 达到最大,但受 Rn 减小的影响,大气蒸发能力下降,ET_{EC}^* 出现明显的减小趋势。乳熟期,Rn 进一步降低,且冠层内下层水稻叶片逐渐枯萎,稻田 ET_{EC}^* 继续减小。黄熟期,Rn 继续降低,LAI 也继续减小,且稻田处于落干阶段,土壤含水率较低,此阶段的稻田 ET_{EC}^* 为生育季内最低。总体来看,2015—2017 年水稻生育季的 ET_{EC}^* 变化趋势相同,均受到气候、田间水分状态和水稻自身生长发育等因素影响,存在明显的物候特征。

4.3.2.2　碳通量生育期变化

2015—2017 年水稻生育季的田间碳通量 F_C(10:00)在 $-0.77 \sim 9.86$ μmol·$m^{-2} \cdot s^{-1}$ 范围内变化,呈现明显的先升高后降低的季节动态(图 4.16)。具体表现为 F_C 从返青期到拔节孕穗前期逐渐增加到最大值,之后维持在较高水平,乳熟期以后开始逐渐降低。同时受气象条件和田间水分状态的影响,F_C 在生育期内又呈现多峰多谷的变化动态。

返青期水稻处于淹水状态,此时秧苗较小且处于成活期,各项生理活动还在恢复中,同时辐射强度较低,稻田固碳能力较弱,导致 F_C 较低且多为负值。2017 年返青期的 F_C 明显高于 2016 年的 F_C,导致两个生育季的 F_C 出现明显差异可能是由于 2017 年的秧苗较大(苗秧叶龄比 2015 年和 2016 年大 5 天)造成的。从分蘖前期

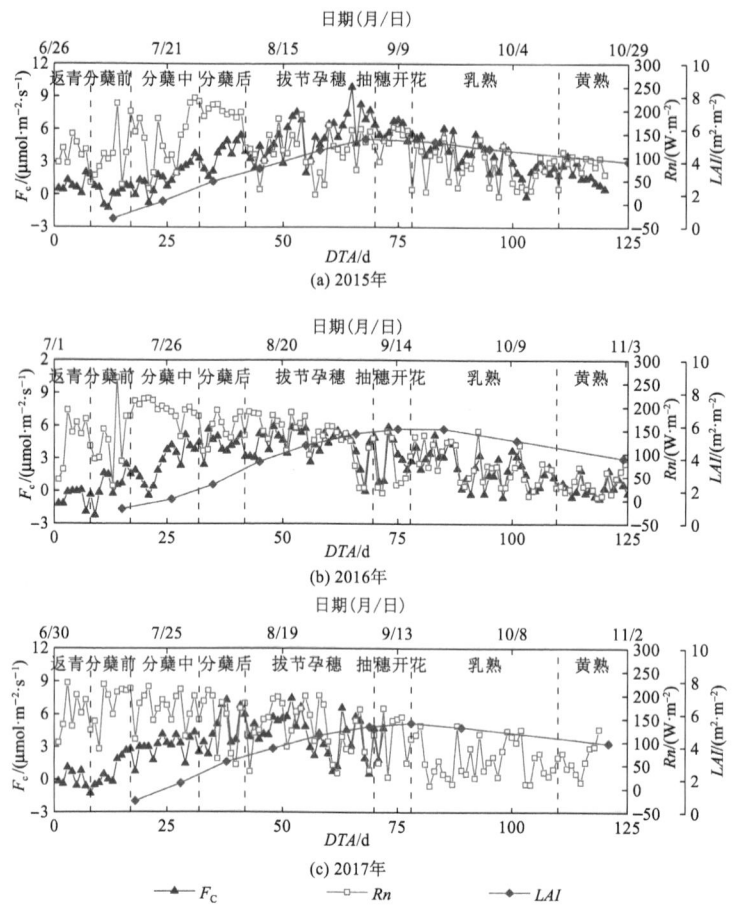

图 4.16　2015—2017 年田间碳通量生育期变化(日均值)

到分蘖中期是 F_C 增加最快的阶段,这主要是由于此阶段的冠层叶面积指数 LAI 迅速增加,水稻植株固碳能力迅速增加。拔节孕穗前期 F_C 达到最大值,拔节孕穗后期和抽穗开花期的水稻处于生理生长旺期,Rn 和 LAI 均保持在较高水平,F_C 也一直维持在较高水平。乳熟期以后,水稻冠层内下层叶片开始衰老,稻田固碳能力下降,同时苏南地区此时进入秋季,气温也显著降低,F_C 明显降低。

4.3.3　田间尺度水碳通量影响因素分析

本节分析叶面积指数 LAI、大气温度 T_a、太阳净辐射 Rn、风速 u、饱和水汽压差 VPD 和田间含水率 θ 等对田间水碳通量的影响。

4.3.3.1　水通量影响因素

田间水通量 ET_{EC}^* 与相关影响因子的逐步回归均达到显著水平($p<0.01$),

回归方程的复相关系数分别为 0.974、0.973 和 0.980（表 4.9）。Rn、VPD、u、θ 和 LAI 是显著影响 ET_{EC}^* 的共同因子（$p<0.05$），且影响程度依次减小。其中 Rn 是稻田蒸散发的驱动力，稻田蒸散发随着净辐射的增大而增大，是影响 ET_{EC}^* 的最重要因子，三年 ET_{EC}^* 与 Rn 的偏相关系数分别为 0.921、0.913 和 0.917，远大于其他因子的偏相关系数。VPD、u、θ 和 LAI 与 ET_{EC}^* 呈正相关，ET_{EC}^* 随着 VPD、u、θ 和 LAI 的增加而增加。

表 4.9　田间水通量 ET_{EC}^* 与各相关因子的逐步回归分析

因变量	自变量	回归系数	标准误差	t 分布	各系数限制性水平 p	偏相关系数	F 分布	回归方程显著性水平 p	复相关系数 R
ET_{EC}^* 2015 年	常数	−0.085	0.012	−7.169	<0.001	—	9 473.979	<0.001	0.974
	LAI	0.001	0.001	2.756	0.006	0.054			
	Rn	0.001	0.000	120.094	<0.001	0.921			
	VPD	0.066	0.002	49.084	<0.001	0.695			
	u	0.014	0.002	11.694	<0.001	0.224			
	θ	0.002	0.000	7.592	<0.001	0.148			
ET_{EC}^* 2016 年	常数	−0.092	0.016	−5.667	<0.001	—	10 872.056	<0.05	0.973
	LAI	0.001	0.000	4.028	<0.001	0.073			
	Rn	0.000 5	0.000	123.087	<0.001	0.913			
	VPD	0.072	0.001	57.943	<0.001	0.726			
	u	0.012	0.002	7.816	<0.001	0.141			
	θ	0.002	0.000	5.213	<0.001	0.094			
ET_{EC}^* 2017 年	常数	−0.083	0.015	−6.423	<0.001	—	7 294.084	<0.001	0.980
	LAI	0.001	0.002	3.398	<0.001	0.054			
	Rn	0.001	0.001	121.603	<0.001	0.917			
	VPD	0.082	0.001	53.518	<0.001	0.711			
	u	0.016	0.002	9.755	<0.001	0.195			
	θ	0.011	0.001	6.403	<0.001	0.129			

4.3.3.2　碳通量影响因素

2015—2017 年田间碳通量 F_C 与各影响因子的逐步线性回归均达到显著水平（$p<0.01$），回归方程的复相关系数分别为 0.876、0.876 和 0.880（表 4.10），Rn、LAI、VPD、T_a、RH、θ 和 u 是 F_C 共同的显著影响因素（$p<0.01$）。2015 年各因子对 F_C 的影响程度以 Rn、LAI、VPD、T_a、θ、RH 和 u 顺序依次减小，2016 年以

Rn、LAI、u、T_a、VPD、θ 和 RH 顺序依次减小,2017 年以 Rn、LAI、VPD、T_a、RH、θ 和 u 顺序依次减小。2015—2017 年 Rn 与 F_C 的偏相关系数分别为 0.807、0.803 和 0.806,LAI 与 F_C 的偏相关系数分别为 0.407、0.345 和 0.244,Rn 和 LAI 是影响 F_C 的两大主要因素,这说明稻田固碳能力主要受冠层接收到的 Rn 控制,而 LAI 表征了稻田水稻群体的固碳潜能。VPD、T_a、RH、θ 和 u 也是显著影响 F_C 的因子,但影响程度相对较小,且在不同生育季表现出不同的影响程度。

表 4.10 田间碳通量 F_C 与各相关因子的逐步回归分析

生育季	自变量	回归系数	标准误差	t 分布	各系数限制性水平 p	偏相关系数	F 分布	回归方程显著性水平 p	复相关系数 R
2015年	常量	−2.779	1.167	−2.381	0.017	—	13.360	<0.001	0.876
	Rn	0.034	0.000	98.438	<0.001	0.807			
	LAI	1.507	0.047	32.054	<0.001	0.407			
	VPD	−4.274	0.450	−9.497	<0.001	−0.131			
	T_a	0.179	0.021	8.403	<0.001	0.116			
	θ	0.203	0.050	4.093	<0.001	0.093			
	RH	−0.070	0.013	−5.438	<0.001	−0.075			
	u	0.352	0.096	3.655	<0.001	0.051			
2016年	常量	0.455	0.950	0.479	0.632	—	46.024	<0.001	0.876
	Rn	0.030	0.000	104.252	<0.001	0.803			
	LAI	0.870	0.031	28.420	<0.001	0.345			
	u	−0.434	0.106	−4.114	<0.001	−0.053			
	T_a	0.135	0.017	7.864	<0.001	0.101			
	VPD	−2.757	0.369	−7.461	<0.001	−0.096			
	θ	0.068	0.027	2.503	0.002	0.093			
	RH	−0.077	0.011	−6.784	<0.001	−0.087			
2017年	常量	6.464	2.703	2.391	0.017	—	8.249	<0.01	0.880
	Rn	0.036	0.000	74.074	<0.001	0.806			
	LAI	1.037	0.076	13.713	<0.001	0.244			
	VPD	−8.851	0.819	−10.812	<0.001	−0.195			
	T_a	0.598	0.067	8.940	<0.001	0.162			
	RH	−0.279	0.032	−8.839	<0.001	−0.160			
	θ	0.132	0.042	3.137	0.008	0.068			
	u	−0.443	0.154	−2.872	0.004	−0.053			

4.4 水碳通量时空尺度差异

不同尺度的水碳通量有不同的主导因素和过程(岳天祥、刘纪远,2003),且整体行为很大程度取决于不同尺度相关影响因素和过程的相互作用。本节分别选用冠层上、中、下三层的叶片蒸腾和光合均值与叶面积指数的乘积作为单位土地面积上的叶片水通量和碳通量,研究叶片、冠层、田间尺度的水碳通量的典型日和生育期(10:00)差异。

4.4.1 水碳通量日变化尺度差异

4.4.1.1 水通量日变化尺度差异

水稻各生育阶段的叶片水通量 T_r、冠层水通量 ET_{CML} 和田间水通量 ET_{EC}^* 呈现相似的变化趋势,但量值存在尺度差异,总体表现为 $T_r > ET_{CML} > ET_{EC}^*$ (图4.17)。2015—2017年分蘖中期、分蘖后期、拔节孕穗前期、拔节孕穗后期、抽穗开花期、乳熟期的 T_r 与 ET_{CML} 差值范围分别为 0.556~7.300、1.380~10.422、-2.223~10.543、-0.850~16.480、-4.351~10.452 和 0.251~16.043 mmol·m^{-2}·s^{-1},T_r 与 ET_{CML} 的平均差值分别为 3.643、4.949、5.526、8.235、3.525 和 6.608 mmol·m^{-2}·s^{-1},T_r 均值分别为 ET_{CML} 均值的 1.444、1.587、1.550、1.726、1.642 和 1.641 倍。T_r 远大于 ET_{CML},分析其原因有可能是叶片光合特性的测定位置为叶片距离叶枕三分之二处,此位置的叶片蒸腾速率大于整张叶片的蒸腾速率均值。

2015—2017年返青期、分蘖前期、分蘖中期、分蘖后期、拔节孕穗前期、拔节孕穗后期、抽穗开花期、乳熟期和黄熟期的 ET_{CML} 与 ET_{EC}^* 差值范围分别为-4.181~6.569、-1.522~6.855、-3.041~3.506、-2.208~5.005、-4.991~4.082、-1.952~3.702、-1.349~3.487、-1.304~3.567 和 -1.100~4.492 mmol·m^{-2}·s^{-1},ET_{CML} 与 ET_{EC}^* 的平均差值分别为 0.116、0.882、0.164、0.179、0.410、0.265、0.353、0.174 和 0.016 mmol·m^{-2}·s^{-1},ET_{CML} 均值分别为 ET_{EC}^* 均值的 1.023、1.309、1.036、1.053、1.136、1.051、1.101、1.063 和 1.039 倍。ET_{EC}^* 的观测基于涡度相关技术,监测的是 2.5 m 高处一个复合下垫面的水通量,而微型称重式蒸渗仪系统观测的 ET_{CML} 为单一下垫面,蒸散发主要受土壤表面水层以及土壤水分状况影响,关注的是水稻冠层(高度为水稻株高)以下。不同的下垫面状况和

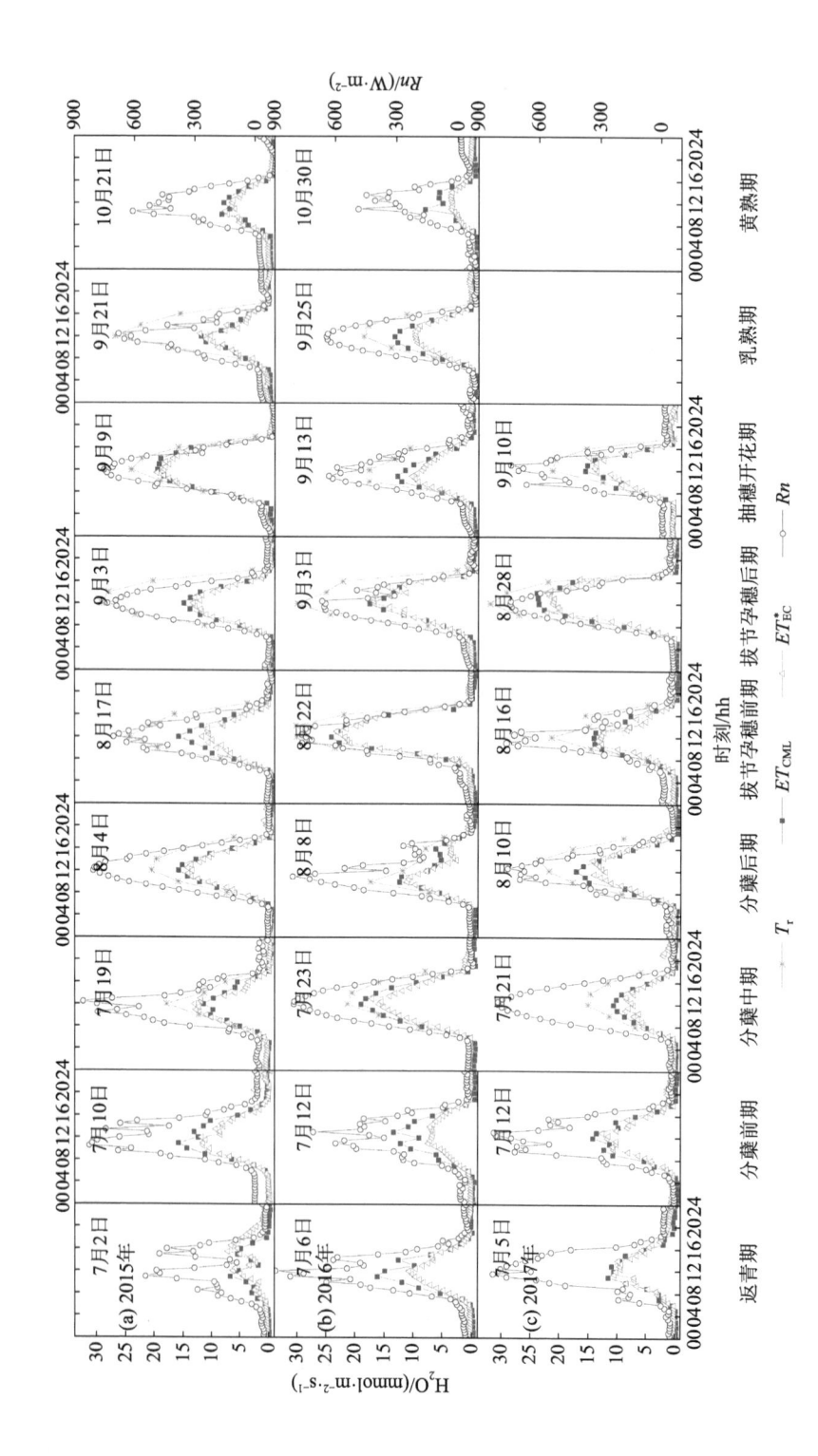

图 4.17 2015—2017 年水稻各生育阶段典型晴天的叶片水通量、冠层水通量与田间水通量日变化差异（典型日）

大气湍流状况是水稻腾发量尺度差异的主要原因。

4.4.1.2 碳通量日变化尺度差异

水稻各生育阶段的叶片碳通量 P_n、冠层碳通量 A 和田间碳通量 F_C 日变化趋势相同，与水通量尺度差异相类似，各尺度碳通量总体表现为 $P_n > A > F_C$（图 4.18）。2015—2017 年分蘖中期、分蘖后期、拔节孕穗前期、拔节孕穗后期、抽穗开花期、乳熟期的 P_n 与 A 差值范围分别为 $-2.669 \sim 6.448$、$-2.114 \sim 11.470$、$-4.630 \sim 19.241$、$-1.535 \sim 24.981$、$1.055 \sim 26.333$ 和 $-3.179 \sim 26.390$ $\mu mol \cdot m^{-2} \cdot s^{-1}$，$P_n$ 与 A 的平均差值分别为 1.891、5.456、8.724、13.510、9.966 和 10.945 $\mu mol \cdot m^{-2} \cdot s^{-1}$，$P_n$ 均值分别为 A 均值的 1.204、1.387、1.611、1.915、1.722 和 1.843 倍。与 T_r 和 ET_{CML} 差异相类似，叶片光合速率测定位置的选择有可能是造成 P_n 远大于 A 的主要原因。

2015—2017 年返青期、分蘖前期、分蘖中期、分蘖后期、拔节孕穗前期、拔节孕穗后期、抽穗开花期和乳熟期的 A 与 F_C 差值范围分别为 $-0.281 \sim 4.991$、$-3.683 \sim 2.818$、$-3.241 \sim 8.170$、$-5.267 \sim 6.181$、$-7.342 \sim 5.266$、$-5.495 \sim 10.215$、$-5.997 \sim 7.805$ 和 $-3.662 \sim 4.923$ $\mu mol \cdot m^{-2} \cdot s^{-1}$，$A$ 与 F_C 的平均差值分别为 0.108、0.470、1.331、0.191、0.998、0.539、1.357 和 0.412 $\mu mol \cdot m^{-2} \cdot s^{-1}$。总体上不论是白天稻田固碳导致的 CO_2 吸收还是夜间稻田呼吸导致的 CO_2 排放，A 均要高于 F_C。其主要原因为 F_C 的观测基于涡度相关技术，能够保持长时间的连续观测，但用涡度法计算的 F_C 受下垫面和水稻冠层覆盖程度影响较大，而对 A 的观测集中在观测的具体时刻上，不能保证观测时的气象因素恒定不变，且 A 受植株群体效应的影响较小。对 A 的观测属于箱法观测，测量方法的差异也会导致最终结果存在差异。

4.4.2 水碳通量生育期变化尺度差异

4.4.2.1 水通量生育期变化差异

水稻生育期内稻田水通量（10:00）存在尺度差异，总体表现为叶片水通量 $T_r >$ 冠层水通量 $ET_{CML} >$ 田间水通量 ET_{EC}^*（图 4.19）。2015—2017 年 T_r 与 ET_{CML} 差值范围分别为 $-8.403 \sim 11.848$、$-7.656 \sim 10.656$ 和 $-2.882 \sim 10.890$ $mmol \cdot m^{-2} \cdot s^{-1}$，$T_r$ 与 ET_{CML} 平均差值分别为 3.929、2.887 和 4.535 $mmol \cdot m^{-2} \cdot s^{-1}$。在水稻分蘖前中期，$T_r$ 与 ET_{CML} 差异较小，之后 T_r 明显大于 ET_{CML}。ET_{CML} 和 ET_{EC}^* 在水稻生育期内呈现出相同的波动特征，2015—2017 年水稻全

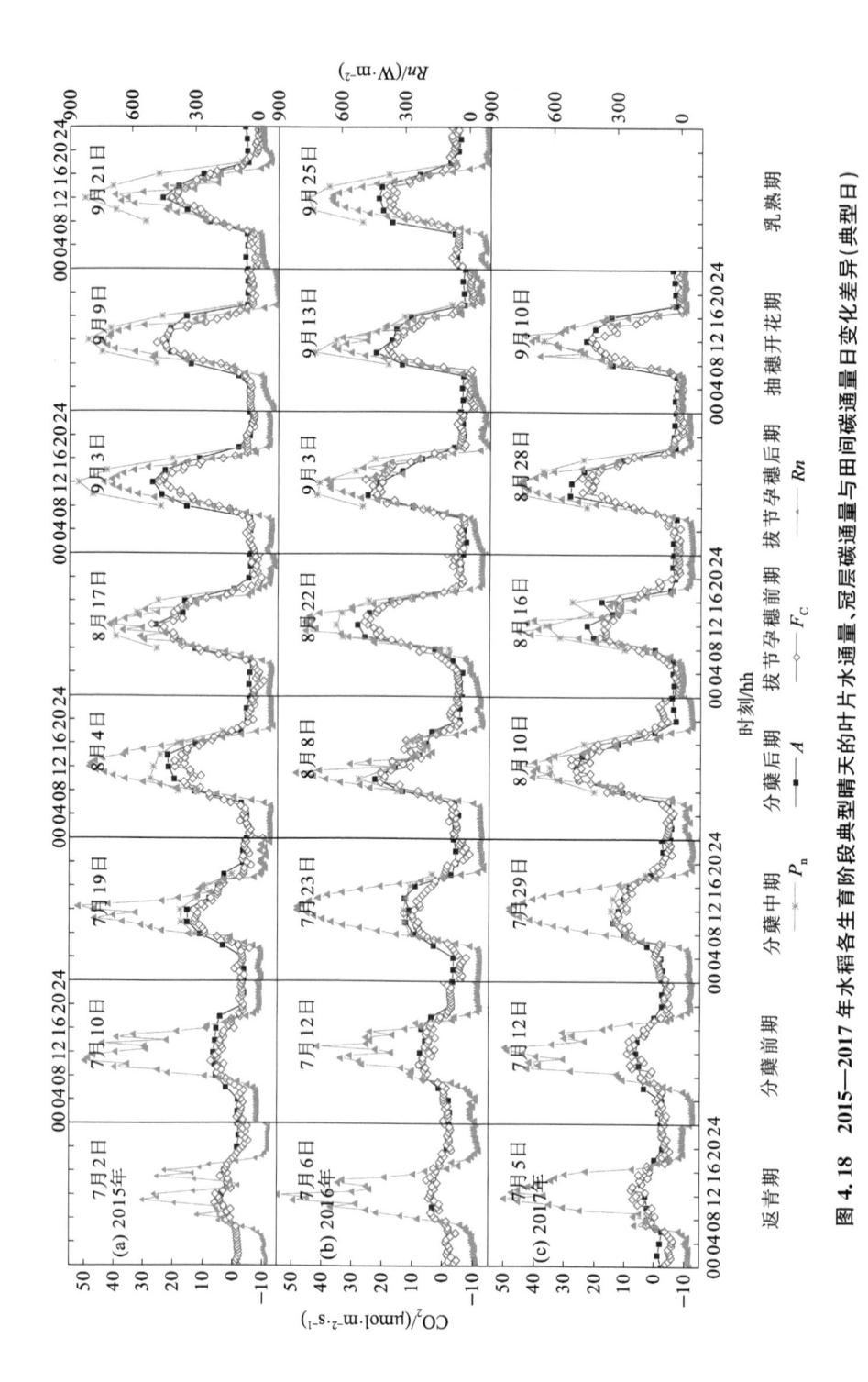

图 4.18 2015—2017 年水稻各生育阶段典型晴天的叶片水通量、冠层碳通量与田间碳通量日变化差异(典型日)

生育期内 ET_{CML} 与 ET_{EC}^* 差值范围分别为 $-4.632\sim6.017$、$-4.093\sim8.463$ 和 $-4.163\sim7.641$ mmol·m^{-2}·s^{-1}，ET_{CML} 与 ET_{EC}^* 的平均差值分别为 1.619、1.904 和 1.335 mmol·m^{-2}·s^{-1}。从返青到分蘖后期，稻田水通量的尺度间差异较大。

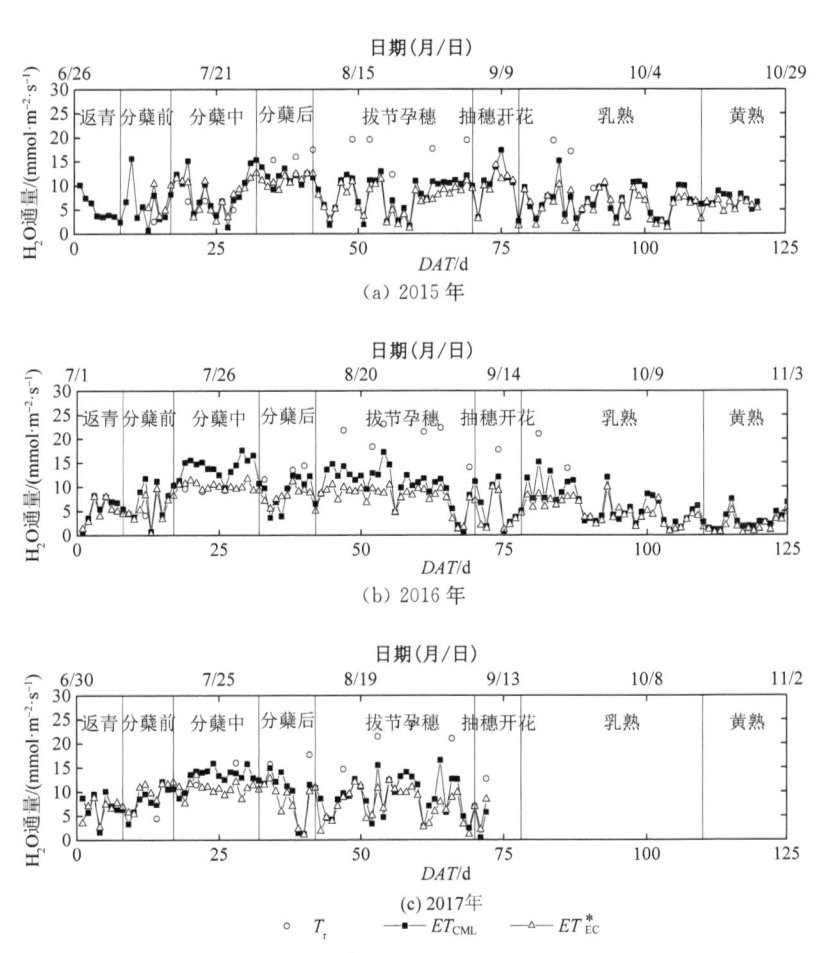

图 4.19　2015—2017 年水稻叶片水通量 T_r、冠层水通量 ET_{CML} 与田间水通量 ET_{EC}^* 生育期差异（10:00）

4.4.2.2　碳通量生育期变化差异

稻田碳通量存在明显的空间尺度差异，总体表现为 $P_n>A>F_c$。2015—2017 年水稻全生育期内 P_n 与 A 差值范围分别为 $0.061\sim23.726$、$-1.901\sim28.567$ 和 $-5.060\sim15.124$ μmol·m^{-2}·s^{-1}，P_n 与 A 的平均差值分别为 10.058、10.825 和 7.310 μmol·m^{-2}·s^{-1}。2015—2017 年水稻全生育期内 A 与 F_c 差值范围分

别为0.027~4.291、0.150~4.851和0.183~4.719 $\mu mol \cdot m^{-2} \cdot s^{-1}$，$A$与$F_C$的平均差值分别为1.930、2.217和2.426 $\mu mol \cdot m^{-2} \cdot s^{-1}$。在返青期和分蘖前期，水稻冠层叶面积指数$LAI$相对较小，涡度相关法观测的$F_C$以棵间土壤呼吸排放的$CO_2$为主，而WEST便携式通量测定系统观测属于箱式法，测定的A受土壤呼吸影响较小，从而涡度相关法观测的F_C略低于WEST便携式通量测定系统测定的A。涡度相关法受到下垫面和水稻冠层覆盖程度的影响较大，棵间土壤排放对涡度相关法测定的F_C产生较大影响，而箱式法的棵间土壤排放所占的比例较小，A主要受水稻植株固碳能力的影响，这是导致A大于F_C的主要原因。

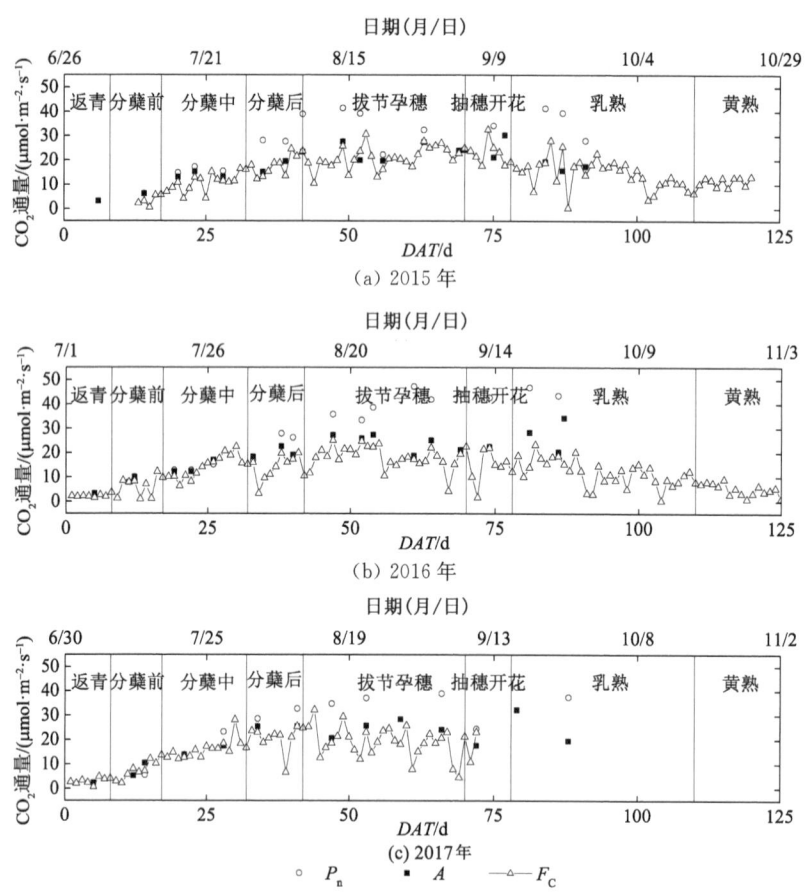

图4.20 2015—2017年稻田叶片碳通量、冠层碳通量与田间碳通量生育期差异（10:00）

4.5 本章小结

本章主要探究了控制灌溉稻田叶片、冠层和田间三种尺度的水碳通量变化特征及其影响因素，主要结论如下：

（1）水稻叶片气孔导度 g_{sw}、蒸腾速率 T_r 和光合速率 P_n 呈现早晚低中午高的单峰日变化，数值随冠层自上而下平行降低；PAR_a、LA 和 θ 是 T_r 和 P_n 共同的显著影响因素。

叶片 g_{sw}、T_r 和 P_n 三个光合指标均与光合有效辐射表现出同增同减的趋势，日变化呈现先升高后降低的单峰变化趋势，数值随冠层自上而下平行降低。在分蘖前中期三个光合指标的层间差异较小，随着生育期的推进，层间差异性增加，且下两层的差异大于中上两层的差异，进入乳熟期后差异性开始减小。PAR_a、T_a、LA、θ 和 PAR_a、LA、VPD、θ 分别为 T_r 和 P_n 的显著影响因子，对 T_r 和 P_n 的影响程度依次降低；叶片 T_r 随着 PAR_a、T_a、θ 的增加和 LA 的减小而增加，叶片 P_n 随着 PAR_a、θ 的增加和 LA、VPD 的减小而增加。

（2）冠层尺度的水通量 ET_{CML} 和碳通量 A 典型日变化呈现较为一致的明显的倒"U"形单峰变化趋势，在生育期内总体表现为先升高后降低的趋势；LAI、Rn、VPD 和 θ 是在不同生育年对 ET_{CML} 有显著影响的共同因子，Rn 是不同生育年显著影响 A 的唯一共同因子。

水通量典型日变化具体表现为：夜间由于水汽凝结，水通量稳定在 0 附近，日出后随着太阳净辐射 Rn 和大气温度 T_a 的增加水通量迅速增加，日峰值出现在正午 12:00 左右，之后逐渐减小，到日落后又减小到 0 左右。碳通量典型日变化具体表现为：夜间稻田以土壤和水稻植株呼吸为主，A 为负值，日出后随着太阳辐射 Rn 逐渐增加，叶片光合作用变强，A 开始表现为正值，在 12:00 左右达到最大值，之后随着 Rn 的减小 A 开始减小，至 18:00 左右，A 减小到夜间负值。水稻全生育期中，冠层尺度和田间尺度的水碳通量总体呈现先增大后减小的趋势，但受到净辐射与气温的影响，又呈现多峰多谷的变化，谷值一般出现在辐射较低或者降雨的天气，而峰值则出现在田间水分较高且辐射与气温均较高的天气。

LAI、Rn、VPD 和 θ 是冠层尺度 ET_{CML} 共同的显著影响因素，其中 Rn 是对 ET_{CML} 的影响程度最大的因素，LAI、VPD、θ、T_a 和 u 等因素在不同年份对 ET_{CML} 的影响存在一定的差异；Rn 是不同生育年显著影响 A 的唯一共同因子，RH、θ、T_a 和 u 等因素在不同年份对 A 的影响存在一定的差异。

（3）田间尺度的水通量 ET_{EC}^* 和碳通量 F_C 日变化呈现明显的倒"U"形单峰变化趋势，在生育期内总体表现为先升高后降低的趋势。Rn、VPD、u、θ 和 LAI 显著影响 ET_{EC}^*，Rn、LAI、VPD、T_a、RH、θ 和 u 显著影响 F_C。

田间尺度的水通量 ET_{EC}^* 和碳通量 F_C 的典型日变化与冠层尺度的水通量

ET_{CML} 和碳通量 A 的典型日变化的变化趋势一致；Rn、VPD、u、LAI 和 θ 显著影响水稻生育期蒸散量，其中 Rn 是蒸发蒸腾的驱动力，是影响腾发量的重要因子；Rn 和 LAI 是影响 F_C 的两大主要因素，VPD、T_a、RH、θ 和 u 显著影响 F_C，但影响程度相对较小，且在不同生育年表现出不同程度的影响。

（4）冠层尺度水碳通量大于田间尺度，Rn 和 VPD 是引起不同生育年水通量尺度差异的显著影响因子，LAI 是引起碳通量差异的显著影响因子。

冠层和田间尺度观测的分别是水稻冠层（高度为水稻株高）和一个复合的区域下垫面，下垫面状况和大气湍流状况方面的差异造成冠层尺度的碳通量明显大于田间尺度碳通量。无论是白天碳通量吸收值还是夜间碳通量排放值，冠层尺度的均高于田间尺度的值，尤其是在水稻生长盛期。Rn 和 VPD 是引起水通量尺度差异的显著影响因子，其中 Rn 是最主要的因素，u 和 T_a 在不同生育年影响不同；LAI 是引起碳通量差异的显著影响因子，RH、T_a、θ、Rn、u 等因子在不同生育年影响不同。

第五章

节水灌溉稻田蒸散量模拟模型

5.1 修正的 P-M 和 S-W 蒸散模型

P-M 和 S-W 模型是单源和双源 ET 计算中最具代表性的参数模型。在实践中，若能根据试验区特定环境以及具体气候条件合理构建各阻力模型并率定相关参数，再代入 ET 模型，结合不同时空分辨率的气象数据，就能获得不同时空尺度作物蒸散量。

本节考虑非充分灌溉发展需要，以太湖流域节水灌溉稻田为研究对象，基于 P-M 和 S-W 方程，结合试区具体情况及田间不同尺度问题，以 2014—2016 年不同尺度实测 ET 为目标值，分别率定了 P-M 和 S-W 模型中重要的阻力模型参数，建立了适用于非充分灌溉下稻田的冠层、田间尺度的 ET 模型，实现了稻田冠层和田间空间尺度上 ET 的直接精确模拟。

5.1.1 P-M 模型

基于辐射平衡和空气动力学的 Penman-Monteith（P-M）模型形式为（Monteith,1965）：

$$\lambda ET = 3\,600 \times \frac{\Delta(Rn - G_0) + \rho C_p (e_s - e_a)/r_a}{\Delta + \gamma(1 + r_c/r_a)} \tag{5.1}$$

式中：r_c 为作物冠层阻力($s \cdot m^{-1}$)；r_a 为空气动力学阻力($s \cdot m^{-1}$)；ρ 为空气密度；C_p 为空气比热容(1.013×10^{-3} $MJ \cdot kg^{-1} \cdot ℃$)；Δ 为饱和水汽压随温度变化率；γ 为干湿球常数($kPa \cdot ℃^{-1}$)，$\gamma = 0.665 \times 10^{-3} \times P_a$，$P_a$ 为大气压强(kPa)；λ 为水的汽化潜热($MJ \cdot kg^{-1}$)，$\lambda = 2.501 - (2.361 \times 10^{-3})T_a$，$T_a$ 为实测日平均气温($℃$)；Rn 为净辐射($MJ \cdot m^{-2} \, s^{-1}$)；$e_a$、$e_s$ 分别为空气饱和水汽压和实际水汽压(kPa)；G_0 为地表土壤(水)热通量($MJ \cdot m^{-2} \, s^{-1}$)，按第三章所述方法，基于土壤热通量

板所测通量值 G_s 计算得到;3 600 为"s"到"h"时间转换系数。实验区为节水灌溉稻田,绝大多时间段没有水层。

在蒸散模型的各种阻力参数中,r_c 对蒸散的影响最大(贾红,2008)。在 P-M 模型中,r_c 是定量描述冠层水热通量在 SPAC 系统中传输的关键因子,但 r_c 的计算模型多样,其模型的适用性在不同环境气候条件下表现不同。r_c 的相关研究见本文 5.1.2 节。式(5.1)中另一反映下垫面水热传输的重要参数为空气动力学阻力(r_a),假设空气边界层为中性层,则 r_a 可表示为(Jensen et al.,1990;Alves et al.,1998):

$$r_a = \frac{\ln\frac{z_m-d}{z_{0m}}\ln\frac{z_h-d}{z_{0h}}}{k^2 u} \tag{5.2}$$

式中:d 为零平面位移(m),$d=0.63h_c$,h_c 为冠层高度(m);z_m 为风速测量高度(m),$z_m=2.5$ m;z_{0m} 为控制动能传输的糙率长度(m),$z_{0m}=0.123h_c$;z_h 为空气温湿度测量高度(m);z_{0h} 为控制水热传输的糙率长度(m),$z_{0h}=0.1z_{0m}$;u 为参考高度处风速(m·s^{-1});k 为卡曼常数,$k=0.41$。

5.1.2 S-W 模型

Shuttleworth-Wallace 双源模型(S-W)在 P-M 模型的基础上进行了拓展,认为地表和大气间的物质交换同时发生在作物冠层和土壤表面,两者既相互独立,又相互作用。该模型不仅能模拟地表蒸散量,还能实现植株蒸腾与棵间蒸发的分别模拟。

$$\lambda ET = 3\,600 \times (C_c PM_c + C_s PM_s) \tag{5.3}$$

式中:ET 为考虑裸地蒸发和植被冠层蒸腾的蒸散量(mm·h^{-1});3 600 为"s"到"h"时间转换系数;$C_c PM_c$ 为作物蒸腾量潜热通量(MJ·m^{-2}·s^{-1}),$C_s PM_s$ 为棵间蒸发潜热通量(MJ·m^{-2}·s^{-1});C_c 和 C_s 分别为冠层和土壤表面阻力系数,无量纲。计算公式分别如下:

$$PM_c = \frac{\Delta(Rn-G_0)+[\rho C_p(e_s-e_a)-\Delta r_a^c(R\tilde{n}-G_0)]/(r_a^a+r_a^c)}{\Delta+\gamma[1+r_s^c/(r_a^a+r_a^c)]} \tag{5.4}$$

$$PM_s = \frac{\Delta(Rn-G_0)+[\rho C_p(e_s-e_a)-\Delta r_a^s(Rn-R\tilde{n})]/(r_a^a+r_a^s)}{\Delta+\gamma[1+r_s^s/(r_a^a+r_a^s)]} \tag{5.5}$$

$$C_c = \cfrac{1}{1 + \cfrac{R_c R_a}{R_s(R_c + R_a)}} \quad (5.6)$$

$$C_s = \cfrac{1}{1 + \cfrac{R_s R_a}{R_c(R_s + R_a)}} \quad (5.7)$$

$$R_a = (\Delta + \gamma) r_a^a \quad (5.8)$$

$$R_c = (\Delta + \gamma) r_a^c + \gamma r_s^c \quad (5.9)$$

$$R_s = (\Delta + \gamma) r_a^s + \gamma r_s^s \quad (5.10)$$

式中：r_a^a 为冠层到参考高度的空气动力学阻力($s \cdot m^{-1}$)；r_a^c 为冠层表面边界层阻力($s \cdot m^{-1}$)；r_a^s 为土壤表面到冠层高度的空气动力学阻力($s \cdot m^{-1}$)；r_s^c 为冠层阻力($s \cdot m^{-1}$)；r_s^s 为土壤表面阻力($s \cdot m^{-1}$)；Rn^s 为土壤表面净辐射通量($MJ \cdot m^{-2} \cdot s^{-1}$)(Ross，1981)：

$$Rn^s = Rn \cdot \exp(-k_d \cdot LAI) \quad (5.11)$$

式中：k_d 为消光系数，取 0.7(Monteith，1973)；LAI 为叶面积指数。

S-W 模型中，r_a^a 的意义与 P-M 公式中 r_a[式(5.1)]相同。r_s^c 与 r_c 理论概念相同，模型公式的确定均较为复杂。r_s^s 是计算棵间蒸发的关键参数，反映了土壤中的水汽从土壤内部运动到表面所受的阻力，其计算的相关理论和方法也多种多样。r_s^c 和 r_s^s 的相关研究见本文 5.1.2 节。另外，r_a^c 和 r_a^s 的计算公式分别为(Choudhury and Monteith，1988；Katerji and Rana，2006)：

$$r_a^c = \cfrac{1}{LAI \cdot 2\alpha\beta \cdot \left(\cfrac{u(h_c)}{W_L}\right)^{1/2} [1 - \exp(-\beta/2)]} \quad (5.12)$$

$$r_a^s = \cfrac{\ln\cfrac{z_m - d}{z_{0m}}}{k^2 u} \cfrac{h_c \exp(\zeta)}{\zeta(h_c - d)} \left[\exp\left(-\zeta \cfrac{z_{0h}}{h_c}\right) - \exp\left(-\zeta \cfrac{d + z_{0m}}{h_c}\right)\right] \quad (5.13)$$

式中：h_c 为冠层高度(m)；$u(h_c)$ 为冠层顶风速($m \cdot s^{-1}$)；W_L 为叶片宽度(m)；α 为常系数，取 $0.01 m \cdot s^{-1/2}$；β 为冠层内风速衰减系数，取 2.5；ζ 为湍流扩散的衰减系数，对于典型农作物（小麦、水稻、玉米）取 2.5(Monteith，1973)；其他符号同前。

在以上阻力的研究计算中,r_s^s,r_a^c和r_a^s的计算公式虽然结构复杂,所需参数多,但所有参数均较容易获得,且r_s^s,r_a^c和r_a^s的机理性强,不确定性小,没有人为界定的参数,公式适用范围广且计算准确。而r_s^c和r_s^s阻力本身是一个虚拟的物理量,受作物、土壤、气候等多方面条件的影响,没有准确和统一的计算公式。因此,在不同环境、气候条件下要准确计算下垫面蒸散量,$r_s^c(r_c)$和r_s^s模型结构形式和参数的确定是关键。

5.1.3 冠层和土壤表面阻力模型

5.1.3.1 模型概述

标准ET_0条件下,P-M公式假想的参照作物的冠层阻力r_c设定为70 s·m^{-1},但实际作物的r_c一般不同于参照作物,若进行实际测定,不仅仪器成本高,也要耗费大量的人力,还容易产生测量误差,特别是在田间、区域等较大尺度进行研究时,由于作物高度、冠层覆盖度的实时变化,以及不同区域气候条件的差异,导致作物实际r_c的确定一直是一个难题。

考虑到r_c在计算蒸散量中的重要性(Katerji and Rana,2006;Katerji et al.,2011),大量学者开展了r_c的模拟研究。但目前在变化的作物高度和冠层覆盖度,以及变化的下垫面条件和气候条件下,还没有能直接测出冠层阻力的仪器和设备。为了能更准确地计算ET,不同学者提出了不同量化冠层阻力的方法,基本可以分为4类。① 先用光合仪等测量单一典型叶片的气孔阻力,再结合作物群体LAI和叶片的空间垂直分布,分别在水平和垂直方向上累积或积分,推算群体的冠层阻力(Oltchev et al.,1998;Oue,2001);②基于能量平衡原理考虑T_c对冠层整体影响的阻力估算方法(胡继超 等,2005;Webber et al.,2016);③用成熟的测量方法实测ET,再采用不同公式(如,P-M、S-W)反推得到冠层阻力r_c(Oue,2005;李召宝,2010;Katerji et al.,2011);④考虑太阳辐射、VPD、T_a、θ等影响气孔阻力的环境因子的经验(Yu et al.,1998;Medlyn et al.,2011)或半经验(Ball et al.,1987;Pauwels and Samson,2006;Katerji et al.,2011)胁迫函数法。以环境变量作为输入的经验或半经验模型结构简单且适用性广(Yu et al.,1998;Ershadi rt al.,2015),在不同下垫面及不同空间尺度的蒸散模型中得到了广泛的应用(Katerji et al.,2011;Ershadi et al.,2015;Zhao et al.,2015)。Gentine等(2007)根据太阳辐射、T_a、u、θ和LAI率定并验证了r_c模型参数,并进一步运用于麦田(Triticum æstivum L.)的蒸散量计算中,模拟效果较好。Katerji 等(2011)

研究表明，r_c作为Rn、VPD和r_a的响应函数，用Katerji等(1983)提出的K-P半经验模型拟合后，能较好地运用于草地(Lolium perenne L.)和甜高粱(Sorghum vulgare Pers.)的蒸散量计算。Ortega-Farias等(2010)认为r_c是光合有效辐射(PAR)、VPD、T_a和土壤水分胁迫的响应函数，r_c拟合后能更准确地进行ET估算。

棵间蒸发(E)是陆地蒸散的重要部分，是近地面水汽循环的重要组成。在农田水分管理中，E占ET比例较大，且影响着地表与大气间的水气交换，但又属于田间水分的无效消耗。因此，E是农业、水文、气象和环境等学科中不可或缺的研究内容。土壤表面阻力(r_s^s)是地表E的关键控制因素，也是近地面水热传输模拟研究的关键参数，因此r_s^s的准确计算是研究陆地ET、E的前提条件。

早在20世纪50年代，国外学者就展开了对r_s^s的理论研究。1958年，Hanks(1958)证实了蒸发的本质机理是分子扩散理论，说明土壤水分需克服一定的阻力才能进入大气。同时，Gardner(1958)也提出了在孔隙介质覆盖条件下，计算土壤水分蒸发的阻力模型。1965年，Monteith对比了有无考虑r_s^s影响下的饱和与非饱和土壤水分蒸发过程，对P-M公式进行了扩充，并讨论了r_s^s的计算与模拟。随后在r_s^s理论研究逐渐成熟的基础上，国内外学者提出了适用于不同条件下的r_s^s计算公式和模型(Choudhury and Monteith，1988；郭映，2015)。Bastiaanssen和Metselaar(1990)和Choudhury和Monteith(1988)分别在不同地区拟合了适用于不同下垫面的r_s^s物理学公式，但计算公式相对复杂。r_s^s的经验或半经验公式也较多，Dolman(1993)考虑了r_s^s对土壤水分的响应，拟合了适用于在热带雨林、草地和农田的r_s^s指数计算公式。Wallace等(1985)提出的公式与Dolman(1993)的经验公式相同，但拟合的参数不同。Sun(1982)与Camillo和Gurney(1986)均以θ和θ_s为r_s^s的影响因素，但采用的公式结构不同，分别拟合出了适用于相应试验区的r_s^s经验公式。Kondo和Saigusa(1990)认为E的发生由蒸气传输和分子扩散两部分组成，需重新建立一新的阻力模型来反映E的变化，而土壤表面的水分运动，不仅受θ的影响，还受u以及一定空气湿度条件下土壤表面水汽压的影响。Chanzy和Bruckler(1993)研究也发现，仅用θ一个变量，不能准确得到土壤日尺度E与每日潜在蒸发的比例关系，要准确计算r_s^s还需考虑u等气候条件的影响。杨邦杰等(1997)用微型蒸渗仪实测法和计算模型相结合的方法，建立了适用于澳大利亚农田下垫面的r_s^s一层和二层理论模型，并为区域水平衡模型的建立奠定了基础。孙景生和康绍忠(2004)利用微型蒸渗仪实测E，并考虑E与θ和LAI变化的相关关系，分别拟合出了夏玉米生育期相对土面蒸发强度(棵间

蒸发 E/参考作物蒸散量 ET_0)与 θ 和 LAI 的指数关系。周学雅等(2014)用微型蒸渗仪分别测量了草地裸露土壤和有覆盖条件下的 E,在讨论了各种气象因素对蒸发量影响的基础上,建立了冠层覆盖条件下的 E 与裸土 E、LAI 的线性相关关系。郭映(2015)根据试验区具体情况,在前人提出的 r_s^s 模型的基础上进行了改进,建立了基于 θ、θ_f 和土壤水分为 θ_f 时土壤表面阻力三参数的 r_s^s 模型。李艳等(2015)将 r_s^s 的研究进一步发展到有秸秆覆盖条件下,通过连续两年用自动式称重和传感系统监测 E,并结合相关气象条件的观测,建立了留茬和覆盖条件下 r_s^s 与覆盖量以及土壤水分条件间的计算关系。在 r_s^s 模型的具体运用时,也有许多学者直接选用 Shuttleworth 和 Wallace(1985)给出的 r_s^s 参考值来研究蒸散发(Cui and Jia,2021;Joaquim et al.,2021):土壤含水率达到饱和,$r_s^s = 0$;土壤极度干燥,$r_s^s = 2\,000$;土壤水分条件介于两者之间,$r_s^s = 500$;或是参照前人的参数拟合值进行蒸散计算(Zhang et al.,2008;郭映,2015)。

  但目前针对 $r_c(r_s^c)$ 和 r_s^s 模型结构和模型参数在稻田的适用性和有效性的研究均较少。贾红(2008)在叶片尺度率定了气孔阻力对 R_n、VPD 和 T_a 的响应函数,并通过建立与 LAI 的关系,进一步将环境响应函数扩展到冠层尺度,建立了基于 Jarvis 气孔阻力模型的 r_s^c 与环境因素的响应函数。同时根据小型棵间蒸发器实测 E 值,拟合了 r_s^s 与 θ 和 θ_s 之间的相关关系。将 $r_c(r_s^c)$ 和 r_s^s 阻力模型分别代入 S-W 双源和 P-M 单源模型,发现 S-W 模型在计算南方稻田 ET 的表现更好,特别是在冠层覆盖度较低的白天模拟效果最好。赵华等(2015)在用 P-M 模型研究 ET 的过程中,利用实测 ET 反算的 r_c,率定了 r_c 模型中的相关参数,直接建立了 r_c 与环境因素的相关关系,基于 r_c 拟合值 ET 模拟值与实测值具有较好的一致性,两年的研究中一致性指数 IOA 分别为 0.967 和 0.953。在当前结构性缺水、水质性缺水和资源性缺水的大环境下,节水灌溉稻田的发展与普及势在必行。节水灌溉使土壤水分处于干湿交替循环变化中,这不仅改变了土壤水分状况和棵间蒸发强度,还将导致冠层能量截留、水稻生长状况以及冠层与大气的水热通量交换发生变化(Linquist et al.,2015;Zhao et al.,2020)。但目前有关节水灌溉稻田的相关信息非常有限(Goto et al.,2008),更没有区分空间尺度对 $r_c(r_s^c)$ 和 r_s^s 模型参数拟合效果和阻力模型适用性的分析讨论。因此,本研究在不同空间尺度上,改进了阻力模型,分别拟合了适用于节水灌溉稻田的 $r_c(r_s^c)$ 和 r_s^s 模型参数,并将其分别代入基于阻抗的 P-M 和 S-W 方程进行 ET 估算验证,通过对 P-M 和 S-W 模拟结果的对比,以期获得节水灌溉稻田不同空间尺度蒸散计算的最优模型。

5.1.3.2 节水灌溉稻田冠层阻力和土壤表面阻力模型结构

冠层阻力是一个虚拟的物理量,是叶片气孔阻力在作物冠层水平的整体表现,目前还没有仪器设备可直接测量。冠层阻力是作物与大气间水汽传输的关键和制约因素,因此一般采用叶片气孔阻力推导冠层阻力的方法确定冠层阻力(Hatfield,1996；Allen et al.,2006):

$$r_c = \frac{r_s}{LAI_a} \tag{5.14}$$

式中: r_s 为叶片气孔阻力($s \cdot m^{-1}$); LAI_a 为冠层有效叶面积指数,即认为只有冠层表层叶片与大气进行有效的水汽传输。LAI_a 由实际叶面积指数 LAI 计算得到(Alves et al.,1998；Gardiol et al.,2003):

$$LAI_a = \begin{cases} LAI & (LAI \leqslant 2) \\ LAI/2 & (LAI \geqslant 4) \\ 2 & (2 \leqslant LAI \leqslant 4) \end{cases} \tag{5.15}$$

Jarvis 认为 r_s 是多种环境因子综合作用的产物,可通过气孔导度对 Rn、VPD、T_a、θ 和 LAI 等单一环境因子的响应叠加得到多个环境因子同时变化时对 r_s 的综合影响。模型的具体形式为(Jarvis,1976):

$$r_s = \frac{r_{\min}}{f_1(Rn) \times f_2(VPD) \times f_3(T_a) \times f_4(\theta)} \tag{5.16}$$

式中,$f_1(Rn)$、$f_2(VPD)$、$f_3(T_a)$ 和 $f_4(\theta)$ 分别为净辐射(Rn)、饱和水汽压差(VPD)、气温(T_a)和土壤体积含水量(θ)的响应函数。

本研究参考 Jarvis 连乘模型,结合试验稻田干湿交替的土壤水环境的特殊性,将水稻 r_c 模型及其中的响应函数表示为(贾红,2008；Ershadi et al.,2015):

$$r_c = \frac{r_s}{LAI_a} = \frac{r_{\min}}{f_1(Rn) \times f_2(VPD) \times f_3(T_a) \times f_4(\theta) \times LAI_a} \tag{5.17}$$

$$f_1(Rn) = 1 - \exp(-Rn/a_1) \tag{5.18}$$

$$f_2(VPD) = 1 - a_2 VPD \tag{5.19}$$

$$f_3(T_a) = 1 - a_3(25 - T_a)^2 \tag{5.20}$$

$$f_4(\theta) = \left(\frac{\theta - \theta_w}{\theta_s - \theta_w}\right)^{a_4} \tag{5.21}$$

式中：r_{min} 为最小气孔阻力($s \cdot m^{-1}$)，根据 Idso 等(1981)和 Jackson 等(1981)提出的方法，用红外测量仪测量的作物表面温度 T_c 估算水稻不同生育期的最小冠层阻力 r_{min}(本研究估算结果为 $18 \sim 35 s \cdot m^{-1}$)；$Rn$ 为到达冠层顶的太阳净辐射($W \cdot m^{-2}$)；VPD 为饱和水汽压差(kPa)；T_a 为空气温度(℃)；θ、θ_s、θ_w 分别为表层土壤的实际体积含水率($cm^3 \cdot cm^{-3}$)、饱和含水率($cm^3 \cdot cm^{-3}$)和凋萎含水率($cm^3 \cdot cm^{-3}$)，在计算过程中若田间有水层，认为 $\theta > \theta_s$，则取 $f_4(\theta)=1$；a_1、a_2、a_3 和 a_4 分别为模型参数。r_s^c 的计算与 r_c 相同，r_c 和 r_s^c 分别表示 P-M 和 S-W 公式中的冠层阻力。

为了充分体现试验区干湿交替的土壤水分环境对棵间蒸发的影响，本研究选择基于 θ_s 和 θ 的指数方程模拟计算土壤表面阻力 r_s^s[式(5.22)]，大量研究表明该模型计算结果准确，已获得广泛运用(Sun,1982；高冠龙 等,2016)。

$$r_s^s = b_1 \left(\frac{\theta_s}{\theta}\right)^{b_2} \tag{5.22}$$

式中，b_1 和 b_2 为模型参数，其他符号含义同前。

5.1.4 不同空间尺度冠层和土壤表面阻力模型参数的率定

本研究依据试验区节水灌溉稻田实际情况，在冠层和田间尺度率定了 $r_c(r_s^c)$ 和 r_s^s 模型参数，并分别运用于 P-M 和 S-W 模型，以模拟计算稻田冠层和田间尺度蒸散量。选择 2014 年和 2015 年的相关实测数据进行参数率定；2016 年的实测数据作为验证样本，用于模拟结果的检验。冠层尺度阻力模型参数(a_1、a_2、a_3、a_4、b_1 和 b_2)的率定，以微型蒸渗仪所测蒸散量 ET_{CML} 为目标函数，阻力模型本身仅作为拟合过程中的中间变量，即 r_c 为 P-M 模型的中间变量，r_s^c 和 r_s^s 为 S-W 模型的中间变量。田间尺度 a_1、a_2、a_3、a_4、b_1 和 b_2 的率定，以能量闭合后的涡度相关系统所测蒸散量 ET_{EC}^* 为目标函数，将参数代入阻力模型再分别代入 P-M 和 S-W 蒸散模型，以获得 a_1、a_2、a_3、a_4、b_1 和 b_2 在不同模型不同空间尺度条件下的最优解。率定结果的评价，根据模拟值和实测值的相关性、一致性和回归关系判断。

按照上述方法，冠层和田间尺度条件下 P-M 模型中的 r_c 参数值，以及 S-W 模型中 r_s^c 和 r_s^s 参数的拟合结果见表 5.1 所示。从表中可看出，虽然在不同蒸散模型中冠层阻力(r_c 和 r_s^c) 模型结构相同，但其参数不同；同一蒸散模型中阻力模型参数在不同空间尺度条件下也不同。由于参数控制的各因素相互关联且相互影响，ET 在各阻力的协同作用下变化关系复杂，所以在不同条件下拟合的阻力参数值没有明显的大小变化规律。

表5.1 冠层阻力(r_c 或 r_s^c)和土壤表面阻力(r_s^s)模型参数拟合值

模型参数		r_c 或 r_s^c			r_s^s		
		a_1	a_2	a_3	a_4	b_1	b_2
冠层尺度	P-M	77.6	0.472	0.012	11.3	—	—
	S-W	45.5	0.292	0.001	5.6	168.8	3.4
田间尺度	P-M	45.8	0.006	0.005	6.0	—	—
	S-W	35.5	0.391	0.012	13.6	162.6	5.3

将表5.1中参数代入式(5.17)和式(5.22),即得到 r_c、r_s^c 和 r_s^s 与所选环境因子的关系模型,再代入式(5.1)和式(5.3)就得到适用于节水灌溉稻田干湿交替土壤水分变化条件下的 P-M、S-W 蒸散计算公式。由图 5.1(a)可见,基于训练样本($n=3302$)的 P-M 模型估算的稻田冠层尺度蒸散量(ET_{CML}^{PM})和实测值(ET_{CML})一致性较高($\alpha<0.001$),拟合直线斜率为 0.992,$R^2=0.863$,$RMSE=0.098$ mm·h^{-1},$IOA=0.958$。S-W 模型估算的稻田冠层尺度蒸散量(ET_{CML}^{SW})和 ET_{CML} 也达到 $\alpha<0.001$ 显著性水平[图 5.1(b)],拟合直线斜率为 0.964,$R^2=0.805$,$RMSE=0.116$ mm·h^{-1},$IOA=0.944$,S-W 模拟值在蒸散量较大时($ET_{CML}>0.95$)存在一定的低估。总体上两模型的模拟值均较 CML 实测值稍小,评价指标R^2、$RMSE$ 和 IOA 均显示 P-M 模型在冠层尺度的表现略优于 S-W 模型。

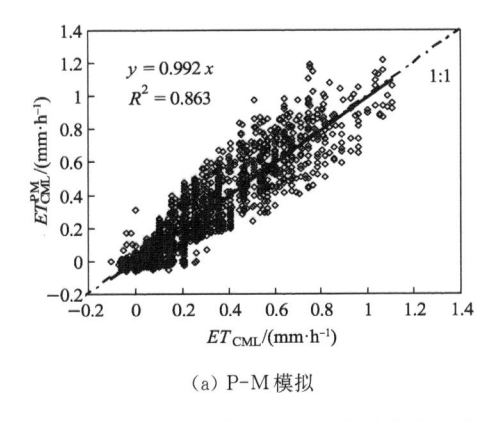

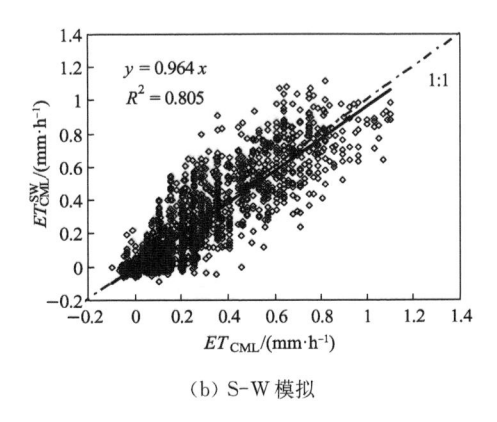

(a) P-M 模拟　　　　　　　　　(b) S-W 模拟

图 5.1 基于训练样本的冠层尺度 P-M 和 S-W 模拟值(ET_{CML}^{SW} 和 ET_{SWL}^{PM})与实测值(ET_{CML})相关关系

图 5.2 所示为田间尺度 P-M 和 S-W 模型模拟值和能量强制闭合后 EC 实测值 ET_{EC}^* 的回归关系（$\alpha < 0.001$），训练样本量 n 为 5 086。P-M 模型估算的稻田田间尺度蒸散量（ET_{EC}^{PM}）和实测蒸散量（ET_{EC}^*）的回归直线斜率为 1.070，$R^2 = 0.943$，$RMSE = 0.058$ mm·h^{-1}，$IOA = 0.983$。S-W 模型的模拟值（ET_{EC}^{SW}）和 ET_{EC}^* 的回归斜率为 0.971，$R^2 = 0.921$，$RMSE = 0.061$ mm·h^{-1}，$IOA = 0.980$。模拟值与实测值的相关性和一致性均较高，模拟效果好于冠层尺度。总体来看，$ET_{EC}^* < ET_{EC}^{SW} < ET_{EC}^{PM}$，对 $RMSE$ 和 IOA 分析表明 P-M 模拟精度更高。

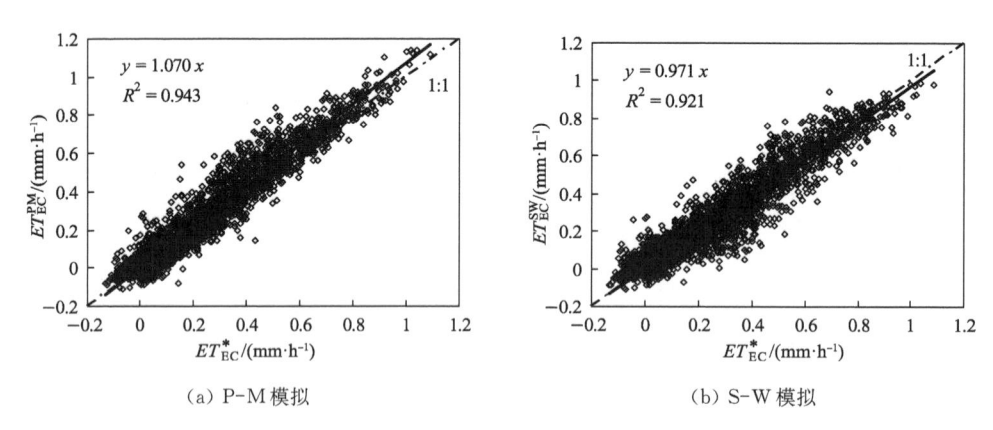

(a) P-M 模拟　　　(b) S-W 模拟

图 5.2　基于训练样本的田间尺度 P-M 和 S-W 模拟值（ET_{EC}^{PM} 和 ET_{EC}^{SW}）与实测值（ET_{EC}^*）相关关系

对比图 5.1 和图 5.2 可知，在节水灌溉稻田率定的基于阻抗的蒸散模型具有较高的可靠性，模型在田间尺度的表现更好，与 S-W 模型相比，P-M 模拟值与不同尺度实测值的相关性和一致性均更好。

5.1.5　蒸散模型的验证

图 5.3 所示为用 2016 年验证样本（$n = 2 129$）计算的模型模拟值和 EC 实测值的线性回归关系。在显著性水平 $\alpha < 0.001$ 的条件下，ET_{CML}^{PM} 和 ET_{CML} 的回归斜率为 0.967，R^2、$RMSE$ 和 IOA 分别为 0.863、0.111 mm·h^{-1} 和 0.963 [图 5.3(a)]。ET_{SWL}^{PM} 和 ET_{CML} 回归斜率、R^2、$RMSE$ 和 IOA 分别为 0.969、0.801、0.135 mm·h^{-1} 和 0.940 [图 5.3(b)]。与训练样本相同，验证样本的模拟值也较 CML 实测值小，且 $ET_{CML}^{PM} < ET_{CML}^{SW} < ET_{CML}$，但从数据的整体相关性和一致性来看，P-M 模型表现更好。冠层尺度模型的率定和验证结果相似，说明本研究构建的模型有较好的适用性，P-M 模型的模拟精度更高。

(a) P-M 模拟　　　　　　　　　　　　(b) S-W 模拟

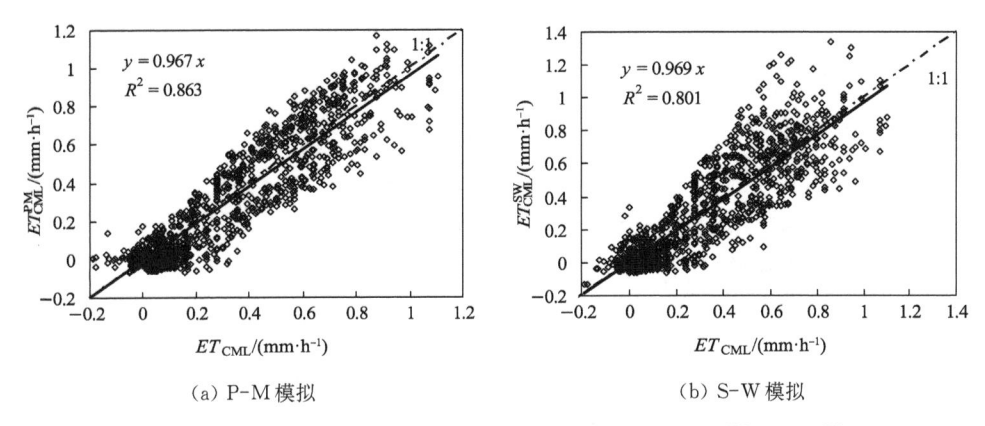

图 5.3　基于验证样本的冠层尺度 P-M 和 S-W 模拟值(ET_{CML}^{PM} 和 ET_{CML}^{SW})与实测值(ET_{CML})相关关系

进一步采用 2016 年的验证样本($n=3024$)检验构建的田间尺度蒸散模型，模拟值与实测值的显著性水平均较高($\alpha<0.001$)。由模拟值与能量强制闭合后 EC 实测值 ET_{EC}^* 的回归分析可见(图 5.4)，ET_{EC}^{PM}、ET_{EC}^{SW} 与 ET_{EC}^* 的回归斜率分别为 1.051 和 1.002，RMSE 分别为 0.056 和 0.058 mm·h^{-1}，R^2 分别为 0.953 和 0.943，IOA 分别为 0.986 和 0.985，均表明模型具有较高的精度。P-M 和 S-W 模拟值均稍大于 EC 实测值，P-M 模型的表现仍较 S-W 模型更好。

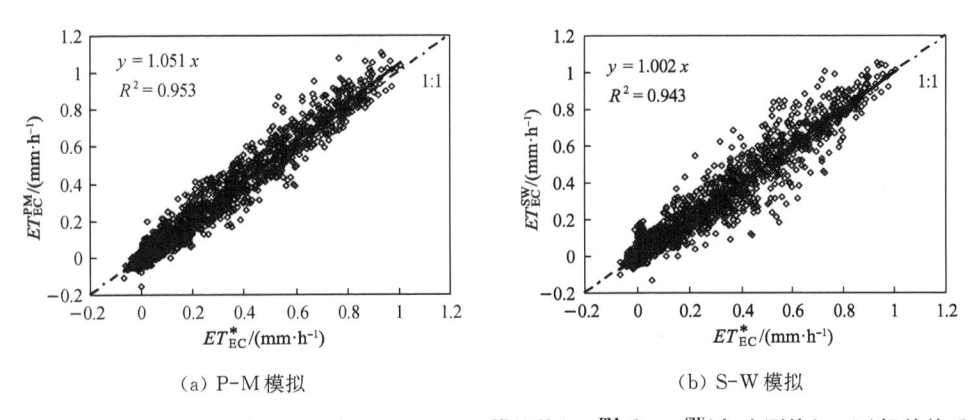

(a) P-M 模拟　　　　　　　　　　　　(b) S-W 模拟

图 5.4　基于验证样本的田间尺度 P-M 和 S-W 模拟值(ET_{EC}^{PM} 和 ET_{EC}^{SW})与实测值(ET_{EC}^*)相关关系

对比图 5.3 和图 5.4 还发现，冠层尺度的模拟效果稍差，可能与冠层尺度 CML 实测蒸散量本身的准确性有关。冠层尺度测量空间范围较小，CML 重量变化受周围环境影响较大，计算的蒸散量波动较大，存在一定的测量误差。同时，受边界效应影响，特别在太阳辐射较大的晴日，CML 内的蒸散量较大田环境有所增加，这也可能是冠层尺度模拟值较 CML 实测值小的重要原因。

通过对 P-M 和 S-W 模型在节水灌溉稻田冠层、田间尺度蒸散模拟的研究可知,模型的率定和验证结果相似,率定的模型具有较好的适用性。在冠层尺度蒸散量的模拟时,模拟值总体上小于实测值,在田间尺度蒸散量的研究中,模拟值总体上大于实测值。从图 5.1～图 5.4 还可看出,单源和双源模型在模拟田间尺度蒸散量时精度均更高,其中,P-M 模型的表现稍好于 S-W 模型。

前人也有在水稻田对 P-M 和 S-W 模型中 r_c(r_s^c) 和 r_s^s 模型参数的率定分析,但均没有区分空间尺度,且参数模型结构和参数率定的结果均有较大差异。贾红(2008)在我国南方稻田重新拟合了适用于相应气候环境的 r_s^c 和 r_s^s 参数。基于 Jarvis 气孔阻力模型,贾红通过建立实测叶片气孔阻力 r_s 与 Rn、VPD、T_a 和 θ 的连乘关系,拟合气孔阻力模型参数,再通过 LAI 的转换关系 $(0.5LAI+1)/LAI$ 实现 r_s 到冠层水平的积分,计算得到冠层阻力 r_s^c。同时根据棵间蒸发器实测裸土蒸发量 E,反算 r_s^s,再用式(5.22)拟合了 r_s^s 参数。最后将 r_s^c 和 r_s^s 代入 P-M 和 S-W 模型计算稻田蒸散量,模型的验证均采用 EC 实测田间尺度蒸散量。其中,式(5.23)为贾红选用的 r_s^c 参数模型。刘斌等(2014)选用贾红的参数模型,以蒸渗仪测量的小时蒸散量为实测值,进一步分析了 P-M 和 S-W 模型估算稻田蒸散量的效果,研究结果表明,S-W 模型的模拟效果更好。赵华等(2015)参照 Jarvis 连乘模型,建立了稻田 r_c 与 Rn、VPD、T_a 和 θ 因子的关系模型[式(5.24)],以蒸渗仪实测蒸散量并按 P-M 公式反算的 r_c 为目标值,拟合了模型参数,最后以蒸渗仪实测稻田冠层尺度蒸散量验证 P-M 模型的模拟精度。

$$r_c^s = \frac{0.5LAI+1}{LAI} \cdot \frac{r_{\min}}{[1-\exp(-Rn/a_1)] \cdot (1-a_2 \cdot VPD) \cdot [1-a_3 \cdot (25-T_a)^2] \cdot [(\theta-\theta_w)/(\theta_s-\theta_w)]} \tag{5.23}$$

$$r_c = \frac{r_{\min}}{[1-\exp(-Rn/a_1)] \cdot (1-a_2 \cdot VPD) \cdot [1-a_3 \cdot (25-T_a)^2] \cdot [(\theta-\theta_w)/(\theta_f-\theta_w)]} \tag{5.24}$$

在贾红的研究中,a_1、a_2、a_3、b_1 和 b_2 分别为 700、-0.046、0.045、46.962 和 2.3,代入 P-M 模型后,模拟效果较好。本研究与贾红的试验研究相比,模型参数的拟合目标不同,r_s 到 r_c 的转换关系不同,拟合的参数值差异也很大。赵华的试验研究拟合的 a_1、a_2 和 a_3 分别为 161.804、0.013 和 0.001。赵华在 r_c 的计算中,没有考虑冠层覆盖条件对 r_c 的影响,直接以 P-M 反算的 r_c 为目标值,拟合了连乘模型各参数。同时选择田间持水量 θ_f 作为土壤含水率响应函数的重要因子,以反

映 θ 与 θ_f 的相关关系对 r_c 的影响,最终蒸散量的模拟效果也较好。与前人研究不同,本研究考虑了空间尺度效应对模型参数的影响,模型参数是分别以 CML 所测蒸散量和 EC 所测蒸散量为目标值,分别在冠层和田间尺度进行率定。同时,由于控制灌溉下限的土壤水分阈值被定义为饱和含水率 θ_s 的百分比(通常为 60%~80%),所以将 θ_s 作为节水灌溉稻田土壤水分响应函数中的关键参数。此外,本研究增加了反映土壤水分变化影响的参数 a_4,强调了节水灌溉稻田土壤含水率对冠层阻力的影响。图 5.5 所示为将本试验验证样本(2016 年相关数据)代入式(5.23)和式(5.24)两个 r_c 模型计算得到的 P-M 模拟值(ET_{CML}^{PM}、ET_{EC}^{PM})与 CML、EC 实测蒸散量(ET_{CML} 和 ET_{EC}^*)的相关性。将式(5.23)代入 P-M 公式计算的蒸散量 ET_{CML}^{PM}、ET_{EC}^{PM} 较 ET_{CML} 和 ET_{EC}^* 均有明显的低估,模拟值与实测值的回归斜率仅 0.694 和 0.827,且在实测蒸散量较小时($0\sim0.1\ \mathrm{mm\cdot h^{-1}}$),模拟值较实测值表现出大幅度的离散[图 5.5(a)和图 5.5(c)],说明贾红构建的 r_c 模型不适于运用到 P-M 公式计算本试验区节水灌溉稻田的蒸散量。同样,

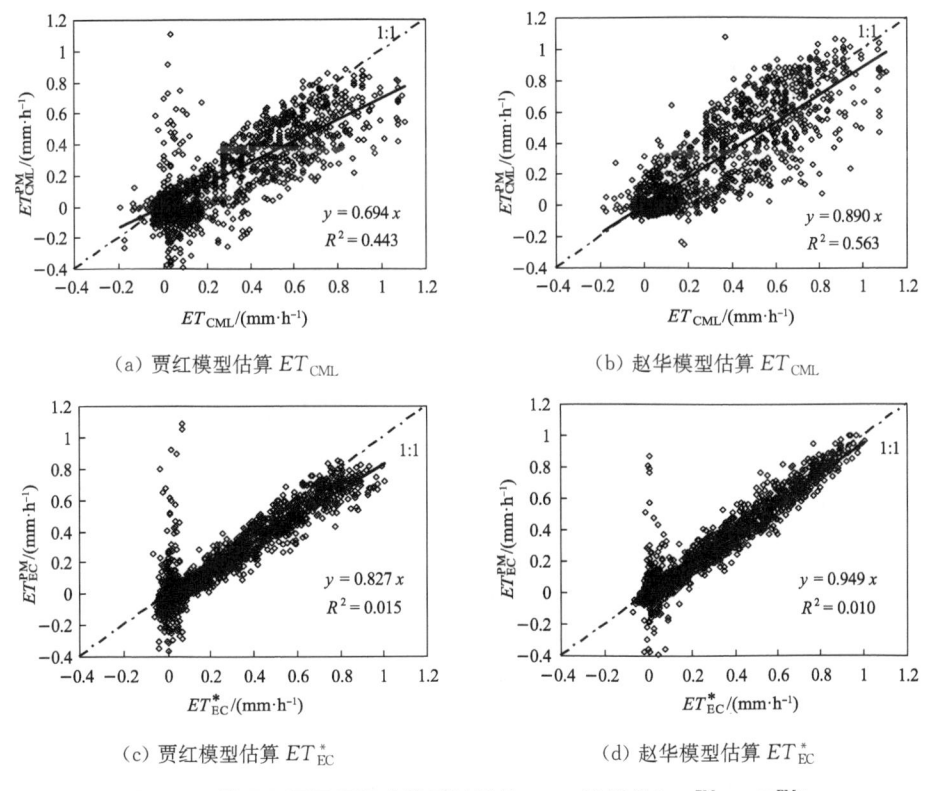

(a) 贾红模型估算 ET_{CML}

(b) 赵华模型估算 ET_{CML}

(c) 贾红模型估算 ET_{EC}^*

(d) 赵华模型估算 ET_{EC}^*

图 5.5　基于不同冠层阻力模型计算的 P-M 模拟值(ET_{CML}^{PM}、ET_{EC}^{PM})与实测值(ET_{CML} 和 ET_{EC}^*)的相关关系

将式(5.24)代入 P-M 公式计算的蒸散量 ET_{CML}^{PM}、ET_{EC}^{PM} 与 ET_{CML} 和 ET_{EC}^* 的回归关系如图 5.5(b)和图 5.5(d)所示,回归斜率分别为 0.890 和 0.949,在 $ET_{EC}^* >$ 0.1 mm·h^{-1} 时,模拟 ET_{EC}^* 的效果较模拟 ET_{CML} 的效果好,但在 ET_{EC}^* 较小时 ($0 \sim 0.1$ mm·h^{-1}),ET_{EC}^{PM} 相比 ET_{EC}^* 也存在较大的离散。综上分析说明,赵华等构建的 r_c 模型较贾红构建的 r_c 模型在本试验区蒸散量估算研究中有更好的适用性,两模型均在模拟大于 0.1 mm·h^{-1} 的田间尺度蒸散量时效果较好,但在模拟小于 0.1 mm·h^{-1} 的田间尺度蒸散量时存在较大的离散。

对比图 5.4 和图 5.5 可知,虽然试验区下垫面均为稻田环境,但其他试验区选择和率定的蒸散模型在本试验区节水灌溉稻田的模拟效果较差。一方面说明稻田蒸散计算中的相关模型参数没有可移植性,另一方面节水灌溉干湿交替条件下,相关模型参数与淹水条件有差异。

5.2 模型的适用性分析

5.2.1 不同冠层覆盖度条件下的蒸散模拟

冠层覆盖度一直是影响单源和双源蒸散模型模拟效果的关键因素。一般认为,P-M 模型为蒸散模拟中的大叶模型,在冠层覆盖不均匀时其模拟效果将受到很大制约。为了能进一步分析构建的 P-M 和 S-W 模型在节水灌溉稻田下垫面不同冠层覆盖度条件下的模拟效果,本研究按水稻生育期 LAI 变化范围($0 \sim 6$) m^2·m^{-2},分别选择 LAI 在 $0 \sim 2$ m^2·m^{-2}、$2 \sim 4$ m^2·m^{-2} 和 $4 \sim 6$ m^2·m^{-2} 的连续 5 个典型日,即 7 月 18 日~7 月 22 日(LAI 平均为 1.2 m^2·m^{-2})、8 月 7 日~8 月 11 日(LAI 平均为 3.3 m^2·m^{-2})和 9 月 22 日~9 月 26 日(LAI 平均为 5.8 m^2·m^{-2}),在冠层和田间尺度比较了三种冠层覆盖度条件下 P-M 和 S-W 模型模拟的小时蒸散量与实测蒸散量的日变化。

5.2.1.1 冠层尺度蒸散量的模拟分析

P-M 和 S-W 模型在不同 LAI 条件下对冠层尺度蒸散量(ET_{CML})的模拟效果如图 5.6 所示。总体上,P-M 和 S-W 模型计算结果(ET_{CML}^{PM} 和 ET_{CML}^{SW})波动趋势与 ET_{CML} 变化基本一致,P-M 模拟在从小到大三种 LAI 条件下的 IOA 分别为 0.963、0.938 和 0.897,$RMSE$ 分别为 0.127、0.149 和 0.149 mm·h^{-1};S-W 模拟的 IOA 分别为 0.953、0.947 和 0.900,$RMSE$ 分别为 0.138、0.147 和 0.147 mm·h^{-1}。在 LAI 较小时,IOA 和 $RMSE$ 指标显示 P-M 和 S-W 模型的表现均好于 LAI 较大时,说

明无论是单源模型还是双源模型,在冠层覆盖度较低时的模拟效果均较好,甚至好于冠层覆盖度较高时。而且 P-M 模型在 LAI 较小时的模拟效果稍好于 S-W 模型,说明 P-M 大叶模型在冠层覆盖度较低时也能很好地模拟冠层尺度水稻蒸散量。

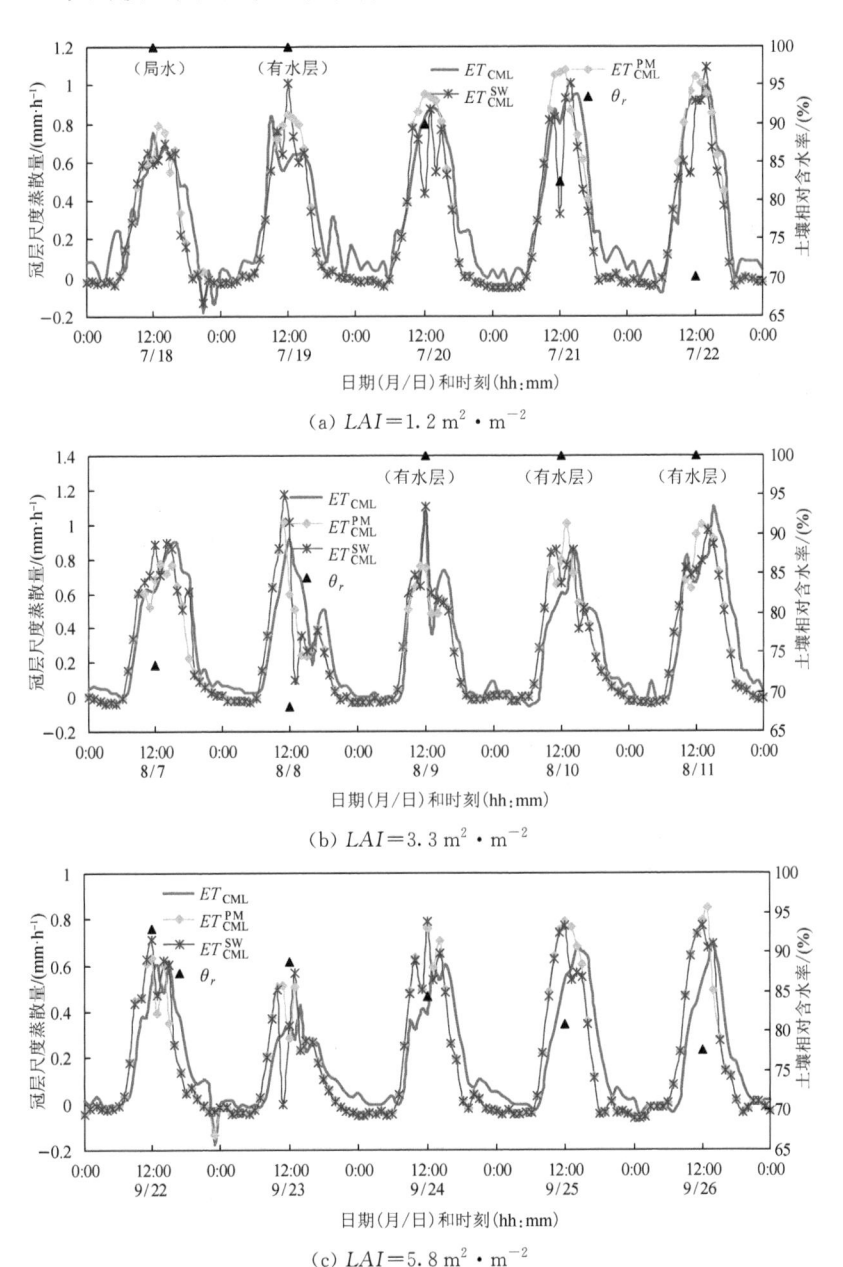

图 5.6 冠层尺度蒸散量模拟值与实测值在(a)$LAI=1.2\,m^2 \cdot m^{-2}$、(b)$LAI=3.3\,m^2 \cdot m^{-2}$ 和(c)$LAI=5.8\,m^2 \cdot m^{-2}$ 条件下的日变化特征

进一步分析可知,在冠层覆盖度较低($LAI=1.2$)的白天正午 Rn 较大时,不论 θ 高低,$ET_{\text{CML}}^{\text{PM}}$ 均大于 ET_{CML};而 $ET_{\text{CML}}^{\text{SW}}$ 会出现较 $ET_{\text{CML}}^{\text{PM}}$ 更为剧烈的上下波动,且有水层时(7月19日),$ET_{\text{CML}}^{\text{PM}}$ 大于 ET_{CML} 上下波动,无水层时(7月20、21、22日)$ET_{\text{CML}}^{\text{PM}}$ 小于 ET_{CML} 上下波动,说明 θ 是影响 S-W 模拟效果的重要因素。随着冠层覆盖度增加[图5.6(b)和(c)],$ET_{\text{CML}}^{\text{PM}}$ 和 $ET_{\text{CML}}^{\text{SW}}$ 模拟值相似,正午 $ET_{\text{CML}}^{\text{SW}}$ 稍大于 $ET_{\text{CML}}^{\text{PM}}$。夜间,$ET_{\text{CML}}^{\text{PM}}$ 和 $ET_{\text{CML}}^{\text{PM}}$ 相似,均小于实测值。CML 实测值波动起伏较大,可能因为夜间蒸散量小,蒸渗仪对周围环境变化较为敏感,大风、水汽凝结、农田生物活动等都会对蒸渗仪重量变化造成不可忽视的影响,而模拟值变化连续且较为平稳。所以,若能保证蒸散模型的合理性与可靠性,模拟值也许能更准确地反映夜间农田蒸散规律。

从图5.6中还能看出,模拟值与实测值的相位差随着 LAI 的增加而增加,模拟值的相位变化超前于实测值,在 $LAI=1.2 \text{ m}^2 \cdot \text{m}^{-2}$ 时差异不明显,在 $LAI=3.3 \text{ m}^2 \cdot \text{m}^{-2}$ 时相位差约1h,在 $LAI=5.8 \text{ m}^2 \cdot \text{m}^{-2}$ 条件下相位差可达到2h。原因是随着水稻生长,冠层覆盖度增加,G_0 对 Rn 的响应受到热通量板响应时间的影响,以及 Rn 经近地面大气和水稻冠层转换为 G_0 的时间间隔的影响(Poblete-Echeverría et al.,2014),有一定程度的滞后,使得模拟计算中有效能量($Rn-G_0$)上午偏大下午偏小,模拟计算的 $ET_{\text{CML}}^{\text{PM}}$ 和 $ET_{\text{CML}}^{\text{SW}}$ 同样上午偏大下午偏小。所以,模拟值与实际发生的蒸散过程存在一定的相位差,且在水稻生长不同阶段相位差异不同。

5.2.1.2 田间尺度蒸散量的模拟分析

图5.7为田间尺度典型 LAI 条件下 P-M 和 S-W 模型的模拟结果,田间尺度与图5.6中冠层尺度所选典型日相同。P-M 模拟在三种 LAI 条件下的 IOA 分别为 0.996、0.988 和 0.992,IOA 接近于1,模拟值与实测值一致性很高。$RMSE$ 分别为 0.043、0.053 和 0.046 mm·h^{-1},模拟值与实测值误差较小。S-W 模拟的 IOA 分别为 0.997、0.992 和 0.942,$RMSE$ 分别为 0.039、0.047 和 0.065 mm·h^{-1},模拟精度也较高。

本研究在用单源和双源模型模拟田间尺度蒸散量的分析中发现,冠层覆盖度较低时($0<LAI<2$),P-M 和 S-W 模型的模拟效果均较好,这与水稻田相对其他下垫面土壤水分较高且均匀有关。但随着 LAI 的增加,在 Rn 较大的正午,模拟值会出现一定的偏差,在 LAI 较大时($4<LAI<6$),正午模拟值与实测值的大小关系表现为 $ET_{\text{EC}}^{\text{SW}}<ET_{\text{EC}}^{*}<ET_{\text{EC}}^{\text{PM}}$。再结合土壤水分状况分析发现,在有水层时(7月19日,8月9日—11日),P-M 和 S-W 的模拟结果相似,与 EC 实测值也相

似,但在正午 Rn 较大时均大于实测值;当 θ 较低时(7 月 22 日和 8 月 8 日),P-M 和 S-W 模型的模拟精度也都很高,正午时稍大于 ET_{EC}^*;当 θ 介于上述两种情况之间,且冠层覆盖度较高时(9 月 23 日～9 月 26 日),ET_{EC}^{PM} 存在一定的高估,ET_{EC}^{SW} 存在一定的低估。

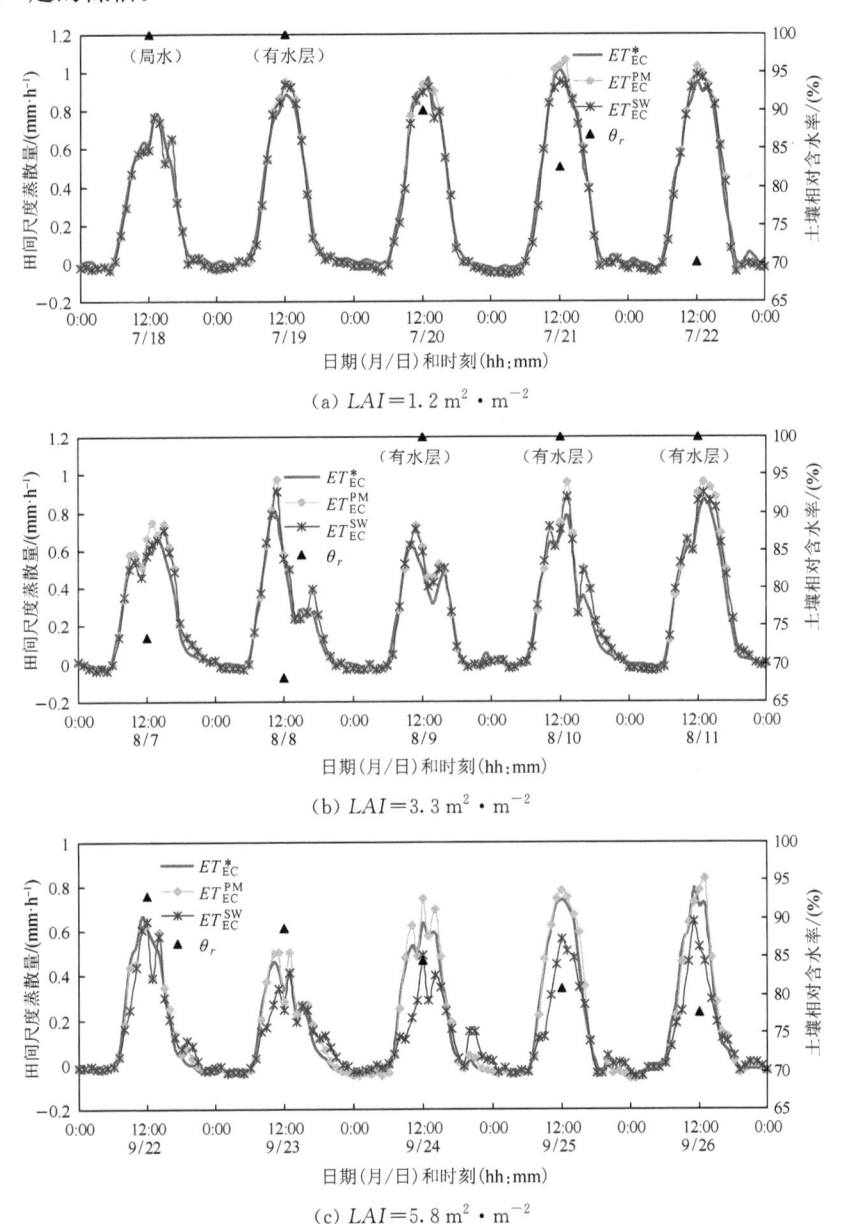

图 5.7 田间尺度蒸散量模拟值与实测值在(a)$LAI=1.2 \text{ m}^2 \cdot \text{m}^{-2}$、(b)$LAI=3.3 \text{ m}^2 \cdot \text{m}^{-2}$ 和(c)$LAI=5.8 \text{ m}^2 \cdot \text{m}^{-2}$ 条件下的日变化特征

但与冠层尺度不同,田间尺度的模拟值和实测值没有相位的差异,因为田间尺度 ET 实测值也是根据能量平衡原理,由 Rn 转换为 LE 计算得到,实际上模拟值和实测值都存在一定的滞后性。此外,田间尺度夜间模拟值与实测值的相关关系明显好于冠层尺度,EC 实测值也没有明显的上下波动。总体来看,田间尺度的模拟效果较冠层尺度好,LAI 低时的模拟效果较 LAI 高时好,这与前人研究结果不同(刘斌 等,2014),可能因为 LAI 较大时,所选择的 LAI_e 计算公式[式(5.15)]不能准确反映对冠层阻力产生影响的实际有效叶面积情况,且在 LAI 较大时,E 与 T 相互影响且关系复杂,共同影响周围环境,进而影响蒸散模型的各阻力值,特别是 S-W 模型考虑的阻力多,计算的准确性就可能受到影响。

5.2.2 各生育阶段典型晴、阴天气条件下的蒸散模拟

为了进一步验证修正的 P-M 和 S-W 蒸散模型在不同天气条件下的模拟效果,本研究在 2016 年水稻各生育期分别选取 7 月 17 日(分蘖前期)、7 月 23 日(分蘖中期)、8 月 5 日(分蘖后期)、9 月 1 日(拔节孕穗期)、9 月 13 日(抽穗开花期)、10 月 10 日(乳熟期)和 10 月 24 日(黄熟期)等 7 天为典型晴天的代表,以及 7 月 11 日(分蘖前期)、8 月 3 日(分蘖后期)、8 月 21 日(拔节孕穗期)、9 月 10 日(抽穗开花期)、10 月 3 日(乳熟期)和 10 月 27 日(黄熟期)等 6 天为典型阴天的代表(分蘖中期没有阴天),分别分析了冠层和田间尺度 P-M 和 S-W 模型在典型晴、阴天的模拟效果。

5.2.2.1 冠层尺度蒸散量的模拟

典型晴日,P-M 和 S-W 模拟值变化曲线相似,呈倒"U"形单峰曲线变化,且相对 CML 实测值基本表现为白天高估夜间低估,模拟值相位变化超前于实测值(图 5.8)。典型晴日 ET_{CML}^{PM} 和 ET_{CML} 的 $RMSE$ 和 IOA 分析分别为 0.141 mm·h^{-1} 和 0.935,ET_{CML}^{SW} 和 ET_{CML} 的 $RMSE$ 和 IOA 分别为 0.146 mm·h^{-1} 和 0.933,P-M 模型模拟精度稍高于 S-W 模型。

典型阴天,实测值变化曲线波动起伏较大,模拟值白天波动起伏与实测值相似,呈多峰变化,夜间较实测值平滑,模拟值相位变化也有超前于实测值的现象(图 5.9)。P-M 和 S-W 模拟值与实测值的 $RMSE$ 分别为 0.091 和 0.103 mm·h^{-1},阴天蒸散量小,所以绝对误差量小。但 P-M 和 S-W 模拟结果与实测值的一致性相对晴天条件低,IOA 分别为 0.860 和 0.890。

从图 5.8 和图 5.9 还能看出,无论典型晴天还是典型阴天,当土壤表面有水层

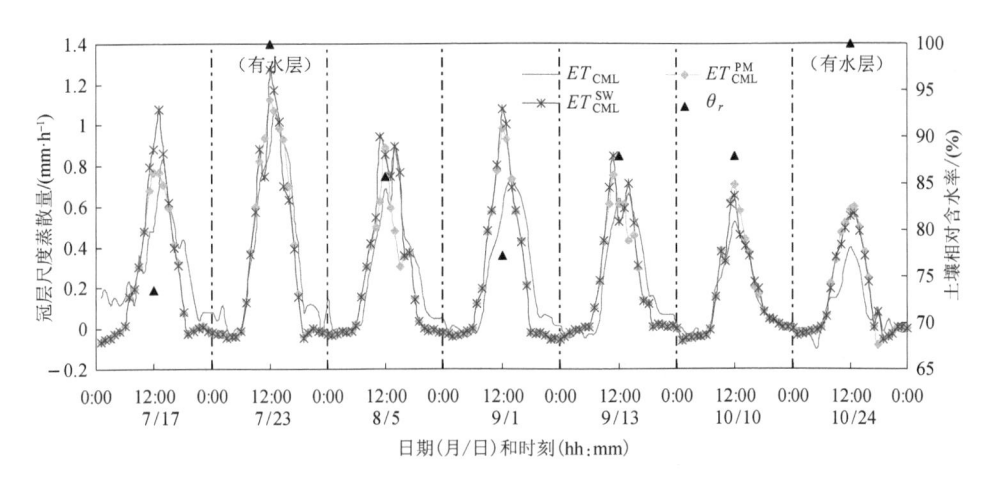

图 5.8　典型晴天冠层尺度蒸散量模拟值（$ET_{\mathrm{CML}}^{\mathrm{PM}}$ 和 $ET_{\mathrm{CML}}^{\mathrm{SW}}$）与实测值（$ET_{\mathrm{CML}}$）日变化

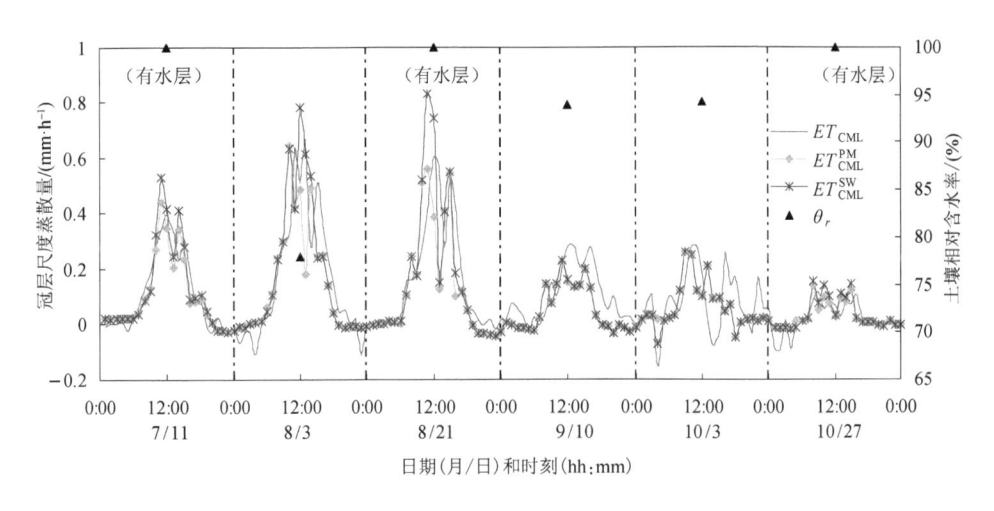

图 5.9　典型阴天冠层尺度蒸散量模拟值（$ET_{\mathrm{CML}}^{\mathrm{PM}}$ 和 $ET_{\mathrm{CML}}^{\mathrm{SW}}$）与实测值（$ET_{\mathrm{CML}}$）日变化

（7月11日、7月23日、8月21日、10月24日、10月27日）或 θ 较小时（7月17日、8月3日、9月1日），S-W模拟值在正午 Rn 较大时明显偏大，P-M模拟值大部分也偏大，但 $ET_{\mathrm{CML}}^{\mathrm{PM}} < ET_{\mathrm{CML}}^{\mathrm{SW}}$。综上所述，典型晴天的模拟效果好于典型阴天，P-M的模拟效果好于S-W。

5.2.2.2　田间尺度蒸散量的模拟

典型晴日，P-M 和 S-W 模拟值以及田间尺度 EC 实测值变化曲线相似，也呈倒"U"形单峰变化（图 5.10）。Rn 较大的正午，模型模拟值依旧存在不同程度的高估和低估现象，有水层时多会出现高估。但夜间模拟效果好于冠层尺度的模拟。

ET_{EC}^{PM} 和 ET_{EC}^{*} 的 $RMSE$ 和 IOA 分别为 $0.047\,\mathrm{mm \cdot h^{-1}}$ 和 0.991，ET_{EC}^{SW} 和 ET_{EC}^{*} 的 $RMSE$ 和 IOA 分别为 $0.055\,\mathrm{mm \cdot h^{-1}}$ 和 0.989，两模型的模拟效果均较好，P-M 模拟精度略高。

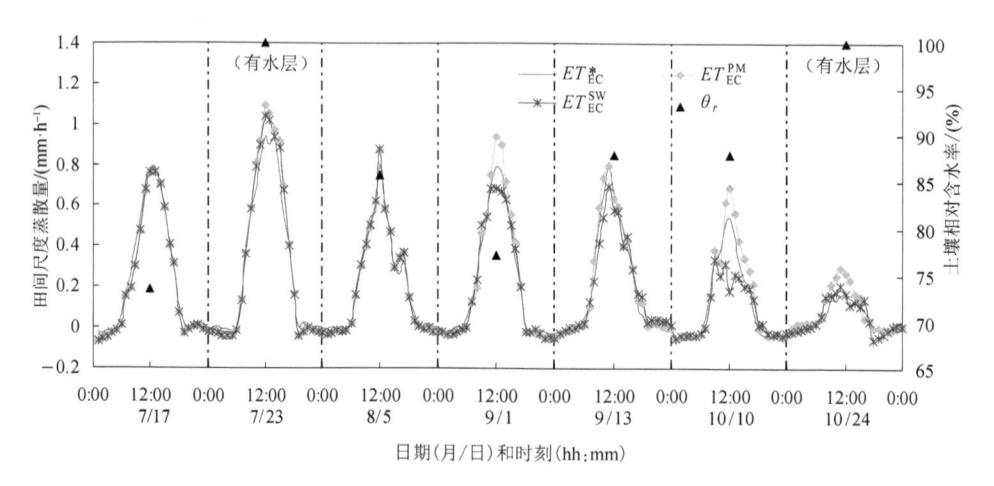

图 5.10　典型晴天田间尺度蒸散量模拟值（ET_{EC}^{PM} 和 ET_{EC}^{SW}）与实测值（ET_{EC}^{*}）日变化

典型阴天，ET_{EC}^{PM}、ET_{EC}^{SW} 和 ET_{EC}^{*} 均呈倒"U"形多峰变化，大部分模拟值与实测值都很接近，不同土壤水分条件下差别不大（图 5.11）。ET_{EC}^{PM} 和 ET_{EC}^{SW} 模拟值与 ET_{EC}^{*} 实测值的 $RMSE$ 均为 $0.046\,\mathrm{mm \cdot h^{-1}}$，$IOA$ 均为 0.969，模型精度均较高。

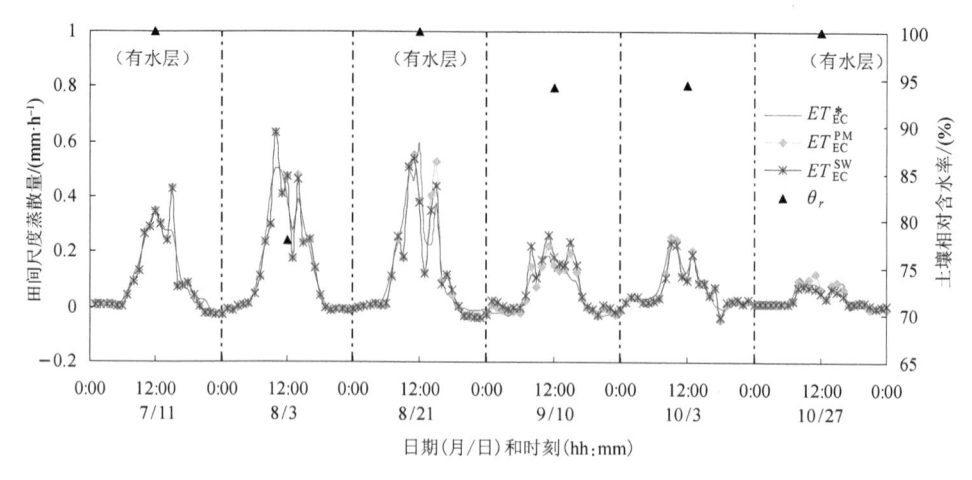

图 5.11　典型阴天田间尺度蒸散量模拟值（ET_{EC}^{PM} 和 ET_{EC}^{SW}）与实测值（ET_{EC}^{*}）日变化

从图 5.6～图 5.11 ET 模拟值与实测值的日变化曲线还可看出，EC 实测值 ET_{EC}^{*} 以及 P-M、S-W 模拟值在昼夜交替时均会出现突然降低的趋势，有时甚至小于 0。这是因为在昼夜交替时叶片气孔导度变化剧烈，使计算的冠层阻力超出正常范围(Malek et al.，1992；Allen et al.，2006)。同时，大气湍流波动剧烈(Ortega-Farias et al.，2004；Frank et al.，2013)，从而影响了 EC 系统蒸散量的估算。此外，从白天变为黑夜，Rn 由正变为负，但能量由 Rn 转换为 G_0 需要一定时间，所以 G_0 的正负变化滞后于 Rn 的变化，使得计算的有效能量($Rn-G_0$)较小或为负，从而表现为 ET_{EC}^* 以及由有效能量计算的模拟值的突降。此外，由于能量转化和传输以及仪器响应都存在着时间消耗，同步计算的能量分量并不是对同一时段 Rn 的响应，这就造成了用能量平衡法计算或估算蒸散量时与直接称重法计算蒸散量时存在相位的差异。

综上分析，在不同 LAI、不同天气条件下，P-M 和 S-W 模型都能较真实、合理地模拟节水灌溉稻田冠层和田间尺度小时蒸散量的变化规律，其中，田间尺度模拟效果更好。总体上 P-M 模型能表现出一定的优越性，可能因为节水灌溉稻田环境相比旱作物或淹水稻田环境，单位面积上的 E 和 T 速率较为接近，所以，无论是在 LAI 较小的生育初期，还是水稻生长旺盛时期，节水灌溉稻田蒸散源均能概化为单源水汽输出，符合 P-M 大叶模型的假设。而 S-W 模型所考虑的参数较多，各阻力在实际蒸散过程中相互影响并发生着错综复杂的作用，在计算时更容易产生误差。因此，P-M 单源模型更适于节水灌溉稻田蒸散的模拟研究，可为今后农田水资源的综合管理提供方法和依据。

5.2.3 蒸散模型在日尺度的运用

为了验证基于小时数据建立的 P-M 和 S-W 模型能否很好地在日尺度上直接应用，本研究用日平均或日累计数据，采用上述小时数据率定的各阻力模型参数，直接计算日时间尺度冠层和田间蒸散量，以期明确用小时数据率定的参数模型能否直接运用到日尺度的蒸散量计算，并分析模拟值和实测值之间的误差在小时尺度转换到日尺度时的误差变化情况。因此，本文采用 2016 年验证数据集来分析 P-M 和 S-W 模型在日尺度上的适用性，日尺度 P-M 计算公式为式(5.25)，S-W 计算公式为式(5.26)~(5.28)：

$$ET_d = \frac{3600 \times 24}{\lambda_d} \cdot \frac{\Delta_d(Rn-G_0)_d + \rho_d C_p(e_s-e_a)_d/r_{ad}}{\Delta_d + \gamma_d(1+r_{cd}/r_{ad})} \tag{5.25}$$

$$ET_d = \frac{3600 \times 24}{\lambda_d} \cdot (C_{cd}PM_{cd} + C_{sd}PM_{sd}) \tag{5.26}$$

$$PM_{cd} = \frac{\Delta_d(Rn-G_0)_d + [\rho_d C_p(e_s-e_a)_d - \Delta_d r_{ad}^c(R_n^s-G_0)_d]/(r_a^a + r_a^c)_d}{\Delta_d + \gamma_d[1 + r_{sd}^c/(r_a^a + r_a^c)_d]}$$

(5.27)

$$PM_{sd} = \frac{\Delta_d(Rn-G_0)_d + [\rho_d C_p(e_s-e_a)_d - \Delta_d r_{ad}^s(Rn-R_n^s)_d]/(r_a^a + r_a^s)_d}{\Delta_d + \gamma_d[1 + r_{sd}^s/(r_a^a + r_a^s)_d]}$$

(5.28)

式中：ET_d 为日尺度蒸散量（mm·d^{-1}）；$3\,600 \times 24$ 为"s"到"d"的时间转换系数；r_{cd}、r_{sd}^c 和 r_{sd}^s 分别为用各变量日均值与小时尺度拟合系数计算的 P-M 模型冠层阻力（s·m^{-1}）、S-W 模型冠层阻力（s·m^{-1}）和土壤表面阻力（s·m^{-1}）；r_{ad}、r_{ad}^a、r_{ad}^c 和 r_{ad}^s 分别为用各变量日均值直接计算的日尺度 P-M 模型空气动力学阻力（s·m^{-1}）、S-W 模型空气动力学阻力（s·m^{-1}）、冠层表面边界层阻力（s·m^{-1}）和土壤表面到冠层高度的空气动力学阻力（s·m^{-1}）；其他变量的下标"d"均表示日平均值，单位与计算小时尺度蒸散量时相同。式（5.25）～（5.28）的意义也与小时尺度蒸散量的计算相同。

5.2.3.1 冠层尺度日蒸散量的模拟分析

由图 5.12 可知，基于 2016 年验证样本，P-M、S-W 模型扩展到日尺度估算的日 ET_{CML}^{PM}、ET_{CML}^{SW} 与 CML 实测冠层尺度日 ET_{CML} 的回归方程斜率分别为 0.848 和 0.867，$RMSE$ 分别为 0.594 mm·d^{-1} 和 0.708 mm·d^{-1}，R^2 分别为 0.892 和 0.790，IOA 分别为 0.962 和 0.941，P-M 模拟效果好于 S-W。从图 5.12 还可看出，当日 ET_{CML} 较小时，模拟值与实测值较为接近，且趋近于 1:1 线。随着 ET_{CML} 的增加，回归关系越来越离散，当 ET_{CML} 大于 6 mm·d^{-1}，模拟值

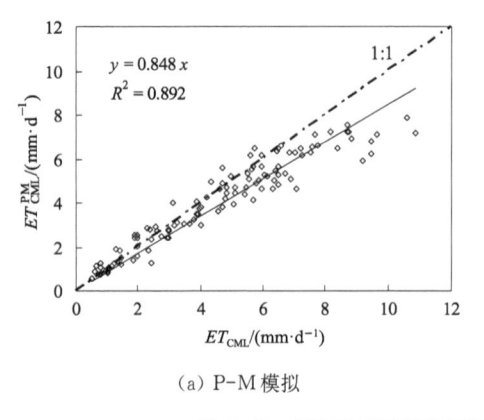

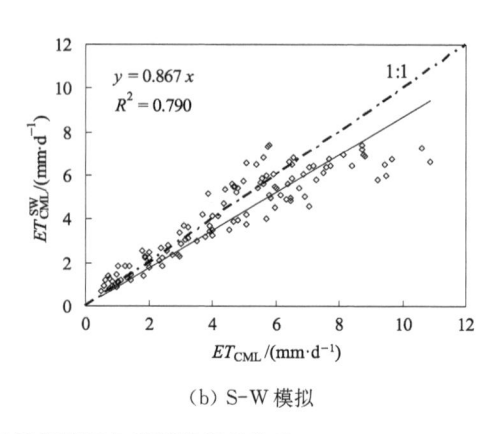

(a) P-M 模拟　　　　　　　　(b) S-W 模拟

图 5.12　冠层尺度稻田日蒸散量模拟值与实测值相关关系

多小于 CML 实测值,说明日尺度上 P-M 和 S-W 模型在蒸散量较小时模拟效果较好。蒸散量较大时,模拟值与实测值偏差较大,一方面可能因为模型计算中各气象环境变量来源于气象站、涡度等田间观测,所代表的空间范围与计算冠层尺度 ET_{CML} 所考虑的空间范围本身就存在差异,导致模拟值有所偏差;另一方面由于 CML 尺寸较小,当 ET_{CML} 较大时,一般 Rn 较大、T_a 较高,CML 存在一定的边界效应,使得 CML 测值偏大。

5.2.3.2 田间尺度日蒸散量的模拟分析

时间尺度扩展模型估算的日 ET_{EC}^{PM} 和 ET_{EC}^{SW} 与修正后的 EC 实测田间尺度日 ET_{EC}^* 的线性回归关系较冠层尺度更趋近于 1∶1 线(图 5.13),P-M 和 S-W 模拟值与 EC 实测值均在 $\alpha < 0.001$ 水平上显著相关。日时间尺度上,ET_{EC}^{PM} 与 ET_{EC}^* 的相关性和一致性均较好,回归斜率和 $RMSE$ 分别为 0.985 和 0.299 mm·d^{-1},R^2 和 IOA 高达 0.977 和 0.994,均接近于 1。ET_{EC}^{SW} 的模拟精度较 ET_{EC}^{PM} 稍低,回归斜率、R^2、$RMSE$ 和 IOA 分别为 0.945、0.934、0.516 mm·d^{-1} 和 0.983。

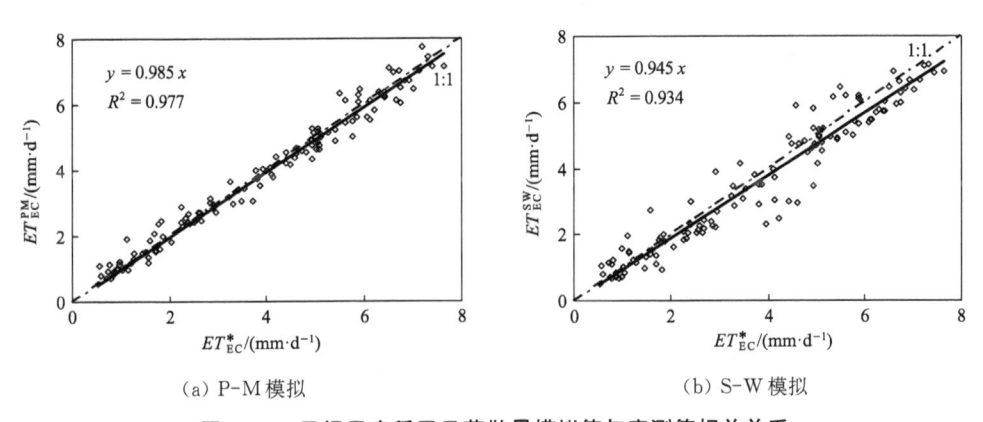

(a) P-M 模拟 (b) S-W 模拟

图 5.13 田间尺度稻田日蒸散量模拟值与实测值相关关系

日尺度上,田间尺度的模拟精度明显高于冠层尺度,P-M 模型的模拟精度又明显高于 S-W 模型。小时尺度模拟值的高估和低估在日尺度的计算中相互抵消,使日尺度上模拟值的误差有所减小。因此,用小时数据拟合的阻力系数能直接运用到日尺度蒸散量的计算,P-M 在日尺度蒸散量的模拟中表现出明显的优越性。

5.3　模型敏感性分析

为了进一步分析各阻力与气象因素变化对蒸散模型的影响程度,以及阻力参数变化对阻力模型和蒸散模型的影响程度,本节选择模拟结果较稳定的田间尺度蒸散量 ET_{EC}^* 为目标值,针对蒸散模型中涉及的所有阻力和气象要素,计算 P-M 模型中 r_c、r_a、Rn、G_0、VPD、T_a、θ、LAI 和阻力模型参数 a_1、a_2、a_3、a_4 分别变化 $\pm 10\%$ 和 $\pm 20\%$ 时,以及 S-W 模型中 r_s^c、r_a^a、r_a^c、r_a^s、r_s^s、Rn、G_0、VPD、T_a、θ、LAI 和阻力模型参数 a_1、a_2、a_3、a_4、b_1、b_2 分别变化 $\pm 10\%$ 和 $\pm 20\%$ 时,模型估算 ET_{EC}^* 的相对变化率,通过比较各参数和变量变化条件下蒸散量的相对变化率,分析比较 P-M 和 S-W 蒸散模型对阻力、气象以及阻力参数的敏感性。

5.3.1 蒸散量对阻力模型参数的敏感性分析

在改进的 P-M 和 S-W 蒸散模型中,冠层阻力各参数 a_1、a_2、a_3、a_4,以及土壤表面阻力参数 b_1、b_2 分别变化 $\pm 10\%$ 和 $\pm 20\%$ 条件下,r_c 和 P-M 计算的蒸散量 ET_{EC}^{PM} 的敏感性分析,以及 r_s^c、r_s^s 和 S-W 计算的蒸散量 ET_{EC}^{SW} 的敏感性分析结果如表 5.2 所示。在冠层阻力各参数中,a_1、a_2 和 a_3 的变化均与 $r_c(r_s^c)$ 呈正线性相关关系,但 a_4 与 $r_c(r_s^c)$ 呈非线性负相关。$r_c(r_s^c)$ 对 a_1 最敏感,其次是 a_4,a_1 变化 $\pm 20\%$,r_c 和 r_s^c 的变化范围分别为 $-41.17\% \sim 41.32\%$ 和 $-38.55\% \sim 38.87\%$,a_4 变化 $\pm 20\%$,r_c 和 r_s^c 的变化范围分别为 $-13.57\% \sim 16.46\%$ 和 $-17.18\% \sim 23.79\%$,明显大于对 a_2、a_3 的敏感性,说明 a_1、a_4 的拟合精度是影响 $r_c(r_s^c)$ 模型精度的关键,还说明 Rn 和 θ 是影响 $r_c(r_s^c)$ 的关键因素,T_a 和 VPD 的影响相对较小。蒸散量 ET_{EC}^{PM} 和 ET_{EC}^{SW} 对各冠层阻力参数的敏感性均呈非线性变化,正负变化关系与 $r_c(r_s^c)$ 相反,但 ET_{EC}^{PM} 和 ET_{EC}^{SW} 对各参数的敏感程度不同,ET_{EC}^{PM} 对 a_1 和 a_4 较为敏感,对 a_2 和 a_3 不敏感,而 a_2 和 a_3 对 ET_{EC}^{SW} 的影响明显大于对 ET_{EC}^{PM} 的影响,ET_{EC}^{PM} 和 ET_{EC}^{SW} 对同一参数的敏感性也不同,这也是导致 P-M 和 S-W 模拟结果差异的原因。从表 5.2 还可看出,土壤表面阻力模型 r_s^s 的参数 b_1、b_2 与 r_s^s 呈正相关关系,与 ET_{EC}^{SW} 呈负相关关系,b_1、b_2 分别变化 $+20\%$,r_s^s 分别增加 20% 和 8.87%,ET_{EC}^{SW} 分别减小 2.14% 和 0.76%,b_1、b_2 分别变化 -20%,r_s^s 分别减小 20% 和 7.97%,ET_{EC}^{SW} 分别增加 2.32% 和 0.72%,b_1 对 r_s^s 和 ET_{EC}^{SW} 的影响稍大于 b_2。

表 5.2　阻力模型各参数变化±10%和±20%时阻力值和蒸散量的变化

阻力模型参数		P-M		S-W		
		$r_c(\%)$	$ET_{EC}^{PM}(\%)$	$r_s^c(\%)$	$r_s^s(\%)$	$ET_{EC}^{SW}(\%)$
a_1	+10%	20.65	−0.34	19.41	—	−1.65
	−10%	−20.61	0.47	−19.33	—	1.71
	+20%	41.32	−0.88	38.87	—	−2.74
	−20%	−41.17	0.81	−38.55	—	3.11
a_2	+10%	0.02	−0.003	0.34	—	−0.86
	−10%	−0.02	0.003	−0.34	—	0.86
	+20%	0.04	−0.01	0.69	—	−1.76
	−20%	−0.04	0.01	−0.69	—	1.69
a_3	+10%	0.02	−0.01	0.09	—	−0.16
	−10%	−0.02	0.01	−0.09	—	0.16
	+20%	0.04	−0.03	0.18	—	−0.32
	−20%	−0.04	0.02	−0.18	—	0.32
a_4	+10%	−7.11	3.29	−9.26	—	−1.24
	−10%	7.83	0.21	10.89	—	0.54
	+20%	−13.57	0.72	−17.18	—	−0.89
	−20%	16.46	−0.33	23.79	—	1.24
b_1	+10%	—	—	—	10	−1.09
	−10%	—	—	—	−10	1.34
	+20%	—	—	—	20	−2.14
	−20%	—	—	—	−20	2.32
b_2	+10%	—	—	—	4.32	−0.38
	−10%	—	—	—	−4.09	0.37
	+20%	—	—	—	8.87	−0.76
	−20%	—	—	—	−7.97	0.72

注：表中"—"表示无此项。

5.3.2 蒸散量对阻力值和气象环境因子的敏感性分析

各阻力值(r_c、r_s^c、r_a、r_a^a、r_s^s、r_a^c)分别变化±10%、±20%条件下,ET_{EC}^{PM}和ET_{EC}^{SW}的敏感性分析,以及环境气象因子(Rn、G_0、VPD、T_a、θ、LAI)分别变化±10%、±20%条件下,$r_c(r_s^c)$、r_s^s、ET_{EC}^{PM}和ET_{EC}^{SW}的敏感性分析结果分别如表5.3和表5.4所示。

蒸散量对不同阻力的敏感性不同(表5.3),r_c和r_a增加,ET_{EC}^{PM}减小,r_s^c、r_a^a和r_s^s增加,ET_{EC}^{SW}同样减小,但r_a^s和r_a^c增加,ET_{EC}^{SW}增加。各阻力值在±10%、±20%变化范围内ET_{EC}^{PM}和ET_{EC}^{SW}基本呈非线性变化。$r_a(r_a^a)$变化±10%,ET_{EC}^{PM}和ET_{EC}^{SW}的变化范围分别为−1.77%~3.14%和−2.04%~2.47%;变化±20%,ET_{EC}^{PM}和ET_{EC}^{SW}的变化范围分别为−3.60%~5.82%和−3.77%~5.66%,均大于冠层阻力对ET_{EC}^{PM}和ET_{EC}^{SW}的影响。此外,在S-W模型中,r_s^s、r_a^s、r_a^c分别增加20%,ET_{EC}^{SW}分别呈减小(−2.14%)、增加(1.89%)、增加(2.96%)的变化趋势,说明阻力增加,蒸散量不一定减小(贾红 等,2008),蒸散量在各阻力的综合作用下发生着错综复杂的变化。

表5.3 各阻力值变化±10%和±20%时蒸散量的变化

变量		P-M	S-W
		ET_{EC}^{PM}(%)	ET_{EC}^{SW}(%)
$r_c(r_s^c)$	+10%	−1.28	−0.93
	−10%	1.08	0.96
	+20%	−3.42	−2.11
	−20%	1.82	1.69
$r_a(r_a^a)$	+10%	−1.77	−2.04
	−10%	3.14	2.47
	+20%	−3.60	−3.77
	−20%	5.82	5.66
r_s^s	+10%	—	−1.09
	−10%	—	1.14
	+20%	—	−2.14
	−20%	—	2.32

续表

变量		P-M $ET_{EC}^{PM}(\%)$	S-W $ET_{EC}^{SW}(\%)$
r_a^s	+10%	—	1.01
	−10%	—	−1.19
	+20%	—	1.89
	−20%	—	−2.59
r_a^c	+10%	—	3.85
	−10%	—	5.66
	+20%	—	2.96
	−20%	—	6.58

从表5.4气象环境因子变化±10%、±20%的分析可知，Rn 是影响冠层阻力 (r_c^{PM} 和 r_s^{SW}) 和蒸散量 (ET_{EC}^{PM} 和 ET_{EC}^{SW}) 最主要的因素。Rn 增加，r_c 和 r_s^c 减小，ET_{EC}^{PM} 和 ET_{EC}^{SW} 增加，当 Rn 在 ±20% 范围内变化，r_c、r_s^c 的变化范围分别达 −34.32%~51.66% 和 −32.16%~48.61%，ET_{EC}^{PM}、ET_{EC}^{SW} 的变化范围分别为 −15.48~15.96% 和 −15.07~15.32%，大于其他环境因子对蒸散量的影响，研究结果的差异与稻田土壤水分状态不同以及模型结果不同密切相关。从表中还可看出，θ 的变化对阻力值和蒸散量的影响较为异常，θ 增加 20% 时，r_c 和 r_s^c 的增长率异常的大 (447.27% 和 4269.23%)，因为在冠层阻力模型中设定的土壤水分胁迫函数 $f(\theta)$ 的最大值为1，但当 θ 增加，部分 θ 值大于 θ_s，即 $f(\theta)>1$，超出了冠层阻力模型参数界定的合理范围，所以计算结果异常。θ 对 ET_{EC}^{PM} 和 ET_{EC}^{SW} 的影响相反，θ 增加 10% 和 20%，ET_{EC}^{PM} 减小 2.89% 和 7.86%，而 ET_{EC}^{SW} 增加 59.68% 和 232.98%；θ 减小 10% 和 20%，ET_{EC}^{PM} 增加 1.67% 和 2.34%，ET_{EC}^{SW} 减小 14.43% 和 24.07%。P-M 和 S-W 模型对土壤水分变化的响应不同，因为 θ 不仅影响 $r_c(r_s^c)$，还影响 r_s^s。虽然 $r_c(r_s^c)$ 随着 θ 的增加而增加，但 r_s^s 随着 θ 的增加而减小，在 r_s^s 和 r_s^c 的相互影响和相互作用下，ET_{EC}^{SW} 表现为随 θ 的增加而增加。G_0 对 ET_{EC}^{PM} 和 ET_{EC}^{SW} 的影响较小且影响程度相似，G_0 增加 20%，ET_{EC}^{PM} 和 ET_{EC}^{SW} 分别减小 0.76% 和 0.81%，G_0 与 ET_{EC}^{PM} 和 ET_{EC}^{SW} 呈负线性相关。VPD 对 $r_c(r_s^c)$ 和 ET_{EC}^{PM}、ET_{EC}^{SW} 的影响一致，VPD 与 r_c、r_s^c、ET_{EC}^{PM} 和 ET_{EC}^{SW} 均呈正线性相关。VPD 增加 20%，r_c 和 r_s^c 分别增加 0.04% 和 0.69%，ET_{EC}^{PM} 和 ET_{EC}^{SW} 分别增加

5.38%和3.53%,P-M模型对VPD的敏感性大于S-W。相反,P-M模型对T_a的敏感性又小于S-W,T_a增加20%,r_s^c增加18.67%,ET_{EC}^{SW}减小5.88%,T_a减小20%,r_s^c减小62.38%,ET_{EC}^{SW}增加1.36%,T_a与蒸散量呈非线性负相关。LAI与P-M和S-W模型中r_c和r_s^c均呈非线性负相关,且影响程度相似,LAI增加20%,r_c和r_s^c分别减小9.48%和9.94%,LAI减小20%,r_c和r_s^c分别增加14.23%和14.91%。但LAI对P-M和S-W模型蒸散量的影响差异较大,LAI增加20%,ET_{EC}^{PM}仅增加约0.18%,P-M模型对LAI的变化不敏感。ET_{EC}^{SW}增加约1.75%,ET_{EC}^{SW}对LAI的敏感性较ET_{EC}^{PM}稍大,说明蒸散量在不同模型中受不同阻力相互作用表现不同。

值得注意的是,虽然$r_c(r_s^c)$变化±20%对蒸散量的影响程度相对其他变量较小,但Rn、VPD、T_a、θ和LAI的变化,均会引起$r_c(r_s^c)$的变化,特别是Rn和θ变化±20%,$r_c(r_s^c)$的变化幅度达到50%以上,当$r_c(r_s^c)$变化±50%,蒸散量的变化达到±30%以上。$r_c(r_s^c)$由于综合考虑了气象因素、作物特征以及土壤水分状况的影响,可认为是蒸散模型中最为敏感的因子,因此,$r_c(r_s^c)$中各参数的准确率定也显得尤为重要。

对比表5.2~表5.4还可看出,模型计算的蒸散量ET_{EC}^{PM}和ET_{EC}^{SW}对阻力参数a_1、a_2、a_3、a_4、b_1和b_2的敏感性较小,基本小于对阻力值本身以及相关环境气象因素的敏感性,说明改进的P-M和S-W模型稳定性较好,当针对某一作物的阻力参数值确定后,模型可用于不同地区、不同灌溉模式下作物蒸散量的估算。

表5.4 模型各环境因子变化±10%和±20%时冠层阻力、土壤表面阻力和蒸散量的变化

变量		P-M		S-W		
		r_c(%)	ET_{EC}^{PM}(%)	r_s^c(%)	r_s^s(%)	ET_{EC}^{SW}(%)
Rn	+10%	−18.74	9.18	−17.57	—	7.47
	−10%	22.95	−7.51	21.57	—	−7.48
	+20%	−34.32	15.96	−32.16	—	15.32
	−20%	51.66	−15.48	48.61	—	−15.07
G_0	+10%	—	−0.38	—	—	−0.40
	−10%	—	0.38	—	—	0.40
	+20%	—	−0.76	—	—	−0.81
	−20%	—	0.76	—	—	0.81

续表

变量		P-M		S-W		
		$r_c(\%)$	$ET_{EC}^{PM}(\%)$	$r_s^c(\%)$	$r_s^s(\%)$	$ET_{EC}^{SW}(\%)$
VPD	+10%	0.02	2.69	0.34	1.79	—
	−10%	−0.02	−2.69	−0.34	−1.80	—
	+20%	0.04	5.38	0.69	—	3.53
	−20%	−0.04	−5.39	−0.69	—	−3.61
T_a	+10%	1.16	−0.26	14.86	—	−1.82
	−10%	−1.52	0.03	−25.90	—	0.19
	+20%	1.96	−3.11	18.67	—	−5.88
	−20%	−3.40	0.06	−62.38	—	1.36
θ	+10%	148.32	−2.89	652.81	−39.66	59.68
	−10%	−65.74	1.67	−90.64	74.79	−14.43
	+20%	447.27	−7.86	4269.23	−61.95	232.98
	−20%	−90.69	2.34	−99.47	226.30	−24.07
LAI	+10%	−5.17	0.06	−5.42	—	0.97
	−10%	6.63	−0.05	6.63	—	−1.18
	+20%	−9.48	0.18	−9.94	—	1.75
	−20%	14.23	−0.17	14.91	—	−2.64

5.4 本章小结

本章以节水灌溉稻田为研究对象,区分冠层和田间空间尺度,分别对P-M单源和S-W双源模型中的重要阻力模型参数进行了环境适应性率定和验证,分析了修正的P-M和S-W模型在不同冠层覆盖度和不同天气条件下的模拟效果,并将小时数据率定的参数模型直接用于计算日蒸散量,讨论了模型在日尺度上的模拟效果。研究的主要结论如下:

(1)冠层阻力(r_c或r_s^c)与土壤表面阻力(r_s^s)模型结构与模型参数的率定是P-M和S-W模型准确蒸散量的关键。构建的蒸散模型在节水灌溉稻田具有较高的可靠性与适用性,田间尺度的模拟值精度更高,P-M较S-W模型模拟效果更好。

本研究参考 Jarvis 气孔阻力模型,结合试验稻田干湿交替的土壤水分状态,引入反映干湿交替土壤水分变化的参数 a_4,同时选择饱和含水率作为土壤含水率响应函数的重要因子,构建了 $r_c(r_s^c)$ 与 r_s^s 模型,并在冠层和田间尺度分别率定了模型参数。不同尺度的 P-M 和 S-W 蒸散模型中,阻力模型参数的拟合结果均不同,说明考虑不同的阻力,蒸散变化特征有所差异,且蒸散变化存在一定的尺度效应。基于率定和验证样本的 P-M 和 S-W 模型模拟冠层和田间尺度蒸散量的结果相似,模型具有较好的适用性。评价指标 R^2、$RMSE$ 和 IOA 均显示 P-M 模型在冠层和田间尺度的表现均好于 S-W 模型。采用相近地区研究确定的稻田蒸散模型计算本试验区节水灌溉稻田蒸散量,模拟效果较差,特别在蒸散量较小时,模拟值存在较大的离散,模型结构和参数具有一定的环境特殊性。

(2) 不同冠层覆盖度和不同典型天气条件下 P-M 和 S-W 模型均能较好地模拟 ET_{CML} 和 ET_{EC}^* 的变化特征,总体上田间尺度的模拟精度更高,P-M 模型能表现出一定的优越性。

P-M 和 S-W 的模拟效果受 Rn 和 θ 的影响较大,但无论是模拟冠层还是田间尺度蒸散量,P-M 和 S-W 模型在 LAI 较小时的模拟效果均好于 LAI 较大时,且 P-M 模型在 LAI 较小时的模拟效果稍好于 S-W,表明 P-M 大叶模型在冠层覆盖度较低时也能很好模拟节水灌溉稻田蒸散量。各生育期典型晴天 P-M 和 S-W 模拟值日变化呈倒"U"形单峰曲线,典型阴天呈多峰变化,在昼夜交替时模拟值与实测值均会出现突然降低的趋势。总体上冠层尺度典型晴天的模拟效果好于典型阴天,P-M 模拟效果好于 S-W,两模型在田间尺度典型晴、阴天气的模拟效果均较好,IOA 均达到 0.96 以上。此外,ET_{CML} 对环境变化较为敏感,特别夜间蒸散量小时,ET_{CML} 受周围环境影响波动起伏较大。若能保证蒸散模型的合理性与可靠性,冠层尺度模拟值能更准确地反映夜间农田蒸散规律。

(3) 采用小时尺度率定的蒸散模型直接估算日尺度蒸散量,在田间尺度的模拟效果较好,在冠层尺度较实测值有一定程度的低估;总体上,P-M 的模拟效果较 S-W 好。

ET_{CML}^{PM} 和 ET_{CML}^{SW} 模拟的冠层尺度蒸散量较实测 ET_{CML} 均有一定程度的低估,回归斜率分别为 0.848 和 0.867,R^2 分别为 0.892 和 0.790,蒸散量较小时,模拟值与实测值较接近,蒸散量越大模拟值与实测值偏差约大,ET_{CML} 大于 6 mm·d^{-1},模拟值明显小于实测值。ET_{EC}^{PM} 和 ET_{EC}^{SW} 模拟田间尺度蒸散量 ET_{EC}^* 的效果较好,回归斜率分别为 0.985 和 0.945,R^2 分别为 0.977 和 0.934,IOA 分别为 0.994 和 0.983,P-M 模型在蒸散量的跨时间尺度应用模拟中表现出一定的优越性。

（4） P-M 和 S-W 模型计算的蒸散量对阻力参数、阻力值和气象环境因子的敏感性不尽相同，但 ET_{EC}^{PM} 和 ET_{EC}^{SW} 对阻力参数的敏感性基本小于阻力本身以及相关气象环境因素的敏感性，模型稳定性较好。

各参数值对 P-M 和 S-W 模型的影响不同，冠层阻力 r_c 和 r_s^c 对参数 a_1 最敏感，相应的 ET_{EC}^{PM} 对 a_1 最敏感，其次是 a_4，但 a_2 是影响 ET_{EC}^{SW} 的最主要参数。ET_{EC}^{PM} 和 ET_{EC}^{SW} 对各阻力以及环境气象因子的敏感性也不同，Rn 和 θ 是其中最主要的影响因子。r_c 或 r_s^c 本身变化±20%对蒸散量的影响相对其他阻力值较小，但受 Rn、VPD、T_a、θ 和 LAI 的影响变化较大，被认为是蒸散模型中最为敏感的因子。总体来看，蒸散模型对阻力参数的敏感性较小，均小于对阻力本身及相关气象环境因素的敏感性，P-M 和 S-W 模型均具有较好的稳定性。

第六章

稻田水热通量耦合模拟模型

SPAC系统的水热过程包含土壤、植物、大气间的物质和能量传输交换,受水分、热量、能量、空气动力、作物生长变化和边界条件等多方面的影响,水热关系的研究涉及内容广泛,主要包括农田水量、热量、辐射平衡,农田土壤水分循环、蒸发渗漏、溶质运移,以及作物根系吸水、冠层储热、蒸腾耗水等(吴洪颜 等,2001;杜妮妮、韩磊,2012)。为了理解下垫面水热过程,真实刻画农田气候变化、水分循环以及生态环境变化,解决实际生产决策、水分管理、环境效应等科学问题,水热关系模型的研究也相继发展,从过去专注于单个过程和功能的模拟,发展到兼顾多过程多界面的多模块模型(土壤水热传输模块、土壤水运动模块、作物根系吸水模块、作物蒸散模块和大气能量传输模块等)(梁浩 等,2014)。本研究立足于能量平衡和水量平衡理论,考虑近地面各阻抗的相互作用,聚焦稻田近地面的水热传输与转化过程(不考虑土壤水分运动过程),通过研究地表的能量与水量交换传输机制,建立了近地面的水热平衡耦合模型,旨在通过常规气象资料推算稻田蒸散变化和水热过程,得到一个真实合理且适用于干湿交替土壤水分变化的水热耦合简化模型,进一步推动农田水热研究的发展,同时为优化稻田灌溉制度、推动水稻节水灌溉技术运用提供了参考和依据。

6.1 水热耦合的关键变量

为了实现节水灌溉稻田水热分配和转化特征的模拟与分析,本研究构建了节水灌溉稻田水热耦合模型,模型的构建以水量平衡与能量平衡原理为基础理论,水热的耦合以稻田蒸散量 ET(潜热通量 λET)和土壤含水率 θ 为关键变量。$ET(LE)$ 作为水量和能量平衡方程的重要分项,是节水灌溉稻田生态系统水分和能量消耗的主要途径,也是水热转化的主要环节(图6.1)。同时,θ 作为反映环境特殊性的主要变量,既是影响水量平衡方程中 ET、E 和 W_s 的重要因素,也是影响能量平衡关系中 G_0、Q 以及能量状态量 $T_{s\text{-}0}$、$T_{s\text{-}10}$ 的重要因素(图6.2)。因此,在水热关系和水热状态的模拟研究中，通过关键参数 ET 和 θ，可将水的循环交换过程与能量的循环转换过程紧密联系，构建水热耦合关系，实现节水灌溉稻田水与热的联合模拟。

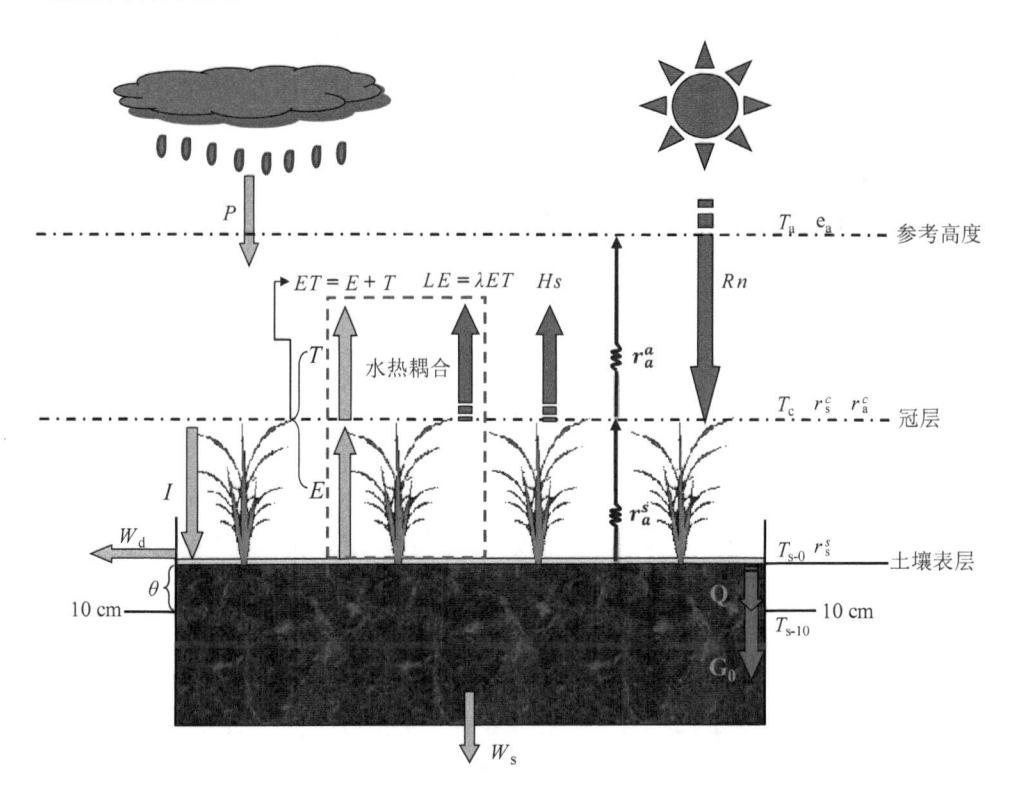

图 6.1　近地面的水热传输与转化过程

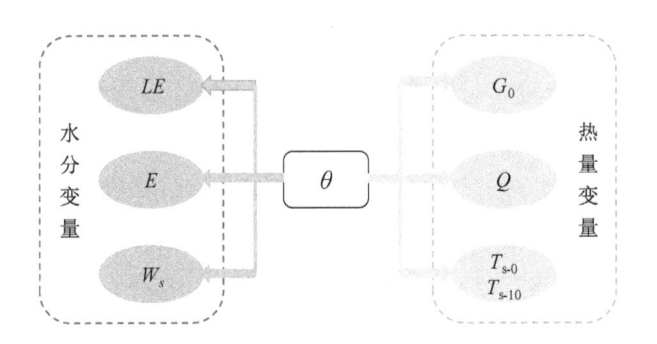

图 6.2　土壤含水率与水热通量的联系

6.2 水热耦合模型的构建

本研究基于能量平衡和水量平衡,构建了适用于节水灌溉稻田的水热耦合模型。模型的输入项为 Rn、T_a、VPD 和 u,均为常规气象资料。当给定初始值 θ^0 和 T_{s-10}^0,就可根据能量平衡和水量平衡过程,计算水热各通量和其他作物、环境参数,主要输出项包括 G_0、LE、H_s、ET、θ、T_s、T_{s-10}、T_c、LAI、h_c,不仅能反映作物生长过程,也能反映作物生长变化条件下的蒸散变化特征和能量转化各通量转化特征。研究中采用 2014 年和 2015 年的相关数据($n=5086$)进行模型参数的率定,采用 2016 年的实测数据作为验证样本($n=3024$),通过输出变量与实测值的对比分析,检验模型的有效性与精确性。

能量平衡分量中的潜热通量 LE 与水量平衡关系中的蒸散量 ET 是水热耦合的关键因子($LE=\lambda ET$),将 LE 代入水量平衡关系中,可表示为:

$$ET = \frac{3600 \times LE}{\rho \times \lambda} = P + I - W_d - W_s - \Delta M \tag{6.1}$$

$$\Delta M = 1000 \cdot \Delta z \cdot (\theta^i - \theta^{i-1}) \tag{6.2}$$

式中:Δz 为计算的土壤表层深度(m),研究中取 0.1 m,与热通量的计算深度相同;θ 为表层 0~10 cm 土壤的体积含水率($cm^3 \cdot cm^{-3}$);ΔM 为土壤储水量(mm)变化量,若田间有水层,则 ΔM 为变化的水层深度 Δh_w(mm),h_w 为土壤表面水层深度(mm);上标"i"表示计算的第 i 天,"$i-1$"表示第 $i-1$ 天;其他符号的意义同前。

理论上,水量平衡方程适用于任意的时间尺度,但实际中,由于 P、I、W_d 的实时性较强,农田水分对其响应滞后,小时尺度上的水量平衡方程可能存在较大误差。因此,本研究分别在日和小时尺度上建立稻田水量平衡方程,求解土壤水分的变化。θ^i 可递推计算,在模拟起始时刻测定土壤含水率初值 θ^0,之后根据水量平衡方程,确定下一预测时间的含水率值,在递推演算过程中,当降雨或灌溉产生水层等时,则以该时刻作为新的初始状态,重新开始计算。根据水量平衡理论,土壤含水率 θ^i 的递推方程可表示为:

$$\theta^i = \theta^{i-1} - (ET^{i-1} - P^{i-1} - I^{i-1} + W_d^{i-1} + W_s^{i-1})/\Delta z/1000 \tag{6.3}$$

其中,P^{i-1}、I^{i-1}、W_d^{i-1} 为已知输入项,ET^{i-1} 和 W_s^{i-1} 是需要进一步模拟确

定的变量。稻田渗漏量 W_s 根据田间有水层和无水层,分别按以下线性模型和非线性模型计算(李远华,1999;石艳芬 等,2013):

$$W_s^{i-1} = \begin{cases} ah_w^{i-1} + b & \text{有水层} \\ 1\,000K_0/(1+K_0\varepsilon t^{i-1}/\Delta z) & \text{无水层} \end{cases} \quad (6.4)$$

式中:h_w^{i-1} 为第 $i-1$ 天田面水层深度(mm);a、b 为需要拟合的参数;K_0 为饱和水力传导度(m·d^{-1}),主要与土壤质地有关,土质黏度越大,值越小,一般取 $0.1 \sim 1.0$ m·d^{-1};ε 为经验常数,土质黏度越大,值越大,一般取 $50 \sim 250$;t^{i-1} 为土壤含水率从最近一次饱和状态达到第 $i-1$ 天所经历的天数。

本研究用排水式蒸渗仪测得稻季稻田渗漏量,根据实测渗漏量可知,试验区稻田渗漏主要发生在田面有水层时,以及分蘖中后期、拔节孕穗和抽穗开花的无水层时,因此利用训练样本可拟合得到参数 $a=0.125, b=0.262(R^2=0.789)$,以及 $K_0=0.3, \varepsilon=140(R^2=0.602)$,根据试验区具体情况,实际计算中不考虑乳熟期后无水层日的渗漏量,且认为一天中渗漏速率相同,从而分别计算日尺度和小时尺度稻田渗漏量。

式(6.3)中另一未知量 ET^{i-1} 根据能量平衡和空气动力学理论,可建立与能量通量的相关关系,由 P-M 公式计算得到(在上文蒸散模型的研究中可知 P-M 模型计算精度高于 S-W 模型,因此本文选择 P-M 模型建立蒸散计算的水热关系):

$$\lambda^{i-1}ET^{i-1} = 3\,600 \cdot \frac{\Delta(Rn^{i-1}-G_0^{i-1})+\rho \cdot C_p \cdot VPD^{i-1}/r_a^{i-1}}{\Delta+\gamma^{i-1}(1+r_c^{i-1}/r_a^{i-1})} \quad (6.5)$$

式中参数分别取日均值和小时值,P-M 公式的 r_a^{i-1} 模型中含有未知变量 h_c^{i-1},r_c^{i-1} 模型中含有未知变量 LAI^{i-1},h_c 和 LAI 可根据训练样本建立 h_c 和 LAI 随水稻移栽天数的变化关系:

$$h_c = (-0.007t^2 + 1.495t + 14.753)/100 \quad (6.6)$$

$$LAI = -0.001t^2 + 0.172t - 1.728, \quad t > 10 \quad (6.7)$$

式中,t 为移栽后天数(d),当 $t<10$ d 时,水稻处于返青期,LAI 极小,此处取 $LAI=0.3$ m^2·m^{-2},拟合关系适用于水稻返青后生育阶段。由图 6.3 可知,LAI 拟合曲线的 R^2 高达 0.965,显著性水平 $\alpha<0.001$。冠层高度 h_c 的拟合结果见前文 2.3.1.2 节(图 2.2),拟合效果较好,$R^2>0.96$。且普遍研究认为,一天中各小时 LAI 和 h_c 值等于日均值。

式(6.5)中还有一未知变量G_0,由第三章能量各分量的日变化分析可知,G_0的变化趋势受Rn影响较大,本研究发现白天G_0占Rn的比例能刻画为随时间变化的二次函数,夜间G_0与Rn均较小,且变化幅度较小,G_0能表示为Rn的线性关系。昼夜交替时,Rn较小,且G_0正负交替波动较大,G_0/Rn比值关系不稳定。因此,取月平均8:00~17:00时段建立G_0/Rn随时间变化的二次关系(图6.4,$R^2=0.868$,$\alpha<0.001$),其他时刻G_0均由Rn的线性关系求得($R^2=0.534$,$\alpha<0.001$)。因此,小时尺度地表土壤热通量G_0的变化可由式(6.8)计算,日均值由各小时值平均计算。

$$G_0^i = \begin{cases} Rn^i \cdot (-0.0045t^2 + 0.133t - 0.799) & 8:00 \leqslant t \leqslant 17:00 \\ 0.236Rn^i - 8.427 & \text{其他时刻} \end{cases} \quad (6.8)$$

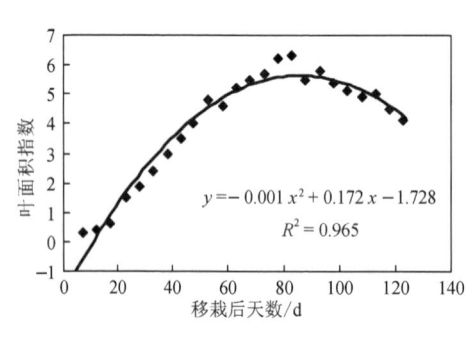

图6.3 水稻生育期叶面积指数(LAI)随移栽天数的变化

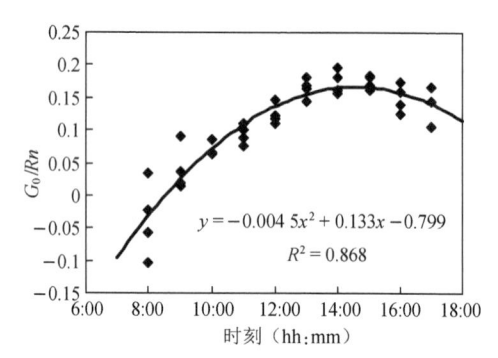

图6.4 G_0占Rn的比例随时间变化的相关关系

将式(6.4)~(6.8)代入式(6.3)中,就可求出下一计算时刻的(日和小时尺度)θ^i,为下一时刻ET的计算做准备。根据此递推关系,模型可计算得到五个不同时间尺度的变量(LAI、h_c、θ、G_0、ET),再根据能量平衡方程[式(6.9)],便可计算感热通量Hs。至此,稻田水量平衡和能量平衡中的主要特征项均可递推计算。

$$Hs^i = Rn^i - G_0^i - LE^i \quad (6.9)$$

进一步,根据湍流交换的物理意义,地面上方某一高度的湍流热通量,即感热通量Hs可由下式计算:

$$Hs = \eta \cdot (\rho C_p T_1 - \rho C_p T_2) = \eta \cdot \rho C_p (T_1 - T_2) \quad (6.10)$$

式中:η为热传输系数(m·s^{-1});T_1和T_2分别为高度z_1和z_2处的温度(℃),其

中，z_1 为土壤或冠层表面高度(m)，z_2 为土壤或冠层上方任意高度(m)。

由 Hs 的计算公式可知，涡度相关系统所监测的 Hs 可分解为地表到冠层表面和冠层表面到 2.5 m 观测高度两部分的感热通量进行计算。冠层内和冠层上方的热传输系数 δ 分别受土壤表面到冠层高度的空气动力学阻力 r_a^s 和冠层到参考高度的空气动力学阻力 r_a^a 的影响，因此，Hs 的计算可改写为：

$$Hs^i = a \cdot \rho \cdot C_p \cdot (T_{s\text{-}0}^i - T_c^i) \cdot \frac{1}{r_a^{s,i}} + b \cdot \rho \cdot C_p \cdot (T_c^i - T_a^i) \cdot \frac{1}{r_a^{a,i}} \tag{6.11}$$

式中：$T_{s\text{-}0}$、T_c 和 T_a 分别为土壤表面、冠层表面和参考高度的温度(℃)；r_a^s 和 r_a^a 的计算公式见式(5.13)和(5.2)；a 和 b 为需要拟合的参数。根据 2014 年和 2015 年的训练样本，率定得到 $a=-2.054$，$b=0.408$，计算模型的 R^2 为 0.766，$RMSE = 11.435$ W·m^{-2}，$\alpha<0.001$。

在模型的推导过程中，式(6.11)还有两个未知量：$T_{s\text{-}0}$ 和 T_c。土壤表面温度 $T_{s\text{-}0}$ 是土壤和大气水热交换的关键参数，但试验中只有地表以下 0.1 m、0.2 m 和 0.3 m 的土壤温度 $T_{s\text{-}10}$、$T_{s\text{-}20}$ 和 $T_{s\text{-}30}$ 实测值，没有 $T_{s\text{-}0}$ 实测值。因此本研究根据试验区土壤质地和土壤水分条件，参考 Jury 和 Hoton 等(2004)对重壤土 $T_{s\text{-}0}$ 与 $T_{s\text{-}10}$、$T_{s\text{-}20}$ 和 $T_{s\text{-}30}$ 变化规律和相关关系的研究结果，分析发现 $T_{s\text{-}0}$ 和 $T_{s\text{-}10}$ 的比值存在正弦变化关系，因此，将生育期各时刻比值平均后建立 $T_{s\text{-}0}/T_{s\text{-}10}$ 随时间变化的相关关系：

$$\frac{T_{s\text{-}0}^i}{T_{s\text{-}10}^i} = A + B\sin\left(\pi \frac{t+C}{12}\right) \tag{6.12}$$

式中，A、B 和 C 为模型参数，i 对应 t 时刻，用 Origin 85 拟合得 $A=1.001$，$B=0.059$，$C=15.504$，拟合曲线 $R^2=0.979$(图 6.5)。因此，$T_{s\text{-}0}$ 可表示为：

$$T_{s\text{-}0}^i = T_{s\text{-}10}^i \cdot \left[1.001 + 0.059\sin\left(\pi \frac{t+15.504}{12}\right)\right] \tag{6.13}$$

其中，$T_{s\text{-}10}^i$ 又可根据 0~10 cm 的土壤热储存 Q^i 计算得到(Ochsner et al.，2007；Heitman et al.，2010)：

$$Q^i = \int_0^{z_m} \frac{\partial}{\partial t}[C_s(T_s - T_0)] dz = \int_0^{z_m} C_s \frac{\partial T}{\partial t} dz + \int_0^{z_m} (T_s - T_0) \frac{\partial C_s}{\partial t} dz \tag{6.14}$$

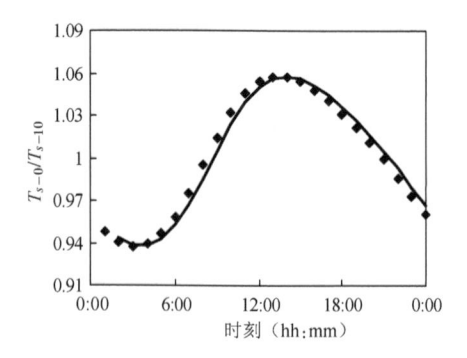

图 6.5　生育期平均 $T_{s\text{-}0}/T_{s\text{-}10}$ 随时间变化的相关关系

式中：z_m 为计算深度（m）；t 为时间，研究时段为 1 h；T_0 是任意给定的参考温度，本研究中取 $T_0=0$ ℃（Ochsner et al.，2007）。当计算深度给定时（$z=0.1$ m），Q^i 可表示为：

$$Q^i = \frac{Cs^i \cdot (T_{s\text{-}10}^i - T_0) - Cs^{i-1} \cdot (T_{s\text{-}10}^{i-1} - T_0)}{\Delta t} \cdot \Delta z \quad (6.15)$$

$$Cs^i = \rho_b C_d + \theta^i \rho_w C_w \quad (6.16)$$

对比训练样本计算的 G_{10}（$G_{10}=G_0-Q$）与 G_0 的月平均日变化过程发现（图 6.6），G_{10} 与 G_0 的变化趋势相似，但 G_{10} 滞后于 G_0 约 1 h，与研究时段的时间间隔相同，由此可理解为 i 时刻的 Q^i 是对 $i-1$ 时刻 G_0^{i-1} 的响应，从而利用训练样本建立 Q^i 与 G_0^{i-1} 的相关关系（图 6.7，$R^2=0.814$，$\alpha<0.001$）：

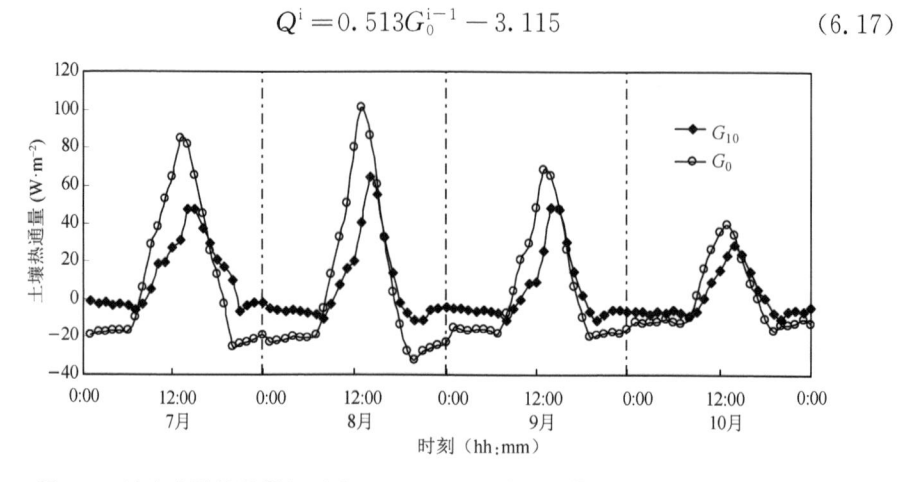

$$Q^i = 0.513 G_0^{i-1} - 3.115 \quad (6.17)$$

图 6.6　地表土壤热通量（G_0）和 10 cm 埋深土壤热通量（G_{10}）的月平均日变化

利用式(6.11)~(6.17),就能计算出 i 时刻 10 cm 埋深处的土壤温度 T_{s-10}^i、地表土壤温度 T_{s-0}^i 和冠层温度 T_c^i,为下一时刻的计算做准备。至此,上述模型中的所有非输入变量均可递推求解,该模型反映了节水灌溉稻田土壤-作物-大气间的水热关系,实现了稻田的水热耦合与模拟计算。

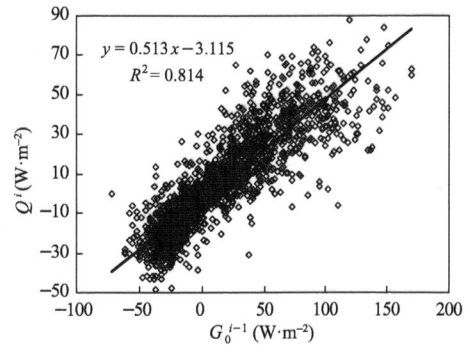

图 6.7 地表到 10 cm 埋深的土壤热储量(Q^i)与上一时刻的地表土壤热通量(G_0^{i-1})的相关关系

6.3 模型的运行

节水灌溉稻田近地面水热耦合模型运行流程见图 6.8。当输入常规气象参数

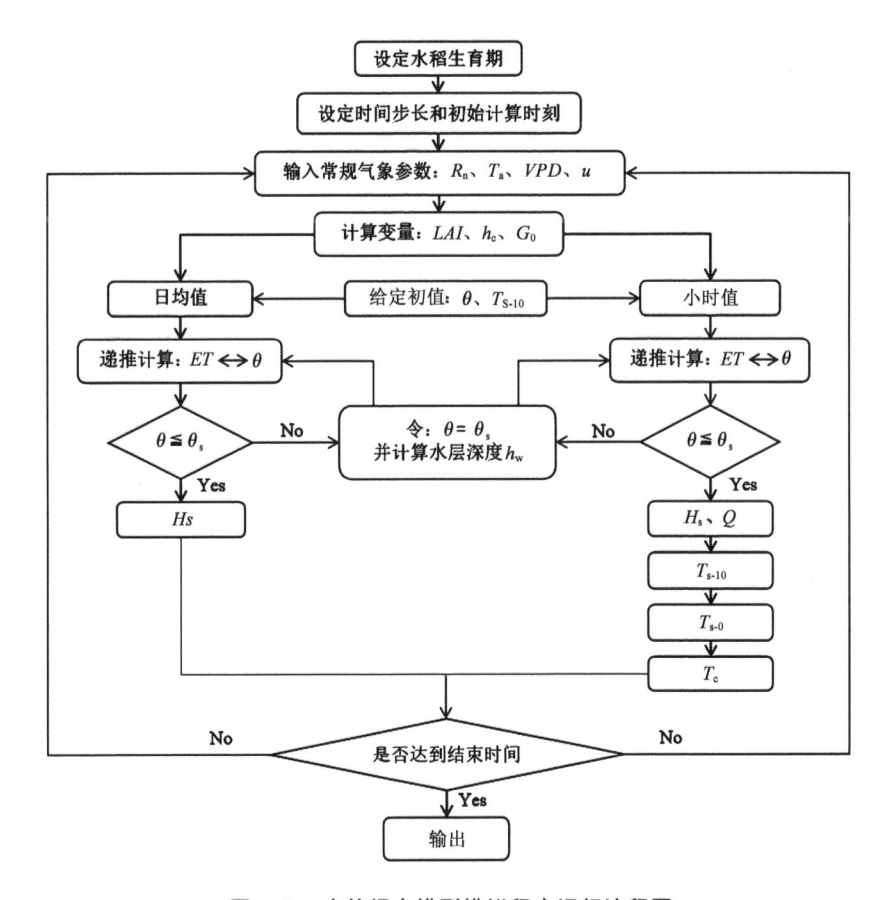

图 6.8 水热耦合模型模拟程序运行流程图

（Rn、T_a、VPD 和 u），给定稻田土壤初始状态（θ^0 和 T_{s-10}^0），并根据训练样本和前文研究结果拟合的作物生长指标（LAI、h_c）的相关函数，便可通过数据的统计分析或经验公式，用训练样本拟合相关公式参数，进入小时和日尺度稻田水、热各变量的计算。其中，LAI^i 和 h_c^i 认为在一天中各时刻大小相同，即日均值等于当日各小时值。所有输入变量均为小时尺度，输出变量为日尺度或小时尺度的土壤水分（θ）和水热通量（LE、Hs、G_0），以及小时尺度各温度值（T_{s-10}、T_{s-0}、T_c）。当遇到降雨或灌溉使田间产生水层时，土壤水分条件需作为初始条件重新输入，以满足渗漏模型计算条件，并减小土壤水分 θ 产生的累积误差。模型的输入与输出变量分别如表 6.1 和表 6.2 所示。

表 6.1　稻田水热耦合模型的输入变量

变量	单位	时间尺度	数据来源
Rn	MJ·m^{-2}·s^{-1}/W·m^{-2}	小时、日	EC 系统和气象站
T_a	℃	小时、日	EC 系统和气象站
VPD	kPa	小时、日	EC 系统
u	m·s^{-1}	小时、日	EC 系统
P	mm	小时、日	EC 系统和气象站
I	mm	日	水表
W_d	mm	日	流量计
T_{s-10}^0（初值）	℃	小时	109 土壤温度传感器
θ^0（初值）	cm^{-3}·cm^{-3}	日	TDR

表 6.2　稻田水热耦合模型的输出变量

变量	单位	时间尺度	模型变量计算公式	参数来源
W_s	mm	日	有水层：$0.125h^{i-1} + 0.262$ 无水层：$1\,000 K_0/(1 + K_0 \varepsilon t^{i-1}/\Delta z)$	经验公式拟合
LAI	m^2·m^{-2}	日	$-0.001t^2 + 0.172t - 1.728, t > 10$	训练样本拟合
h_c	cm	日	$(-0.007t^2 + 1.495t + 14.753)/100$	第二章数据分析
G_0	MJ·m^{-2}·s^{-1}/W·m^{-2}	小时、日	$8:00 \leqslant t \leqslant 17:00$： $Rn \cdot (-0.004\,5t^2 + 0.133t - 0.799)$ 其他时刻：$0.236Rn - 8.427$	第三章数据分析

续表

变量	单位	时间尺度	模型变量计算公式	参数来源
ET	mm	小时、日	$\dfrac{3\,600}{\lambda} \cdot \dfrac{\Delta(Rn-G_0)+\rho \cdot C_p \cdot VPD/r_a}{\Delta+\gamma(1+r_c/r_a)}$	第五章数据分析
θ	$cm^{-3} \cdot cm^{-3}$	日	$\dfrac{\theta^{i-1}-(ET^{i-1}-P^{i-1}-I^{i-1}+W_d^{i-1}+W_s^{i-1})}{\Delta z/1\,000}$	—
LE	$W \cdot m^{-2}$	小时、日	$(ET \times \rho \times \lambda)/3\,600$	—
Hs	$W \cdot m^{-2}$	小时、日	$Rn-G_0-LE$	—
Q	$W \cdot m^{-2}$	小时、日	$0.513 G_0^{i-1}-3.115$	训练样本拟合
T_{s-10}	℃	小时、日	$\dfrac{[Q^i \cdot \Delta t/\Delta z+Cs^{i-1} \cdot T_{s-10}^{i-1}+T_0(Cs^i-Cs^{i-1})]}{Cs^i}$	—
T_{s-0}	℃	小时、日	$T_{s-10} \cdot \left[1.001+0.059\sin\left(\pi\dfrac{t+15.504}{12}\right)\right]$	训练样本拟合
T_c	℃	小时、日	$\dfrac{Hs+\rho_a \cdot C_a \cdot (0.408 \cdot T_a/r_a^a+2.054 \cdot T_{s-0}/r_a^s)}{\rho_a \cdot C_a(0.408/r_a^a+2.054/r_a^s)}$	训练样本拟合

注：表中"—"表示无此项。

6.4 模型的模拟效果分析

根据以上分析,本研究建立的水热耦合模型主要输出项有 G_0、LE、Hs、ET、θ、T_{s-0}、T_{s-10}、T_c、LAI、h_c,利用 2016 年验证样本的实测数据,通过检验日尺度 LAI、h_c、θ、G_0、ET 和 Hs,以及小时尺度 G_0、ET、E、Hs、T_{s-0}、T_{s-10} 和 T_c 模拟值与实测值的相关性和一致性,分析水热耦合模型的模拟效果。

6.4.1 作物生理生长指标的模拟与分析

（1）叶面积指数

基于式(6.7),用水稻移栽后天数刻画的叶面积指数 LAI 的动态变化规律如图 6.9(a)所示。LAI 随着水稻生长逐渐增加,移栽后 80~90 d 达到最大,随后水稻成熟,LAI 稍有减小,变化趋势与实测值一致,水稻生育初期和水稻生长最旺盛时期模拟值稍有偏差,其他时段模拟值与实测值吻合度较高[图 6.9(b)],在 $\alpha < 0.001$ 显著性水平上,R^2、$RMSE$ 和 IOA 分别为 $0.974\ m^2 \cdot m^{-2}$、$0.293\ m^2 \cdot m^{-2}$ 和 $0.994\ m^2 \cdot m^{-2}$。

(a) 变化规律　　　　　　　　　　(b) 回归分析

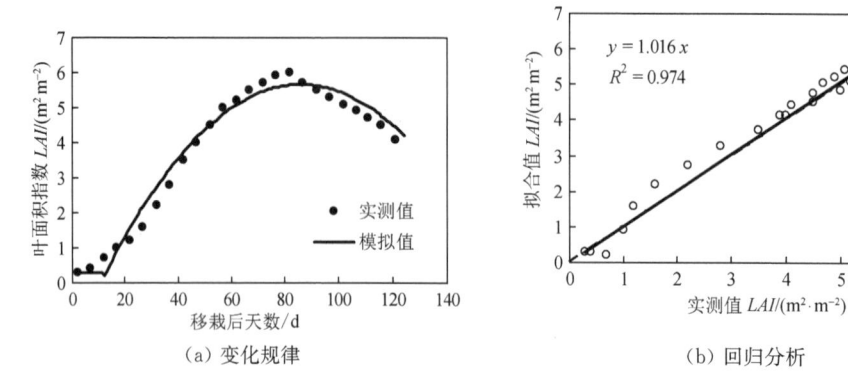

图 6.9　叶面积指数(LAI)变化规律及模型模拟效果

(2) 冠层高度

基于式(6.6),同样用水稻移栽后天数刻画冠层高度 h_c 的动态变化规律。从图 6.10 可知,h_c 的模拟值与实测值吻合度也较高($\alpha<0.001$),h_c 随着水稻生长逐渐增加,移栽 100 d 后趋于平缓,最大值稍有低估,R^2、$RMSE$ 和 IOA 分别为 0.948、3.742 cm 和 0.987。

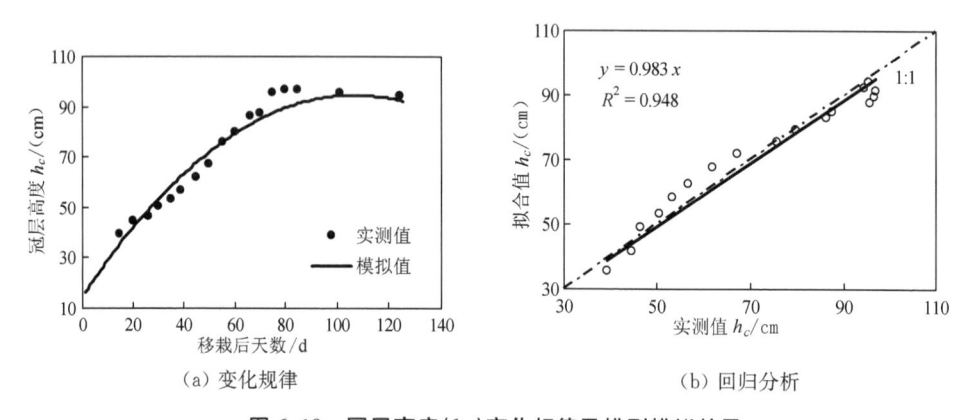

(a) 变化规律　　　　　　　　　　(b) 回归分析

图 6.10　冠层高度(h_c)变化规律及模型模拟效果

从日尺度 LAI 和 h_c 的模拟效果可看出,该模型能很好地反映水稻的生长变化特征。生长指标的准确模拟,为各水热通量的精确模拟提供了可靠的基础数据。

6.4.2　稻田相关水分状态的模拟与分析

(1) 土壤含水率

本研究构建的水热耦合模型充分考虑了节水灌溉稻田干湿交替的土壤水分特

征,不仅能准确反映稻田无水层时土壤含水率 θ 的变化,也能体现有水层时水层深度 h_w 的变化。图 6.11 所示为节水灌溉稻田土壤水分状态的逐日变化,模拟值与实测值变化趋势一致,在有水层且水层深度较大时稍有高估,可能因为有水层时实际稻田还存在侧渗等水分消耗,实际水分消耗较模拟条件更大,所以模拟较实测值大。但总体上,按日时间步长逐日推导的 θ 和 h_w 的模拟精度均较高 ($\alpha < 0.001$),模拟值与实测值 R^2 分别为 0.876 和 0.991,$RMSE$ 分别为 1.520 cm^{-3} · cm^{-3} 和 1.362 mm,IOA 高达 0.966 和 0.997(图 6.12)。模拟值能较好地反映节水灌溉稻田干湿交替的土壤水分状态。

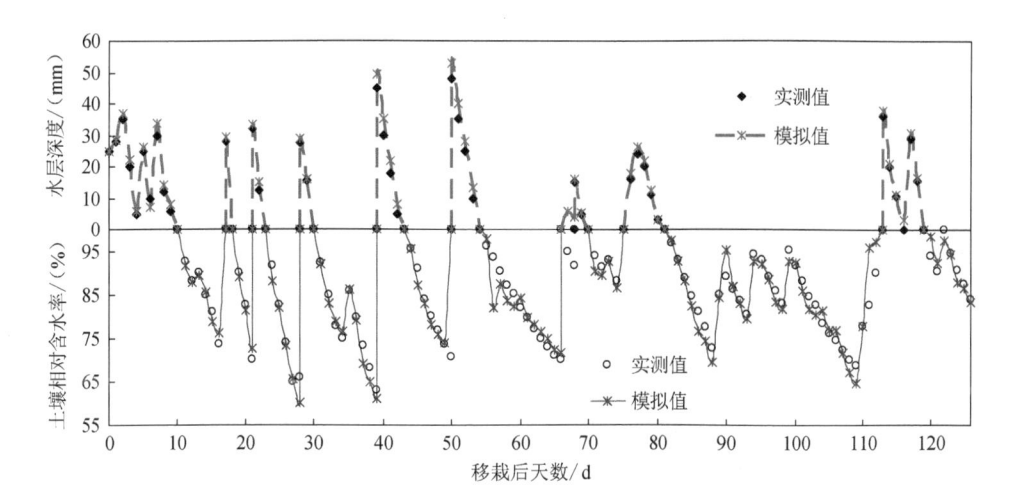

图 6.11　稻田土壤水分状态的变化规律

(a) 土壤含水率/θ

(b) 土壤表面水层深度/h_w

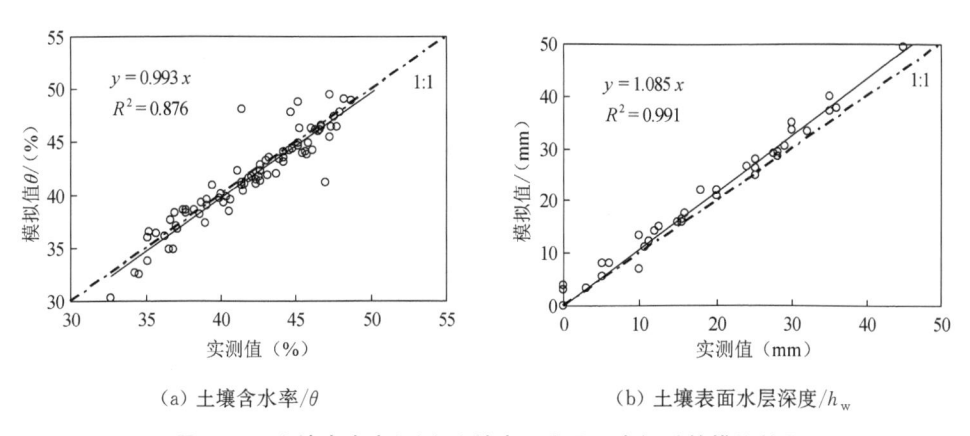

图 6.12　土壤含水率(θ)和土壤表面水层深度(h_w)的模拟效果

(2) 稻田蒸散量和棵间蒸发量

水热耦合模型根据 P-M 公式和水量平衡方程,分别代入小时数据和日数据,可推算出小时和日时间步长的稻田蒸散量 ET_{EC}^*(模拟研究以能量闭合修正后所测田间尺度蒸散量 ET_{EC}^* 为实测值)。

小时尺度 ET_{EC}^* 的模拟效果如图 6.13 所示。水量平衡方程中的蒸散量 (ET_{EC}^*),即能量平衡方程中的潜热通量(LE^*),其模拟的相关性和一致性相同,模拟值与实测值在 $\alpha < 0.001$ 水平上显著相关,回归斜率为 1.023,$R^2 = 0.964$,$IOA = 0.991$,均接近 1,$RMSE = 0.047$ mm·h^{-1},无论 ET_{EC}^* 大小,模拟值与实测值吻合度均较高。根据第四章的研究结果,进一步将 ET_{EC}^* 模拟值乘以 E/ET_{EC}^* 随移栽后天数的关系式:$E/ET_{CML} = 9 \times 10^{-5} DAT^2 - 0.016 DAT + 0.928$,即可模拟稻田棵间蒸发量 E 的变化情况,模拟值与实测值的回归分析如图 6.13 所示,E 的模拟效果也较好,回归斜率为 0.978,R^2、$RMSE$ 和 IOA 分别为 0.770、0.061 mm·h^{-1} 和 0.932。

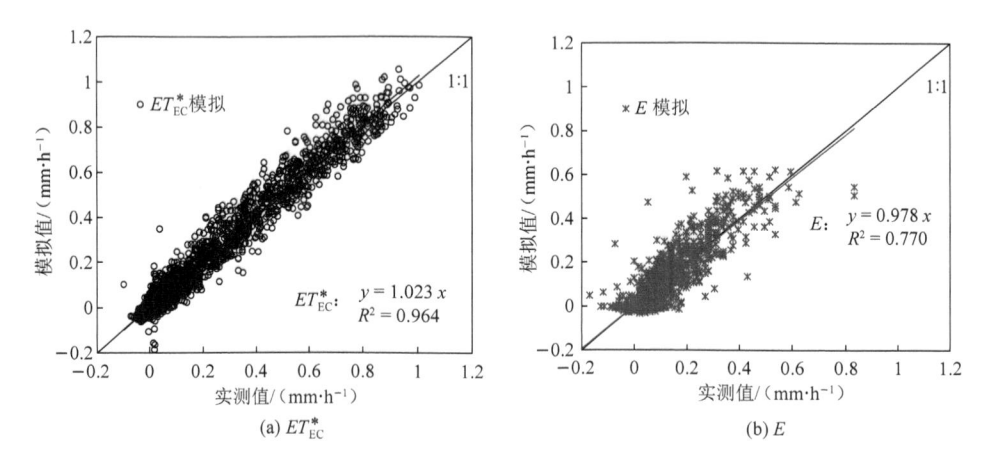

图 6.13 小时尺度稻田蒸散量(ET_{EC}^*)和棵间蒸发量(E)的模型模拟效果

为了检验模型的模拟效果,同样选择各生育期典型晴、阴天气对 ET_{EC}^* 和 E 的模拟结果做进一步分析。典型晴天,ET_{EC}^* 和 E 的一致性较好,阴天较晴天条件稍差,E 较 ET_{EC}^* 稍差,因为 E 的模拟结果包含了 ET_{EC}^* 计算时产生的误差。从图 6.14 还可看出,有无水层 ET_{EC}^* 的模拟效果没有明显差异,但有水层时(7 月 11 日、7 月 23 日、8 月 21 日),E 的模拟效果稍差,特别正午时段模拟值明显大于实测值,说明模型在无水层条件下表现更好。

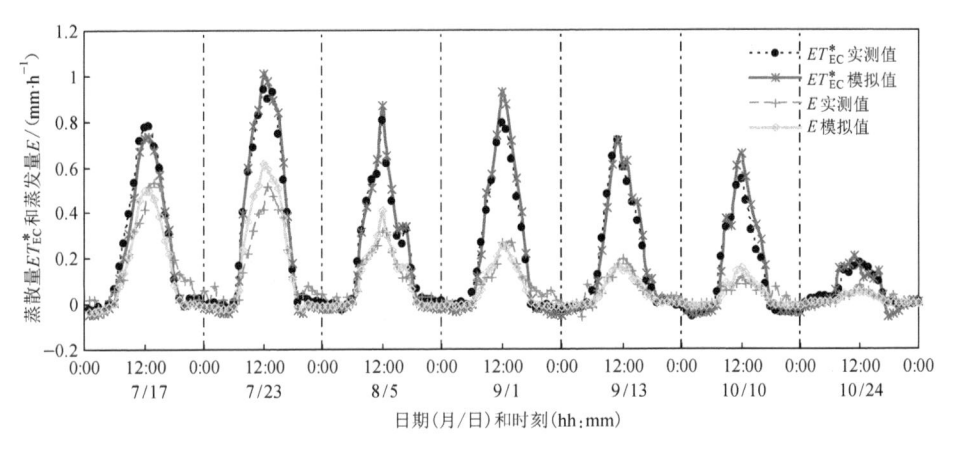

(a) 典型晴天

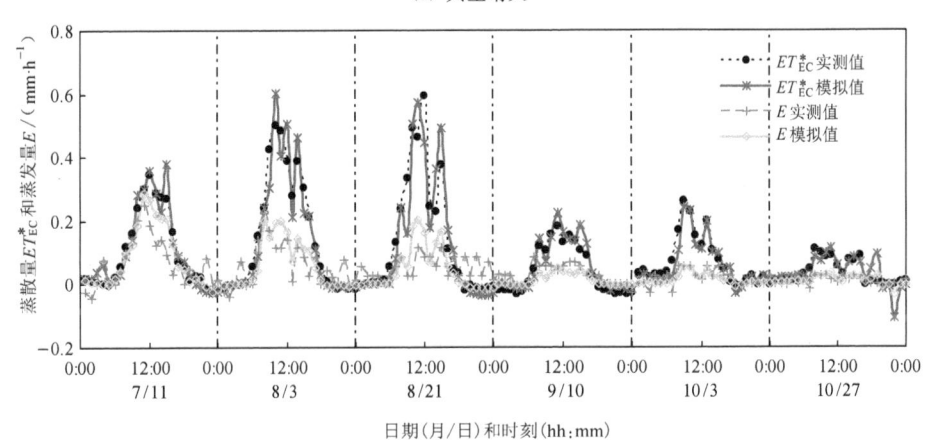

(b) 典型阴天

图 6.14 典型晴、阴天气蒸散量(ET^*_{EC})和棵间蒸发量(E)的模拟分析

将日尺度各数据代入水量平衡和 P-M 公式,就可直接计算得到日尺度稻田蒸散量 ET^*_{EC},再根据 E/ET^*_{EC} 随移栽后天数的变化关系,可计算得到日尺度棵间蒸发 E。从图 6.15 可看出,ET^*_{EC} 和 E 的模拟效果较好,$RMSE$ 分别仅 0.218 和 0.402 mm·d^{-1},R^2 分别为 0.977 和 0.896,IOA 分别为 0.990 和 0.970,模拟值的相关性和一致性分别高于其小时尺度,说明时间尺度增加,一定

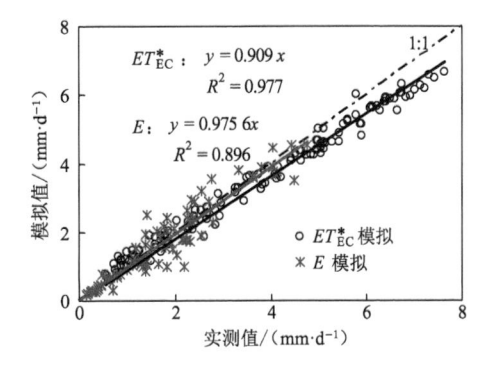

图 6.15 日尺度稻田蒸散量(ET^*_{EC})和棵间蒸发量(E)的模型模拟效果

程度上抵消了时段内模拟值的随机误差。E 模拟效果较稍差,进一步说明了 E 的模拟结果包含了 ET_{EC}^* 计算时产生的误差。

为评价模型日尺度的模拟效果,本研究进一步分析了 ET_{EC}^* 和 E 的生育期逐日变化(图 6.16)。日尺度 ET_{EC}^* 和 E 的模拟值与实测值大小和趋势较一致。返青期,ET_{EC}^* 和 E 模拟值较实测值有一定程度的低估,之后差异减小,抽穗开花期后模拟的准确性较高,模型在水稻叶面积指数较大的生殖生长阶段表现更好。

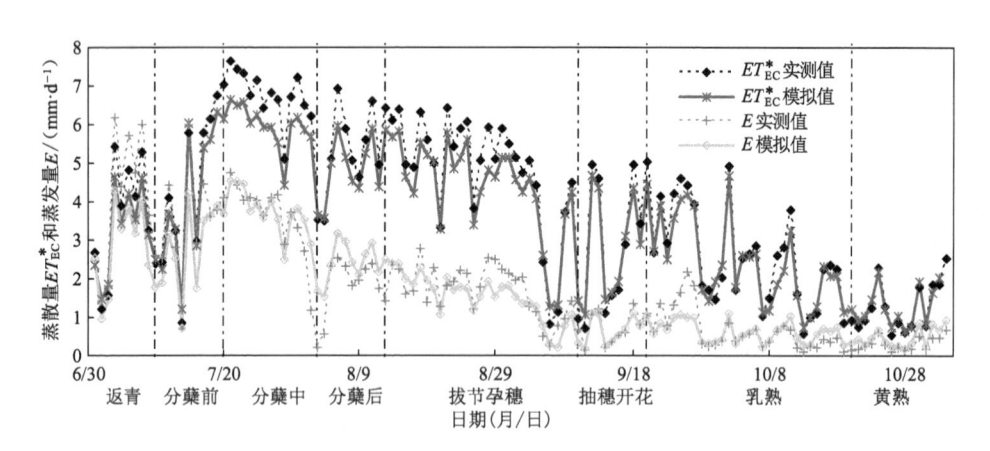

图 6.16 稻田蒸散量(ET_{EC}^*)和棵间蒸发量(E)生育期逐日变化的模拟分析

6.4.3 稻田相关热量状态的模拟与分析

(1) 土壤热通量

地表土壤热通量 G_0 是模型输出的重要热通量,但由于无法直接测量 G_0,本研究假设土壤热通量板测量值加上地表到通量板之间的热储量为 G_0 的实测值(详见第三章)。从能量平衡方程可知,G_0 来源于净辐射能 Rn,小时尺度 G_0 可直接由已知输入量 Rn 分时段计算得到[式(6.8)],模拟效果的回归分析如图 6.17(a)所示。从图中可看出,在 G_0 较大时,模拟值离散度稍大,但模拟值仍然达到了 $\alpha < 0.001$ 显著性水平,R^2、$RMSE$ 和 IOA 分别为 0.789、17.500 W·m^{-2} 和 0.942。为了进一步分析构建的水热耦合模型的模拟效果,本节在分析小时尺度模型各输出量的模拟效果时,选择了与第五章验证蒸散模型模拟效果相同的典型日,分别分析了模型在水稻各生育期典型晴、阴日的表现。从图 6.18 可看出,无论晴天还是阴天,模拟值和实测值的变化规律基本一致,但生育前期模拟值与实测值的差异大于生育后期。再结合各典型日的土壤水分状况发现(图 5.8 和

图 5.9),田间有水层时(7月11日、7月23日、8月21日、10月24日和27日)模拟值和实测值的差异较无水层时大,特别在正午太阳辐射较强时差异较明显,说明有水层时部分能量储存在水体中,对土壤热通量的计算有一定的影响。

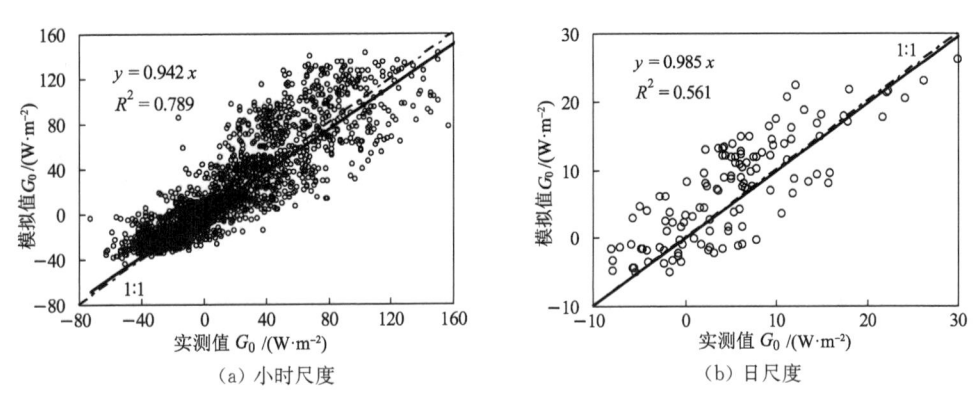

(a) 小时尺度

(b) 日尺度

图 6.17 小时和日尺度地表土壤热通量(G_0)的模拟效果回归分析

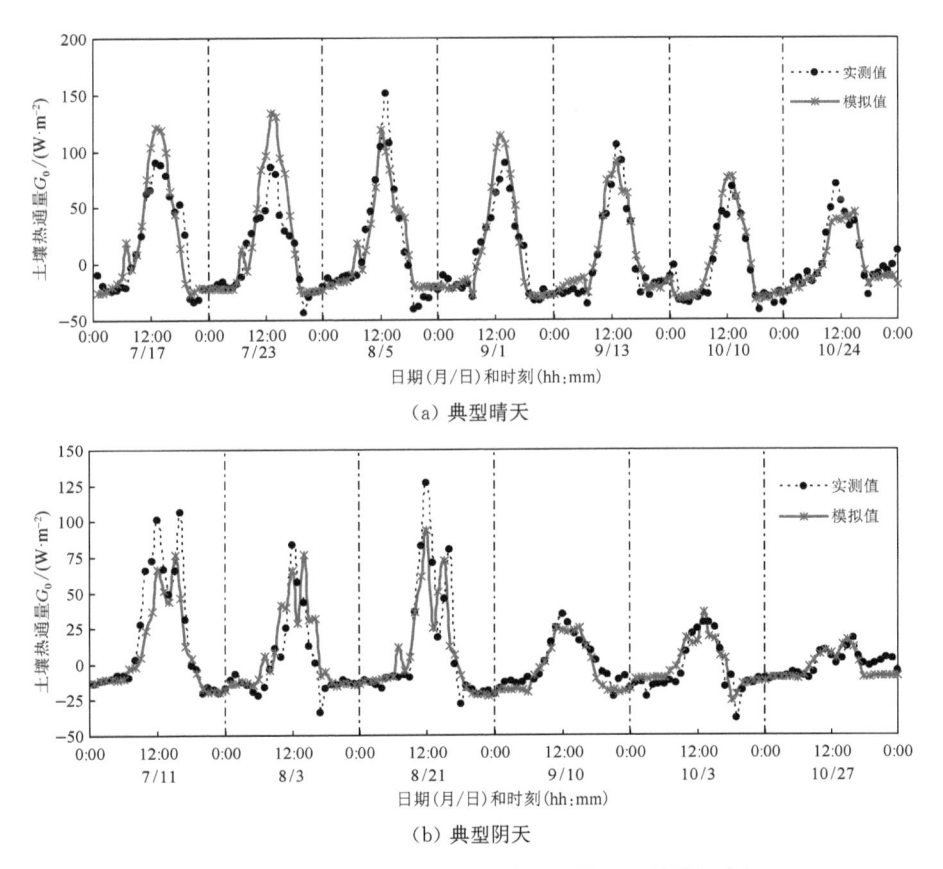

(a) 典型晴天

(b) 典型阴天

图 6.18 典型晴、阴天气地表土壤热通量(G_0)的模拟分析

将各小时值累加计算可得到日尺度 G_0 的模拟值与实测值的变化情况。从图 6.17(b)可看出,日尺度模拟值与实测值回归斜率接近 1,R^2 为 0.561,IOA 为 0.985,$RMSE$ 为 4.394 W·m^{-2},相关性和一致性不如小时尺度好,但仍达到了 $\alpha<0.001$ 显著性水平。图 6.19 所示为 G_0 模拟值和实测值的生育期逐日变化。总体上,G_0 的大小随 Rn 的变化而变化,在全生育期呈逐渐减小的变化趋势。返青和分蘖前期,由于冠层覆盖度低而均匀,太阳辐射能转化为 G_0 的过程受下垫面和冠层的影响较小,所以 G_0 模拟值与实测值相关关系较好。水稻生长的旺盛时期(分蘖中后期和拔节孕穗期),G_0 的模拟值与实测值差异较大,模拟值呈一定程度的高估。一方面因为 G_0 的模拟值来自 Rn 小时值的推导计算,而日均值的计算与小时值之间存在一定的时间尺度差异(且可能存在误差的累积),另一方面,模拟计算忽略了部分实际能量的损失(如冠层热储量、水体热储量、能量平流损失等),且实测值受各种能量传输阻抗的影响较大,因此计算结果较实际测量值偏大。抽穗开花期后,G_0 模拟值与实测值差异较小,一方面因为 G_0 的绝对值较小,另一方面可能因为水稻生育后期叶面积指数较大且变化较小,平坦均一的下垫面条件使能量通量的传输受各种阻力、湍流交换的影响较小,实际测量值更接近理想条件,模拟效果也更好。

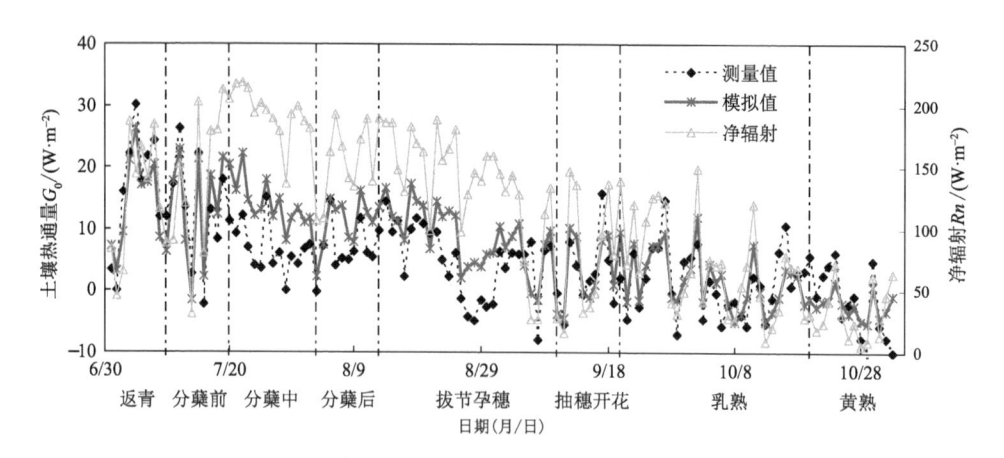

图 6.19 地表土壤热通量(G_0)生育期逐日变化的模拟分析

(2) 感热通量

在水热耦合模型中,无论小时尺度还是日尺度,感热通量 Hs 均是作为能量平衡方程的余项计算得到[式(6.9)],因此,Hs 的模拟结果一定程度上体现了能量平衡方程中 G_0、LE 的累积误差。小时和日尺度 Hs 模拟效果的回归分析如图 6.20 所示,在 $\alpha<0.001$ 显著性水平上,回归斜率分别为 0.913 和 0.914,总体上

稍有低估。R^2 分别为 0.595 和 0.562，IOA 分别为 0.871 和 0.841，$RMSE$ 分别为 20.915 和 5.697 W·m^{-2}，模拟精度较 G_0 和 LE 稍低。

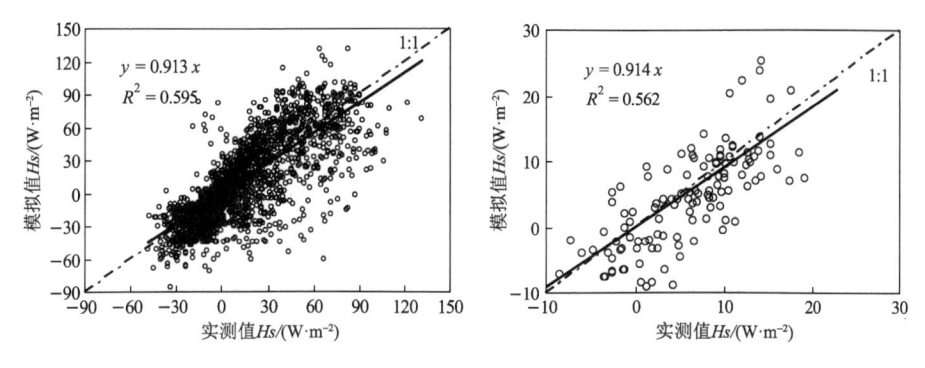

图 6.20　感热通量(Hs)的模型模拟效果

进一步从 Hs 日变化过程中可看出，典型天气 Hs 模拟值和实测值变化趋势大致相同，但模拟误差相对其他热通量较大。典型晴天，白天 Hs 均有不同程度的高估或低估，夜间 Hs 低估较明显，昼夜交接时 Hs 模拟值较实测值有更为明显的突降，随后波动增加。典型阴天，Hs 波动起伏较大，模拟值较实测值波动幅度更大。从图 6.21 中还可看出，有水层时（7月11日、8月21日、10月27日）Hs 正午高估幅度较无水层时更为明显，昼夜交替时没有晴天条件下规律性的突降，但也存在不同程度的低估。从 Hs 逐日变化过程中可看出（图 6.22），返青期 Hs 模拟值有明显的高估，与 ET^*_{EC} 的模拟效果相反，因为 Hs 是作为能量平衡方程的余项计算得到，在平衡关系中，当 Rn 一定时，LE 小，则 Hs 大。拔节孕穗和抽穗开花期，Hs 有一定程度的低估，该时期正处于水稻生长的旺盛时期，近地面水热交换剧烈，能量损失大。其他时段模拟值与实测值的变化趋势较一致。

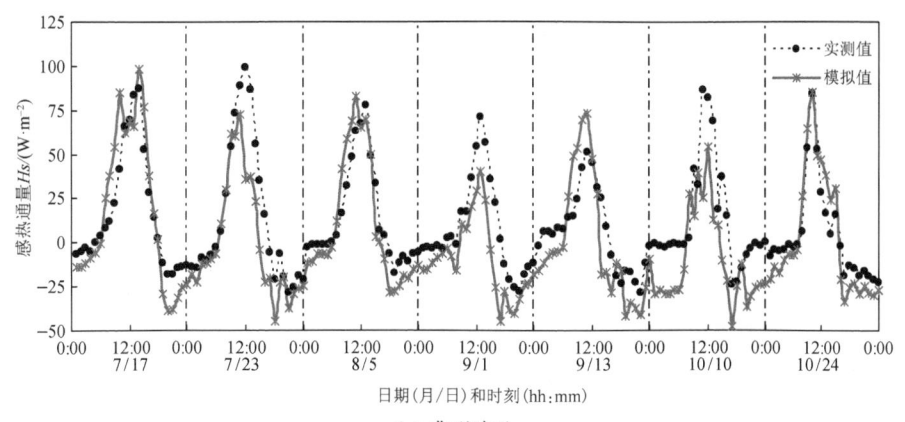

(a) 典型晴天

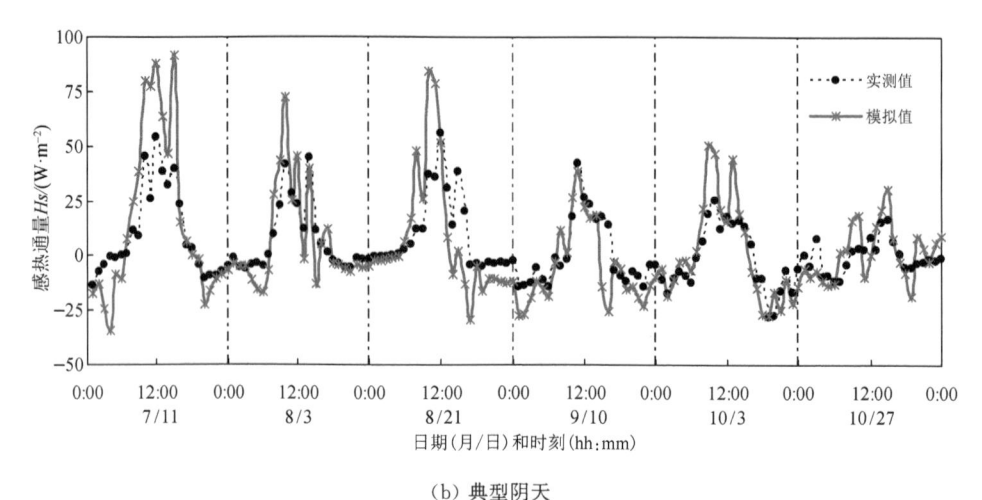

(b) 典型阴天

图 6.21 典型晴、阴天稻田感热通量(Hs)的模拟分析

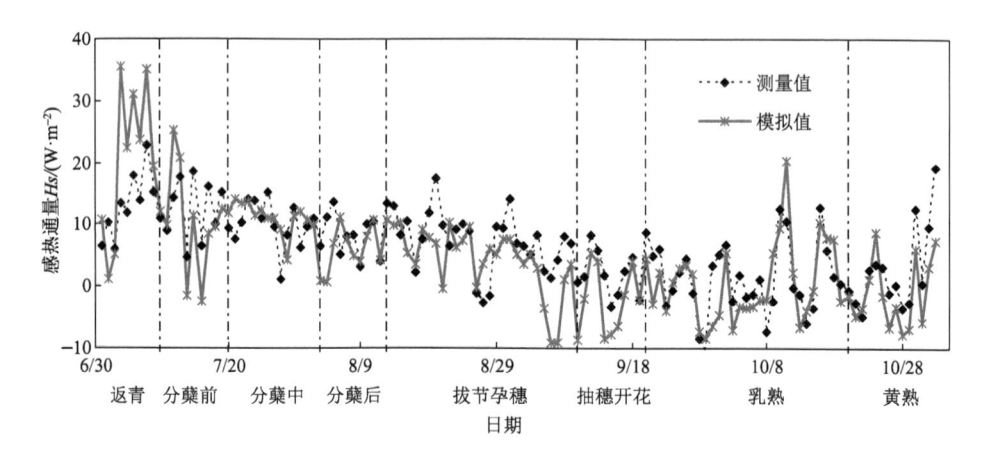

图 6.22 感热通量(Hs)生育期逐日变化的模拟分析

(3) 冠层和土壤温度

大气温度 T_a、冠层温度 T_c、土壤温度 T_{s-0} 和 T_{s-10} 是近地面水热交换以及水热耦合模型重要的热参数,其中 T_c、T_{s-0} 和 T_{s-10} 作为模型递推计算过程中的关键变量,也是模型的重要输出量。T_c 的输出意味着模型当次计算结束。模型中土壤温度包括地表下 10 cm 深处土壤温度 T_{s-10} 和地表土壤温度 T_{s-0},但由于 T_{s-0} 没有实测值,且 T_{s-0} 是根据 T_{s-10} 计算得到,因此研究中仅分析 T_{s-10} 的模拟效果。图 6.23 所示为 T_{s-10} 和 T_c 模拟值与实测值的回归分析,回归斜率接近 1,R^2 分别为 0.865 和 0.843,IOA 分别为 0.958 和 0.948,RMSE 分别为 1.697 和 2.773℃,T_{s-10} 的模拟

效果稍好于T_c,但回归数据点在温度较高时均偏离1∶1线,呈一定程度的高估。

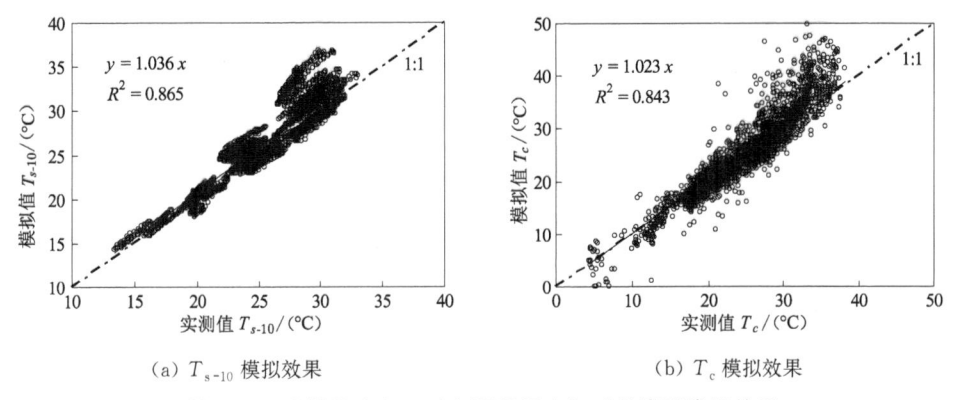

(a) $T_{s\text{-}10}$模拟效果

(b) T_c模拟效果

图6.23 土壤温度($T_{s\text{-}10}$)和冠层温度(T_c)的模型模拟效果

为了进一步分析温度的日变化特征,同样选择生育期典型晴、阴天气对$T_{s\text{-}10}$和T_c进行分析。典型晴天日温差变化较大,$T_{s\text{-}10}$变化特征明显,呈余弦形波动变化[图6.24(a)]。模拟值与实测值变化规律一致,但分蘖前中期,$T_{s\text{-}10}$模拟值较实测值稍大,分蘖后期和拔节孕穗期,模拟值稍小,抽穗开花期后,模拟值与实测值一致性较好。典型阴天,$T_{s\text{-}10}$日温差较小,且日温差越小,余弦形的日变化规律越不明显[图6.24(b)]。相同生育期不同天气模拟值与实测值的大小关系不同,这与所选典型天气土壤含水率θ有很大关系。当土壤表面有水层时(7月11日、7月23日、8月21日、10月24日和10月27日),无论晴天阴天普遍表现为模拟值的高估,因为土壤表面水层消耗了一部分热量用于水的蒸发与增温,相应的进入土壤的能量就有所减少,而模拟计算中并没有考虑土壤表面水层中的热储量,所以模拟的土壤温度$T_{s\text{-}10}$较实际值高。当θ较低,低于田间持水率θ_f时(9月1日和8月3日),模拟值较实测值小,当$\theta_f < \theta < \theta_s$时,模型对土壤温度$T_{s\text{-}10}$的模拟效果最好。

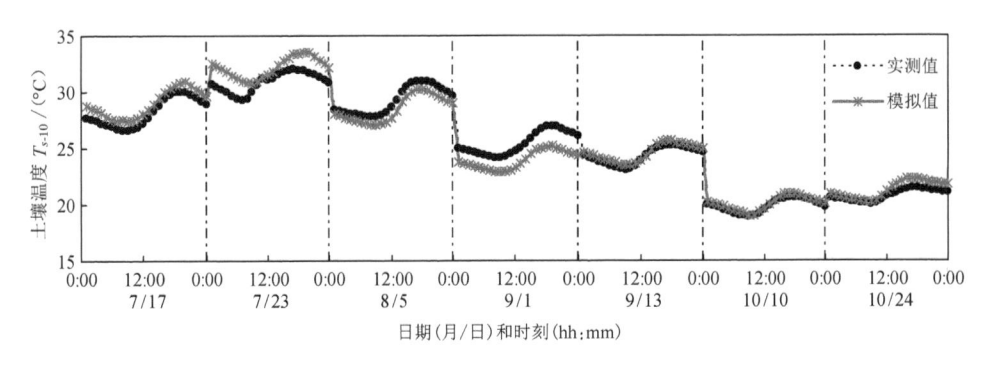

(a) 典型晴天

(b) 典型阴天

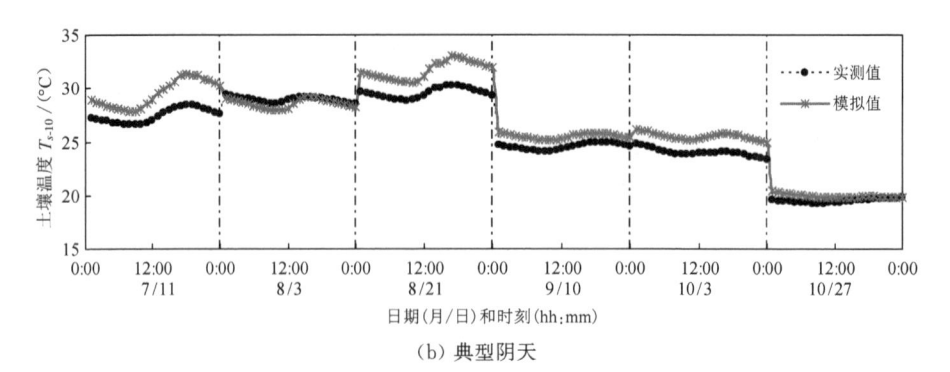

图 6.24　典型晴、阴天气地表下 10 cm 深处土壤温度(T_{s-10})的模拟分析

冠层温度 T_c 是模型当次时间步长下的最后输出变量,图 6.25 是典型天气 T_c 的模拟效果分析。无论典型晴天还是阴天,T_c 模拟值与实测值变化趋势一致,日变化幅度较 T_{s-10} 大,但模拟值波动较为剧烈,且正午和夜间波动和差异均较明显,可能因为该模型中 T_c 是由 H_s 和 T_{s-10} 推导计算,其模拟误差一定程度上包含了 H_s 和 T_{s-10} 的累计误差。从图 6.25(a)和(b)还可看出,生育前期模型的模拟效果较生育后期差,可能因为生育前期 LAI 较小,EC 红外探头所测量的 T_c 值与模拟计算的平均 T_c 值所代表冠层样本不同,造成了测量温度与模拟温度的误差。

(a) 典型晴天

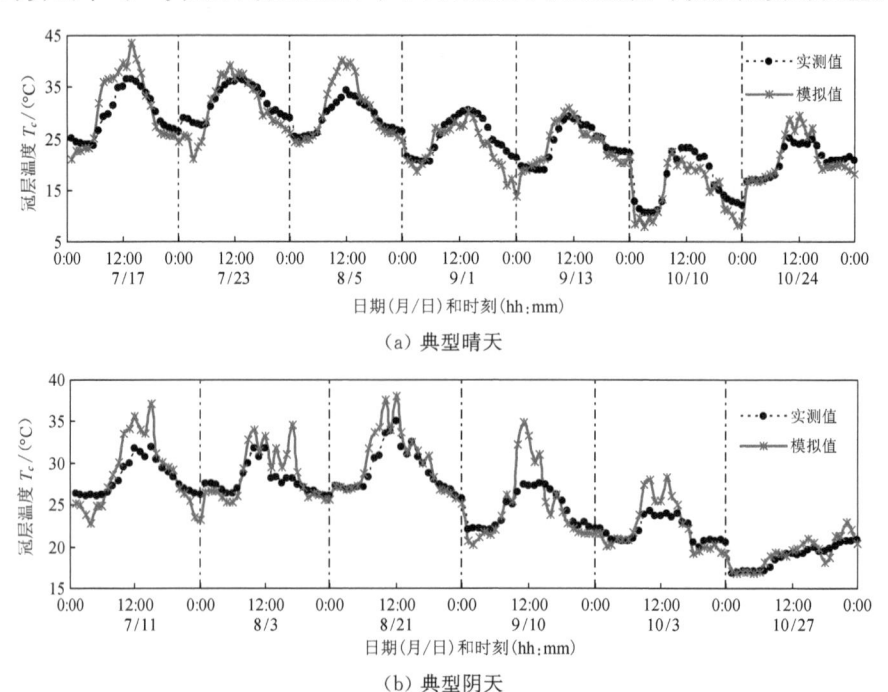

(b) 典型阴天

图 6.25　典型晴、阴天气冠层温度(T_c)的模拟分析

图 6.26 所示为 $T_{s\text{-}10}$ 和 T_c 模拟值与实测值的逐日变化过程（日均值由各小时值平均计算得到）。总体上，$T_{s\text{-}10}$ 和 T_c 模拟值与实测值的变化趋势均与 Rn 相同，$T_{s\text{-}10}$ 和 T_c 之间没有明显的大小特征，只是在水稻生育后期太阳辐射较小时，T_c 较 $T_{s\text{-}10}$ 小。返青期和分蘖前期，受土壤表面水层的影响，$T_{s\text{-}10}$ 的模拟值与实测值差异较大，模拟值高估明显，之后受 θ 和 LAI 变化的影响，也存在一定的差异。T_c 模拟值与实测值的差异相对 $T_{s\text{-}10}$ 较小，但 T_c 日均值波动较大。日尺度上 $T_{s\text{-}10}$ 模拟值与实测值的 $R^2=0.867$，$RMSE=1.679℃$，$IOA=0.959$；T_c 模拟值与实测值的 $R^2=0.971$，$RMSE=0.929℃$，$IOA=0.989$。日尺度 T_c 的模拟精度明显高于小时尺度，说明小时尺度 T_c 的计算误差在日尺度上有所抵消，但 $T_{s\text{-}10}$ 在两尺度的模拟效果差异不大。

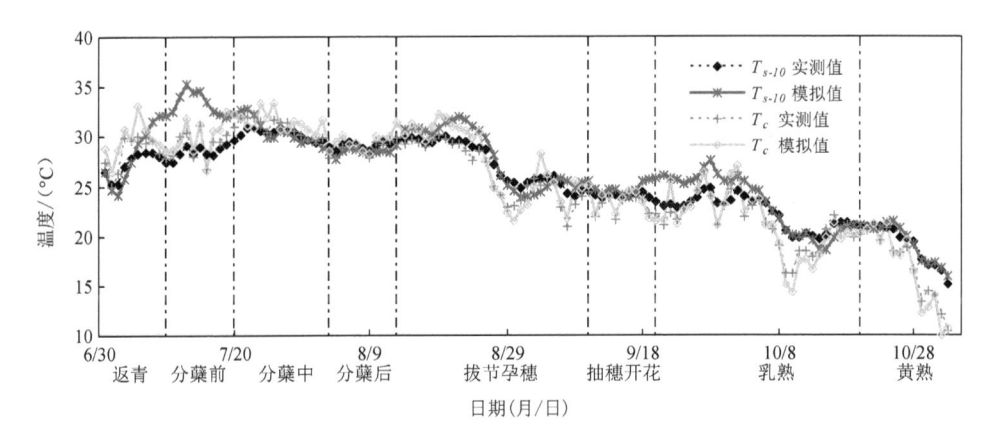

图 6.26　土壤温度（$T_{s\text{-}10}$）和冠层温度（T_c）生育期逐日变化的模拟分析

综上分析可知，该模型能综合反映稻田水热变化过程，体现水稻生长特征，能同时准确模拟小时和日两个时间尺度节水灌溉条件下稻田水热变化和相关通量的变化情况，以及相关水热环境参数。因此，构建的模型能较好地通过稻田水量平衡和能量平衡闭合性检验，该模型具有较好的适用性和可靠性。

6.4　本章小结

本章基于能量平衡和水量平衡理论，结合水稻生育期能量闭合修正后的 EC 数据，推导了"土壤-作物-大气"间的水热转换与耦合关系，构建了适用于节水灌溉条件下的稻田水热耦合模型。主要研究成果如下：

（1）利用"土壤-作物-大气"系统的能量平衡与水量平衡关系，以蒸散量（ET）

和土壤含水率(θ)为耦合变量,构建了适用于干湿交替土壤水分条件的稻田水热耦合模型。

基于地表的能量与水量传输交换机制,以 ET 和 θ 为水热相互影响与转换的关键变量,通过常规气象资料(Rn、T_a、VPD 和 u)和少量给定初值(θ^0 和 T_{s-10}^0),实现了节水灌溉稻田的水热耦合与小时和日尺度的水热动态模拟。模型的主要输出项包括 G_0、LE、Hs、ET、θ、T_s、T_{s-10}、T_c、LAI 和 h_c,不仅能反映作物生长过程,也能反映稻田不同时间尺度的水分、热量动态变化以及水热转化特征。

(2) 叶面积指数(LAI)和冠层高度(h_c)是水热模型中反映作物生长状况的重要输出项,模拟精度较高,为各水热通量的精确模拟提供了可靠的基础数据。

日尺度上 LAI 和 h_c 的变化规律可分别刻画为随水稻移栽后天数变化的二次关系。水稻生育初期和生长最旺盛时期 LAI 模拟值与实测值稍有偏差,其他时段模拟效果均较好($R^2=0.974$,$RMSE=0.293$,$IOA=0.994$)。h_c 的模拟值与实测值吻合度也较高($R^2=0.948$,$RMSE=3.742$ cm,$IOA=0.987$),h_c 较大时稍有低估。LAI 和 h_c 的模拟均能达到 $\alpha<0.001$ 显著性水平,该模型能很好地模拟水稻的生长变化特征。

(3) 土壤水分状态(θ 和 h_w)、稻田蒸散量(ET_{EC}^*)和棵间蒸发(E)是水热耦合模型中重要的水分输出项,模拟值能较好地反映节水灌溉稻田干湿交替的土壤水分状态和蒸散变化。

θ 和 h_w 模拟值与实测值在日尺度上一致性较高($\alpha<0.001$),R^2 分别为 0.876 和 0.991,IOA 高达 0.966 和 0.997,在有水层且水层深度较大时稍有高估。

模型能较好地模拟 ET_{EC}^* 与 E 在小时和日尺度的变化特征,小时尺度上,ET_{EC}^* 模拟值与实测值吻合度均较高($R^2=0.964$,$IOA=0.991$,$RMSE=0.047$ mm·h^{-1}),E 的模拟效果也较好,但模拟的相关性和一致性低于 ET_{EC}^*。晴天 ET_{EC}^* 和 E 的模拟效果好于阴天,有无水层 ET_{EC}^* 的模拟效果没有明显差异,但有水层时 E 的模拟效果稍差,特别正午时段模拟值明显大于实测值。日尺度上,ET_{EC}^* 和 E 的模拟效果均较好,模拟的相关性和一致性分别高于其小时尺度,返青期,ET_{EC}^* 和 E 模拟值较实测值均有一定程度的低估,之后差异减小,抽穗开花期后模拟的准确性较高,模型在 LAI 较大的生殖生长阶段表现更好。

(4) 土壤热通量(G_0)、感热通量(Hs)、10 cm 埋深土壤温度(T_{s-10})和冠层温度(T_c)是模型的重要的热输出项,虽然其计算过程中包含了其他变量的模拟误差,但仍能较好地反映稻田热传输与转换过程。

小时尺度上,无论晴天还是阴天,G_0模拟值和实测值的变化规律基本一致,但生育前期模拟值与实测值的差异大于生育后期,田间有水层时大于无水层时,特别在正午太阳较大时差异较明显。日尺度上,G_0的模拟值与实测值R^2为0.561,IOA为0.899,$RMSE$为4.394 W·m^{-2},均较小时尺度小,且水稻生长旺盛时期差异较大,模拟值呈一定程度的高估。

Hs作为能量平衡方程的余项计算得到,模拟结果一定程度上体现了能量平衡方程中G_0、LE的累积误差,模拟精度较G_0和LE稍低。夜间Hs低估较明显,昼夜交替时Hs模拟值较实测值有更为明显的突降。日尺度上,返青期Hs有明显的高估,而拔节孕穗和抽穗开花期呈一定程度的低估,其他时段模拟值与实测值的变化趋势较一致。

T_{s-10}的模拟效果稍好于T_c,但回归数据点在温度较高时均偏离1:1线,呈一定程度的高估。典型天气T_{s-10}呈余弦关系波动变化,日温差越大,余弦关系越明显。T_{s-10}的模拟效果与土壤水分条件关系密切,当土壤表面有水层时,均表现为模拟值的高估;当$\theta<\theta_f$,模拟值较实测值小;当$\theta_f<\theta<\theta_s$时,T_{s-10}的模拟效果最好。无论典型晴天还是阴天,T_c模拟值与实测值变化趋势一致,但模拟值波动较为剧烈,日变化幅度较T_{s-10}大,生育前期模型的模拟效果较生育后期差。日尺度上,受土壤表面水层的影响,T_{s-10}模拟值在返青期和分蘖前期高估明显。T_c模拟值与实测值的差异相对T_{s-10}较小,但日均值波动较大。日T_{s-10}和T_c之间没有明显的大小特征,只是在水稻生育后期太阳辐射较小时,T_c较T_{s-10}小。日尺度T_c的模拟精度明显高于小时尺度,但T_{s-10}在两尺度的模拟效果差异不大。

第七章

考虑叶龄影响的稻田水碳通量耦合模拟

作物叶片的光合特性不仅受外界条件(太阳辐射、土壤水分、大气温湿度等)影响,还与叶片的生理特征密切相关。水稻植株的新生叶片出现在冠层顶部,分析不同叶龄(出叶天数)叶片的光合特性将为水碳通量从叶片尺度到冠层或者更大空间尺度的提升提供理论基础。本章研究不同叶龄叶片的光响应和 CO_2 响应特征,引入能够综合反映叶片光合特征的叶龄参数 LA,改进传统光响应模型和 CO_2 响应模型,并应用于气孔导度-蒸腾速率-光合速率耦合模型的构建,实现对不同叶龄叶片(同一叶片不同时期或同一时期不同叶片)的水碳通量耦合模拟。

7.1 不同叶龄叶片的光响应特征

7.1.1 叶片气孔导度对光的响应

叶片气孔导度 g_{sw} 受叶龄 LA 和光合有效辐射 PAR_a 的双重影响,LA 明显影响 g_{sw} 的光响应过程(图 7.1)。在无光条件下($PAR_a=0$ μmol·m^{-2}·s^{-1}),不同叶龄的叶片均保持较小的气孔导度 g_{sw} 以进行自养呼吸;随着 PAR_a 的增加叶片 g_{sw} 近线性迅速上升,线性上升速率及其对应的 PAR_a 范围随着叶龄的增加而减小;之后叶片 g_{sw} 增加速率减缓,当 PAR_a 达到某一光强,叶片 g_{sw} 达到最大值,这一 PAR_a 称为气孔导度饱和光强,气孔导度饱和光强随着叶龄的增加而减小,具体表现为叶龄较大的叶片 g_{sw}

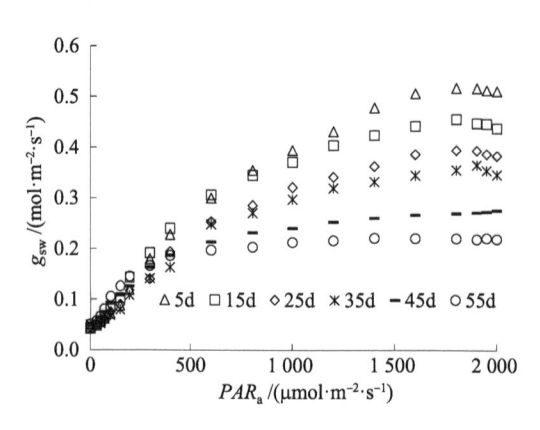

图 7.1 不同叶龄叶片的气孔导度 g_{sw} 光响应过程

最先达到最大值，之后随着 PAR_a 的进一步增加保持稳定状态或者出现降低趋势。叶龄为 5 d、15 d、25 d、35 d、45 d 和 55 d 的叶片最大 g_{sw} 分别为 0.517 mol·m^{-2}·s^{-1}、0.456 mol·m^{-2}·s^{-1}、0.394 mol·m^{-2}·s^{-1}、0.364 mol·m^{-2}·s^{-1}、0.275 mol·m^{-2}·s^{-1} 和 0.221 mol·m^{-2}·s^{-1}。叶龄较小的叶片生理生长旺盛，在强光下能够保持高的叶片 g_{sw} 以利于叶片的生理生长。

在 PAR_a 为 2 000、1 600 和 1 200 μmol·m^{-2}·s^{-1} 三个光强下同一叶龄叶片的 g_{sw} 差异不大，之后随着光强降低同一叶龄叶片 g_{sw} 逐渐减小。对于任一光强，叶片 g_{sw} 和 LA 呈负相关关系（图 7.2），在 PAR_a 为 2 000、1 600、1 200、800、400、200、100 和 0 μmol·m^{-2}·s^{-1} 的光强下，g_{sw} 和 LA 拟合直线的斜率依次为 −0.007 2、−0.007 4、−0.007 0、−0.005 7、−0.003 8、−0.001 8、−0.000 6 和 −0.000 2。表明高光强下，叶片 g_{sw} 随着叶龄的增加呈线性减小趋势，减小幅度随着 PAR_a 的减小而减小，在 PAR_a 为 100 μmol·m^{-2}·s^{-1} 和 0 μmol·m^{-2}·s^{-1} 光强下，叶龄对叶片 g_{sw} 的影响较小，叶片始终保持较低的 g_{sw}。说明随着 LA 的增加，光强对叶片 g_{sw} 的调节能力减弱，生长旺盛的叶片在高光强能够保持较高的 g_{sw} 以利于叶片进行蒸腾和光合等生理活动。

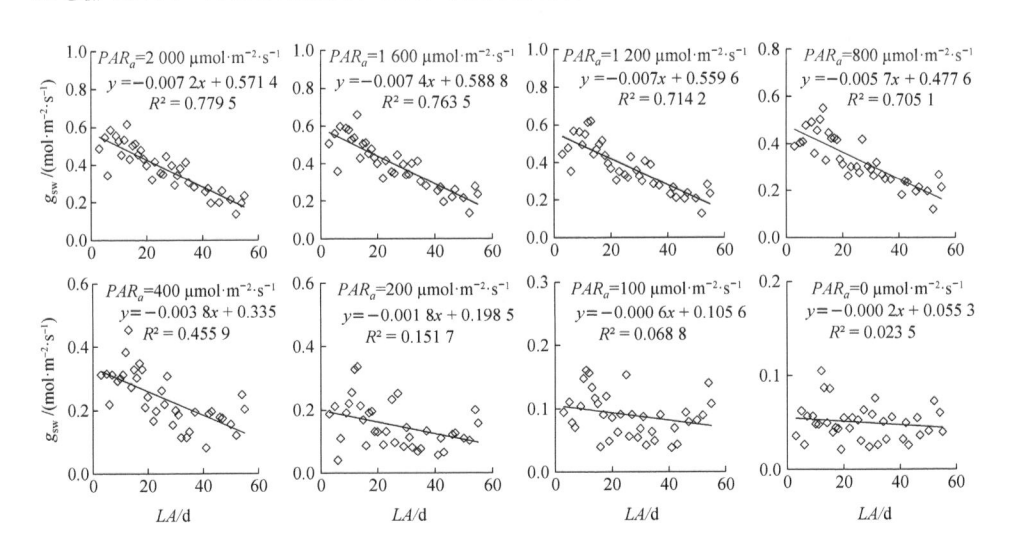

图 7.2 不同光强下叶龄对叶片气孔导度 g_{sw} 的影响

7.1.2 叶片蒸腾速率对光的响应

与叶片气孔导度 g_{sw} 相似，叶片蒸腾速率 T_r 也受叶龄 LA 和光合有效辐射

PAR_a 的双重影响。由图 7.3 可知,在 $0\sim2\,000\ \mu mol\cdot m^{-2}\cdot s^{-1}$ 的光合有效辐射 PAR_a 范围内,叶龄为 5 d、15 d、25 d、35 d、45 d 和 55 d 的叶片 T_r 范围分别为 $0.519\sim6.953$、$0.505\sim6.415$、$0.600\sim5.961$、$0.633\sim5.186$、$0.612\sim4.221$ 和 $0.638\sim3.516\ mmol\cdot m^{-2}\cdot s^{-1}$。随着 PAR_a 的增加叶片 T_r 表现出和叶片 g_{sw} 相似的响应规律,即随着 PAR_a 的增加,叶片 T_r 最初近线性增加,增加速率随着叶龄的增加而减小;当 PAR_a 高出某值之后,叶片 T_r 增加速率缓慢。此外 LA 明显影响叶片 T_r 的光响应曲线,具体表现为随着叶龄的增加,特定光强下的 T_r 以及 T_r 的光饱和点(T_r 最大值对应的 PAR_a)明显降低。叶龄较小的叶片在高光强下有较大的蒸腾潜力,在高温条件下(经常伴随高光强)可通过大量蒸腾失水来降低植物体内的温度,为作物生理活动的正常进行创造条件。

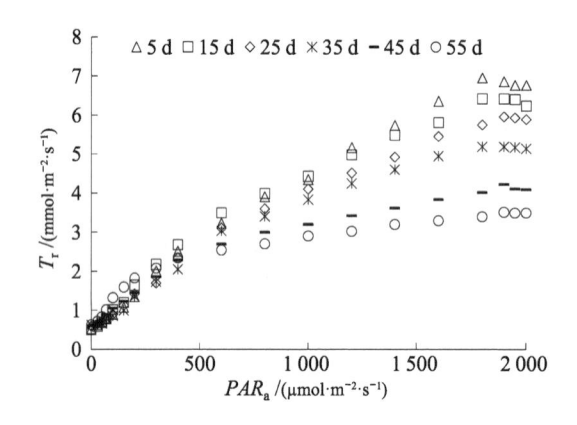

图 7.3　不同叶龄叶片的蒸腾速率 T_r 光响应过程

在 PAR_a 为 2 000、1 600、1 200、800、400、200、100 和 0 $\mu mol\cdot m^{-2}\cdot s^{-1}$ 光强下,不同 LA 叶片 T_r 的范围分别为 $2.819\sim9.072$、$2.221\sim7.677$、$1.938\sim7.790$、$1.724\sim5.359$、$1.015\sim4.265$、$0.510\sim3.245$、$0.472\sim2.262$ 和 $0.262\sim1.062$ $mmol\cdot m^{-2}\cdot s^{-1}$(图 7.4)。高光强下,叶龄较小的叶片可以保持较高的 T_r 以加快蒸腾散热,使叶片保持在作物适宜的温度范围内以利于叶片生理活动的进行。在弱光强下,外界环境对叶片的蒸发需求较弱,叶片 T_r 值始终保持在较低值,受叶龄调节能力较小。在 PAR_a 为 2 000、1 600、1 200、800、400、200、100 和 0 $\mu mol\cdot m^{-2}\cdot s^{-1}$ 光强下,叶片 T_r 和 LA 拟合直线的斜率分别为 $-0.098\,8$、$-0.077\,1$、$-0.066\,6$、$-0.046\,4$、$-0.032\,5$、$-0.013\,5$、$-0.004\,3$ 和 $-0.000\,5$。随着叶片衰老,叶片生理活性降低,叶片 T_r 随着 LA 增加线性减小,叶片对 Ca 的适应能力下降,叶片

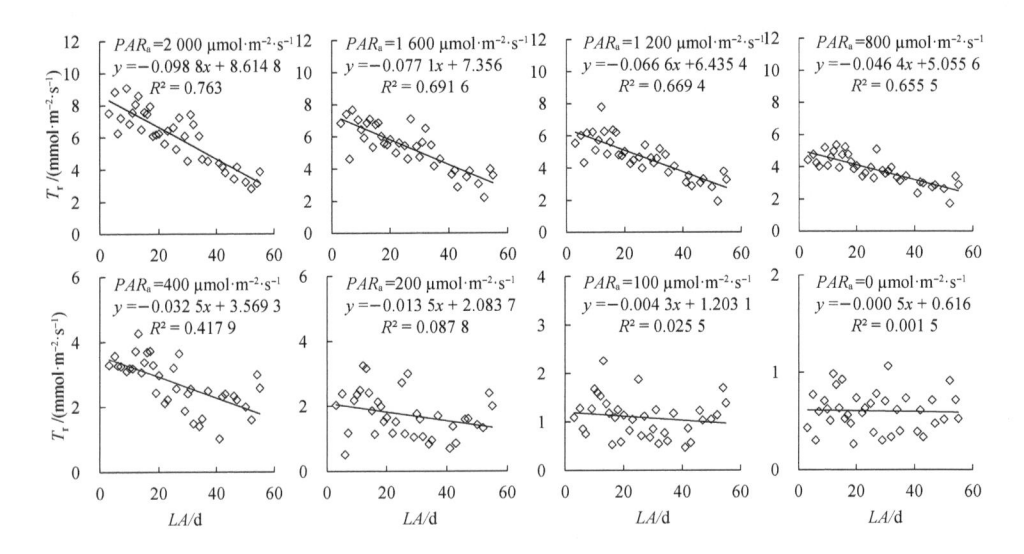

图 7.4　不同光强下叶龄对叶片蒸腾速率 T_r 的影响

T_r 在高光强下较低。

7.1.3　叶片净光合速率对光的响应

叶龄 LA 和光合有效辐射 PAR_a 同时影响叶片净光合速率 P_n，由图 7.5 可知，在无光条件下（$PAR_a=0$ $\mu mol \cdot m^{-2} \cdot s^{-1}$）叶龄为 5 d、15 d、25 d、35 d、45 d 和 55 d 的叶片净光合速率 P_n 分别为 -1.173、-1.141、-0.990、-0.720、-0.519 和 -0.462 $\mu mol \cdot m^{-2} \cdot s^{-1}$，即叶片的暗呼吸速率随着叶龄的增加而减小，原因在于叶龄较小的叶片具有旺盛的叶片呼吸。在 PAR_a 为 $0 \sim 400$ $\mu mol \cdot m^{-2} \cdot s^{-1}$ 的范围内，叶片 P_n 随着 PAR_a 增加近线性迅速上升；超过 400 $\mu mol \cdot m^{-2} \cdot$

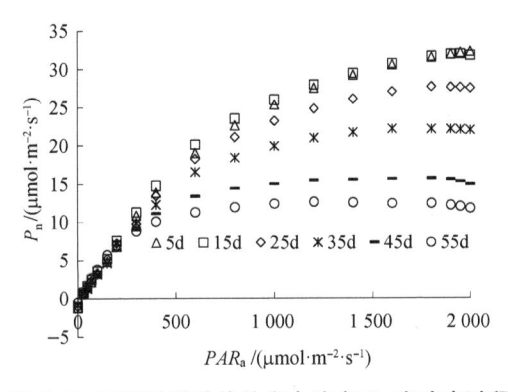

图 7.5　不同叶龄叶片的光合速率 P_n 光响应过程

s^{-1}后,叶片P_n增加速率开始减缓;当PAR_a超过某一光强(光合速率饱和光强),叶片P_n达到最大值,之后随着PAR_a的进一步增加保持稳定状态或者开始下降。叶龄为 5 d、15 d、25 d、35 d、45 d 和 55 d 的叶片最大P_n分别为 32.263、31.959、27.645、22.164、15.676 和 12.582 $\mu mol \cdot m^{-2} \cdot s^{-1}$。叶龄较小的叶片生理生长旺盛,在强光下能够保持高的叶片P_n以利于作物生长。

在PAR_a为 2 000、1 600、1 200、800、400、200、100 和 0 $\mu mol \cdot m^{-2} \cdot s^{-1}$的光强下,不同 LA 的叶片$P_n$范围分别为 5.243~41.174、4.942~39.291、4.989~35.183、4.459~29.379、4.105~20.505、3.310~12.250、1.901~5.008 和 -1.594~-0.252 $\mu mol \cdot m^{-2} \cdot s^{-1}$(图 7.6)。在$PAR_a$大于 100 $\mu mol \cdot m^{-2} \cdot s^{-1}$的光强下叶片$P_n$为正值,叶片进行光合固碳;在$PAR_a$为 0 $\mu mol \cdot m^{-2} \cdot s^{-1}$的光强下,叶片$P_n$为负值,且$P_n$随着叶龄的增加而增加。这主要是因为在零光强下,叶片不存在光合作用,叶龄较小的叶片代谢活动较强,具有较高的呼吸速率。在PAR_a为 2 000、1 600、1 200、800、400、200、100、0 $\mu mol \cdot m^{-2} \cdot s^{-1}$光强下叶片$P_n$和 LA 拟合直线的斜率依次为 -0.508 7、-0.459 8、-0.387 7、-0.295 1、-0.157 3、-0.047 8、-0.010 9 和 0.018 9。随着叶龄增加叶片P_n减小(PAR_a为 0 $\mu mol \cdot m^{-2} \cdot s^{-1}$除外)。叶龄较小的叶片处于水稻冠层上层,具有旺盛的作物生理活性,在强光下叶片具有较强的光合能力,随着叶片衰老,叶片的生理活性降低,其光合能力也随之减小。

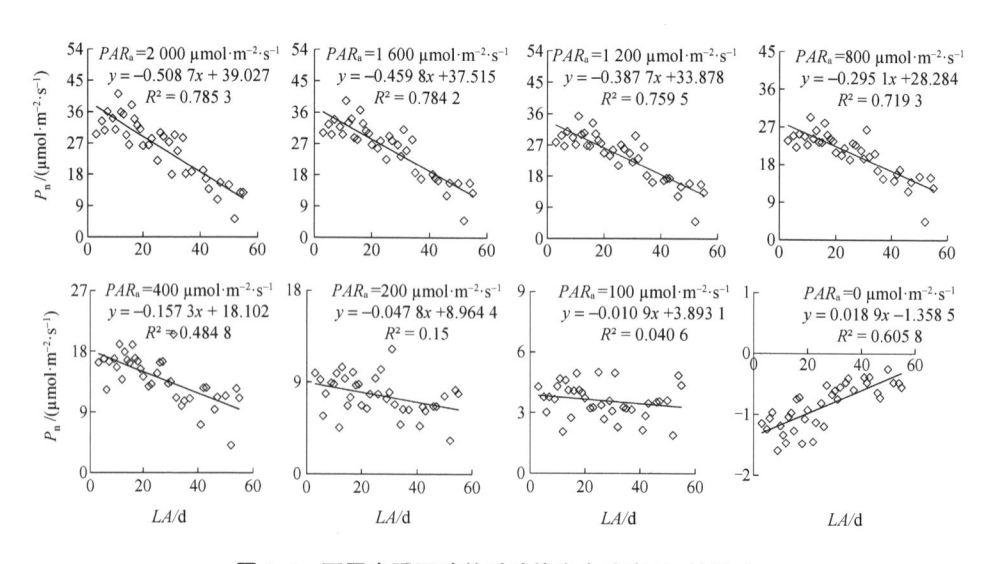

图 7.6 不同光强下叶龄对叶片光合速率P_n的影响

7.2 不同叶龄叶片的 CO_2 浓度响应特征

7.2.1 叶片气孔导度对 CO_2 浓度的响应

由图 7.7 可知,随着大气 CO_2 浓度 Ca 的升高,叶片气孔导度 g_{sw} 逐渐降低,且下降的幅度随着 Ca 的升高逐渐减小,当 Ca 大于 1 500 μmol·mol^{-1} 时,g_{sw} 保持在稳定值不再降低,这与在番茄和切花菊研究结果相一致(Morison and Gifford,1984;林琼,2011)。在 0~1 800 μmol·mol^{-1} 的 Ca 范围内,叶龄为 5 d、15 d、25 d、35 d、45 d 和 55 d 的叶片气孔导度 g_{sw} 分别在 0.103~0.693、0.171~0.411、0.139~0.458、0.133~0.404、0.135~0.247 和 0.104~0.165 mol·m^{-2}·s^{-1} 的范围内变化。在相同的 Ca 条件下,叶片 g_{sw} 随着叶龄的增加而减小。在低 Ca 下,叶龄较小的叶片保持较高的 g_{sw} 使更多的 CO_2 进入叶片胞间,利于叶片光合作用的进行,在高 Ca 下不同叶龄间的叶片 g_{sw} 差异减小。叶龄较大的叶片(45 d 和 55 d 叶龄)受 Ca 影响较小,随着 Ca 变化,g_{sw} 始终保持在较低值。

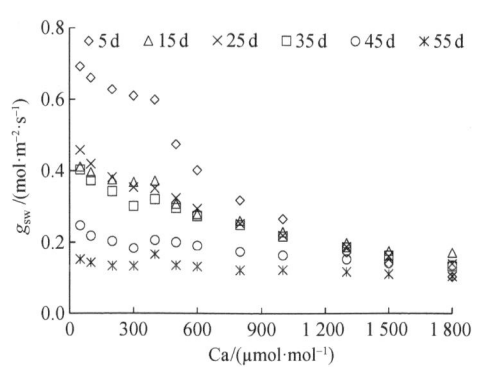

图 7.7 不同叶龄叶片的气孔导度 g_{sw} CO_2 响应过程

在 Ca 为 50、200、400、600 和 1 000 μmol·mol^{-1} 时,叶片 g_{sw} 和 LA 可用二次回归方程拟合(图 7.8),叶片 g_{sw} 随着叶龄的增加最初保持在较大值,之后随着叶龄的进一步增加逐渐降低,相同叶龄的叶片 g_{sw} 在较低的 Ca 下具有较高的 g_{sw}。这说明生长旺盛的叶片在低 Ca 下仍具有旺盛的作物生理活性,保持较高的 g_{sw} 以利于叶片蒸腾和光合等生理活动。在 1 800 μmol·mol^{-1} 的 CO_2 浓度下,高浓度的 CO_2 对气孔开度产生抑制作用,不同叶龄叶片的 g_{sw} 始终保持在较低值。

7.2.2 叶片蒸腾速率对 CO_2 浓度的响应

叶片蒸腾速率 T_r 与叶片气孔导度 g_{sw} 有相似的变化趋势,随着大气 CO_2 浓度 Ca 的升高和叶龄 LA 的增加,叶片 T_r 降低,下降的幅度随着 Ca 的升高逐渐减

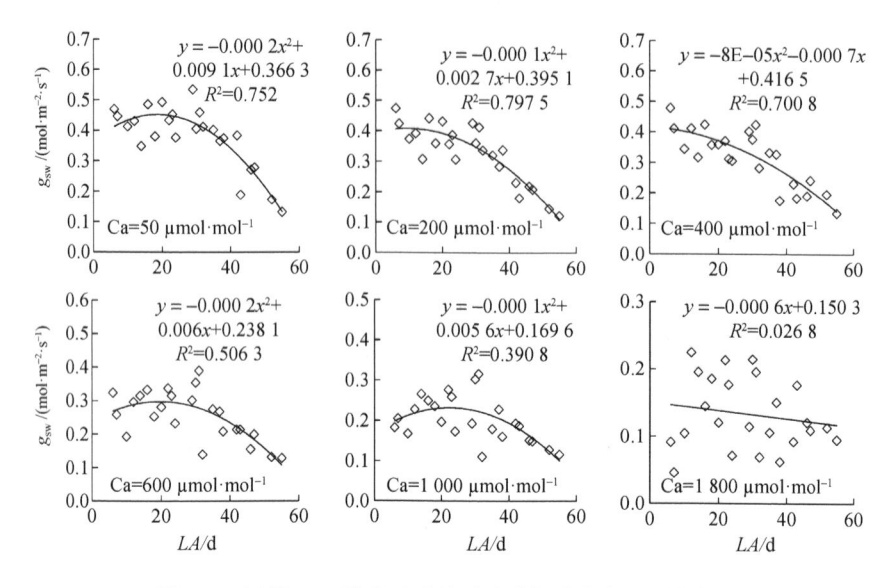

图 7.8 不同 CO_2 浓度下叶龄对叶片气孔导度 g_{sw} 的影响

弱(图 7.9)。水汽由叶内向叶外扩散主要依赖于气孔,Ca 增加导致叶片 g_{sw} 下降,叶片 T_r 也随之降低。在 0～1 800 $\mu mol \cdot mol^{-1}$ 的 Ca 范围内,叶龄为 5 d、15 d、25 d、35 d、45 d 和 55 d 的叶片 T_r 分别在 1.426～7.895、2.694～5.622、2.431～6.401、2.423～5.912、2.326～3.872 和 1.615～2.514 mmol·m^{-2}·s^{-1} 的范围内变化。在相同的 Ca 条件下,叶片 T_r 随着 LA 的增加而减小。在低 Ca 下,叶龄较小的叶片保持较高的 g_{sw} 和 T_r,在高 Ca 下不同叶龄间的叶片 T_r 差异较小。对于叶龄较大的叶片,随着 Ca 变化,叶片 T_r 始终保持在较低值。

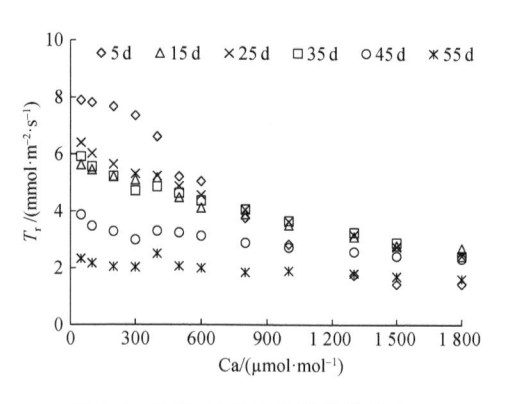

图 7.9 不同叶龄叶片的蒸腾速率 T_r CO_2 响应过程

与叶片 g_{sw} 对 LA 的响应相似,叶片 T_r 和 LA 的关系可用二次回归方程拟合(图 7.10)。对于叶龄较小的叶片,水稻保持较高 T_r,随着叶片衰老(LA 增加),T_r 逐渐降低。在低 Ca 下,叶龄较小的叶片可以保持高的 T_r 以加快叶片散热,使叶片能够保持在作物适宜的温度范围内以利于叶片生理活动的进行,随着叶片的衰老,叶片生理活性降低,叶片对 Ca 的适应能力下降,在高 Ca 下叶片 T_r 较低。

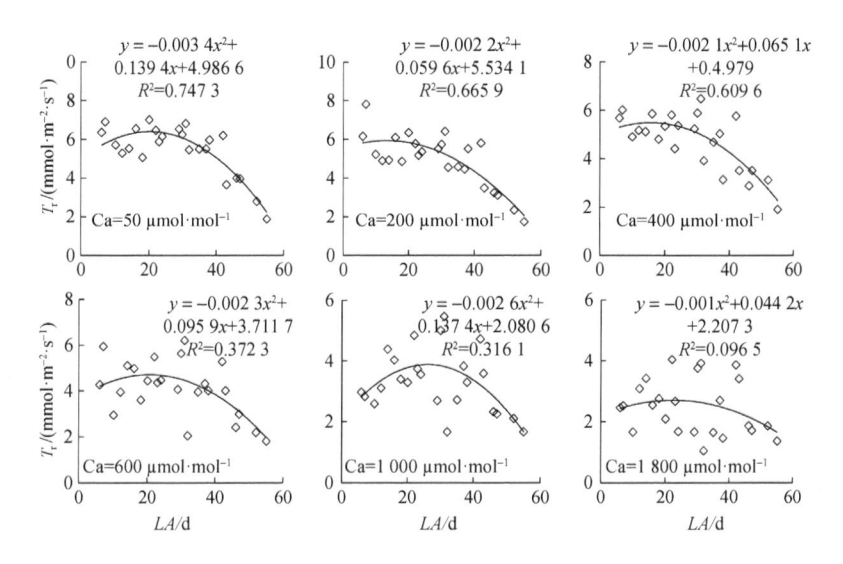

图 7.10　不同 CO_2 浓度下叶龄对叶片蒸腾速率 T_r 的影响

7.2.3　叶片净光合速率对 CO_2 浓度的响应

光照充足时,大气 CO_2 浓度 Ca 的高低直接影响植物的光合作用。由图 7.11 可知,叶片的净光合速率 P_n 与 Ca 成正相关,在 Ca 较低时,不同叶龄 LA 的叶片 P_n 随 Ca 的增加呈线性快速增加,当 Ca 升高到一定程度时(CO_2 饱和点),叶片 P_n 达到最大值,之后随着 Ca 的进一步增加 P_n 保持稳定。在 0~1 800 μmol·mol^{-1} 的 Ca 范围内,叶龄为 5 d、15 d、25 d、35 d、45 d 和 55 d 的叶片净光合速率 P_n 分别在 -0.437~41.866、-0.419~39.614、-0.491~40.345、-0.639~

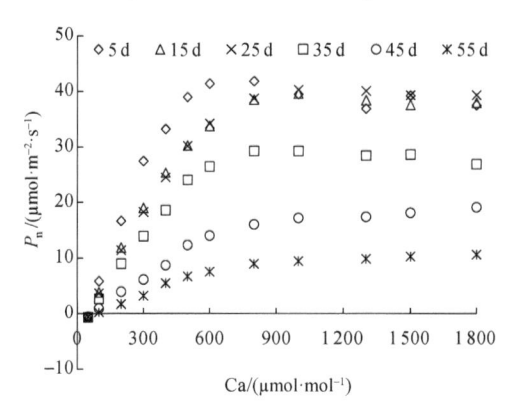

图 7.11　不同叶龄叶片的光合速率 P_n 对 CO_2 响应过程

29.344、−0.485~19.135 和−0.504~10.657 μmol·m^{-2}·s^{-1} 的范围内变化。随着 LA 减小，叶片的最大 P_n 减小。叶片的羧化速率（直线段斜率）随着叶龄的增加而减小，这说明叶龄较小的叶片具有较强的光合能力。在某一特定的 Ca 浓度下 P_n 随着叶龄的增加而减小，这与叶龄较小的叶片保持较高的气孔导度 g_{sw} 相一致。

在不同的 Ca 下，叶片 P_n 随 LA 的变化如图 7.12 所示。由图可以看出，Ca 为 50 μmol·mol^{-1} 时，不同叶龄叶片的 P_n 始终保持在−0.5 μmol·m^{-1}·s^{-1} 左右，这主要是因为在低的 Ca 下，叶片的光合能力主要受低 CO_2 浓度限制，叶片的呼吸速率大于叶片光合速率，叶片表现为向外界释放 CO_2。在 CO_2 浓度为 200、400、600、1 000 和 1 800 μmol·mol^{-1} 时，叶片的最大 P_n 分别为 13.1、27.4、41.9、47.1 和 47.1 μmol·m^{-2}·s^{-1}，叶片 P_n 在较小的 LA 范围内始终保持在较大值，之后随着 LA 的进一步增加逐渐降低。这说明随着 Ca 的升高，相同叶龄叶片的 P_n 迅速增加，在 CO_2 浓度为 1 000 μmol·mol^{-1} 左右增加到最大值，之后随着 Ca 浓度的进一步增加 P_n 增加速度减慢。此外生长旺盛的叶片在特定 Ca 下均具有较高的 P_n，随着叶片的衰老，叶片光合能力下降，叶片固碳能力降低。

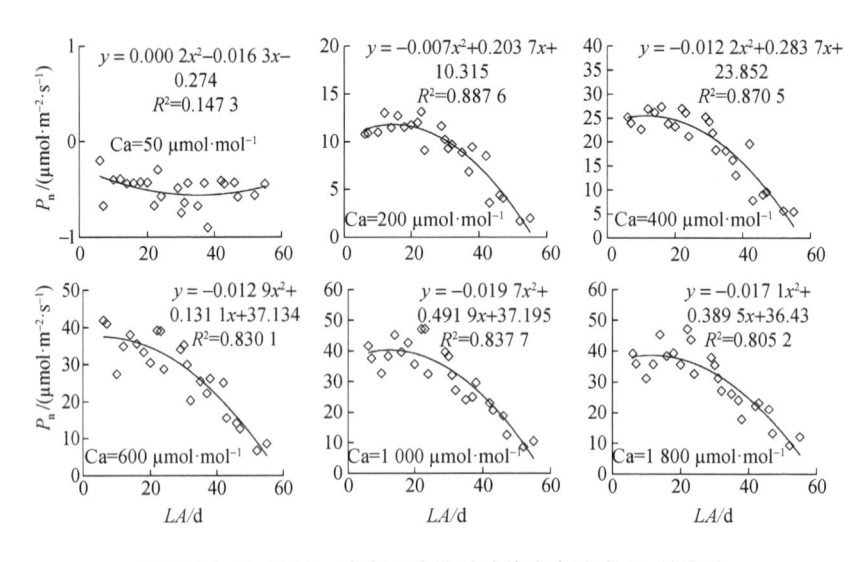

图 7.12 不同 CO_2 浓度下叶龄对叶片光合速率 P_n 的影响

7.3 考虑叶龄的光响应曲线模型

7.3.1 模型描述

应用非直角双曲线即 Farquhar 模型描述叶片光响应曲线：

$$P_n = \frac{\varphi PAR_a + P_{nmax} - \sqrt{(\varphi PAR_a + P_{nmax})^2 - 4k\varphi PAR_a P_{nmax}}}{2k} - R_d$$

(7.1)

式中，P_n 为净光合速率，$\mu mol \cdot m^{-2} \cdot s^{-1}$；$\varphi$ 为表观量子效率(AQY)，$\mu mol \cdot \mu mol^{-1}$；$P_{nmax}$ 为表观最大净光合速率，$\mu mol \cdot m^{-2} \cdot s^{-1}$；$PAR_a$ 为入射到叶片上的光合有效辐射，$\mu mol \cdot m^{-2} \cdot s^{-1}$；$R_d$ 为暗呼吸速率，$\mu mol \cdot m^{-2} \cdot s^{-1}$；$k$ 为光响应曲线曲角(无量纲)。

在 PAR_a 为 0~200 $\mu mol \cdot m^{-2} \cdot s^{-1}$ 时对曲线进行线性回归，可得到 φ (直线斜率)和 R_d (PAR_a 为 0 时的 P_n)，然后基于最小二乘法原理对 Farquhar 模型中的参数 P_{nmax} 和 k 进行率定；线性回归直线与 P_n 为零和 P_n 为 P_{nmax} 的两水平线的交点对应的 PAR_a 分别为光补偿点 LCP 和光饱和点 LSP。

7.3.2 光响应曲线

单独拟合每条光响应曲线，以 5 d 叶龄为间隔，分析不同叶龄 LA 叶片的光响应曲线。由图 7.13 可以看出，在无光条件下叶片进行呼吸作用释放 CO_2 (净光合

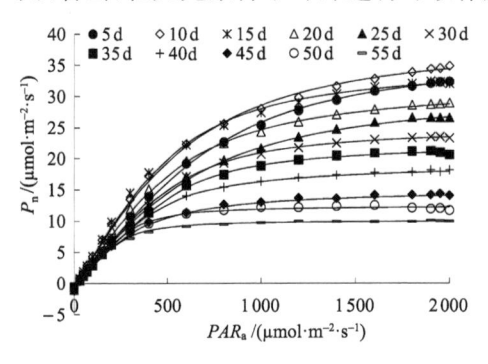

图 7.13 不同叶龄叶片的光响应曲线(散点为测量值，曲线为拟合值，5 d、10 d、15 d、20 d、25 d、30 d、35 d、40 d、45 d、50 d、55 d 分别为 3~7 d、8~12 d、13~17 d、18~22 d、23~27 d、28~32 d、33~37 d、38~42 d、43~47 d、48~52 d、53~57 d 范围平均值)

速率P_n为负值),随着光合有效辐射PAR_a的增加,叶片P_n迅速上升,当PAR_a超过某一光强,叶片P_n增加缓慢,达到PAR_a某一光强时,叶片P_n不再增加,表现为光饱和现象。P_n对PAR_a响应的经典形式可以概括为三个阶段:第一个阶段为近似直线段,P_n随PAR_a(PAR_a<200 $\mu mol \cdot m^{-2} \cdot s^{-1}$)的增加而迅速增高,直线的斜率即为表观量子效率$\varphi$,反映植物对弱光的利用效率;第二阶段($PAR_a$为200 $\mu mol \cdot m^{-2} \cdot s^{-1}$左右至光饱和浓度$LSP$)为曲线段,$P_n$随$PAR_a$的增加而缓慢地增高;第三阶段($PAR_a$大于$LSP$后)几乎呈直线段,$P_n$随$PAR_a$的增加不再发生明显变化。由图可以看出,$LA$会明显影响叶片的光响应过程。$LA$导致的叶片$P_n$差异随着光强的增加而增加。总体表现为随着$LA$的增加,$LA$为10 d左右的叶片光合能力到达最大值,之后随着$LA$的进一步增加叶片光合能力减小。10 d叶龄叶片的$P_{nmax}$为34.89 $\mu mol \cdot m^{-2} \cdot s^{-1}$,约为55 d叶龄叶片的3.4倍。

7.3.3 光响应参数

光补偿点LCP是植物利用弱光能力的重要指标,该值越小利用弱光的能力越强。光饱和点LSP是植物利用强光能力的指标,LSP越高说明植物利用强光能力越强,在受到强光刺激时不易发生抑制,表观量子效率φ反映植物光合作用的光能利用效率,尤其是对弱光的利用能力。统计不同叶龄段叶片的光响应参数,由图7.14可知,不同LA叶片的光响应参数具有显著差异。不同LA叶片的LCP、LSP和φ分别在1.6~29.1 $\mu mol \cdot m^{-2} \cdot s^{-1}$、284.3~1 206.5 $\mu mol \cdot m^{-2} \cdot s^{-1}$和0.027 7~0.061 2 $\mu mol \cdot \mu mol^{-1}$范围内变化,总体表现$LCP$、$LSP$和$\varphi$均随着$LA$的增加而减小。这说明叶龄较小的叶片对强光弱光均有较强的利用能力,随着叶片衰老,叶片的光能利用能力减弱,叶片的固碳能力下降。最大净光合速率P_{nmax}反映了水稻的最大同化能力,叶片出现后,P_{nmax}迅速增加,叶龄为8~12 d时水稻的P_{nmax}达到最大值,之后随着叶片的衰老P_{nmax}减小。暗呼吸速率R_d反映了植物的生理活性,与P_{nmax}相似,叶龄为8~12 d的叶片R_d达到最大值,之后随着叶龄的增加而减小。不同LA叶片的光响应曲线曲角k也存在差异。

光响应曲线为作物光合模型提供重要参数,分别对参数P_{nmax}、φ、R_d、k与叶龄LA的关系进行回归分析,结果如图7.15所示。对于不同叶龄的叶片,参数P_{nmax}、φ、R_d和k分别在10.07~42.38 $\mu mol \cdot m^{-2} \cdot s^{-1}$、0.027 7~0.061 2 $\mu mol \cdot \mu mol^{-1}$、0.22~1.16 $\mu mol \cdot m^{-2} \cdot s^{-1}$和0.546 0~0.952 9范围内变化。其中参数P_{nmax}、φ和R_d随着LA增加均呈现正偏态分布,与LA的关系可拟合为$P_{nmax}=$

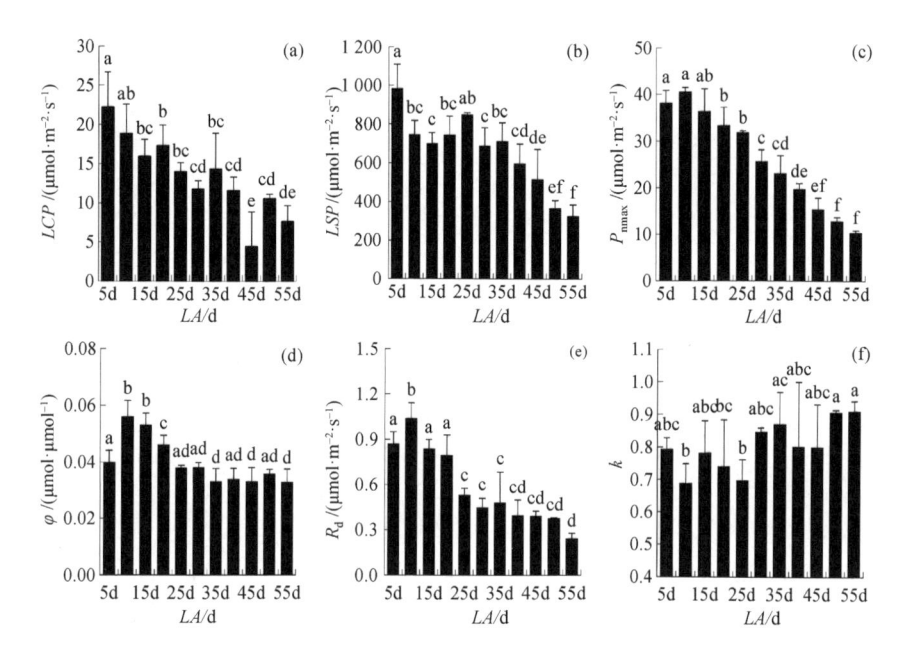

图 7.14 不同叶龄段叶片的光响应参数（5 d、10 d、15 d、20 d、25 d、30 d、35 d、40 d、45 d、50 d、55 d 分别为 3~7 d、8~12 d、13~17 d、18~22 d、23~27 d、28~32 d、33~37 d、38~42 d、43~47 d、48~52 d、53~57 d 范围平均值）

$51.75e^{-0.024\,9LA}(1-e^{-0.396\,2LA})$、$\varphi=0.071\,6e^{-0.016\,4LA}(1-e^{-0.294\,4LA})$ 和 $R_d=1.751\,4e^{-0.036\,1LA}(1-e^{-0.215\,7LA})$，参数 k 与叶龄 LA 的关系可拟合为 $k=0.002\,9LA+0.719\,3$。参数 P_{nmax}、φ 和 R_d 与 LA 的关系显著，参数 k 与 LA 的关系不显著。叶片出现以后，参数 P_{nmax}、φ 和 R_d 迅速增大，在出叶 10 天左右（叶片完全展开 3 天左右）达到最大值后维持一段时间，之后线性下降。造成上述变化的原因主要是在展叶期叶片幼嫩，叶肉组织分化不完善，叶绿体含量较低，光合速率低，呼吸消耗大；随着叶片的发育，光合速率逐渐增强；之后随着叶片衰老，叶片的光合能力和新陈代谢能力逐渐下降。参数 k 随着叶片衰老线性增加，但与 LA 之间的关系不显著。

7.3.4 改进光响应模型

基于光响应参数对叶龄 LA 的响应可知，参数 P_{nmax}、φ 和 R_d 与 LA 的关系呈显著相关的正偏态分布，参数 k 随 LA 增加呈不显著线性增加（图 7.15）。研究对参数 P_{nmax}、φ、R_d 引入 LA 参数，联合公式 (7.1) 和公式 (7.2)~(7.4) 建立考虑叶龄的改进光响应模型，其中

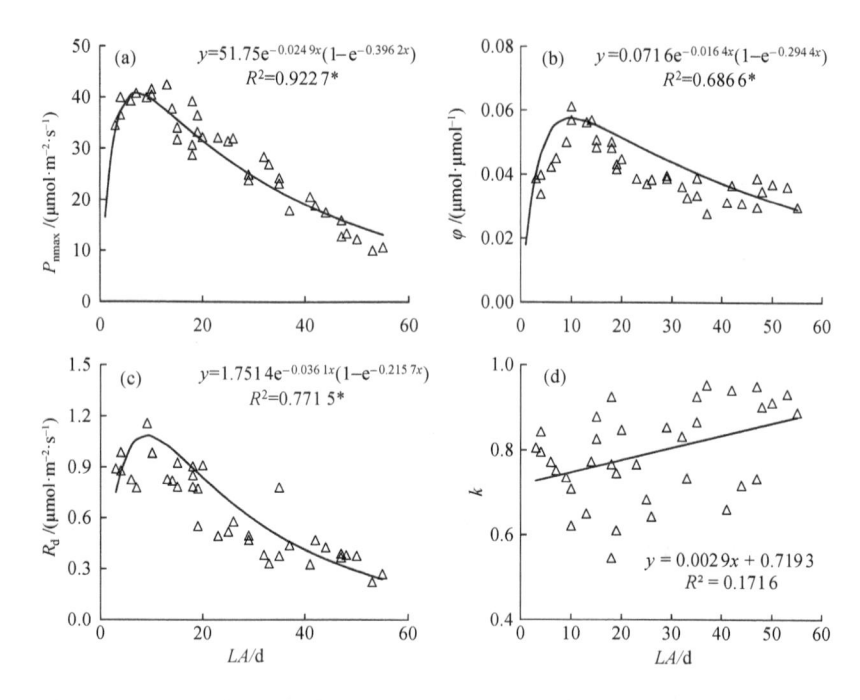

图 7.15 光响应参数表观最大净光合速率 P_{nmax}，表观量子效率 φ，暗呼吸速率 R_d，光响应曲线曲角 k 与叶龄 LA 的关系

$$P_{nmax} = e^{-d_1 LA}(1-e^{-d_2 LA})P_{nopt} \quad (7.2)$$

$$\varphi = e^{-d_3 LA}(1-e^{-d_4 LA})\varphi_{opt} \quad (7.3)$$

$$R_d = e^{-d_5 LA}(1-e^{-d_6 LA})R_{dopt} \quad (7.4)$$

式中，拟合参数 P_{nopt}、φ_{opt}、R_{dopt}、d_1、d_2、d_3、d_4、d_5 和 d_6 为 7.3.3 节的拟合值，取值分别为 51.75、0.071 6、1.751 4、0.024 9、0.396 2、0.016 4、0.294 4、0.036 1 和 0.215 7。

研究对比以下三种模型的光响应曲线估算精度：①具体叶片光响应模型，即单独拟合每条光响应曲线；②通用光响应模型，即采用表观量子效率 φ、表观最大净光合速率 P_{nmax}、暗呼吸速率 R_d 和光响应曲线曲角 k 一套参数估算每条光响应曲线；③改进光响应模型。其中具体叶片光响应模型的参数 P_{nmax}、φ、R_d 和 k 分别为 10.1~42.4 $\mu mol \cdot m^{-2} \cdot s^{-1}$、0.027 7~0.061 2 $\mu mol \cdot \mu mol^{-1}$、0.22~1.16 $\mu mol \cdot m^{-2} \cdot s^{-1}$ 和 0.546 0~0.952 9，通用光响应模型的参数 P_{nmax}、φ、R_d 和 k 分别为 31.0 $\mu mol \cdot m^{-2} \cdot s^{-1}$、0.049 3 $\mu mol \cdot \mu mol^{-1}$、0.88 $\mu mol \cdot m^{-2} \cdot s^{-1}$

和 0.607 2。三种模型的叶片 P_n 估算精度见表 7.1。基于具体叶片光响应模型、通用光响应模型和改进光响应模型的 P_n 估算值的 $RMSE$ 范围分别为 0.177～0.532、2.166～7.348 和 0.156～1.959 $\mu mol \cdot m^{-2} \cdot s^{-1}$（平均值分别为 0.362、5.209 和 1.169 $\mu mol \cdot m^{-2} \cdot s^{-1}$），$R^2$ 范围分别为 0.993～0.999、0.909～0.999 和 0.952～0.998（平均值分别为 0.997、0.978 和 0.988），测量值与估算值的斜率 k 范围分别为 0.985～0.999、0.765～2.249 和 0.897～1.153（平均值分别为 0.994、1.257 和 1.002），计算误差分别为 -1.50%～-0.10%、-23.46%～124.91% 和 -5.69%～18.00%（平均值分别为 -0.61%、25.68% 和 1.41%，负值为低估，正值为高估）。

表 7.1 具体叶片光响应模型、通用光响应模型和改进光响应模型模拟光响应曲线的统计参数

叶龄/d	具体叶片光响应模型			通用光响应模型			改进光响应模型		
	$RMSE/$ $\mu mol \cdot$ $m^{-2} \cdot s^{-1}$	R^2	k	$RMSE/$ $\mu mol \cdot$ $m^{-2} \cdot s^{-1}$	R^2	k	$RMSE/$ $\mu mol \cdot$ $m^{-2} \cdot s^{-1}$	R^2	k
3～7	0.351	0.999	0.998	2.166	0.991	0.841	1.311	0.997	0.997
8～12	0.500	0.999	0.998	3.108	0.999	0.765	0.944	0.998	1.022
13～17	0.532	0.998	0.997	3.773	0.998	0.805	1.182	0.997	1.000
18～22	0.463	0.998	0.994	4.320	0.997	0.906	1.080	0.996	1.026
23～27	0.301	0.999	0.991	4.965	0.996	0.996	0.694	0.992	0.984
28～32	0.381	0.999	0.999	5.476	0.997	1.090	1.959	0.994	0.897
33～37	0.418	0.996	0.993	5.915	0.992	1.215	1.254	0.990	0.945
38～42	0.228	0.998	0.987	6.442	0.988	1.380	0.899	0.994	0.929
43～47	0.177	0.998	0.985	6.782	0.965	1.702	1.798	0.952	1.135
48～52	0.350	0.993	0.996	7.000	0.930	1.876	0.156	0.998	0.936
53～57	0.286	0.994	0.995	7.348	0.909	2.249	1.582	0.948	1.153

综上，通用光响应模型的估算误差远大于具体叶片光响应模型和改进光响应模型的估算误差。单独光响应模型和改进光响应模型均能较好地拟合光响应曲线，其中改进光响应模型估算的 P_n 精度有所降低。但改进光响应模型能够用一套参数模拟冠层内所有叶龄叶片的光响应曲线（图 7.16），这将为实现农田碳通量从叶片尺度到冠层尺度的提升提供一种机理方法。

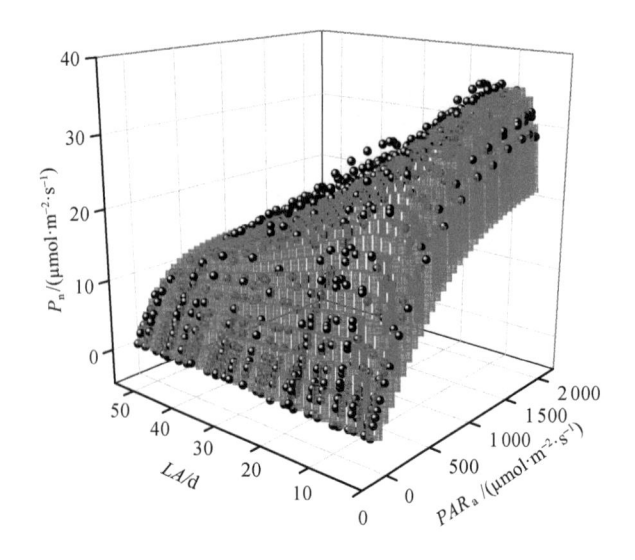

图 7.16　基于改进光响应模型的光响应曲线(散点为测量值,面为模拟值)

7.4　考虑叶龄的 CO_2 响应曲线模型

7.4.1　模型描述

目前广泛应用的 Farquhar 光合模型认为 C_3 植物的叶片光合速率由核酮糖-1,5-双磷酸羧化酶/加氧酶(Rubisco)所支持的羧化速率、电子传递所支持的核酮糖-1,5-双磷酸(RuBP)再生速率和磷酸丙糖(TP)利用速率三者的最低值决定。对净光合速率 P_n-胞间 CO_2 浓度 C_i(P_n-C_i)曲线进行拟合,能有效地估计最大羧化速率 V_{max}、最大电子传递速率 J_{max}、光呼吸速率 R_1、叶肉导度 g_m 和 TP 利用速率 V_p 等生化参数,有助于对植物光合生理及其响应环境变化的理解和预测。

在光照下,C_3 植物净光合速率(P_n)受 Rubisco(P_c,$\mu mol \cdot m^{-2} \cdot s^{-1}$)、RuBP($P_j$,$\mu mol \cdot m^{-2} \cdot s^{-1}$)、TP($P_p$,$\mu mol \cdot m^{-2} \cdot s^{-1}$)限制,净光合速率由三者最小值决定:

$$P_n = \min\{P_c, P_j, P_p\} \tag{7.5}$$

在叶绿体部位 CO_2 浓度(C_c)低的时候,光合速率受 Rubisco 所能支持的羧化速率决定

$$P_c = \frac{V_{max}(C_c - \Gamma^*)}{C_c + K_c\left(1 + \dfrac{O}{K_o}\right)} - R_l \tag{7.6}$$

式中，V_{max} 为 Rubisco 酶的最大羧化速率，$\mu mol \cdot m^{-2} \cdot s^{-1}$；$C_c$、$O$ 为叶绿体部位 CO_2、O_2 浓度，$\mu mol \cdot mol^{-1}$、210 $mmol \cdot mol^{-1}$；R_l 为光呼吸速率，即线粒体呼吸速率，$\mu mol \cdot m^{-2} \cdot s^{-1}$；$\Gamma^*$ 为无暗呼吸时的 CO_2 补偿点，$\mu mol \cdot mol^{-1}$；K_c、K_o 为 Rubisco 羧化、氧化的米氏常数，$\mu mol \cdot mol^{-1}$、$mmol \cdot mol^{-1}$。Γ^*、K_c、K_o 由下式计算（Bernacchi and Long，2002）

$$\Gamma^*、K_c、K_o = \exp\left(c - \frac{\Delta H_a}{R(T_l + 273.3)}\right) \tag{7.7}$$

式中，T_l 为叶温，℃；R 为气体常数，0.008 31 $kJ \cdot K^{-1}$；c、ΔH_a 为温度相关参数，Γ^*、K_c、K_o 的 c 分别为 19.02、38.05、20.30；ΔH_a 分别为 37.83、79.43、36.38（Bernacchi et al.，2010）。

随着 C_c 的升高，光合速率由 RuBP 再生速率决定，

$$P_j = \frac{J(C_c - \Gamma^*)}{4C_c + 8\Gamma^*} - R_l \tag{7.8}$$

式中，J 为电子传递速率，$\mu mol \cdot m^{-2} \cdot s^{-1}$，取决于入射光的强度，

$$\theta J^2 - (\varphi I + J_{max})J + \varphi I J_{max} = 0 \tag{7.9}$$

式中，J_{max} 为最大电子传递速率，$\mu mol \cdot m^{-2} \cdot s^{-1}$；表观量子效率 φ、响应曲线曲角 k 的取值对 J 的影响不大，研究分别取 0.3 和 0.90（Wang et al.，2014）。

当 C_c 浓度很高时，光合受 TP 利用速率（V_p）限制，

$$P_p = 3V_p - R_l \tag{7.10}$$

根据菲克第一定律，C_c 与叶肉导度相关，

$$C_c = C_i - P_n / g_m \tag{7.11}$$

式中，C_i 为胞间 CO_2 浓度，$\mu mol \cdot mol^{-1}$；g_m 为叶肉导度，$mol \cdot m^{-2} \cdot s^{-1}$。

用公式（7.11）中的 C_i 替换公式（7.6）和（7.8）中的 C_c，

$$P_c, P_j = \frac{-b - \sqrt{b^2 - 4ac}}{2a} \tag{7.12}$$

对于 P_c,

$$a = 1/g_m \tag{7.13}$$

$$b = \frac{R_d - V_{max}}{g_m} - C_i - K_c\left(1 + \frac{O}{K_o}\right) \tag{7.14}$$

$$c = V_{max}(C_i - \Gamma^*) = R_d\left[C_i + K_c\left(1 + \frac{O}{K_o}\right)\right] \tag{7.15}$$

对于 P_j,

$$a = 4/g_m \tag{7.16}$$

$$b = \frac{4R_d - J}{g_m} - 4C_i - 8\Gamma^* \tag{7.17}$$

$$c = J(C_i - \Gamma^*) - 4R_d(C_i + 2\Gamma^*) \tag{7.18}$$

在 $C_i < 200$ μmol·mol^{-1} 时对 P_n-C_i 数据进行线性回归,求得光合作用的 CO_2 补偿点 CCP、羧化效率 CE、光呼吸速率 R_l 和 CO_2 浓度饱和时的 P_{nmax}(潜在最大光合能力)。

7.4.2 CO₂ 响应曲线

当光强充足时,胞间 CO_2 浓度 C_i 的高低直接影响作物的净光合速率 P_n。由图 7.17 可知,CO_2 响应曲线明显分三个阶段:C_i 浓度较低时,P_n 由 C_i 决定,这一阶段 P_n 随 C_i 增加而快速增加,此阶段为 Rubisco 限制阶段;之后随着 C_i 继续增加,P_n 的增加速率开始变缓,此时逐渐进入 RuBP 限制阶段;随着 CO_2 的进一步增加 P_n 不再增加,此时光合限制进入 TP 限制阶段。

具体表现为当 CO_2 浓度小于 100 μmol·mol^{-1} 左右时,各叶龄段的 P_n 为负值,此浓度下水稻以呼吸作用为主要生理活动,叶片光合速率小于呼吸速率。当净光合速率为零时,植物呼吸速率和光合速率相等,此时所对应的 C_i 浓度为 CO_2 补偿点 CCP。随着 C_i 浓度继续增加,植物净光合速率达到一个最高点,之后继续增加 C_i 浓度,P_n 不再增加,P_n 达到最大值时所对应的 CO_2 浓度为 CO_2 饱和点

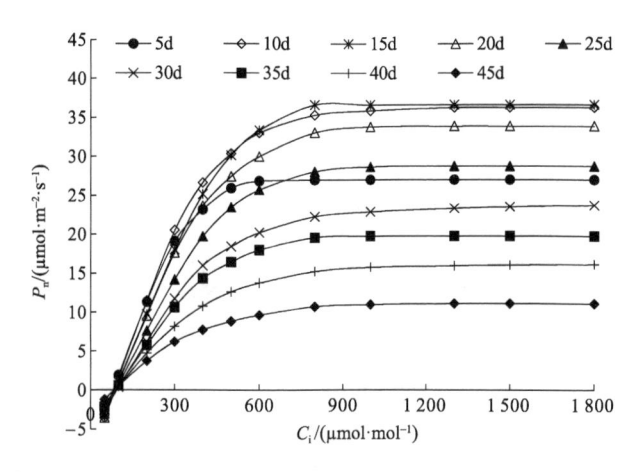

图 7.17　不同叶龄叶片的 CO_2 响应曲线(散点和曲线均为拟合值,5 d、10 d、15 d、20 d、25 d、30 d、35 d、40 d、45 d 分别为 3~7 d、8~12 d、13~17 d、18~22 d、23~27 d、28~32 d、33~37 d、38~42 d、43~47 d 范围平均值)

CSP。P_n 的最大值 P_{nmax} 表征叶片的光合潜能,由图 7.17 可知出叶后叶片光合潜力不断增加,在出叶 15 d 左右 P_{nmax} 达到 36.60 $\mu mol \cdot m^{-2} \cdot s^{-1}$,之后随着叶片的衰老叶片的光合潜力不断下降,叶龄为 45 d 的叶片 P_{nmax} 为 11.09 $\mu mol \cdot m^{-2} \cdot s^{-1}$,仅为叶龄为 15 d 的三分之一左右。

图 7.18 为不同叶龄段叶片的 CO_2 响应参数,叶片出现后,CO_2 补偿点 CCP 随着 LA 的增加开始增加,在 LA 为 10 d 左右增加到最大值 7.5 $\mu mol \cdot mol^{-1}$ 左右,且在 LA 大于 20 d 之前维持在较大值,之后开始显著减小到 45 d 的 1.5 $\mu mol \cdot mol^{-1}$ 左右。CO_2 饱和点 CSP 在整个 LA 范围内表现出较小的变化,始终维持在 450 $\mu mol \cdot mol^{-1}$ 左右。不同 LA 范围内的羧化效率 CE 在 0.020 5~0.093 7 $mol \cdot m^{-2} \cdot s^{-1}$ 范围内变化,叶片长出后,CE 迅速增加,在 10 d 叶龄左右增加到最大值 0.092 $mol \cdot m^{-2} \cdot s^{-1}$,之后维持在较大值一段时间,25 d 叶龄后开始显著减小,这表明 10~20 d 左右的叶片在较低的 CO_2 浓度下有较高的 CO_2 同化能力。叶片最大净光合速率 P_{nmax}、最大羧化速率 V_{max}、最大电子传递速率 J_{max} 和 TP 利用速率 V_p 随着 LA 的增加均表现出在 10~20 d 叶龄增加到最大值然后减小的趋势。光呼吸速率 R_l 为光下叶片向空气中释放 CO_2 的速率,在 35 d 叶龄前叶片 R_l 随着 LA 的增加先增加后减小,但变化并不显著,之后随着叶片的进一步衰老,R_l 显著减小。叶肉导度 g_m 始终表现出随着叶片衰老而减小的趋势。CO_2 响应参数随着叶龄增加变化明显,细化叶龄在冠层空间内的垂直分布对分析冠层多层空间

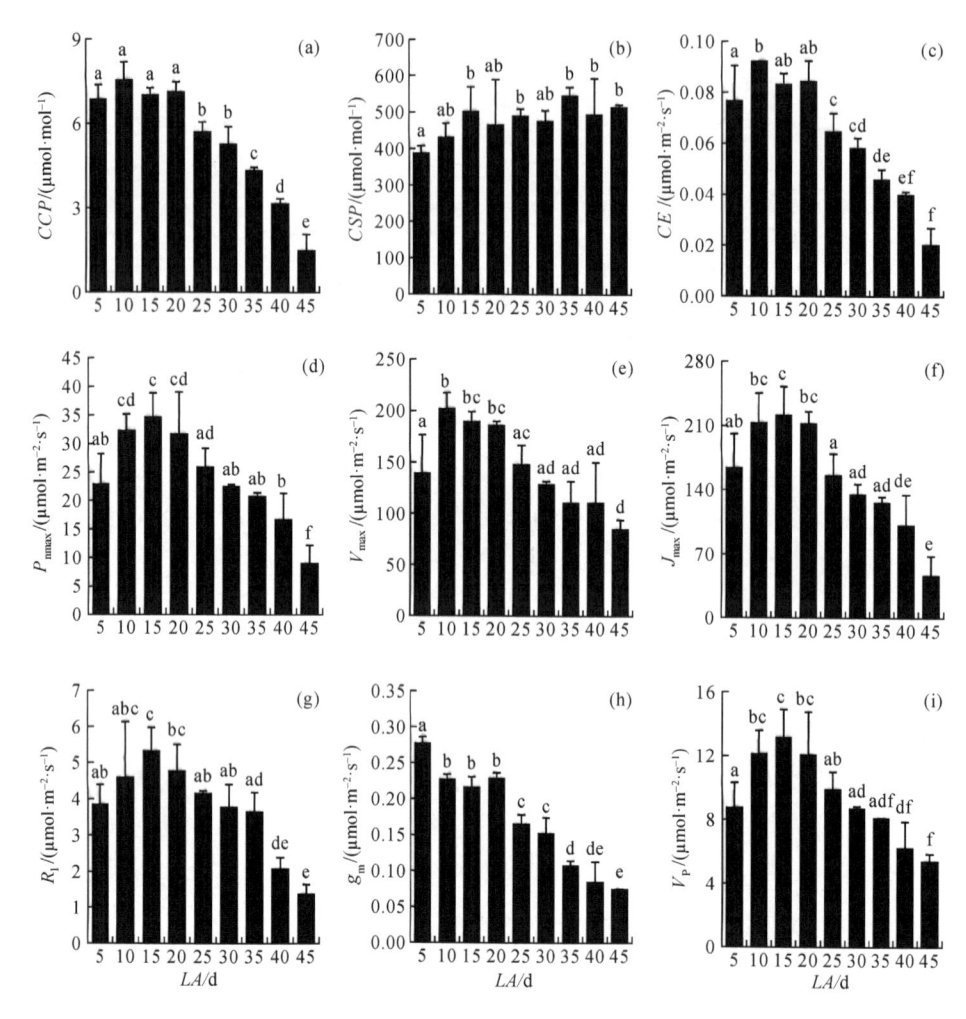

图 7.18 不同叶龄段的 CO_2 响应参数(5 d、10 d、15 d、20 d、25 d、30 d、35 d、40 d、45 d、50 d、55 d 分别为 3～7 d、8～12 d、13～17 d、18～22 d、23～27 d、28～32 d、33～37 d、38～42 d、43～47 d、48～52 d、53～57 d 范围平均值)

内的光合作用及产量估计具有重要的理论和实际应用价值。

7.4.3 CO_2 响应参数

分别对 CO_2 响应参数最大羧化速率 V_{max}、最大电子传递速率 J_{max}、光呼吸速率 R_l、叶肉导度 g_m 和 TP 利用速率 V_p 与叶龄 LA 的关系进行回归分析,结果如图 7.19 所示。在不同 LA 范围内,参数 V_{max}、J_{max}、R_l、g_m 和 V_p 分别在 70.04～227.94 $\mu mol \cdot m^{-2} \cdot s^{-1}$、47.98～268.12 $\mu mol \cdot m^{-2} \cdot s^{-1}$、1.40～6.47 $\mu mol \cdot$

m^{-2}·s^{-1}、0.070 9~0.404 3 mol·m^{-2}·s^{-1} 和 3.45~14.54 μmol·m^{-2}·s^{-1} 范围内变化,所有参数与 LA 均显著相关。其中参数 V_{max}、J_{max}、R_l 和 V_p 随着 LA 增加呈现正偏态分布,即叶片出现以后参数 V_{max}、J_{max}、R_l 和 V_p 迅速增大,在出叶 10 天左右(叶片完全展开 3 天左右)达到最大值,之后两周左右维持在最大值,然后线性下降。参数 g_m 随着 LA 增加显著线性减小。

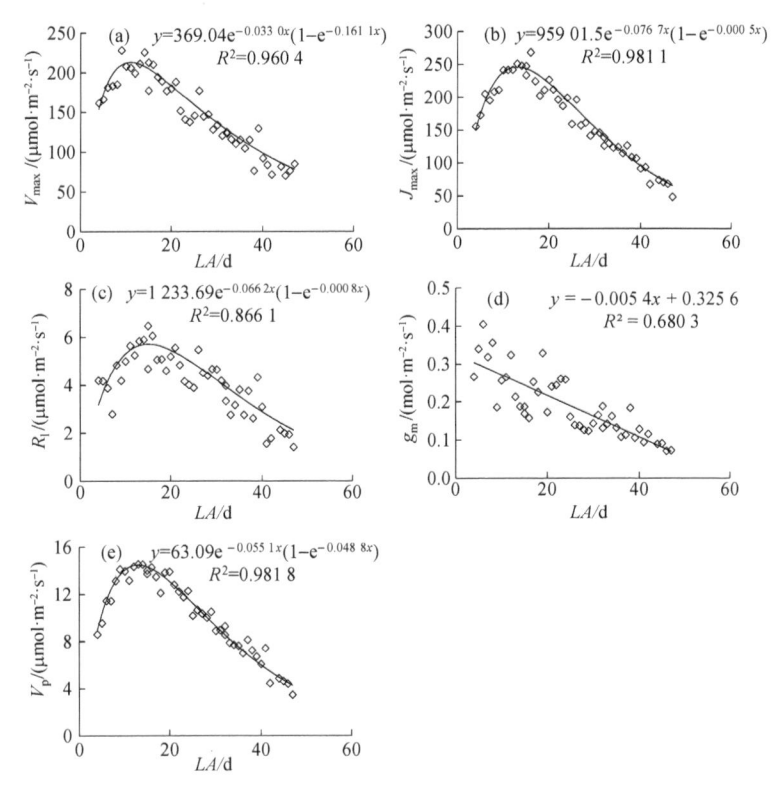

图 7.19 CO_2 响应参数最大羧化速率 V_{max}、最大电子传递速率 J_{max}、光呼吸速率 R_l、叶肉导度 g_m 和 TP 利用速率 V_p 与叶龄 LA 的关系

V_{max} 和 J_{max} 分别为叶片光合速率受 Rubisco 和 RuBP 限制的核心参数 (Sharkey et al.,2007),目前关于水稻 V_{max} 和 J_{max} 与 LA 的关系鲜有报告,但研究表明,水稻叶片的光合能力与叶片的氮含量密切相关(田永超 等,2004;Xu et al.,2014;Sun et al.,2016),且 V_{max} 和 J_{max} 随着叶片的氮量增加明显增加 (Nakano,1997;李勇 等,2013)。另外水稻的氮含量分布表现为叶片出现两周内逐渐增加,然后维持在最大值一段时间之后逐渐减小(Yang et al.,2014),这与目前的 V_{max} 和 J_{max} 正偏态分布相一致。另外,g_m 也与叶片的氮含量呈正相关(Yamori et al. , 2011;韩吉梅 等,2017),这与目前的 g_m 随 LA 增加线性减小略有不同。

7.4.4 改进 CO_2 响应模型

基于 CO_2 响应参数对叶龄 LA 的响应可知,参数 V_{max}、J_{max}、R_1 和 V_p 与 LA 的关系呈显著相关的正偏态分布,参数 g_m 与叶龄 LA 呈显著负线性相关,研究基于 V_{max}、J_{max}、R_1 和 V_p 与 LA 的关系,建立考虑叶龄的改进 CO_2 响应模型,其中

$$V_{max} = e^{-d_1 LA}(1 - e^{-d_2 LA})V_{opt} \tag{7.19}$$

$$J_{max} = e^{-d_3 LA}(1 - e^{-d_4 LA})J_{opt} \tag{7.20}$$

$$R_1 = e^{-d_5 LA}(1 - e^{-d_6 LA})R_{1opt} \tag{7.21}$$

$$g_m = -d_7 LA + g_{mopt} \tag{7.22}$$

$$V_p = e^{-d_8 LA}(1 - e^{-d_9 LA})V_{popt} \tag{7.23}$$

其中,V_{opt}、J_{opt}、R_{1opt}、g_{mopt}、V_{popt}、d_1、d_2、d_3、d_4、d_5、d_6、d_7、d_8、d_9 为 7.1.4.3 节的拟合值,取值分别为 369.04、95 901.50、1 233.69、0.325 6、63.09、0.033 0、0.161 1、0.076 7、0.000 5、0.066 2、0.000 8、0.005 4、0.055 1 和 0.048 8。

研究对比以下三种模型的 CO_2 响应曲线估算精度:①具体叶片 CO_2 响应模型,即单独拟合每条 CO_2 响应曲线;②通用 CO_2 响应模型,即采用最大羧化速率 V_{max}、最大电子传递速率 J_{max}、光呼吸速率 R_1、叶肉导度 g_m 和 TP 利用速率 V_p 一套参数估算每条 CO_2 响应曲线;③改进 CO_2 响应模型。其中具体叶片 CO_2 响应模型的参数 V_{max}、J_{max}、R_1、g_m 和 V_p 分别为 70.04~227.94 $\mu mol \cdot m^{-2} \cdot s^{-1}$、47.98~268.12 $\mu mol \cdot m^{-2} \cdot s^{-1}$、1.40~6.47 $\mu mol \cdot m^{-2} \cdot s^{-1}$、0.070 9~0.404 3 $mol \cdot m^{-2} \cdot s^{-1}$ 和 3.45~14.54 $\mu mol \cdot m^{-2} \cdot s^{-1}$,通用 CO_2 响应模型的参数 V_{max}、J_{max}、R_1、g_m 和 V_p 分别为 153.60 $\mu mol \cdot m^{-2} \cdot s^{-1}$、163.14 $\mu mol \cdot m^{-2} \cdot s^{-1}$、3.23 $\mu mol \cdot m^{-2} \cdot s^{-1}$、0.134 3 $mmol \cdot m^{-2} \cdot s^{-1}$ 和 9.43 $\mu mol \cdot m^{-2} \cdot s^{-1}$。三种拟合模型估算的 CO_2 曲线精度见表 7.2。具体叶片 CO_2 响应模型、通用 CO_2 响应模型和改进 CO_2 响应模型的 P_n 估算值的 $RMSE$ 范围分别为 0.160~0.626、2.180~10.455 和 0.555~1.482 $\mu mol \cdot m^{-2} \cdot s^{-1}$(平均值分别为 0.382、5.504 和 1.147 $\mu mol \cdot m^{-2} \cdot s^{-1}$),$R^2$ 范围分别为 0.995~1.000、0.953~0.991 和 0.987~0.996(平均值分别为 0.998、0.984 和 0.992),测量值与模拟值的斜率 k 范围分别为 0.999~1.000、0.696~2.358 和 0.977~1.055(平均值分别为

0.999、1.154 和 1.019),计算误差分别为 $-0.1\% \sim 0.0\%$、$-30.4\% \sim 135.8\%$ 和 $-2.3\% \sim 5.5\%$(平均值分别为 0.0%、15.4% 和 1.9%,负值为低估,正值为高估)。具体叶片 CO_2 响应模型可以精确估算任一叶龄叶片的响应曲线,通用 CO_2 响应模型可以较好地模拟 23~32 d 左右叶龄的叶片响应曲线,对其他叶龄范围内 P_n 估算精度较差。与具体叶片 CO_2 响应模型相比,改进 CO_2 响应模型的 P_n 估算精度有所降低,但远高于通用 CO_2 响应模型的 P_n 估算精度,且改进 CO_2 响应模型能够用一套参数计算冠层内所有叶龄叶片的 CO_2 响应曲线(图 7.20)。

表 7.2 具体叶片 CO_2 响应模型、通用 CO_2 响应模型和改进 CO_2 响应模型模拟 CO_2 响应曲线的统计参数

叶龄	具体叶片 CO_2 响应模型 RMSE/$\mu mol \cdot m^{-2} \cdot s^{-1}$	R^2	k	通用 CO_2 响应模型 RMSE/$\mu mol \cdot m^{-2} \cdot s^{-1}$	R^2	k	改进 CO_2 响应模型 RMSE/$\mu mol \cdot m^{-2} \cdot s^{-1}$	R^2	k
3~7	0.160	1.000	1.000	4.232	0.953	0.866	1.305	0.994	1.032
8~12	0.574	0.998	0.999	7.310	0.991	0.696	1.283	0.992	1.017
13~17	0.626	0.997	0.999	6.791	0.988	0.706	1.298	0.993	1.028
18~22	0.500	0.998	0.999	5.160	0.990	0.764	1.482	0.992	1.002
23~27	0.214	1.000	1.000	2.180	0.990	0.913	1.154	0.996	1.024
28~32	0.383	0.997	0.999	2.272	0.985	1.126	1.245	0.989	1.043
33~37	0.498	0.995	0.999	4.002	0.991	1.285	0.878	0.992	0.977
38~42	0.272	0.998	0.999	7.135	0.983	1.673	1.127	0.987	0.993
43~47	0.208	0.997	0.999	10.455	0.989	2.358	0.555	0.995	1.055

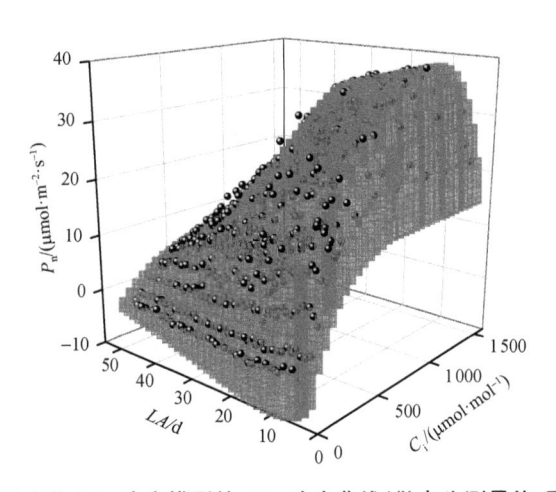

图 7.20 基于改进 CO_2 响应模型的 CO_2 响应曲线(散点为测量值,面为模拟值)

7.5 考虑叶龄参数的叶片水碳通量耦合模型

本章在 Jarvis 叶片气孔导度模型的基础上,引入能够反映叶片生理特性的叶龄 LA 参数建立改进 Jarvis 叶片气孔导度模型,分别将 Jarvis 和改进 Jarvis 模型与 Penman Monteith(P-M)叶片模型和 Farquhar 叶片模型相结合应用于叶片气孔导度-蒸腾速率-光合速率耦合模型的构建,实现对不同叶龄叶片(同一叶片不同时期或同一时期不同叶片)的水碳通量耦合模拟。

7.5.1 模型构建

7.5.1.1 Jarvis 叶片气孔导度模型及改进

叶片气孔行为的模拟对于分析生态过程、陆面过程和水循环过程都具有非常重要的意义。目前,用于定量描述叶片气孔导度 g_{sw} 的估算模型大致分为两类:一是以 Jarvis 等为代表建立的叶片 g_{sw} 与环境的非线性模型(Jarvis, 1976);二是以 Ball 等为代表建立的叶片 g_{sw} 与净光合速率 P_n 和环境因子的线性模型。其中 Ball 模型需要叶片 P_n 作为输入,而 P_n 的测量比 g_{sw} 本身的测量更加复杂,当 P_n 没有预测的情况下需要对其进行估计;而 Jarvis 模型假设 g_{sw} 独立于叶片 P_n,基于气孔对环境驱动变量的直接响应,通过阶乘算法根据外界环境的改变调试最大气孔导度。研究采用 Jarvis 气孔导度模型,实现叶片气孔导度-光合速率-蒸腾速率的耦合模型。

Jarvis 叶片模型根据作物叶片气孔导度 g_{sw} 对单一环境因子的响应,叠加得到多个环境因子同时变化时对叶片 g_{sw} 的综合影响,研究采用叶片接收到的光合有效辐射 PAR_a、饱和水汽压差 VPD 和相对土壤体积含水率 θ_r 三个环境因子模拟气孔导度的影响,模型的具体形式为

$$g_{swCal} = g_{sw}(PAR_a) f(VPD) f(\theta_r) \tag{7.24}$$

式中,g_{swCal} 为由 PAR_a、VPD 和 θ 校核的叶片 g_{sw},mol·m^{-2}·s^{-1};$g_{sw}(PAR_a)$、$f(VPD)$、$f(\theta_r)$ 分别为 PAR_a、VPD 和 θ 对 g_{sw} 的影响函数,其中 PAR_a 是决定 g_{sw} 的主导因子,$f(VPD)$、和 $f(\theta_r)$ 主要对 $g_s(PAR_a)$ 进行修订,其函数值均在 0~1 范围内。各因子影响函数为(Wang and Leuning, 1998; Hofstra and Hesketh, 1969)

$$g_{sw}(PAR_a) = \frac{PAR_a}{a + PAR_a} \tag{7.25}$$

$$f(VPD) = \exp(-bVPD) \tag{7.26}$$

$$f(\theta_r) = \begin{cases} 0 & \theta \leqslant \theta_w \\ c\dfrac{\theta - \theta_w}{\theta_s - \theta_w} & \theta_s < \theta < \theta_w \\ 1 & \theta \geqslant \theta_s \end{cases} \tag{7.27}$$

式中，a、b、c 均为模型参数；$VPD = 0.610\,8 e^{\frac{17.27 T_a}{T_a + 273.3}}(1 - RH)$，$RH$ 为大气相对湿度，%；θ、θ_s、θ_w 分别为土壤含水率、田间饱和含水率和凋萎系数，%，θ_r 为相对土壤含水率 $\theta_r = \dfrac{\theta}{\theta_s}$。

Jarvis 叶片模型未涉及叶片衰老程度的影响，而由 7.1.1 节可知在不同光强下 g_{sw} 随着叶龄 LA 的增加显著线性减小（图 7.2），在本研究中考虑叶片衰老程度的限制，采用 LA 与 g_{sw} 的负线性关系对 Jarvis 气孔导度模型进行改进，即

$$g_{swCor} = g_{sw}(PAR_a) f(VPD) f(\theta) f(LA) \tag{7.28}$$

$$f(LA) = -dLA + e \tag{7.29}$$

式中，$f(LA)$ 为 LA 对 g_{sw} 的影响函数，d、e 为模型参数。

7.5.1.2 Penman Monteith 叶片模型

在叶片水平上，采用 Penman Monteith 模型（Monteith，1975）模拟叶片水通量（即叶片蒸腾速率）：

$$T_r = \frac{\Delta Rn + 0.93\rho C_p VPD/\gamma_a}{\lambda(\Delta + 0.93\gamma(1 + \gamma_s/\gamma_a))} \tag{7.30}$$

式中，γ_s 为气孔对水的阻力，$s \cdot m^{-1}$；其他变量同前。气孔对水的阻力 γ_s：

$$r_s = \frac{P_a}{g_{sw} R(T_a + 273.3)} \tag{7.31}$$

式中，P_a 为大气压，101.3×10^3 Pa；R 为摩尔气体常数，取 8.314 J·mol^{-1}·K^{-1}；T_a 空气温度，℃；g_{sw} 为 Jarvis 气孔导度模型或改进 Jarvis 气孔导度模型计算的气孔对

水的导度 g_{swCal} 或 g_{swCor}, mol·m^{-2}·s^{-1}。

另外,由于 LI-6800 便携式光合作用测量系统仅可检测叶片接收到的 PAR_a,研究所需的叶片水平的 Rn 依据光合仪测定的 PAR_a 换算,换算系数由涡度相关系统同时测定的 PAR_a 和 Rn 决定。由图 7.21 可知,Rn 和 PAR_a 具有较好的线性关系,其确定性系数 R^2 为 0.969 9,Rn 可由 $Rn = 0.436\,9PAR_a$ 计算。

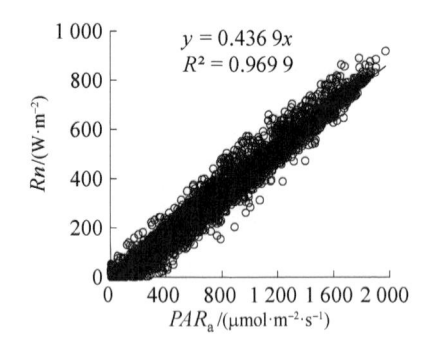

图 7.21 光合有效辐射 PAR_a 与净辐射 Rn 的关系

7.5.1.3 Farquhar 叶片模型

在众多光合作用 CO_2 同化机理模型中,Farquhar 叶片光合作用机理模型能够定量有效地描述叶片光合作用与环境以及作物生理因子之间的关系,本研究利用 Farquhar 模型及陈镜明的推导方法实现叶片碳通量(即叶片光合速率)模拟(Farquhar et al., 1980; Chen et al., 1999)。

$$P_c = \frac{1}{2}\left((Ca+K)g_{sCO_2} + V_{max} - R_d - \sqrt{[(Ca+K)g_{sCO_2} + V_{max} - R_d]^2 - 4(V_{max}(Ca-\Gamma^*) - (Ca+K)R_d)g_{sCO_2}}\right) \quad (7.32)$$

$$P_j = \frac{1}{2}\left((Ca+2.3\Gamma^*)g_{sCO_2} + 0.2J - R_d - \sqrt{[(Ca+2.3\Gamma^*)g_{sCO_2} + 0.2J - R_d]^2 - 4(0.2J(Ca-\Gamma^*) - (Ca+2.3\Gamma^*)R_d)g_{sCO_2}}\right) \quad (7.33)$$

式中,P_c 和 P_j 是分别受 Rubisco 限制和光限制的总光合速率,μmol·m^{-2}·s^{-1};g_{sCO_2} 是叶片 CO_2 导度,μmol·m^{-2}·s^{-1};V_{max} 是最大羧化速率,μmol·m^{-2}·s^{-1};J 是电子传输速率,μmol·m^{-2}·s^{-1};R_d 是白天叶片的暗呼吸,μmol·m^{-2}·s^{-1};Ca 是大气 CO_2 浓度(取田间平均 CO_2 浓度 0.000 4 mol·mol^{-1});Γ^* 是无暗呼吸时的 CO_2 补偿点;K 是酶动力学系数,Ca、Γ^* 和 K 的单位都是 mol·mol^{-1}。

其中 J 由最大电子传递速率 J_{max}(μmol·m^{-2}·s^{-1})求得

$$kJ^2 - (\varphi PAR_a + J_{max})J + \varphi PAR_a J_{max} = 0 \quad (7.34)$$

式中，PAR_a 是光合有效辐射，$\mu mol \cdot s^{-1} \cdot m^{-2}$；表观量子效率 φ、响应曲线曲角 k 分别取 0.3 和 0.90（Wang et al.，2014）。

在实际大气环境中，V_{max} 和 J_{cmax} 根据修正的 Arrhenius 公式计算（Medlyn et al.，2010）有：

$$K_T = K_{30} \exp\left(\frac{H_a(T_1 - T_{ref})}{T_{ref} R T_1}\right) \frac{1 + \exp\left(\frac{T_{ref} \Delta S - H_d}{T_{ref} R}\right)}{1 + \exp\left(\frac{T_1 \Delta S - H_d}{T_1 R}\right)} \quad (7.35)$$

式中，K_T 为温度为 T℃时的 V_{max} 和 J_{max}，K_{30} 为温度为 30℃时的 V_{max} 和 J_{max}（不考虑叶片叶龄 LA 的影响，V_{max} 和 J_{max} 取通用 CO_2 响应模型率定参数 153.60 $\mu mol \cdot m^{-2} \cdot s^{-1}$ 和 163.14 $\mu mol \cdot m^{-2} \cdot s^{-1}$；考虑叶片叶龄 LA 影响，取值为 V_{max} 和 J_{max} 与 LA 的拟合关系 $V_{max} = 369.04 e^{-0.0330 LA}(1 - e^{-0.1611 LA})$ 和 $J_{max} = 95901.5 e^{-0.0767 LA}(1 - e^{-0.0005 LA})$，详见 7.4.4 节）。$V_{max}$ 和 J_{max} 的活化能 H_a、去活化能 H_d、熵值 ΔS 取值在不同作物间差异显著，本研究选 V_{max} 和 J_{cmax} 的 H_a、H_d、ΔS 值分别为 91185 $J \cdot mol^{-1}$、202900 $J \cdot mol^{-1}$、650 $J \cdot K^{-1} \cdot mol^{-1}$ 和 79500 $J \cdot mol^{-1}$、201000 $J \cdot mol^{-1}$、650 $J \cdot K^{-1} \cdot mol^{-1}$（Qian et al.，2012）。

白天叶片的暗呼吸由下式计算

$$R_d = 0.015 V_{max} \quad (7.36)$$

酶动力学系数 K 由下式计算

$$K = K_c \left(1 + \frac{O}{K_o}\right) \quad (7.37)$$

$$K_c, K_o = \exp\left(c - \frac{\Delta H_a}{R T_l}\right) \quad (7.38)$$

式中，T_l 为叶温，K；R 为气体常数，0.00831 $kJ \cdot mol \cdot K^{-1}$；$c$、$\Delta H_a$ 为温度相关参数，K_c、K_o 的 c 和 ΔH_a 分别为 35.79、9.59 和 80.47、14.51（Miao et al.，2009）。

g_{sCO_2} 表示为

$$g_{sCO_2} \approx 10^6 g_{sw}/1.56 \quad (7.39)$$

式中，g_{sw} 为 Jarvis 叶片模型或改进 Jarvis 叶片模型计算的 g_{swCal} 或 g_{swCor}，mol·m^{-2}·s^{-1}。

最后计算的叶片碳通量取 P_c 与 P_j 的最小值，即

$$P_n = \min(P_c, P_j) \tag{7.40}$$

7.5.2 模型运行

控制灌溉水稻叶片水碳耦合模型计算流程见图 7.22。输入常规气象参数（Rn、RH 和 T_a），给定稻田土壤初始状态（θ 或 h），便可基于 Jarvis 或改进的 Jarvis 模型计算叶片气孔导度 g_{sw}，将计算的 g_{sw} 应用于 P-M 叶片模型和 Farquhar 叶片模型，实现对不同叶龄叶片（同一叶片不同时期或同一时期不同叶片）的水碳通量耦合模拟。

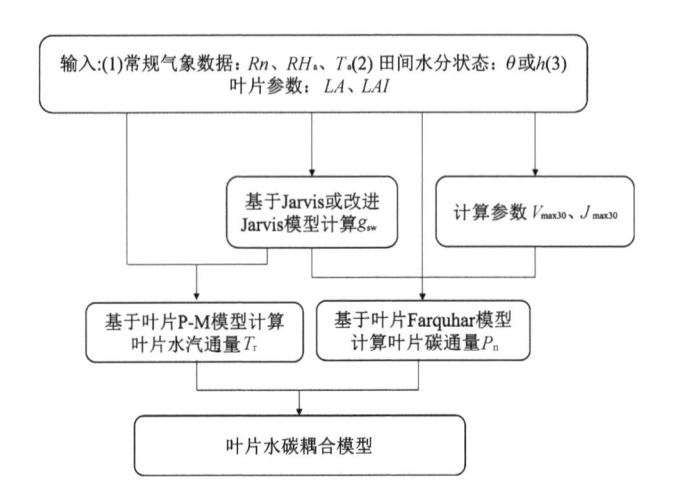

图 7.22 叶片水碳通量耦合模型计算流程图

7.5.3 模拟结果

研究利用 2015 年和 2016 年的实测叶片气孔导度数据分别对 Jarvis 和改进 Jarvis 叶片模型参数进行率定，利用 2017 年实测数据进行参数验证。然后分别将率定的 Jarvis 和改进 Jarvis 叶片模型应用于 P-M 和 Farquhar 叶片模型，建立叶片水碳通量耦合模型。

7.5.3.1 气孔导度

Jarvis 叶片气孔导度模型的率定参数不考虑叶片衰老程度，其率定参数 a、b

和 c 分别为 347.84、0.361 1 和 0.975,改进 Jarvis 叶片模型引入 LA 反映叶片生长过程中的动态变化,其率定参数 a、b、c、d 和 e 分别为 274.69、0.277 7、0.955、0.023 1 和 1.532(表 7.3)。由表 7.4 和图 7.23 可见,Jarvis 叶片模型估算的叶片气孔导度 g_{swCal} 和实测气孔导度 g_{swMea} 的拟合直线斜率 k 为 0.897 8,均方根误差 $RMSE$ 为 0.097 7 mol·m^{-2}·s^{-1},确定性系数 R^2 为 0.390 9,模拟值仍存在一定程度的低估,g_{swCal} 约为 g_{swMea} 的 89.78%。验证样本计算的 g_{swCal} 和 g_{swMea} 的回归斜率 k 为 0.896 9,$RMSE$ 和 R^2 分别为 0.092 7 mol·m^{-2}·s^{-1} 和 0.438 1,g_{swCal} 约为 g_{swMea} 的 89.69%。从数据的整体相关性和一致性来看,Jarvis 气孔导度模型估计的叶片 g_{sw} 具有较高的精度,但整体相关系数并不高。

表 7.3 基于 Jarvis 及改进 Jarvis 叶片模型率定参数

模型	参数				
	a	b	c	d	e
Jarvis 叶片模型	347.84	0.361 1	0.975	—	—
改进 Jarvis 叶片模型	274.69	0.277 7	0.955	0.023 1	1.532

表 7.4 基于 Jarvis 及改进 Jarvis 叶片模型的叶片水碳通量模拟结果

模型	气孔导度 g_{sw}			水通量 T_r			碳通量 P_n		
	k	R^2	$RMSE$/mol·m^{-2}·s^{-1}	k	R^2	$RMSE$/mmol·m^{-2}·s^{-1}	k	R^2	$RMSE$/μmol·m^{-2}·s^{-1}
Jarvis 叶片模型	0.897 8 (0.896 9)[1]	0.390 9 (0.438 1)	0.097 7 (0.092 7)	1.001 3	0.532 1	2.035 7	0.959 4	0.288 5	4.255 3
改进 Jarvis 叶片模型	0.954 5 (0.956 5)	0.803 7 (0.795 4)	0.063 2 (0.064 0)	0.983 6	0.748 8	1.564 9	1.003 2	0.863 5	2.221 3

注:1) a(b)[1]中,a 和 b 分别为基于率定样本和验证样本的取值。

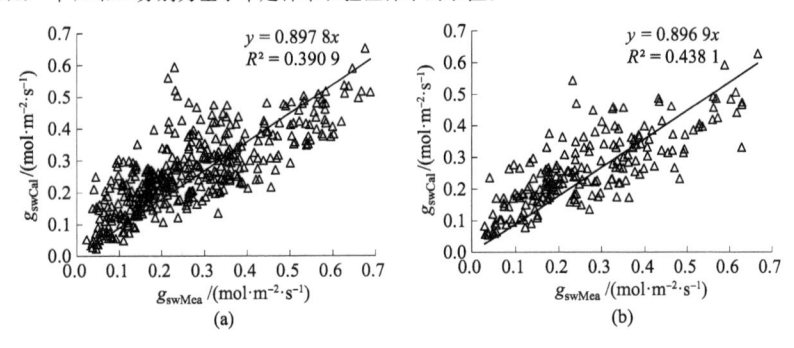

图 7.23 基于 Jarvis 模型的气孔导度模拟值 g_{swCal} 与实测值 g_{swMea} 相关关系
[(a) 2015 年和 2016 年率定样本,(b) 2017 年验证样本]

改进 Jarvis 叶片模型估算的叶片气孔导度 g_{swCor} 和实测 g_{swMea} 的线性回归斜率 k 为 0.954 5，$RMSE$ 和 R^2 分别为 0.063 2 mol·m^{-2}·s^{-1} 和 0.803 7，模拟值仍存在一定程度的低估，模拟 g_{swCor} 约为实测 g_{swMea} 的 95.45%。验证样本计算的 g_{swCor} 和 g_{swMea} 的线性回归斜率 k 为 0.956 5，$RMSE$ 和 R^2 分别 0.064 0 mol·m^{-2}·s^{-1} 和 0.795 4，模拟 g_{swCor} 约为实测 g_{swMea} 的 95.65%（表 7.4 和图 7.24）。与 Jarvis 叶片模型相比，改进 Jarvis 叶片模型估算的 g_{sw} 精度提高 5.67%~5.96%，R^2 提高 0.357 3~0.412 8，$RMSE$ 减小 0.028 7~0.034 5 mol·m^{-2}·s^{-1}，改进 Jarvis 模型在计算叶片 g_{sw} 时有更好的适用性，能够更好地解释水稻叶片 g_{sw} 对环境因子以及叶片出叶天数的响应变化，引入 LA 值来反映叶片的衰老状况是比较合理的。

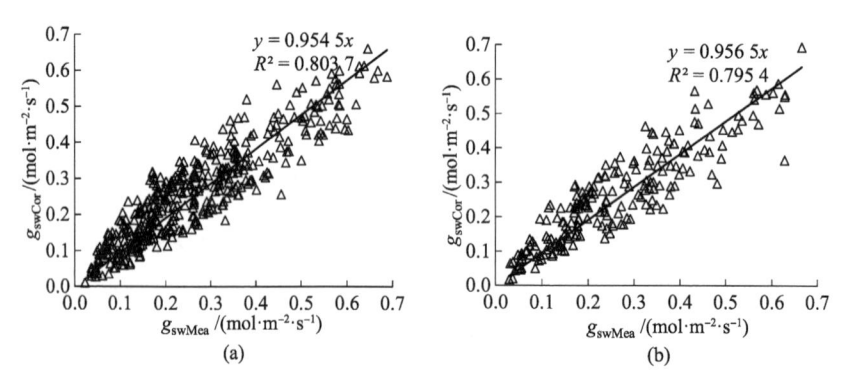

图 7.24 基于改进 Jarvis 气孔导度模型的气孔导度模拟值 g_{swCor} 与实测值 g_{swMea} 相关关系
[(a) 2015 年和 2016 年率定样本，(b) 2017 年验证样本]

7.5.3.2 水通量

鉴于 Jarvis 和改进 Jarvis 叶片模型估算的气孔导度 g_{swCal} 和 g_{swCor} 分别为实测气孔导度 g_{swMea} 的 89.78% 和 95.45%（率定样本），在 P-M 叶片模型模拟叶片水通量 T_r 时，g_{sw} 实际取值分别为 g_{swCal} 和 g_{swCor} 计算值的 1.113 8(1/0.897 8)和 1.047 7(1/0.954 5)倍。选择与叶片 g_{swMea} 同时测定的蒸腾速率 T_{rMea} 数据，利用式(7.30)对叶片 T_r 进行计算。

基于 Jarvis 和改进 Jarvis 叶片气孔导度模型估算的叶片水通量结果见图 7.25 和图 7.26。基于 Jarvis 叶片模型的叶片水通量模拟值 T_{rCal} 与实测值 T_{rMea} 的线性回归斜率 k 为 1.001 3，$RMSE$ 为 2.035 7 mmol·m^{-2}·s^{-1}，R^2 为 0.532 1，模拟值具有较高的精度，仅高估 T_{rMea} 的 0.13%。基于改进 Jarvis 叶片气孔导度模型的叶片水通量模拟值 T_{rCor} 与实测值 T_{rMea} 的线性回归斜率 k 为 0.983 6，模型低估 T_{rMea}

1.64%，R^2 为 0.748 8，RMSE 为 1.564 9 mmol·m^{-2}·s^{-1}。与 Jarvis 叶片气孔导度模型相比，改进 Jarvis 叶片气孔导度模型估算的 g_{swCor} 用于 P-M 公式计算叶片 T_r 的 RMSE 减小 0.470 8 mmol·m^{-2}·s^{-1}，R^2 提高 0.216 7。P-M 模型选用改进 Jarvis 叶片模型计算的 g_{swCor} 对叶片水通量具有较高的解释能力。

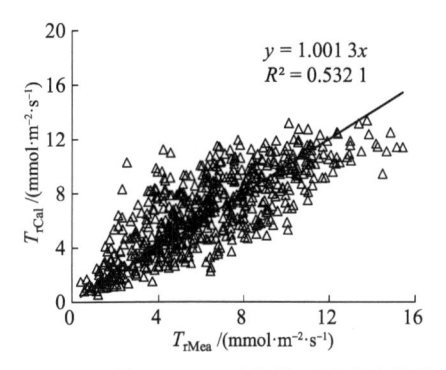

图 7.25 基于 Jarvis 叶片模型的叶片蒸腾速率 T_r 模拟（2015—2017 年）

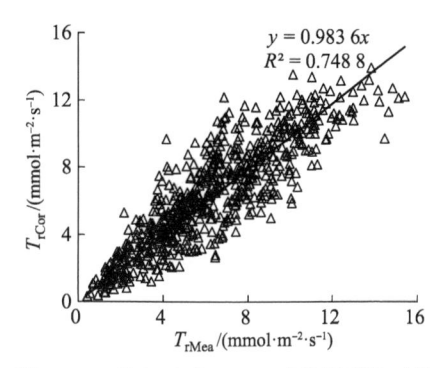

图 7.26 基于改进 Jarvis 叶片模型的叶片蒸腾速率 T_r 模拟（2015—2017 年）

7.5.3.3 碳通量

研究选择与叶片 g_{swMea} 同时测定的蒸腾速率 P_{nMea} 数据，利用式（7.32）～（7.40）对叶片 P_n 进行估算。与 P-M 叶片模型选取 g_{sw} 相似，在 Farquhar 叶片模型中同样选择 g_{sw} 为 Jarvis 叶片气孔导度 g_{swCal} 和改进 Jarvis 叶片气孔导度 g_{swCor} 的 1.113 8 和 1.047 7 倍。对于基于 g_{swCal} 的 P_n 模拟，最大羧化速率 V_{max} 和最大电子传递速率 J_{max} 选取通用 CO_2 响应模型率定参数 153.60 μmol·m^{-2}·s^{-1} 和 163.14 μmol·m^{-2}·s^{-1}；对于基于 g_{swCor} 的叶片 P_n 模拟，V_{max} 和 J_{max} 选取 $V_{max} = 369.04e^{-0.033\,0LA}(1-e^{-0.161\,1LA})$ 和 $J_{max} = 95\,901.5e^{-0.076\,7LA}(1-e^{-0.000\,5LA})$。

由图 7.27 和图 7.28 可知，基于 Jarvis 和改进 Jarvis 叶片气孔导度模型的 Farquhar 模型估算的 P_n 与实测 P_{nMea} 的线性回归斜率 k 分别为 0.959 4 和 1.003 2，R^2 分别为 0.288 5 和 0.863 5，RMSE 分别为 4.255 3 和 2.221 3 μmol·m^{-2}·s^{-1}。基于 Jarvis 叶片模型的 Farquhar 模型低估实测 P_{nMea} 4.06%，基于改进 Jarvis 叶片模型的 Farquhar 模型估算的高估实测 P_{nMea} 0.32%。与 Jarvis 叶片气孔导度模型相比，基于改进 Jarvis 叶片气孔导度模型的 Farquhar 模型估算 P_n 的 RMSE 减小 2.034 0 μmol·m^{-2}·s^{-1}，R^2 从 0.288 5 提高到 0.863 5，基于改进 Jarvis 叶片气孔导度模型的 Farquhar 模型明显提高对 P_n 的估算精度。

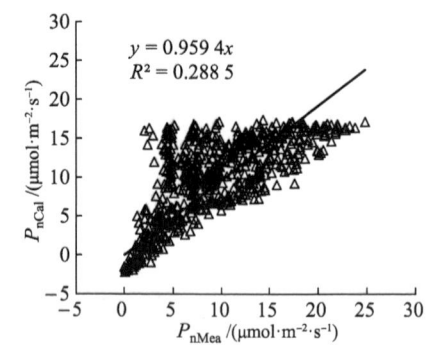

图 7.27 基于 Jarvis 叶片模型的叶片光合速率 P_n 模拟(2015—2017 年)

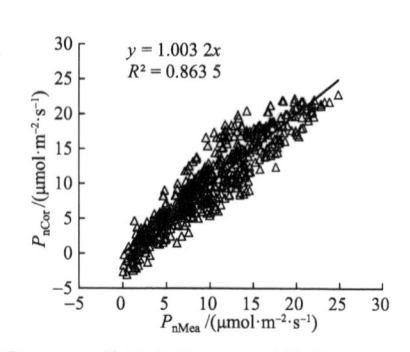

图 7.28 基于改进 Jarvis 叶片模型的叶片光合速率 P_n 模拟(2015—2017 年)

7.6 基于"大叶"模型的冠层和田间水碳通量耦合模拟

本节利用 Jarvis 模型连接 Penman-Monteith(P-M)大叶模型和 Farquhar 大叶模型,分别利用实测冠层水碳通量和田间水碳通量对 Penman-Monteith(P-M)和 Farquhar 大叶模型进行参数率定并验证,实现冠层或田间水碳通量的耦合模拟。

7.6.1 水碳通量耦合模型构建

以 2015—2017 年控制灌溉稻田为研究对象,首先基于 Penman-Monteith(P-M)大叶模型,分别以冠层和田间的实测水通量为目标值,率定 P-M 模型中的冠层和尺度的水碳传输;然后基于得到的相关导度,利用 Farquhar 大叶模型,分别以冠层和田间的实测碳通量为目标值,率定 Farquhar 大叶模型中的冠层和田间尺度的最大羧化速率,最终建立适用于控制灌溉稻田冠层和田间尺度的水碳通量耦合模型。研究中选择 2015—2016 年的实测水碳通量为率定样本,2017 年的实测数据为验证样本。

7.6.1.1 水通量模型

基于辐射平衡和空气动力学的 Penman-Monteith(P-M)大叶模型形式为

$$ET_c = \frac{\Delta(Rn - G_0) + \rho C_p VPD/r_a}{\lambda[\Delta + \gamma(1 + r_c/r_a)]} \quad (7.41)$$

式中,ET_c 为冠层水通量 ET_{CML} 或田间水通量 ET_{EC}^*,mmol·m^{-2}·s^{-1};r_c 为作

物冠层尺度的阻力,s·m^{-1};r_a为空气动力学阻力,s·m^{-1};G_0为地表土壤热通量,W·m^{-2},根据第六章拟合关系,t时刻的G_0由净辐射Rn换算得到。

$$r_c = \frac{r_s}{LAI_a} \quad (7.42)$$

式中,r_s为叶片气孔阻力,s·m^{-1};LAI_a为冠层有效叶面积指数,由实际叶面积指数LAI计算,计算公式同前(见5.1.3.2节)。

叶片气孔阻力r_s(Jarvis,1976)

$$r_s = \frac{r_{\min}}{f_1(Rn)f_2(VPD)f_3(\theta)} \quad (7.43)$$

式中,$f_1(Rn)$、$f_2(VPD)$和$f_3(\theta)$分别为Rn、VPD和θ的响应函数,其中

$$f_1(Rn) = 1 - \exp(-Rn/a_1) \quad (7.44)$$

$$f_2(VPD) = 1 - a_2 VPD \quad (7.45)$$

$$f_3(\theta) = \frac{\theta - \theta_w}{\theta_s - \theta_w} \quad (7.46)$$

式中,$r_{\min}$为最小气孔阻力,取18～35 s·m^{-1};θ、θ_s、θ_w分别为表层土壤的实际体积含水率、饱和含水率和凋萎含水率,cm^3·cm^{-3},在计算过程中若田间有水层,认为$\theta > \theta_s$,则取$f_4(\theta) = 1$;a_1和a_2为模型参数。

研究运用P-M模型分别拟定冠层和田间尺度的水碳传输阻力r_c,选择2015年和2016年的相关实测数据进行参数率定,2017年实测数据用于模型检验。冠层和田间尺度的水碳传输阻力模型参数(a_1和a_2)的率定,分别以微型称重式蒸渗仪系统所测冠层水通量ET_{CML}和涡度相关系统所测能量闭合后的田间水通量ET_{EC}^*为目标函数,阻力模型本身仅作为拟合过程中的中间变量,即r_c为P-M模型的中间变量,将参数化后的阻力模型代入P-M蒸散模型,获得a_1和a_2在冠层和田间尺度下的最优解。

7.6.1.2 碳通量模型

本研究利用Farquhar光合机理大叶模型模拟冠层和田间尺度的碳通量(Farquhar et al.,1980;Chen et al.,1999)。

$$A_{cc} = \frac{1}{2}\left((Ca+K)g_{csCO_2} + V_{cm} - R_d - \sqrt{[(Ca+K)g_{csCO_2} + V_{cm} - R_d]^2 - 4(V_{cm}(Ca-\Gamma^*) - (Ca+K)R_d)g_{csCO_2}}\right) \quad (7.47)$$

$$A_{cj} = \frac{1}{2}\left((Ca+2.3\Gamma^*)g_{csCO_2} + 0.2J_c - R_d - \sqrt{[(Ca+2.3\Gamma^*)g_{csCO_2} + 0.2J_c - R_d]^2 - 4(0.2J_c(Ca-\Gamma^*) - (Ca+2.3\Gamma^*)R_d)g_{csCO_2}}\right)$$
$$(7.48)$$

式中，A_{cc} 和 A_{cj} 分别为受 Rubisco 限制和 RuBP 再生速率限制的总光合速率，$\mu mol \cdot m^{-2} \cdot s^{-1}$；$g_{csCO_2}$ 为从冠层或田间 CO_2 传输中的导度，$\mu mol \cdot m^{-2} \cdot s^{-1} \cdot Pa^{-1}$；$V_{cm}$ 为冠层或田间最大羧化速率，$\mu mol \cdot m^{-2} \cdot s^{-1}$；$J_c$ 为冠层或田间尺度的电子传递速率，$\mu mol \cdot m^{-2} \cdot s^{-1}$。其他符号同 Farquhar 叶片模型，Ca、$\Gamma^*$ 和 K 的单位都是 Pa。

g_{csCO_2} 表示为

$$g_{csCO_2} \approx \frac{10^6}{1.56 r_c R(T_a + 273)} \quad (7.49)$$

$$\Gamma^* = 1.92 \times 10^{-4} O_2 1.75^{(T_a-25)/10} \quad (7.50)$$

式中，O_2 是大气中的氧浓度，在 100 kPa 大气压下为 21 kPa，即 O_2 的体积占大气总体积的 21%；T_a 是空气温度，℃。

$$K = K_c(1 + O_2/K_O) \quad (7.51)$$

式中，K_c 和 K_O 分别是 CO_2 和 O_2 的 Michaelis-Menten 常数，$K_c = 30 \times 2.1^{(T-25)/10}$，$K_O = 30\,000 \times 1.2^{(T-25)/10}$，单位均为 Pa。

对于水稻冠层内任一叶片的最大羧化速率 V_{max}、最大电子传递速率 J_{max} 和叶片电子传递速率 J 可表示为(Farquhar et al., 1982; Arain et al., 2002)

$$V_{max} = V_{max0} \exp(-k_n LAI_{ac}) \quad (7.52)$$

$$J_{max} = J_{max0} \exp(-k_d LAI_{ac}) \quad (7.53)$$

$$J = \frac{J_{max} PAR_a}{PAR_a + 2.1 J_{max}} \quad (7.54)$$

式中：V_{max0} 和 J_{max0} 分别为冠层顶部叶片的 V_{max} 和 J_{max}，$\mu mol \cdot m^{-2} \cdot s^{-1}$，$J_{max0}=29.1+1.64V_{max0}$（Wullschleger，1993）；$k_n$ 为叶片氮含量随冠层深度增加的垂直衰减系数，取 0.731（De et al.，2010），k_d 为消光系数，取 0.7；LAI_{ac} 为自冠层顶部到计算叶片叶位的累计叶面积指数，$m^2 \cdot m^{-2}$。

光合有效辐射 PAR_a 可表示为

$$PAR_a = k_d PAR_h \exp(-k_d LAI_{ac}) \tag{7.55}$$

式中：PAR_h 为作物冠层顶部 PAR_a。

冠层或田间最大羧化速率 V_{cm} 和冠层或田间电子传递速率 J_c 可由叶片 V_{max} 和 J 积分求得

$$\begin{aligned} V_{cm} &= \int_0^{LAI} V_{max} dx = \int_0^{LAI} V_{max0} \exp(-k_n x) dx \\ &= \frac{V_{max0}}{k_n}[1-\exp(-k_n LAI)] \end{aligned} \tag{7.56}$$

$$\begin{aligned} J_c &= \int_0^{LAI} J dx = \int_0^{LAI} \frac{J_{max} PAR_a}{PAR_a + 2.1 J_{max}} dx \\ &= \int_0^{LAI} \frac{J_{max0}\exp(-k_d x) k_d PAR_h \exp(-k_d x)}{k_d PAR_h \exp(-k_d x) + 2.1 J_{max0} \exp(-k_d x)} dx \\ &= \frac{k_d J_{max0} PAR_h}{k_d PAR_h + 2.1 J_{max0}} \int_0^{LAI} \exp(-k_d x) dx \\ &= \frac{PAR_h(29.1+1.64V_{max0})(1-\exp(-k_d LAI))}{k_d PAR_h + 2.1(29.1+1.64V_{max0})} \end{aligned} \tag{7.57}$$

根据 Bonan(1995)，有

$$V_{max} = V_{m30} 2.4^{\frac{T_a-30}{10}} f(T_a) f(N) \tag{7.58}$$

式中：V_{m30} 是气温在 30℃时的 V_{max}，$f(T_a)$ 和 $f(N)$ 分别是温度和氮素的限制因子，分别定义为

$$f(T_a) = \left[1+\exp\left(\frac{-220\,000+710(T_a+273)}{R(T_a+273)}\right)\right]^{-1} \tag{7.59}$$

$$f(N) = \frac{N}{N_m} \tag{7.60}$$

式中：N 是叶片氮素含量，N_m 是最大氮含量。

冠层顶部叶片具有最大的氮含量值，顶部叶片 V_{max0} 可表示为

$$V_{max0} = V_m 2.4^{\frac{T_a-30}{10}} f(T_a) \quad (7.61)$$

式中：V_m 为 30℃ 时的最大羧化速率，$\mu mol \cdot m^{-2} \cdot s^{-1}$。

最后计算的碳通量 A_{cn}，取 A_{cc} 与 A_{cj} 的最小值，即

$$A_{cn} = \min(A_{cc}, A_{cj}) \quad (7.62)$$

式中，A_{cn} 为冠层碳通量 A 或田间碳通量 F_C，$\mu mol \cdot m^{-2} \cdot s^{-1}$。

研究选择 2015 年和 2016 年实测的冠层和田间碳通量率定冠层尺度和田间尺度的最大羧化速率 V_m，2017 年实测数据用于模拟结果的检验。

7.6.2 模型运行

控制灌溉稻田冠层和田间尺度的水碳耦合模型计算流程见图 7.29。输入常规气象参数（Rn、T_a、RH 和 u）和稻田土壤水分状态（θ 或 h），给定冠层或田间最大羧化速率（V_m）和 Jarvis 模型参数，并结合时间参数（DAT、t）和 2.3.1 节拟合的作物生长指标（LAI、h_c）相关函数，便可进入稻田冠层或田间尺度的水碳通量计算。所有输入变量均为小时尺度，LAI 和 h_c 认为在一天中各时刻大小相同。模型的输入与输出变量如图 7.29 和表 7.5、表 7.6 所示。

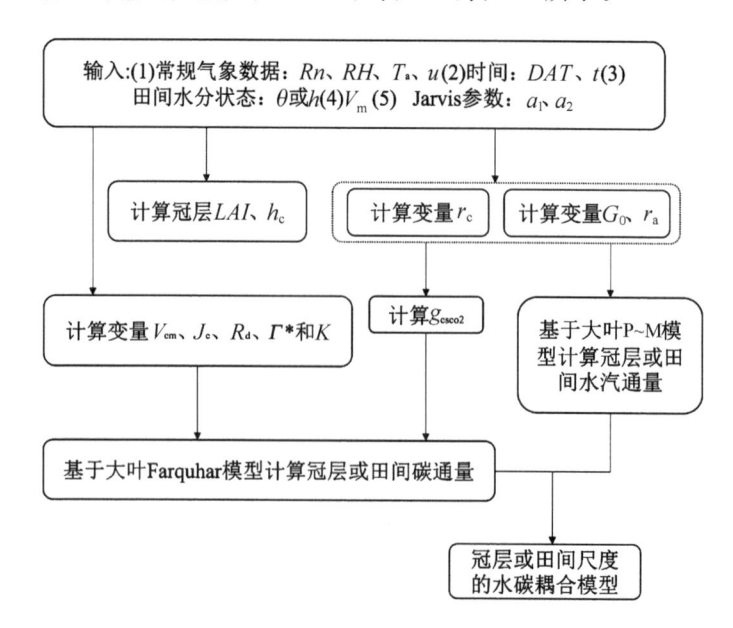

图 7.29 基于大叶模型的冠层和田间水碳通量耦合模型计算流程图

表 7.5 基于大叶模型的冠层和田间水碳耦合模型的输入变量

变量	中文含义	单位	数据来源
Rn	净辐射	$W \cdot m^{-2}$	EC 系统和气象站
RH	空气相对湿度	%	EC 系统和气象站
T_a	空气温度	℃	EC 系统和气象站
u	参考高度处风速	$m \cdot s^{-1}$	EC 系统和气象站
P	大气压	Pa	EC 系统和气象站
h	田间水层	mm	水尺
θ	田间土壤含水率	$cm^3 \cdot cm^{-3}$	TDR
θ_s	田间饱和含水率	$cm^3 \cdot cm^{-3}$	TDR
θ_w	田间凋萎含水率	$cm^3 \cdot cm^{-3}$	TDR
DAT	移栽天数	d	—
t	时刻	h	—
a_1	Jarvis 参数	无量纲	本研究率定
a_2	Jarvis 参数	无量纲	本研究率定
V_m	冠层最大羧化速率	$\mu mol \cdot m^{-2} \cdot s^{-1}$	本研究率定

表 7.6 基于大叶模型的冠层和田间水碳耦合模型的输出变量

变量	单位	模型变量计算公式
ET_{CML} 或 ET_{EC}^*	$mmol \cdot m^{-2} \cdot s^{-1}$	ET_{CML} 或 $ET_{EC}^* = \dfrac{\Delta(Rn-G_0)+\rho C_p VPD/r_a}{\lambda[\Delta+\gamma(1+r_c/r_a)]}$
A 或 F_C	$\mu mol \cdot m^{-2} \cdot s^{-1}$	$A_{cn} = \min(A_{cc}, A_{cj})$ $A_{cc} = \dfrac{1}{2}\Big((Ca+K)g_{csCO_2}+V_{cm}-R_d - \sqrt{[(Ca+K)g_{csCO_2}+V_{cm}-R_d]^2-4(V_{cm}(Ca-\Gamma^*)-(Ca+K)R_d)g_{csCO_2}}\Big)$ A 或 $F_C = \dfrac{1}{2}\Big((Ca+2.3\Gamma^*)g_{csCO_2}+0.2J_c-R_d - \sqrt{[(Ca+2.3\Gamma^*)g_{csCO_2}+0.2J_c-R_d]^2-4(0.2J_c(Ca-\Gamma^*)-(Ca+2.3\Gamma^*)R_d)g_{csCO_2}}\Big)$

7.6.3 模型参数率定

7.6.3.1 冠层和田间水通量模拟

由表 7.7 可知,冠层阻力 r_c 的模型参数 a_1 和 a_2 分别是 895 和 0.235 2,田间

阻力 r_c 的模型参数 a_1 和 a_2 分别是 1 609 和 0.207 3,虽然冠层和田间尺度的阻力模型结构相同,但模型参数存在明显的尺度效应。基于率定样本(2015年和2016年)的 P-M 大叶模型估算的冠层和田间水通量如图 7.30 和图 7.31。由图 7.30 可见,P-M 模型估算的冠层水通量 ET_{CMLSim} 和实测值 ET_{CMLMea} 一致性较高,2015 年和 2016 年拟合直线斜率 k 分别为 0.940 5 和 0.953 8,确定性系数 R^2 分别为 0.923 5 和 0.948 2,均方根误差 $RMSE$ 分别为 1.220 和 1.112 mmol·m^{-2}·s^{-1},模型分别低估冠层蒸散发 5.95% 和 4.62%。基于率定样本的 P-M 大叶模型估算的田间水通量 ET^*_{ECSim} 和实测值 ET^*_{ECMea} 的线性回归斜率 k 分别为 0.913 3 和 0.947 3,确定性系数 R^2 分别为 0.877 9 和 0.908 6,均方根误差 $RMSE$ 分别为 1.232 和 1.185 mmol·m^{-2}·s^{-1},模型低估冠层蒸散发 8.67% 和 5.27%。总体上 P-M 大叶模型低估冠层和田间水通量,对冠层尺度的估算精度略高于田间尺度。

表 7.7 基于 P-M 和 Farquhar 大叶模型的冠层和田间水碳通量模拟结果

	率定参数		生育季	水通量			碳通量		
	a_1	a_2		k	R^2	$RMSE$ mmol·m^2·s^{-1}	k	R^2	$RMSE$ μmol·m^2·s^{-1}
冠层参数	895.28	0.235 2	2015	0.940 5	0.923 5	1.219 8	0.980 1	0.911 2	1.486 5
			2016	0.953 8	0.948 2	1.111 9	0.951 6	0.882 8	1.553 5
			2017	0.962 2	0.923 8	1.615 7	0.894 5	0.896 5	1.558 1
田间参数	1 608.88	0.207 3	2015	0.913 3	0.877 9	1.231 6	0.959 8	0.885 8	2.430 0
			2016	0.947 3	0.908 6	1.185 0	0.966 2	0.886 1	2.342 0
			2017	0.919 7	0.890 2	1.461 3	0.961 7	0.805 0	3.125 4

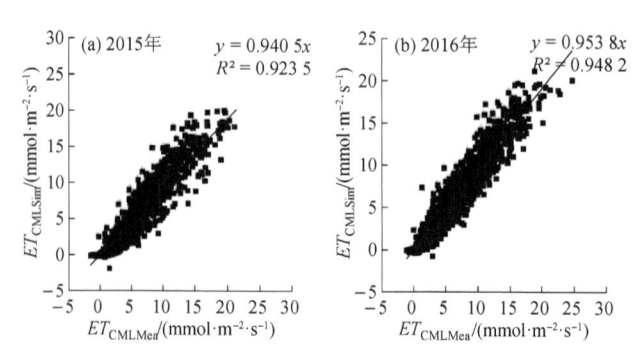

图 7.30 基于率定样本的冠层水通量模拟值 ET_{CMLSim} 与实测值 ET_{CMLMea} 线性回归分析(2015—2016 年)

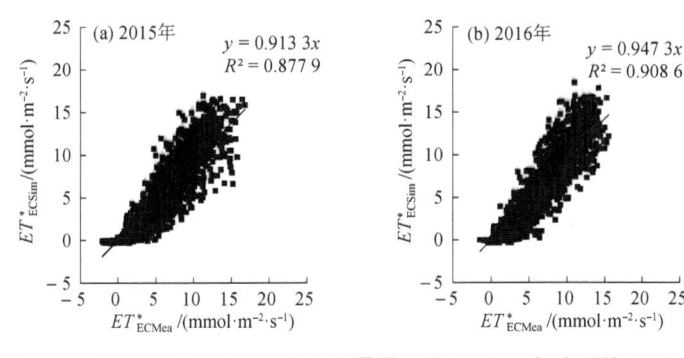

图 7.31 基于率定样本的田间水通量模拟值 ET^*_{ECSim} 与实测值 ET^*_{ECMea} 线性回归分析(2015—2016 年)

图 7.32 为验证样本(2017 年)的田间和冠层水通量模拟值和实测值的线性回归关系。ET_{CMLSim} 与 ET_{CMLMea} 的回归斜率为 0.962 2,R^2 和 $RMSE$ 分别为 0.923 8 和 1.616 mmol·m^2·s^{-1},ET^*_{ECSim} 与 ET^*_{ECMea} 的回归斜率为 0.919 7,R^2 和 $RMSE$ 分别为 0.890 2 和 1.461 mmol·m^2·s^{-1}。与率定样本一致,P-M 模型低估冠层和田间水通量,对冠层尺度的估算精度略高于田间尺度。

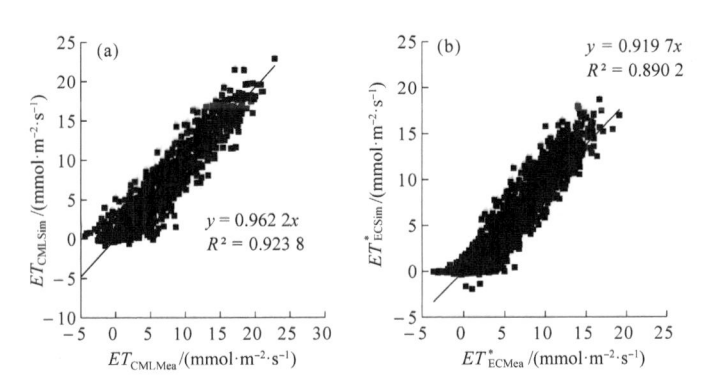

图 7.32 基于验证样本的冠层和田间水通量模拟值(ET_{CMLSim} 和 ET^*_{ECSim})与实测值(ET_{CMLMea} 和 ET^*_{ECMea})线性回归分析

7.6.3.2 冠层和田间碳通量模拟

鉴于水稻的固碳能力在不同的生育阶段存在显著差异,研究基于 2015 年和 2016 年的碳通量实测值分别率定 Farquhar 模型中的冠层和田间最大羧化速率 V_m 在不同生育阶段的取值,结果见表 7.8。冠层和田间的 V_m 分别在 20.60~137.48 μmol·m^{-2}·s^{-1} 和 19.34~115.70 μmol·m^{-2}·s^{-1} 范围内变化。从水稻返青期开始,冠层和田间的 V_m 随着水稻生育期的推进不断增加,在拔节孕穗期达到最大值,之后开始减小。冠层尺度和田间尺度的 V_m 存在明显差异,在稻田返青期、分蘖前期、分蘖中期、分蘖后期、拔节孕穗期、抽穗开花期和乳熟期冠层与田间尺度的 V_m 差值分别为 1.26、2.18、6.13、39.97、21.78、13.63 和 38.76 μmol·m^{-2}·s^{-1}，各生育阶段冠层 V_m 均大于田间 V_m。

基于率定样本的 Farquhar 大叶模型估算的稻田冠层和田间碳通量模拟结果见表 7.7、图 7.33 和图 7.34。模型估算的稻田冠层碳通量 A_{Sim} 和实测值 A_{Mea} 一致性较高，2015 年和 2016 年的拟合直线斜率 k 分别为 0.9801 和 0.9516，确定性系数 R^2 分别为 0.9112 和 0.8828，均方根误差 $RMSE$ 分别为 1.4865 和 1.5535 μmol·m^{-2}·s^{-1}，模型分别低估冠层碳通量 1.99% 和 4.84%。基于率定样本的 Farquhar 大叶模型估算的田间碳通量 F_{Csim} 和实测值 F_{Cmea} 的拟合直线斜率 k 分别为 0.9598 和 0.9665，确定性系数 R^2 分别为 0.8857 和 0.8861，均方根误差

表 7.8 不同生育阶段冠层和田间碳通量的最大羧化速率 V_m（单位：μmol·m^2·s^{-1}）

生育阶段	返青	分蘖前	分蘖中	分蘖后	拔节孕穗	抽穗开花	乳熟	黄熟
冠层	20.60	34.05	49.53	120.96	137.48	114.08	111.57	—
田间	19.34	31.87	43.40	80.99	115.70	100.45	72.81	27.47

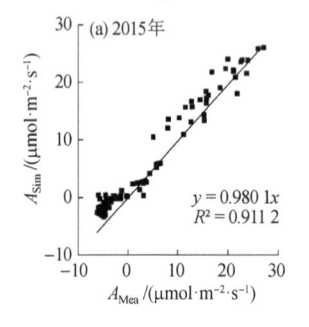

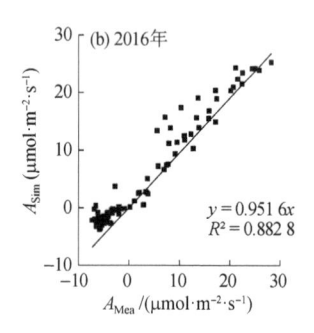

图 7.33 基于率定样本的冠层碳通量模拟值 A_{sim} 与实测值 A_{mea} 线性回归分析（2015—2016 年）

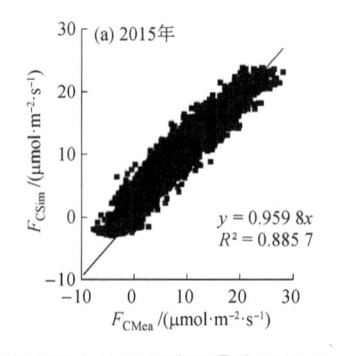

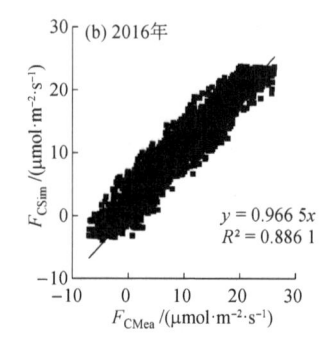

图 7.34 基于率定样本的田间碳通量模拟值 F_{CSim} 与实测值 F_{CMea} 线性回归分析（2015—2016 年）

$RMSE$ 分别为 2.431 和 2.342 $\mu mol \cdot m^{-2} \cdot s^{-1}$，模型分别低估冠层蒸散发 11.43% 和 11.39%。总体上 Farquhar 大叶模型低估冠层和田间水通量。

图 7.35 为 2017 年验证样本的田间和冠层碳通量模拟值和实测值的线性回归关系。A_{Sim} 与 A_{Mea} 的回归斜率为 0.8945，R^2 和 $RMSE$ 分别为 0.8965 和 1.5581 $\mu mol \cdot m^{-2} \cdot s^{-1}$，$F_{CSim}$ 与 F_{CMea} 的回归斜率为 0.9617，R^2 和 $RMSE$ 分别为 1.5581 和 3.125 $\mu mol \cdot m^{-2} \cdot s^{-1}$。与率定样本一致，模型低估冠层和田间碳通量。

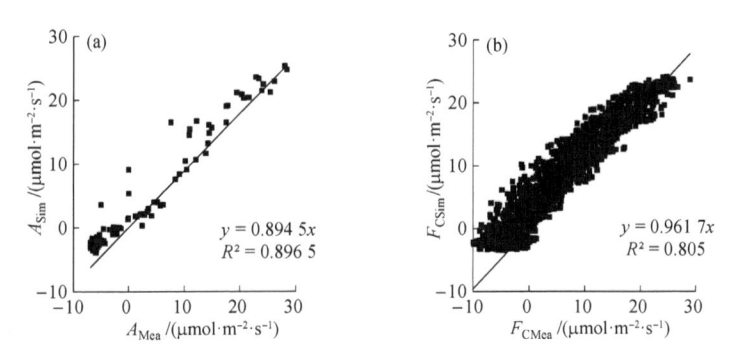

图 7.35 基于验证样本的冠层和田间碳通量模拟值（A_{sim} 和 F_{CSim}）与实测值（A_{mea} 和 F_{CMea}）线性回归分析

7.6.4 模型的适用性分析

7.6.4.1 冠层水碳耦合模型适应性分析

研究采用的 P-M 和 Farquhar 模型均为大叶模型，冠层覆盖度是影响模型模拟效果的关键因素。研究分别分析水碳耦合模型在不同叶面积指数 LAI 条件下、不同生育阶段和水稻生育期内的模拟效果。

（1）不同冠层覆盖度下冠层水通量模拟

鉴于研究没有监测不同叶面积下冠层碳通量连续多日的日变化，本节仅分析冠层水通量在不同冠层覆盖度下的适应性。不同 LAI 条件下 P-M 模型模拟的冠层水通量 ET_{CMLSim} 与实测值 ET_{CMLMea} 波动趋势基本一致（图 7.36）。在 LAI 为 0.45、3.21 和 5.28 $m^2 \cdot m^{-2}$ 条件下，ET_{CMLSim} 与 ET_{CMLMea} 的线性回归斜率 k 分别为 0.9397、0.9937 和 0.9965，确定性系数 R^2 分别为 0.8960、0.9390 和 0.9466，均方根误差 $RMSE$ 分别为 1.361、1.552 和 1.158 $mmol \cdot m^{-2} \cdot s^{-1}$，模拟值分别低估 6.03%、0.63% 和 0.35%。日间 ET_{CMLSim} 与 ET_{CMLMea} 的 k 分别为 0.9869、0.9680 和 0.9645，R^2 分别为 0.8044、0.6890 和 0.6632，$RMSE$ 分别为 2.752、2.105 和

1.943 mmol·m^{-2}·s^{-1}，ET_{CMLSim} 分别为 ET_{CMLMea} 的 98.69%、96.80% 和 96.45%。夜间 ET_{CMLSim} 与 ET_{CMLMea} 的 k 分别为 0.0372、0.1174 和 0.0333，R^2 分别为 -0.4950、-1.301 和 -0.660，$RMSE$ 分别为 0.465、0.493 和 0.478 mmol·m^{-2}·s^{-1}，ET_{CMLSim} 分别为 ET_{CMLMea} 的 3.72%、11.74% 和 3.33%。在三种冠层覆盖度下，P-M 模型均能很好地模拟冠层水通量，在冠层覆盖度较低时的模拟效果略差。由于夜间冠层蒸散量小，蒸渗仪对周围环境变化较为敏感，大风、水汽凝结、农田生物活动等都会对蒸渗仪重量变化造成不可忽视的影响，实测冠层 ET_{CMLMea} 波动起伏较大，而模拟值变化连续且较为平稳。

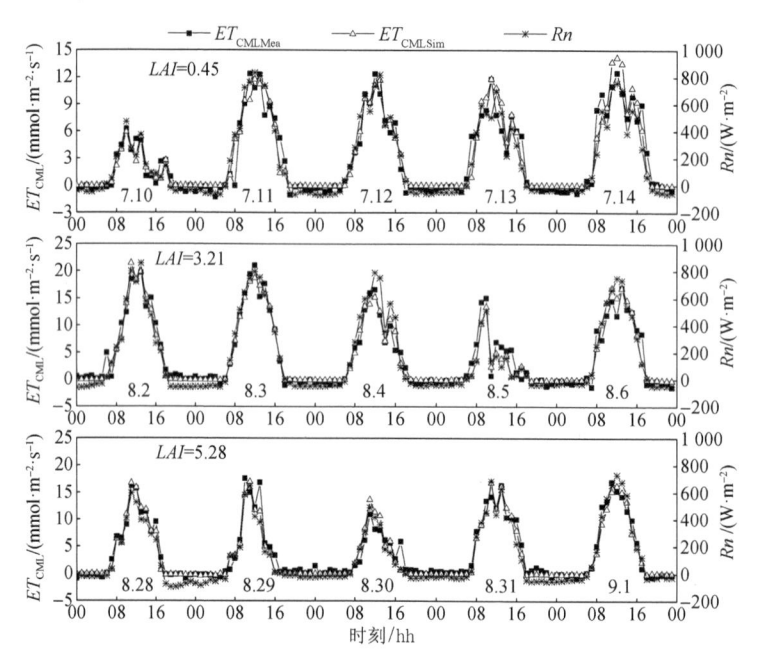

图 7.36 冠层水通量模拟值 ET_{CMLSim} 与实测值 ET_{CMLMea} 在不同冠层覆盖度下的日变化特征（2017 年）

（2）冠层水碳通量耦合日变化模拟

鉴于实测水碳通量分别为微型称重式蒸渗仪系统监测的水稻全生育期内的冠层逐半小时水通量 ET_{CML} 和 WEST 便携式通量测定系统监测的各生育阶段典型晴天的冠层不同时刻碳通量 A，本节分别利用 P-M 和 Farquhar 大叶模型模拟水稻整个生育期内的 ET_{CML} 和各生育阶段典型晴天的 A。在水稻各生育阶段，ET_{CML} 的时刻平均值日变化和 A 的典型晴天日变化模拟结果分别见图 7.37 和图 7.38，模拟统计结果见表 7.9。

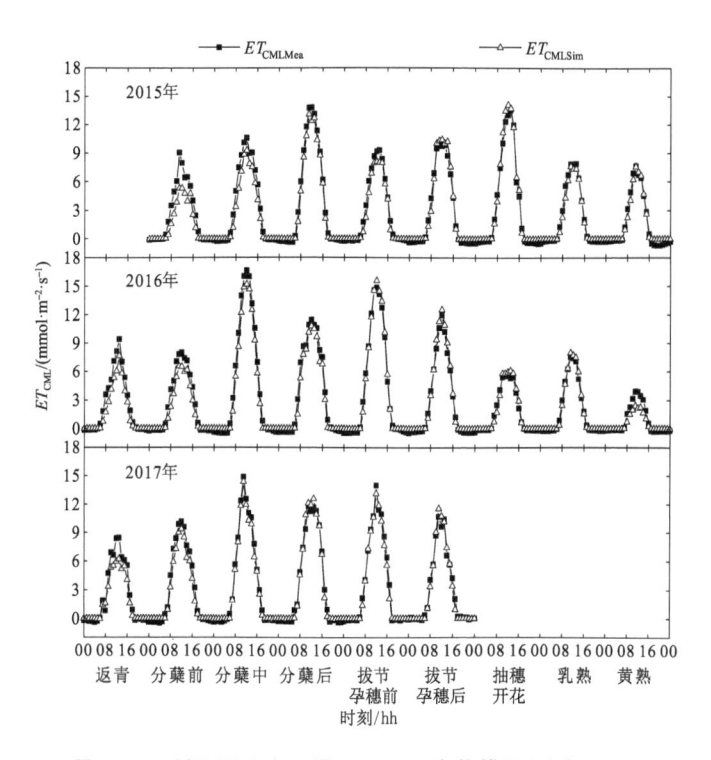

第七章 考虑叶龄影响的稻田水碳通量耦合模拟

图 7.37 稻田冠层水通量 ET_{CML} 日变化模拟（阶段平均）

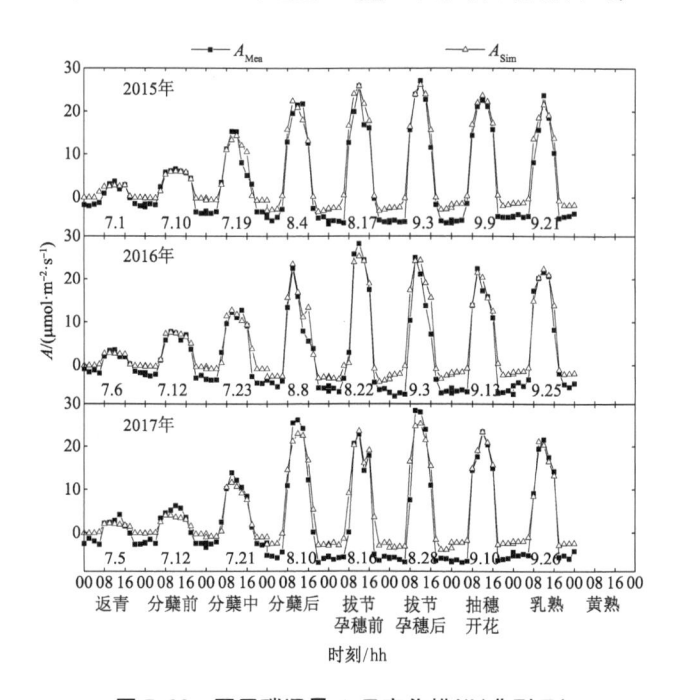

图 7.38 冠层碳通量 A 日变化模拟（典型日）

表 7.9 稻田冠层水碳通量模拟统计值

生育阶段	统计量	水通量 $ET_{CML,Mea}$ mmol·m^{-2}·s^{-1}	$ET_{CML,Sim}$	RMSE	k	R^2	碳通量 A_{Mea} μmol·m^{-2}·s^{-1}	A_{Sim}	RMSE	k	R^2
返青期	日间	4.526	3.376	1.346	0.762 2	0.960 7	1.534	1.865	1.258	0.739 8	0.672 3
	夜间	−0.147	−0.006	0.172	0.038 1	0.168 7	−1.832	−0.099	1.808	0.049 3	0.174 0
	日均值	2.283	1.753	0.978	0.761 5	0.979 3	−0.020	0.958	1.537	0.498 2	0.185 9
分蘖前期	日间	5.064	3.742	1.497	0.776 8	0.925 3	4.958	4.684	1.100	0.933 8	0.722 0
	夜间	−0.181	−0.011	0.205	0.047 8	0.197 7	−2.578	−0.246	2.407	0.094 0	0.124 4
	日均值	2.546	1.940	1.088	0.775 9	0.959 9	1.480	2.409	1.824	0.786 6	0.695 6
分蘖中期	日间	7.512	6.491	1.132	0.894 3	0.981 9	8.351	8.371	2.488	0.952 3	0.711 5
	夜间	−0.240	−0.026	0.253	0.089 2	0.262 7	−3.240	−0.854	2.485	0.250 6	0.229 8
	日均值	3.791	3.363	0.835	0.893 6	0.989 6	3.001	4.113	2.487	0.888 7	0.829 9
分蘖后期	日间	7.301	6.735	0.803	0.947 9	0.976 5	11.558	13.031	3.383	0.990 3	0.840 2
	夜间	−0.266	−0.020	0.274	0.065 0	0.166 4	−5.153	−2.842	2.443	0.539 7	0.019 4
	日均值	3.669	3.493	0.609	0.946 9	0.987 5	3.845	5.705	2.986	0.949 7	0.915 3
拔节孕穗前期	日间	6.645	6.256	0.710	0.970 2	0.979 9	11.535	13.768	3.907	1.008 0	0.853 4
	夜间	−0.202	−0.019	0.227	0.079 5	0.500 3	−5.802	−2.922	2.930	0.502 0	0.003 3
	日均值	3.358	3.244	0.535	0.969 5	0.988 1	3.533	6.065	3.490	0.959 6	0.904 9

续表

生育阶段	统计量	水通量					碳通量				
		$ET_{CML,Mea}$	$ET_{CML,Sim}$	RMSE	k	R^2	A_{Mea}	A_{Sim}	RMSE	k	R^2
		mmol·m^{-2}·s^{-1}					μmol·m^{-2}·s^{-1}				
拔节孕穗后期	日间	5.979	6.079	0.672	1.0440	0.9780	18.485	20.665	4.520	1.0318	0.8470
	夜间	−0.261	−0.024	0.280	0.0810	0.2658	−5.839	−2.402	3.633	0.4119	0.1973
	日均值	2.734	2.906	0.507	1.0420	0.9874	3.516	6.470	3.997	0.9545	0.8825
抽穗开花期	日间	5.368	5.547	0.611	1.0486	0.9860	17.733	18.636	1.366	1.0453	0.9029
	夜间	−0.262	−0.021	0.273	0.0799	0.7749	−5.654	−1.664	4.118	0.2985	0.2500
	日均值	2.441	2.651	0.467	1.0466	0.9899	3.341	6.143	3.340	0.9410	0.8964
乳熟期	日间	4.579	4.380	0.492	0.9778	0.9699	16.418	17.218	2.572	1.0173	0.5830
	夜间	−0.224	−0.015	0.221	0.0678	0.6046	−4.537	−1.689	2.943	0.3717	0.2166
	日均值	1.889	1.919	0.366	0.9754	0.9844	3.523	5.583	2.806	0.9507	0.9167
黄熟期	日间	3.104	2.564	0.829	0.8808	0.9166	—	—	—	—	—
	夜间	−0.308	−0.009	0.344	0.0347	0.5813	—	—	—	—	—
	日均值	1.193	1.123	0.607	0.8719	0.9374	—	—	—	—	—
全生育期	日间	5.822	5.239	0.980	0.9337	0.9556	10.575	11.493	3.010	1.0112	0.8896
	夜间	−0.233	−0.017	0.255	0.0666	0.2262	−4.442	−1.626	2.809	0.3874	0.5384
	日均值	2.779	2.597	0.715	0.9324	0.9739	2.778	4.681	2.915	0.9409	0.8956

在水稻各生育阶段，ET_{CML} 的时刻平均值呈倒"U"形单峰变化趋势（图 7.37）。总体表现在整个生育期内，夜间 ET_{CML} 模拟效果较差，日间模拟效果较好；在生长前期和生长后期，模拟值 ET_{CMLSim} 低估白天冠层水通量 ET_{CMLMea}，模拟值可以较好地模拟生长中期的 ET_{CML}。对于日间 ET_{CML} 估算，在水稻返青期、分蘖前期、分蘖中期、分蘖后期、拔节孕穗前期、拔节孕穗后期、抽穗开花期、乳熟期和黄熟期，模型估算均方根误差 $RMSE$ 分别为 1.346、1.497、1.132、0.803、0.710、0.672、0.611、0.492 和 0.829 mmol·m^{-2}·s^{-1}，估算 ET_{CMLSim} 分别为实测 ET_{CMLMea} 的 76.22%、77.68%、89.43%、94.79%、97.02%、104.40%、104.86%、97.78% 和 88.08%，确定性系数 R^2 分别为 0.9607、0.9253、0.9819、0.9765、0.9799、0.9780、0.9860、0.9699 和 0.9166。全生育期内，均方根误差 $RMSE$ 为 0.980 mmol·m^{-2}·s^{-1}，估算 ET_{CMLSim} 为实测 ET_{CMLMea} 的 93.37%，R^2 为 0.9556。总体上 P-M 大叶模型可以较好地模拟水稻各生育阶段的日间 ET_{CML} 变化。

对于夜间 ET_{CML} 估算，在水稻返青期、分蘖前期、分蘖中期、分蘖后期、拔节孕穗前期、拔节孕穗后期、抽穗开花期、乳熟期和黄熟期，模型估算均方根误差 $RMSE$ 分别为 0.172、0.205、0.253、0.274、0.227、0.280、0.273、0.221 和 0.344 mmol·m^{-2}·s^{-1}，估算 ET_{CMLSim} 分别为实测 ET_{CMLMea} 的 3.81%、4.78%、8.92%、6.50%、7.95%、8.10%、7.99%、6.78% 和 3.40%。全生育期内，$RMSE$ 为 0.255 mmol·m^{-2}·s^{-1}，估算 ET_{CMLSim} 为实测 ET_{CMLMea} 的 6.66%。P-M 模型对于夜间 ET_{CML} 的模拟效果不佳。

对于水通量日均值估算，在水稻返青期、分蘖前期、分蘖中期、分蘖后期、拔节孕穗前期、拔节孕穗后期、抽穗开花期、乳熟期和黄熟期，模型估算均方根误差 $RMSE$ 分别为 0.978、1.088、0.835、0.609、0.535、0.507、0.467、0.366 和 0.607 mmol·m^{-2}·s^{-1}，估算 ET_{CMLSim} 分别为实测 ET_{CMLMea} 的 76.15%、77.59%、89.36%、94.69%、96.95%、104.20%、104.66%、97.54% 和 87.19%，R^2 分别为 0.9793、0.9599、0.9896、0.9875、0.9881、0.9874、0.9899、0.9844 和 0.9374。全生育期内，$RMSE$ 为 0.715 mmol·m^{-2}·s^{-1}，估算 ET_{CMLSim} 为实测 ET_{CMLMea} 的 93.24%，R^2 为 0.9739。P-M 模型可以较好地模拟各生育阶段的 ET_{CML} 日均值。

综上，P-M 模型能较真实、合理地估算控制灌溉 ET_{CML} 的日间变化规律，且在叶面积指数 LAI 较小的生长初期和生长后期的模拟精度低于 LAI 较大的生长中期,这符合 P-M"大叶"模型的假设。此外,P-M 模型对夜间 ET_{CML} 模拟效果较差,这主要是因为夜间 ET_{CML} 的变化主要以水汽凝结为主(ET_{CMLMea} 表现为负值),ET_{CML} 值很小,周围环境的变化(大风、水汽凝结、农田生物活动等)会对蒸渗仪重量变化造成不可忽视的影响,导致夜间冠层水通量的测定值 ET_{CMLMea} 波动较大,而模拟值 ET_{CMLSim} 变化连续且较为平稳。对于 ET_{CML} 日均值的估算,P-M 模型仍可保持较好的模拟精度,这主要是因为相对于日间 ET_{CML},夜间 ET_{CML} 可以忽略不计,ET_{CMLSim} 的精度主要受白天测量值的影响,P-M 模型能较真实地模拟 ET_{CML} 日均值。

对于冠层碳通量 A,Farquhar 大叶模型可以较好地模拟水稻各生育阶段 A 日变化过程,对夜间 A 模拟效果较差(图 7.38)。对于日间 A,在水稻返青期、分蘖前期、分蘖中期、分蘖后期、拔节孕穗前期、拔节孕穗后期、抽穗开花期和乳熟期,估算均方根误差 $RMSE$ 分别为 1.258、1.100、2.488、3.383、3.907、4.520、1.366 和 2.572 $\mu mol \cdot m^{-2} \cdot s^{-1}$,估算 A_{Sim} 分别为实测 A_{Mea} 的 73.98%、93.38%、95.23%、99.03%、100.80%、103.18%、104.53% 和 101.73%,确定性系数 R^2 分别为 -0.3780、0.7220、0.7115、0.8402、0.8534、0.8470、0.9029 和 0.5830。在返青期,Farquhar 模拟值 A_{Sim} 远低于实测值 A_{Mea},且 A_{Sim} 与 A_{Mea} 呈负相关,这主要是因为此阶段处于水稻成活期,秧苗的光合作用较弱,稻田的碳通量主要以稻田的土壤排放为主。返青期之后,Farquhar 模型模拟精度持续提升,这主要是由于随着生育期的推进,不断增加的冠层覆盖度使冠层下垫面比较均匀,Farquhar 大叶模型的适用性增加。在全生育期内,$RMSE$ 为 3.010 $\mu mol \cdot m^{-2} \cdot s^{-1}$,估算 A_{Sim} 为实测 A_{Mea} 的 101.12%,R^2 为 0.8896。Farquhar 模型可以较好地模拟水稻各生育阶段的日间 A 变化。

对于夜间碳通量,在水稻返青期、分蘖前期、分蘖中期、分蘖后期、拔节孕穗前期、拔节孕穗后期、抽穗开花期和乳熟期,估算均方根误差 $RMSE$ 分别为 1.808、2.407、2.485、2.443、2.930、3.633、4.118 和 2.943 $\mu mol \cdot m^{-2} \cdot s^{-1}$,估算 A_{Sim} 分别为实测 A_{Mea} 的 4.93%、9.40%、25.06%、53.97%、50.20%、41.19%、29.85% 和 37.17%。全生育期内,$RMSE$ 为 2.809 $\mu mol \cdot m^{-2} \cdot s^{-1}$,估算 A_{Sim} 为实测 A_{Mea} 的 38.74%。Farquhar 模型模拟夜间 A 效果较差。

对于 A 日均值估算,在水稻返青期、分蘖前期、分蘖中期、分蘖后期、拔节孕穗前期、拔节孕穗后期、抽穗开花期和乳熟期,估算均方根误差 $RMSE$ 分别为 1.537、1.824、2.487、2.986、3.490、3.997、3.340 和 2.806 $\mu mol \cdot m^{-2} \cdot s^{-1}$,估算 A_{Sim} 为实测 A_{Mea} 的 49.82%、78.66%、88.87%、94.97%、95.96%、95.45%、

94.10%和95.07%，R^2分别为0.1859、0.6956、0.8299、0.9153、0.9049、0.8825、0.8964和0.9167。全生育期内，$RMSE$为2.915 μmol·m^{-2}·s^{-1}，估算A_{Sim}为实测A_{Mea}的94.09%，R^2为0.8956。模型可以较好地模拟各生育阶段的A日均值。

综上，Farquhar模型能够较好地估算控制灌溉稻田各生育阶段的A日间变化和日均值，夜间碳通量模拟值A_{Sim}远低于实测夜间碳排放量。模型在返青期的模拟精度远低于其他阶段的模拟精度。

（3）冠层水碳通量耦合模拟结果的生育期变化

研究基于冠层水碳耦合模型估算控制灌溉稻田生育期内10:00的冠层水碳通量ET_{CML}和A，结果见图7.39和图7.40。冠层水通量模拟值ET_{CMLSim}与实测值ET_{CMLMea}波动趋势变化基本一致，在水稻生长初期，冠层覆盖度低（叶面积指数LAI小），ET_{CMLSim}低估ET_{CMLMea}，随着冠层LAI的增加，ET_{CMLSim}模拟精度增加，ET_{CMLSim}略高估ET_{CMLMea}，总体表现为P-M模型略低估10:00的ET_{CML}。2015年的ET_{CMLMea}和ET_{CMLSim}分别在0.742~17.379 mmol·m^{-2}·s^{-1}和0.571~17.812 mmol·m^{-2}·s^{-1}（平均值分别为7.864和7.537 mmol·m^{-2}·s^{-1}）范围内变化，2016年的ET_{CMLMea}和ET_{CMLSim}分别在0.454~17.568 mmol·

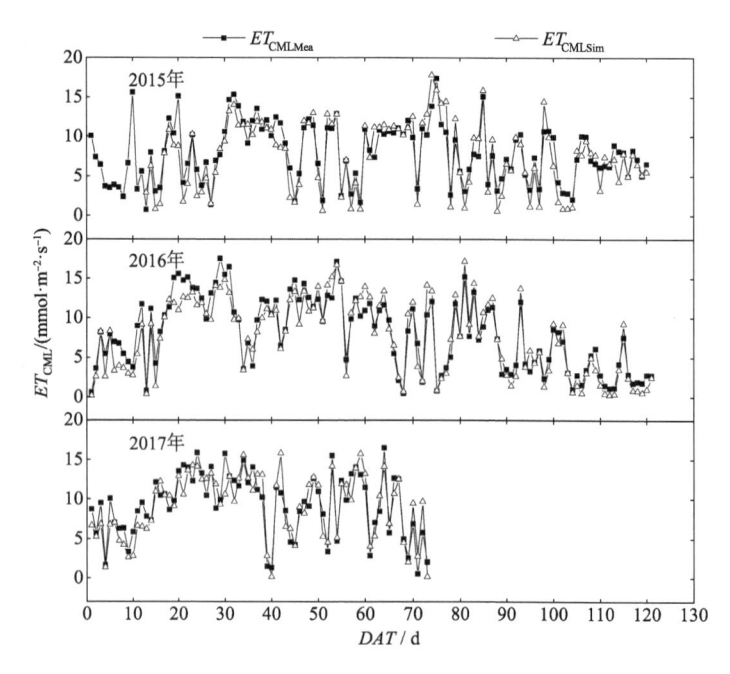

图7.39　2015—2017年冠层水通量ET_{CML}生育期变化模拟(10:00)

$m^{-2} \cdot s^{-1}$ 和 $0.000 \sim 17.212$ mmol·$m^{-2} \cdot s^{-1}$（平均值分别为 8.006 和 7.548 mmol·$m^{-2} \cdot s^{-1}$）范围内变化，2017 年的 $ET_{CML,Mea}$ 和 $ET_{CML,Sim}$ 分别在 $0.517 \sim 16.500$ mmol·$m^{-2} \cdot s^{-1}$ 和 $0.141 \sim 15.822$ mmol·$m^{-2} \cdot s^{-1}$（平均值分别为 9.299 和 9.088 mmol·$m^{-2} \cdot s^{-1}$）范围内变化。三个生育季，$ET_{CML,Sim}$ 与 $ET_{CML,Mea}$ 的回归斜率 k 分别为 0.958 4、0.953 2 和 0.965 5，确定性系数 R^2 分别为 0.813 7、0.888 4 和 0.770 3，均方根误差 $RMSE$ 分别为 1.913、1.657 和 1.989 mmol·$m^{-2} \cdot s^{-1}$，模拟值分别低估 4.16%、4.68% 和 3.45%。综上，模型可以较好地模拟冠层水通量 ET_{CML} 的生育期变化。

冠层碳通量模拟值 A_{Sim} 与实测值 A_{Mea} 波动趋势变化基本一致（图 7.40）。在 2015—2017 年的水稻生育期内，A_{Sim} 与 A_{Mea} 的回归斜率 k 分别为 1.022 8、1.003 6 和 1.083 5，确定性系数 R^2 分别为 0.877 5、0.894 9 和 0.928 1，均方根误差 $RMSE$ 分别为 1.862、2.091 和 2.561 μmol·$m^{-2} \cdot s^{-1}$，模拟值 A_{Sim} 分别高估实测值 A_{Mea} 2.28%、0.36% 和 8.35%。模型可以较好地模拟水稻生育期内 10:00 的冠层碳通量 A。

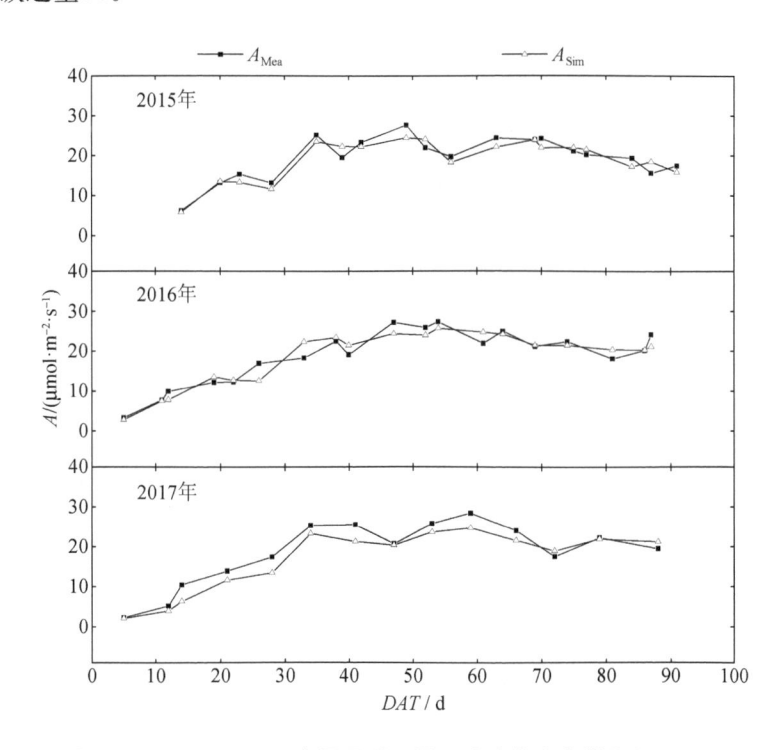

图 7.40 2015—2017 年冠层碳通量 A 生育期变化模拟（10:00）

7.6.4.2 田间水碳耦合模型适应性分析

(1) 不同冠层覆盖度下田间水碳耦合模拟

不同冠层覆盖度下 P-M 大叶模型模拟估算的田间水通量 ET^*_{ECSim} 与实测值 ET^*_{ECMea} 的关系见图 7.41。总体上 P-M 大叶模型能较好地模拟田间水通量 ET^*_{EC}，在叶面积指数 LAI 为 0.45、3.21 和 5.28 $m^2 \cdot m^{-2}$ 条件下，ET^*_{ECSim} 与 ET^*_{ECMea} 的回归斜率 k 分别为 0.871 5、0.947 8 和 1.040 9，确定性系数 R^2 分别为 0.888 0、0.932 4 和 0.938 9，均方根误差 $RMSE$ 分别为 0.950 7、1.403 8 和 1.026 8 mmol·m^{-2}·s^{-1}。冠层覆盖度较低时模型模拟效果略差，在 LAI 为 0.45 $m^2 \cdot m^{-2}$ 的条件下模拟值低估 ET^*_{ECMea} 12.85%，随着冠层覆盖度的增加模拟精度略有增加，LAI 为 3.21 $m^2 \cdot m^{-2}$ 时 ET^*_{ECSim} 为 ET^*_{ECMea} 的 94.78%，LAI 为 5.28 $m^2 \cdot m^{-2}$ 时 ET^*_{ECSim} 为 ET^*_{ECMea} 的 104.09%。与冠层水通量模拟相似，夜间 ET^*_{ECMea} 波动起伏较大，而 ET^*_{ECSim} 较为平稳。

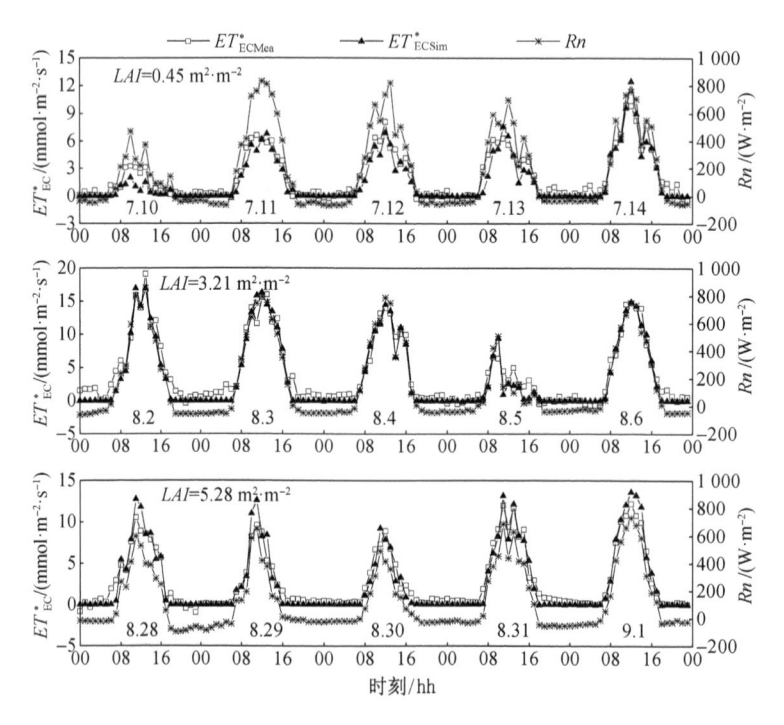

图 7.41 田间水通量模拟值 ET^*_{ECMea} 与实测值 ET^*_{ECMea} 在不同冠层覆盖度下的日变化

Farquhar 模拟不同冠层覆盖度下田间碳通量 F_C 如图 7.42 所示。在 LAI 为 0.45、3.21 和 5.28 $m^2 \cdot m^{-2}$ 条件下，模拟值 F_{CSim} 与实测值 F_{CMea} 的回归斜率 k

分别为 0.526 0、0.862 5 和 1.012 4，确定性系数 R^2 分别为 0.136、0.722 5 和 0.868 4，均方根误差 $RMSE$ 分别为 2.419、4.392 和 3.079 $\mu mol \cdot m^{-2} \cdot s^{-1}$，$F_{CSim}$ 分别为 F_{CMea} 的 52.60%、86.25% 和 101.24%。日间 F_{CSim} 与 F_{CMea} 的 k 分别为 0.961 5、0.998 7 和 1.059 2，R^2 分别为 0.607 0、0.538 0 和 0.771 3，$RMSE$ 分别为 1.688、4.222 和 3.866 $\mu mol \cdot m^{-2} \cdot s^{-1}$，$F_{CSim}$ 分别为 F_{CMea} 的 96.15%、99.87% 和 105.92%。夜间 F_{CSim} 与 F_{CMea} 的 k 分别为 0.117 1、0.286 7 和 0.546 5，R^2 分别为 0.099 4、-3.660 0 和 -0.923 0，$RMSE$ 分别为 3.066、4.585 和 2.004 $\mu mol \cdot m^{-2} \cdot s^{-1}$，$F_{CSim}$ 分别为 F_{CMea} 的 11.71%、28.67% 和 54.65%。综上，在三种冠层覆盖度下，Farquhar 模型能够准确模拟稻田系统的日间 F_C 变化规律，且模拟精度随着 LAI 的增加而提高，但明显低估夜间稻田的碳排放，对全天的 F_C 也有较高的模拟精度。

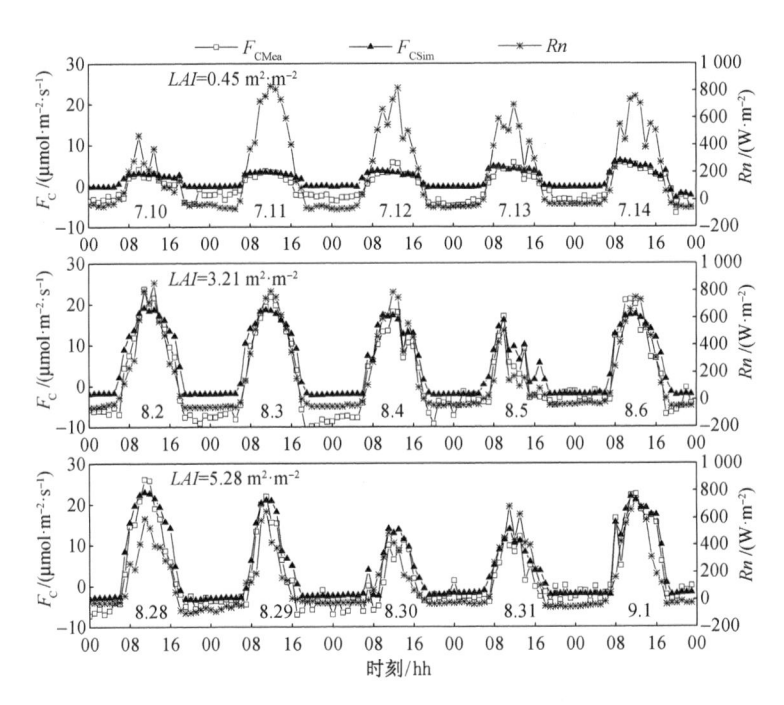

图 7.42　田间碳通量模拟值 F_{CSim} 与实测值 F_{CMea} 在不同冠层覆盖度下的日变化

（2）田间水碳通量耦合日变化模拟

利用田间水碳耦合模型模拟水稻生育期内的田间水通量 ET_{EC}^* 和田间碳通量 F_C。各生育阶段的 ET_{EC}^* 和 F_C 时刻平均日变化模拟结果见图 7.43 和图 7.44，模拟统计结果见表 7.10。模型估算的田间水通量 ET_{ECSim}^* 呈倒"U"形单

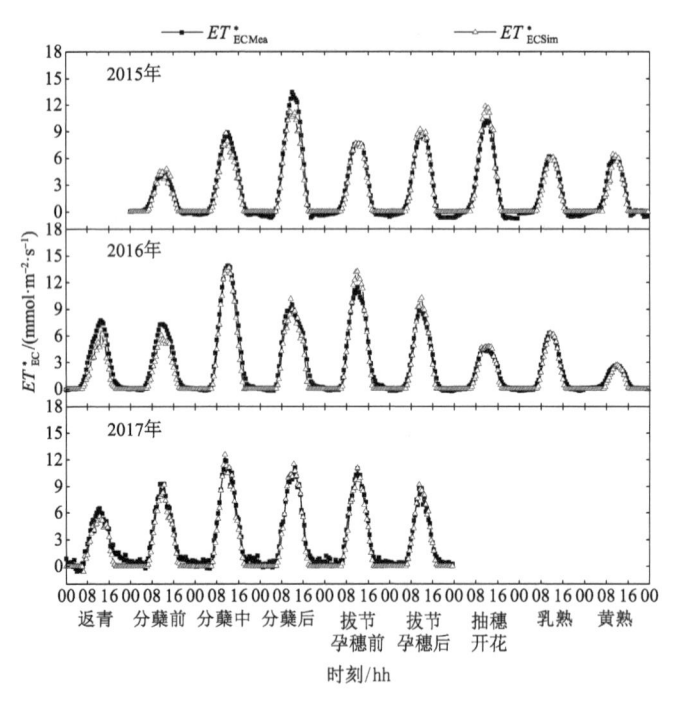

图 7.43　田间水通量日变化模拟(阶段平均)

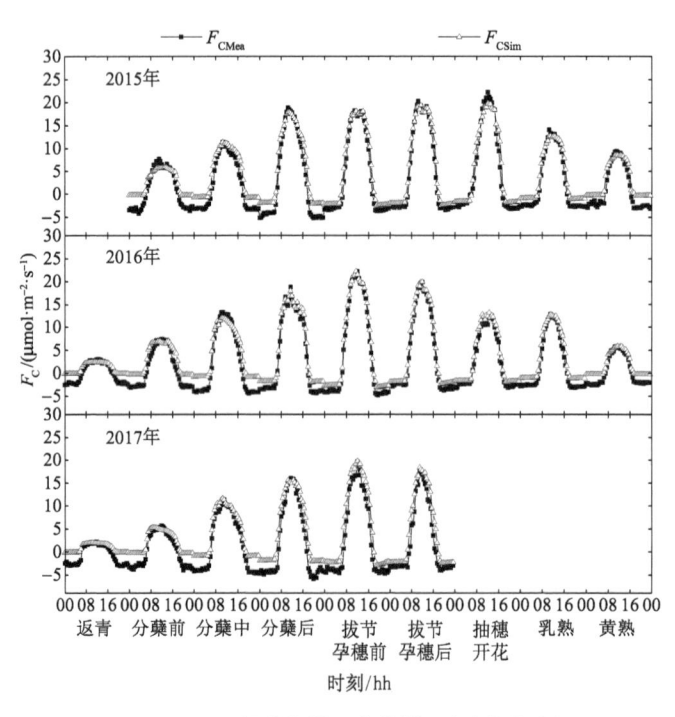

图 7.44　田间碳通量日变化模拟(阶段平均)

第七章　考虑叶龄影响的稻田水碳通量耦合模拟

表 7.10　田间尺度稻田水碳通量模拟统计值

生育阶段	统计量	水通量					碳通量				
		ET^*_{ECMea}	ET^*_{ECSim}	RMSE	k	R^2	F_{CMea}	F_{CSim}	RMSE	k	R^2
		mmol·m^{-2}·s^{-1}					μmol·m^{-2}·s^{-1}				
返青期	日间	4.152	2.930	1.395	0.7424	0.8739	1.515	1.895	0.745	0.9744	0.5976
	夜间	0.314	−0.005	0.586	−0.0011	0.0030	−2.361	−0.054	2.348	0.0272	0.1529
	日均值	2.313	1.524	1.085	0.7318	0.9171	−0.342	0.961	1.712	0.3977	0.7363
分蘖前期	日间	4.075	3.322	1.006	0.8459	0.9146	4.163	4.891	1.506	1.0168	0.4754
	夜间	0.183	−0.010	0.363	−0.0113	0.0318	−2.920	−0.201	2.754	0.0752	0.2268
	日均值	2.210	1.726	0.768	0.8415	0.9483	0.769	2.451	2.195	0.7716	0.4804
分蘖中期	日间	6.714	5.853	1.056	0.9171	0.9580	7.414	8.678	1.904	1.0646	0.5778
	夜间	0.142	−0.027	0.445	−0.0175	0.0350	−3.568	−0.669	2.939	0.1942	0.4298
	日均值	3.565	3.036	0.822	0.9144	0.9743	2.152	4.199	2.455	0.9366	0.7745
分蘖后期	日间	6.785	5.862	1.307	0.8945	0.9222	10.096	11.825	2.496	1.0597	0.7731
	夜间	0.031	−0.022	0.450	0.0026	0.0353	−4.224	−1.775	2.538	0.4147	0.0180
	日均值	3.548	3.043	0.994	0.8917	0.9600	3.235	5.308	2.516	0.9912	0.8935
拔节孕穗前期	日间	5.791	5.440	0.911	0.9953	0.9458	11.056	12.927	2.419	1.0695	0.8872
	夜间	0.098	−0.020	0.401	−0.0027	0.1789	−3.831	−2.424	1.471	0.6281	0.1597
	日均值	3.063	2.823	0.714	0.9920	0.9670	3.923	5.571	2.021	1.0382	0.9519

227

续表

生育阶段	统计量	水通量 ET^*_{ECMea} mmol·m^{-2}·s^{-1}	ET^*_{ECSim}	RMSE	k	R^2	碳通量 F_{CMea} μmol·m^{-2}·s^{-1}	F_{CSim}	RMSE	k	R^2
拔节孕穗后期	日间	5.218	5.065	0.723	1.015 2	0.949 9	11.200	13.100	2.481	1.073 0	0.845 2
	夜间	−0.021	−0.020	0.402	0.042 2	0.539 9	−2.840	−1.874	1.141	0.676 2	0.483 9
	日均值	2.489	2.416	0.579	1.009 8	0.970 7	3.887	5.301	1.905	1.053 0	0.953 4
抽穗开花期	日间	4.504	4.622	0.859	1.087 7	0.959 3	10.424	11.425	2.055	1.021 0	0.862 8
	夜间	−0.187	−0.017	0.410	0.047 5	0.391 9	−2.453	−1.519	1.088	0.612 8	0.357 1
	日均值	2.061	2.206	0.664	1.080 4	0.969 3	3.717	4.683	1.625	1.002 8	0.953 3
乳熟期	日间	3.992	3.512	0.621	0.925 7	0.937 2	8.412	9.653	1.794	1.064 0	0.719 3
	夜间	−0.122	−0.012	0.284	0.066 1	0.496 8	−2.531	−0.859	1.688	0.353 5	0.458 8
	日均值	1.678	1.530	0.463	0.920 4	0.967 9	2.257	3.740	1.735	1.002 2	0.905 2
黄熟期	日间	2.801	2.323	0.740	0.879 2	0.897 1	4.733	5.537	1.287	1.052 5	0.716 2
	夜间	0.034	−0.012	0.272	0.015 0	0.193 6	−2.289	−0.221	2.116	0.096 2	0.064 7
	日均值	1.245	1.010	0.530	0.871 8	0.932 9	0.783	2.298	1.801	0.877 3	0.717 7
全生育期	日间	5.123	4.534	1.007	0.931 8	0.928 8	7.896	9.174	2.002	1.059 1	0.887 6
	夜间	0.054	−0.017	0.408	0.011 0	0.199 1	−3.077	−1.130	2.131	0.383 8	0.267 4
	日均值	2.575	2.246	0.767	0.927 6	0.955 5	2.379	3.994	2.067	0.996 1	0.900 9

峰变化趋势。对于日间 ET^*_{EC},在水稻返青期、分蘖前期、分蘖中期、分蘖后期、拔节孕穗前期、拔节孕穗后期、抽穗开花期、乳熟期和黄熟期,估算均方根误差 $RMSE$ 分别为 1.395、1.006、1.056、1.307、0.911、0.723、0.859、0.621 和 0.740 mmol·m^{-2}·s^{-1},估算 ET^*_{ECSim} 分别为实测 ET^*_{ECMea} 的 74.24%、84.59%、91.71%、89.45%、99.53%、101.52%、108.77%、92.57% 和 87.92%,确定性系数 R^2 分别为 0.873 9、0.914 6、0.958 0、0.922 2、0.945 8、0.949 9、0.959 3、0.937 2 和 0.897 1。全生育期内,$RMSE$ 为 1.007 mmol·m^{-2}·s^{-1},估算 ET^*_{ECSim} 为实测 ET^*_{ECMea} 的 93.18%,R^2 为 0.928 8。在生长前期和生长后期,ET^*_{ECSim} 明显低估日间 ET^*_{ECMea},在生长中期,ET^*_{ECSim} 的模拟精度较高。

对于夜间 ET^*_{EC},在返青期、分蘖前期、分蘖中期、分蘖后期、拔节孕穗前期、拔节孕穗后期、抽穗开花期、乳熟期和黄熟期,估算均方根误差 $RMSE$ 分别为 0.586、0.363、0.445、0.450、0.401、0.402、0.410、0.284 和 0.272 mmol·m^{-2}·s^{-1},估算 ET^*_{ECSim} 分别为实测 ET^*_{ECMea} 的 −0.11%、−1.13%、−1.75%、0.26%、−0.27%、4.22%、4.75%、6.61% 和 1.50%。全生育期内,$RMSE$ 为 0.408 mmol·m^{-2}·s^{-1},估算 ET^*_{ECSim} 为实测 ET^*_{ECMea} 的 1.10%。P-M 模拟对于夜间蒸散发的模拟效果较差。

对于 ET^*_{EC} 日均值估算,在返青期、分蘖前期、分蘖中期、分蘖后期、拔节孕穗前期、拔节孕穗后期、抽穗开花期、乳熟期和黄熟期,估算均方根误差 $RMSE$ 分别为 1.085、0.768、0.822、0.994、0.714、0.579、0.664、0.463 和 0.530 mmol·m^{-2}·s^{-1},估算 ET^*_{ECSim} 分别为实测 ET^*_{ECMea} 的 73.18%、84.15%、91.44%、89.17%、99.20%、100.98%、108.04%、92.04% 和 87.18%,R^2 分别为 0.917 1、0.948 3、0.974 3、0.960 0、0.967 0、0.970 7、0.969 3、0.967 9 和 0.932 9。全生育期内,$RMSE$ 为 0.767 mmol·m^{-2}·s^{-1},估算 ET^*_{ECSim} 为实测 ET^*_{ECMea} 的 92.76%,R^2 为 0.955 5。与日间模型效果相似,ET^*_{ECSim} 在生长前期和生长后期低估 ET^*_{EC} 日均值,生长中期 ET^*_{ECSim} 日均值的估算精度较高。

综上,模型能较真实、合理地估算控制灌溉稻田 ET^*_{EC} 的日间变化规律和日均值,估算精度在水稻生育期内先增加后减小,但对夜间蒸散发模拟效果较差。

与冠层碳通量相似,Farquhar 模型可以较好地模拟田间碳通量 F_C 的日间变化规律和日均值,明显低估夜间碳排放量(表 7.10)。对于日间 F_C,在水稻返青期、分蘖前期、分蘖中期、分蘖后期、拔节孕穗前期、拔节孕穗后期、抽穗开花期、乳熟期和黄熟期,估算均方根误差 $RMSE$ 分别为 0.745、1.506、1.904、2.496、

2.419、2.481、2.055、1.794 和 1.287 $\mu mol \cdot m^{-2} \cdot s^{-1}$,在返青期和分蘖前期,Farquhar 模拟值 F_{CSim} 分别为实测值 F_{CMea} 的 97.44% 和 101.68%,进入分蘖中期之后,Farquhar 模型保持较高的估算精度,分蘖中期至黄熟期 F_{CSim} 为实测 F_{CMea} 的 102.10%~107.30%,R^2 在 0.5778~0.8872 范围内。在全生育期内,F_{CMea} 日间均值、F_{CSim} 日间均值和 $RMSE$ 分别为 7.896 $\mu mol \cdot m^{-2} \cdot s^{-1}$、9.174 $\mu mol \cdot m^{-2} \cdot s^{-1}$ 和 2.002 $\mu mol \cdot m^{-2} \cdot s^{-1}$,$F_{CSim}$ 为实测 F_{CMea} 的 105.91%,R^2 为 0.8876,Farquhar 对生育期 F_C 均值有较高的估算精度。

夜间碳通量以稻田排放 CO_2 为主,在返青期、分蘖前期、分蘖中期、分蘖后期、拔节孕穗前期、拔节孕穗后期、抽穗开花期、乳熟期和黄熟期,估算均方根误差 $RMSE$ 分别为 2.348、2.754、2.939、2.538、1.471、1.141、1.088、1.688 和 2.116 $\mu mol \cdot m^{-2} \cdot s^{-1}$,$F_{CSim}$ 分别为实测 F_{CMea} 的 2.72%、7.52%、19.42%、41.47%、62.81%、67.62%、61.28%、35.35% 和 9.62%,R^2 分别为 0.1529、0.2268、0.4298、0.0180、0.1597、0.4839、0.3571、0.4588 和 0.0647。全生育期内,F_{CMea} 均值、F_{CSim} 均值和 $RMSE$ 分别为 -3.077 $\mu mol \cdot m^{-2} \cdot s^{-1}$、$-1.130$ $\mu mol \cdot m^{-2} \cdot s^{-1}$ 和 2.131 $\mu mol \cdot m^{-2} \cdot s^{-1}$,$F_{CSim}$ 为实测 F_{CMea} 的 38.38%。在各生育阶段,Farquhar 均明显低估夜间田间碳排放量,且 F_{CSim} 和 F_{CMea} 相关系数很低,Farquhar 模型对于夜间碳通量的模拟效果较差。

对于 F_C 日均值估算,在水稻返青期、分蘖前期、分蘖中期、分蘖后期、拔节孕穗前期、拔节孕穗后期、抽穗开花期、乳熟期和黄熟期,$RMSE$ 分别为 1.712、2.195、2.455、2.516、2.021、1.905、1.625、1.735 和 1.801 $\mu mol \cdot m^{-2} \cdot s^{-1}$,估算 F_{CSim} 分别为实测 F_{CMea} 的 39.77%、77.16%、93.66%、99.12%、103.82%、105.30%、100.28%、100.22% 和 87.73%,R^2 分别为 0.7363、0.4804、0.7745、0.8935、0.9519、0.9534、0.9533、0.9052 和 0.7177。全生育期内,$RMSE$ 为 2.067 $\mu mol \cdot m^{-2} \cdot s^{-1}$,$F_{CSim}$ 为 F_{CMea} 的 99.61%,R^2 为 0.9009。Farquhar 模型明显低估返青期的碳排放量,且 F_{CSim} 和 F_{CMea} 呈负相关,进入分蘖前期,模型估算精度不断增加,至分蘖中后期后保持在较高的估算精度,在黄熟期估算精度略有降低。

综上,Farquhar 模型可以较好地模拟田间碳通量 F_C 的日间变化规律和日均值,模拟精度在水稻生育期内呈现先增加后减小的趋势,模型明显低估夜间碳排放量。

(3) 田间水碳通量耦合生育期变化模拟

对于田间水通量 ET_{EC}^*,P-M 模型模拟结果表现出与冠层水通量 ET_{CML} 相同的变化规律。水通量模拟值 ET^*_{ECSim} 的估算精度在生育期内先增加后减小,具体表现为在生长前期和生长后期低估实测值,生长中期略高估实测值(图 7.45)。2015 年的 ET^*_{ECMea} 和 ET^*_{ECSim} 分别在 0.943~12.556 mmol·m^{-2}·s^{-1} 和 0.378~14.428 mmol·m^{-2}·s^{-1}(平均值分别为 6.664 mmol·m^{-2}·s^{-1} 和 6.115 mmol·m^{-2}·s^{-1})范围内变化,2016 年的 ET^*_{ECMea} 和 ET^*_{ECSim} 分别在 0.249~13.218 mmol·m^{-2}·s^{-1} 和 0.099~13.886 mmol·m^{-2}·s^{-1}(平均值分别为 6.802 mmol·m^{-2}·s^{-1} 和 6.122 mmol·m^{-2}·s^{-1})范围内变化,2017 年的 ET^*_{ECMea} 和 ET^*_{ECSim} 分别在 1.958~14.084 mmol·m^{-2}·s^{-1} 和 0.100~13.597 mmol·m^{-2}·s^{-1}(平均值分别为 7.995 mmol·m^{-2}·s^{-1} 和 7.611 mmol·m^{-2}·s^{-1})范围内变化。三个生育季内,ET^*_{ECSim} 与 ET^*_{ECMea} 的回归斜率 k 分别为 0.948 1、0.928 1 和 0.954 7,确定性系数 R^2 分别为 0.754 3、0.862 3 和 0.709 1,均方根误差 $RMSE$ 分别为 1.844、1.585 和 1.886 mmol·m^{-2}·s^{-1},模拟值分别低估 5.19%、7.19% 和 4.53%。

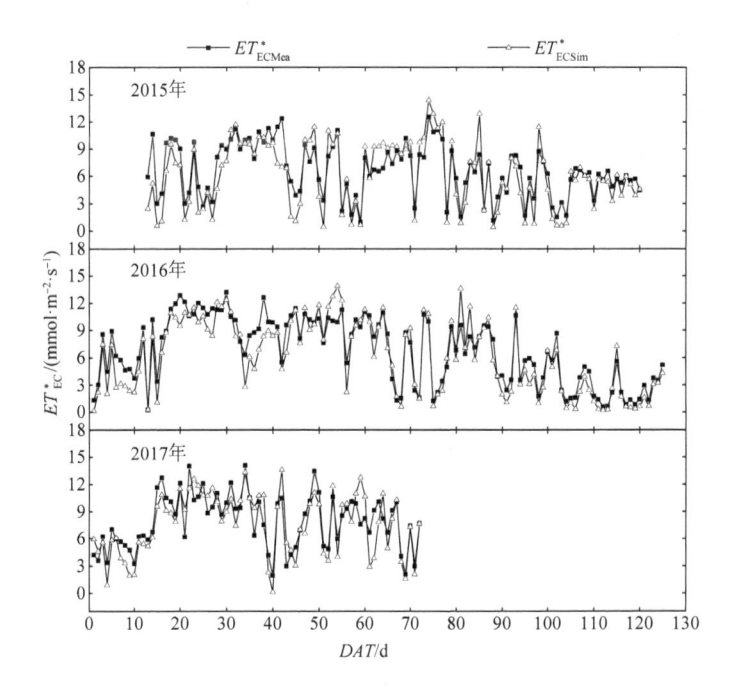

图 7.45 2015—2017 年田间水通量生育期变化模拟(10:00)

冠层碳通量模拟值 F_{CSim} 与实测值 F_{CMea} 基本保持一致(图 7.46)。2015 年的 F_{CSim} 与 F_{CMea} 分别在 3.489~25.392 μmol·m^{-2}·s^{-1} 和 4.542~22.475 μmol·

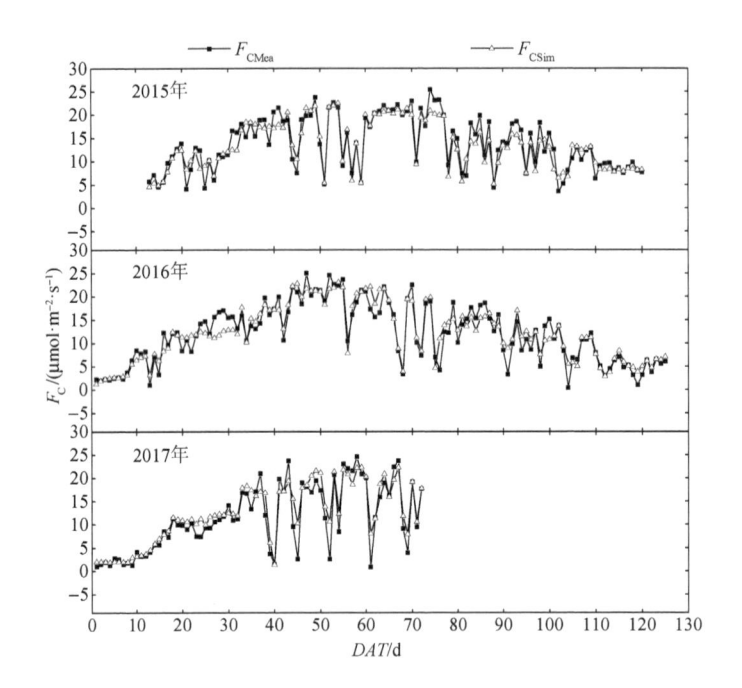

图 7.46　2015—2017 年田间碳通量生育期变化模拟(10:00)

$m^{-2} \cdot s^{-1}$（平均值分别为 13.814 $\mu mol \cdot m^{-2} \cdot s^{-1}$ 和 13.301 $\mu mol \cdot m^{-2} \cdot s^{-1}$）范围内变化，2016 年的 F_{CSim} 与 F_{CMea} 分别在 0.331~24.990 $\mu mol \cdot m^{-2} \cdot s^{-1}$ 和 1.236~22.986 $\mu mol \cdot m^{-2} \cdot s^{-1}$（平均值分别为 11.894 $\mu mol \cdot m^{-2} \cdot s^{-1}$ 和 12.036 $\mu mol \cdot m^{-2} \cdot s^{-1}$）范围内变化，2017 年的 F_{CSim} 与 F_{CMea} 分别在 0.819~24.544 $\mu mol \cdot m^{-2} \cdot s^{-1}$ 和 1.324~22.278 $\mu mol \cdot m^{-2} \cdot s^{-1}$（平均值分别为 11.362 $\mu mol \cdot m^{-2} \cdot s^{-1}$ 和 12.354 $\mu mol \cdot m^{-2} \cdot s^{-1}$）范围内变化。三个生育季内，$F_{CSim}$ 与 F_{CMea} 的回归斜率 k 分别为 0.9454、0.9842 和 1.0223，确定性系数 R^2 分别为 0.8532、0.8708 和 0.8439，均方根误差 $RMSE$ 分别为 2.133、2.142 和 2.581 $\mu mol \cdot m^{-2} \cdot s^{-1}$，2015 年和 2016 年模拟值 F_{CSim} 分别低估 5.46% 和 1.58%，2017 年 F_{CSim} 高估 2.23%。

7.7　本章小结

本章分析了不同叶龄叶片光合特性对光和 CO_2 的响应，基于叶龄与光响应参数、CO_2 响应参数和气孔导度的定量关系，建立了考虑叶龄的改进光响应模型、改

进 CO_2 响应模型以及改进 Jarvis 叶片气孔导度模型,并将叶片气孔导度模型与 Penman Monteith(P-M) 和 Farquhar 叶片模型相结合,实现了适用于不同叶龄叶片的水碳通量耦合模拟;以 Jarvis 冠层导度和田间导度连接 Penman Monteith(P-M) 大叶模型和 Farquhar 大叶模型,建立适用于控制灌溉稻田冠层和田间尺度的水碳通量耦合模型,主要结论如下:

(1) 叶片气孔导度 g_{sw}、蒸腾速率 T_r 和净光合速率 P_n 对光合有效辐射 PAR_a 和大气 CO_2 浓度 Ca 的响应受叶龄 LA 影响。

在低 PAR_a 下,叶片 g_{sw}、T_r 和 P_n 均随着 PAR_a 的增加近线性迅速上升,超过某 PAR_a 后增加速率减缓,最终增加到最大值并保持稳定,其中 LA 较大的叶片 g_{sw}、T_r 和 P_n 最先达到最大值,且 g_{sw}、T_r 和 P_n 的最大值随着叶龄的增加而减小;叶片 g_{sw}、T_r 和 P_n 均随着叶龄的增加呈线性减小趋势,减小速率随着 PAR_a 的减小而减缓。随着 Ca 的升高,不同叶龄叶片 g_{sw} 和 T_r 逐渐下降,且下降速率逐渐减小,而 P_n 先线性快速增加,超过某一 Ca 后增速减缓,最终增加到最大值保持稳定或略有减小;叶片 g_{sw} 随着叶龄的增加最初保持在较大值,之后随着叶龄的进一步增加逐渐降低。

(2) 引入叶龄的光响应曲线和 CO_2 响应曲线可以实现用一套光(CO_2) 响应参数计算所有叶龄叶片的光(CO_2) 响应曲线,考虑叶龄改进的 Jarvis 气孔导度模型大大提高了计算叶片气孔导度 g_{sw} 以及水碳通量的精度。

基于光响应和 CO_2 响应参数与 LA 的显著关系,在光响应和 CO_2 响应模型中引进叶龄 LA,与特定叶片拟合的光响应和 CO_2 响应曲线相比,引入 LA 的响应曲线计算 P_n 的精度有所降低,但仍能较好地计算 P_n。基于 PAR_a、VPD 和 θ 因子的 Jarvis 气孔导度模型估算的叶片气孔导度 g_{sw} 具有较高的精度,但整体相关系数较差;基于 PAR_a、VPD、θ 和 LA 四个因子的改进 Jarvis 气孔导度模型计算 g_{sw} 的精度略有提高,相关系数调高显著,引入 LA 的改进 Jarvis 模型在计算叶片 g_{sw} 有更好的适用性。选用 Jarvis 气孔导度模型计算的 g_{swCal} 的 P-M 模型估算的 T_{rCal} 高估实测 T_{rMea} 3.79%,但相关系数 R^2 较低;选用改进 Jarvis 模型计算的叶片 g_{swCal} 的 P-M 模型估算的 T_{rCal} 高估 T_{rMea} 1.96%,但 R^2 从 0.270 4 提高到 0.534 7,P-M 模型选用改进 Jarvis 模型计算的 g_{sw} 对田间观测的 T_r 具有较高的解释能力。

(3) 冠层和田间的 Jarvis 气孔阻力参数和最大羧化速率 V_{cm} 参数均存在明显的尺度差异,冠层尺度和田间尺度的水碳通量耦合模型均能够较好地模拟日间的水碳通量动态变化,对夜间的水碳过程模拟较差。

在 Jarvis 气孔阻力模型中,与影响因子净辐射 Rn 和饱和水汽压差 VPD 有关的参数存在明显的尺度效应;冠层尺度和田间尺度的率定参数最大羧化速率 V_{cm} 均随着水稻生育期的推进不断增加,在拔节孕穗期达到最大值,之后开始减小,冠层尺度的 V_{cm} 大于田间尺度的 V_{cm}。冠层尺度的水碳通量耦合模型对夜间水碳通量模拟效果较差,但能够很好地模拟水稻各生育阶段的水碳通量的日间变化和日均值;模型可以较好地模拟水稻生育期内 10:00 的冠层水碳通量,模拟精度随着冠层覆盖度的增加而增加。与冠层尺度的水碳耦合模型表现相似,田间尺度的水碳通量耦合模型对夜间水碳通量模拟效果较差,但能够很好地模拟水稻各生育阶段的水碳通量的日间变化和日均值;模型可以较好地模拟水稻生育期内 10:00 的田间水碳通量,模拟精度随着冠层覆盖度的增加而增加。

第八章

节水灌溉稻田蒸散量的时空尺度转换

8.1 蒸散量的时间尺度转换

蒸散量时间尺度的提升方法很多,选择不同方法可实现由时到日或日到作物生育期的 ET 时间尺度提升。但这些方法的适用性和精确性受不同气候、下垫面特征等影响较大(熊隽 等,2008;刘国水 等,2011;陈鹤 等,2013),具有较高的环境特殊性和依赖性。因此,ET 时间尺度转换在不同区域的研究结论没有可移植性,在方法的选择上也没有统一的标准。

本书对 ET 的研究基于能量平衡理论,因此本研究选择了基于能量平衡理论和水热关系的蒸发比法、作物系数法、冠层阻力法和正弦关系法 4 种方法,构建并改进了节水灌溉稻田从小时到日时间尺度的 ET 转换关系,以及日或小时蒸散量到水稻生育期蒸散量的尺度转换关系,并与测量结果较稳定的 EC 实测蒸散量 ET_{EC}^* 进行对比,分析了各种方法的模拟结果与实测值的相关性与一致性。本研究旨在探明各方法在我国南方节水灌溉稻田的适用性和最优性,实现以较低的投入和较短的观测时间估算不同时间尺度稻田耗水量,这将有助于农业、气象、水文学等基于遥感瞬时测量值或短时间的观测直接估算日尺度或生育期尺度稻田蒸散量。

8.1.1 日尺度蒸散量的提升估算

8.1.1.1 蒸散量的尺度提升方法

(1) 蒸发比法

蒸发比法是基于能量平衡建立的一种尺度转换方法,且能稳定、直接地反映能量的分配特征(Shuttleworth et al.,1989;刘笑吟 等,2021)。同时蒸发比法可同时运用于时到日、日到水稻全生育期的时间尺度转换,计算简单,所需参数少。

蒸发比(EF)被定义为潜热通量(LE)除以潜热与显热通量之和,即湍流通量($LE+Hs$),一般认为蒸发比在白昼期间变化不大。在能量平衡条件下,式(2.7)的能量平衡方程中,有效能量($Rn-G_0$)等于湍流通量($LE+Hs$)。因此,基于 EF 的 ET 时间尺度提升方法可表示为(Shuttleworth et al., 1989;Sugita and Brutsaert,1991):

$$EF_i = \frac{LE_i}{LE_i + Hs_i} = \frac{\lambda_i ET_i}{Rn_i - G_{0,i}} \tag{8.1}$$

$$ET_d = \frac{EF_i}{\lambda_d}(Rn_d - G_{0,d}) \tag{8.2}$$

式中,EF_i 为小时尺度作物示数;LE_i 和 Hs_i 为小时尺度潜热通量和感热通量均值($W \cdot m^{-2}$);Rn_i 和 $G_{0,i}$ 为小时尺度净辐射和地表土壤热通量均值($W \cdot m^{-2}$);Rn_d 和 $G_{0,d}$ 为日尺度净辐射和地表土壤热通量均值($W \cdot m^{-2}$);ET_i 为小时尺度蒸散量($mm \cdot h^{-1}$);ET_d 为日尺度蒸散量($mm \cdot d^{-1}$);λ_i 和 λ_d 为小时和日尺度汽化潜热($J \cdot kg^{-1}$)。

(2) 作物系数法

假定日作物系数恒定不变,可由某一时刻的作物系数代替计算,则基于作物系数 K_c 的 ET 时间尺度转换方法可表示为(Colaizzi et al., 2006):

$$K_{c,i} = \frac{ET_i}{ET_{0,i}} \tag{8.3}$$

$$ET_{0,i} = \frac{0.408\Delta_i(R_{n,i} - G_{0,i}) + \gamma_i \frac{37}{T_{a,i}+273} u_{2,i}(e_{s,i} - e_{a,i})}{\Delta_i + \gamma_i(1+0.24u_{2,i})} \tag{8.4}$$

$$ET_d = K_{c,i} \cdot ET_{0,d} \tag{8.5}$$

$$ET_{0,d} = \frac{0.408\Delta_d(R_{n,d} - G_{0,d}) + \gamma_d \frac{900}{T_{a,d}+273} u_{2,d}(e_{s,d} - e_{a,d})}{\Delta_d + \gamma_d(1+0.34u_{2,d})}$$

$$\tag{8.6}$$

式中,$K_{c,i}$ 为小时尺度作物系数;$ET_{0,i}$ 为小时尺度参考作物蒸散量($mm \cdot h^{-1}$);

Δ_i 和 Δ_d 分别为小时尺度和日尺度饱和水汽压-温度曲线的斜率(kPa・℃$^{-1}$); $e_{s,i}$ 和 $e_{s,d}$ 为小时和日尺度饱和水汽压(kPa); $e_{a,i}$ 和 $e_{a,d}$ 为小时和日尺度实际水汽压(kPa); $T_{a,i}$ 和 $T_{a,d}$ 为小时和日尺度气温(℃); γ_i 和 γ_d 为小时和日尺度干湿球常数(kPa・℃$^{-1}$); $u_{2,i}$ 和 $u_{2,d}$ 为 2 m 高处小时和日尺度风速(m・s^{-1}); $ET_{0,d}$ 为日参考作物蒸散量(mm・d^{-1}); 37 和 0.24 为小时尺度参考作物蒸散量计算系数; 900 和 0.34 为日尺度参考作物蒸散量计算系数。

(3) 冠层阻力法

基于冠层阻力 r_c 的 ET 时间尺度扩展方法表示为:

$$r_{c,i} = \frac{r_{a,i}[\Delta_i(R_{n,i}-G_{0,i})+\rho_i C_p(e_{s,i}-e_{a,i})/r_{a,i}-\lambda_i ET_i(\Delta_i+\gamma_i)]}{\gamma_i \cdot \lambda_i ET_i} \tag{8.7}$$

$$\lambda_d ET_d = \frac{\Delta_d(R_{n,d}-G_{0,d})+\rho_d C_p(e_{s,d}-e_{a,d})/r_{a,d}}{\Delta_d+\gamma_d(1+r_{c,i}/r_{a,d})} \tag{8.8}$$

式中,$r_{c,i}$ 为小时尺度冠层阻力均值(s・m^{-1}); $r_{a,i}$ 和 $r_{a,d}$ 为小时和日尺度空气动力学阻力均值(s・m^{-1}); ρ_i 和 ρ_d 为小时和日尺度空气密度均值(kg・m^{-3})。

(4) 正弦关系法

基于能量平衡和能量转化理论,蒸散量的大小受日照时间、日照强度等控制。Jackson 等(1983)认为蒸散量的日变化过程与太阳辐射在整个白天的过程相似,并通过研究白天蒸散量的日变化过程发现,总太阳辐射与中午时间的瞬时值之比可以近似通过正弦函数表示。因此,该方法基于研究区域所处纬度位置,根据不同纬度一年中不同阶段日照时数和强度的不同,用正弦函数近似计算蒸散量。

根据 Jackson 等人的假设,瞬时太阳辐射(S_i)可近似表示为(Jackson et al., 1983):

$$S_i = S_m \sin(\pi t/N) \tag{8.9}$$

式中,S_m 为中午太阳的最大辐照度; t 为日出后时刻(h); N 为日出到日落的时间间隔(h),以 t 为单位。将上述方程积分,可得到每日总辐照度(S_d):

$$S_d = \int_0^N [S_m \sin(\pi t/N)] dt = (2N/\pi) S_m \tag{8.10}$$

因此,总日照辐射与时刻 t 时的瞬时辐照度的比率(J)可表示为:

$$J = S_d/S_i = 2N/[\pi\sin(\pi t/N)] \quad (8.11)$$

$$N = 0.945\{a + b\sin^2[\pi(DOY+10)/365]\} \quad (8.12)$$

$$a = 12.0 - 5.69 \times 10^{-2}L - 2.02 \times 10^{-4}L^2 + 8.25 \times 10^{-6}L^3 - 3.15 \times 10^{-7}L^4 \quad (8.13)$$

$$b = 0.123 \times L - 3.10 \times 10^{-4}L^2 + 8.00 \times 10^{-7}L^3 - 4.99 \times 10^{-7}L^4 \quad (8.14)$$

式中,a 和 b 是纬度相关常数,反映一年中最短和最长日照时长;DOY 为一年中的日序数(一年中的第几日);L 为以度为单位表示的纬度。利用蒸散量与辐射的日变化的相似性,日蒸散总量(ET_d)可根据某小时时段蒸散量(ET_i)由式(8.15)计算(夜间蒸散量很小而忽略不计)(Zhang and Lemeur,1995;许迪 等,2015):

$$ET_d = ET_i \cdot J = ET_i \cdot \frac{S_d}{S_i} = ET_i[2N/\pi\sin(\pi t/N)] \quad (8.15)$$

8.1.1.2 不同提升方法估算日蒸散量的结果

本研究基于 2015 和 2016 年水稻生育期每日白天(7:00 至 16:00)9 个小时时间段的测量数据,分别采用蒸发比法、作物系数法、冠层阻力法和正弦关系法将小时 ET 测量值扩展到日尺度,并与能量平衡修正后 EC 实测值(ET_{EC}^*)进行对比分析,4 种方法在 2015 年和 2016 年的尺度扩展效果分别见表 8.1~表 8.4。

表 8.1 基于蒸发比提升方法估算日蒸散量的效果分析

年份	时间段	回归斜率	R^2	RMSE (mm·d^{-1})	IOA	EF_i	ET_{EC}^* (mm·d^{-1})	ET_{EF} (mm·d^{-1})
2015	7:00—8:00	0.935	0.934	0.423	0.982	0.931	3.835	3.640
	8:00—9:00	0.893	0.919	0.428	0.976	0.892		3.456
	9:00—10:00	0.870	0.949	0.350	0.985	0.850		3.326
	10:00—11:00	0.846	0.963	0.313	0.987	0.825		3.230
	11:00—12:00	0.865	0.942	0.376	0.984	0.836		3.295
	12:00—13:00	0.879	0.948	0.359	0.985	0.857		3.362
	13:00—14:00	0.879	0.934	0.414	0.984	0.837		3.328
	14:00—15:00	0.887	0.922	0.456	0.980	0.849		3.376
	15:00—16:00	0.898	0.895	0.518	0.971	0.890		3.459

续表

年份	时间段	回归斜率	R^2	$RMSE$ (mm·d^{-1})	IOA	EF_i	ET_{EC}^* (mm·d^{-1})	ET_{EF} (mm·d^{-1})
2016	7:00—8:00	0.937	0.964	0.323	0.993	0.927	3.801	3.560
	8:00—9:00	0.921	0.960	0.341	0.992	0.899		3.469
	9:00—10:00	0.880	0.962	0.326	0.990	0.878		3.335
	10:00—11:00	0.858	0.959	0.321	0.990	0.837		3.227
	11:00—12:00	0.832	0.951	0.355	0.985	0.824		3.142
	12:00—13:00	0.862	0.946	0.390	0.986	0.842		3.256
	13:00—14:00	0.867	0.943	0.408	0.986	0.852		3.264
	14:00—15:00	0.879	0.938	0.435	0.985	0.876		3.331
	15:00—16:00	0.875	0.893	0.642	0.971	0.868		3.303

从表 8.1 可看出，2015 年和 2016 年蒸发比（EF）时间尺度提升方法在相同时段的模拟值（ET_{EF}）与实测值（ET_{EC}^*）的相关关系相似。7:00 至 16:00 各时段的 EF 时间尺度提升方法表现均较好，各时段 ET_{EF} 的回归斜率均在 0.83 以上，R^2 均大于 0.89，$RMSE$ 较小，变化范围为 0.29~0.65 mm·d^{-1}，IOA 高达 0.97 以上。从表 8.1 中还可看出，9 个时段的日 ET_{EF} 均小于 ET_{EC}^*，且小时蒸发比（EF_i）越大，估算的日蒸散量越大。2015 年和 2016 年，7:00—8:00 时段的 EF_i 均最大（0.931 和 0.927），回归方程斜率最大，扩展结果最接近于日 ET_{EC}^*，但该条件下对应的 R^2、$RMSE$ 和 IOA 并不是最优。2015 年，评价指标 R^2、$RMSE$ 和 IOA 均显示，10:00—11:00 的 EF 法扩展效果最好，但日均 ET_{EF} 相对最小。2016 年各指标反映的最优扩展时间段不同，7:00—8:00 的扩展效果相对较好。

表 8.2 所示为作物系数法的蒸散量提升效果分析，2015 年和 2016 年 7:00 至 16:00 各时段提升结果 ET_{Kc} 与实测 ET_{EC}^* 的回归斜率、$K_{c,i}$ 和 ET_{Kc} 均表现为先减小后增加，2015 年在 10:00—11:00 达到最小，回归斜率、$K_{c,i}$ 和 ET_{Kc} 分别为 0.949、1.201 和 3.653 mm·d^{-1}，2016 年在 11:00—12:00 时段达到最小，回归斜率、$K_{c,i}$ 和 ET_{Kc} 分别为 0.930、1.185 和 3.559 mm·d^{-1}。R^2、$RMSE$ 和 IOA 的分析表明，ET_{Kc} 在日出后和日落前的模拟误差较大，2015 年和 2016 年 15:00—16:00 时段的 ET_{Kc} 与 ET_{EC}^* 的 R^2 和 IOA 分别低至 0.3 和 0.7 以下，$RMSE$ 较大，分别为 2.123 和 2.894 mm·d^{-1}。两年中 10:00—11:00、11:00—12:00、12:00—13:00 和 13:00—14:00 四个时段的扩展值与实测值的回归斜率均小于

1,且 $K_{c,i}$ 变化较稳定,其中 10:00—11:00、11:00—12:00 和 13:00—14:00 三个时段估算的 ET_{Kc} 值小于 ET_{EC}^* 值,其他时段均大于 ET_{EC}^*。ET_{Kc} 在 9:00—10:00 和 10:00—11:00 两时段间由大于 ET_{EC}^* 过渡到小于 ET_{EC}^*,同时评价指标在两时段的表现较其他时段好,且斜率最接近 1。

表 8.2 基于作物系数提升方法估算日蒸散量的效果分析

年份	时间段	回归斜率	R^2	RMSE (mm·d^{-1})	IOA	$K_{c,i}$	ET_{EC}^* (mm·d^{-1})	ET_{Kc} (mm·d^{-1})
2015	7:00—8:00	1.184	0.608	1.310	0.873	1.703	3.835	4.681
	8:00—9:00	1.044	0.782	0.742	0.947	1.428		4.118
	9:00—10:00	1.002	0.921	0.496	0.979	1.276		3.853
	10:00—11:00	0.949	0.922	0.467	0.979	1.201		3.653
	11:00—12:00	0.987	0.753	0.903	0.929	1.226		3.831
	12:00—13:00	0.990	0.756	0.841	0.934	1.265		3.875
	13:00—14:00	0.993	0.691	1.104	0.909	1.246		3.834
	14:00—15:00	1.009	0.727	1.026	0.916	1.254		3.896
	15:00—16:00	1.077	0.277	2.123	0.681	1.478		4.320
2016	7:00—8:00	1.183	0.828	1.081	0.940	1.528	3.801	4.542
	8:00—9:00	1.076	0.934	0.589	0.981	1.342		4.107
	9:00—10:00	1.004	0.926	0.541	0.982	1.307		3.880
	10:00—11:00	0.961	0.957	0.425	0.989	1.195		3.651
	11:00—12:00	0.930	0.935	0.496	0.982	1.185		3.559
	12:00—13:00	0.980	0.86	1.068	0.889	1.313		3.827
	13:00—14:00	0.969	0.838	0.874	0.971	1.267		3.726
	14:00—15:00	1.045	0.638	1.492	0.882	1.272		4.066
	15:00—16:00	1.059	0.285	2.894	0.650	1.378		4.201

表 8.3 所示为冠层阻力法估算日尺度蒸散量的效果分析。2015 年和 2016 年 7:00 至 16:00 各时段冠层阻力法提升结果 ET_{rc} 与实测 ET_{EC}^* 的回归斜率从大于 1(1.201 和 1.189)逐渐减小至小于 1(0.816 和 0.871),模拟值也从大于实测值(4.801 和 4.671 mm·d^{-1})逐渐减小到小于实测值(3.118 和 3.299 mm·d^{-1}),且 r_c 越小,模拟值越大。r_c 在 7:00—8:00 时段表现为负,在 8:00—12:00 逐渐增

加,2015 年和 2016 年 11:00—12:00 时段分别达到 39.9 和 45.0 s·m^{-1},随后 (12:00—13:00)稍有减小。13:00 之后,r_c 迅速增加,2015 年 13:00—16:00 三个时段 r_c 分别为 62.2、101.0 和 168.6 s·m^{-1},2016 年分别为 61.2、99.3 和 158.3 s·m^{-1}。从表 8.3 还可看出,ET_{rc} 与 ET_{EC}^* 的相关关系在 9:00—10:00 和 10:00—11:00 两个时间段最好,2015 年 R^2 分别为 0.924 和 0.934,$RMSE$ 均小于 0.5 mm·d^{-1},IOA 均高于 0.98;2016 年 R^2 分别为 0.940 和 0.956,$RMSE$ 同样小于 0.5 mm·d^{-1},IOA 高达 0.986 和 0.989。此外,ET_{rc} 正好在 9:00—10:00 和 10:00—11:00 两个时段由大于 ET_{EC}^* 过渡到小于 ET_{EC}^*。

表 8.3　基于冠层阻力提升方法估算日蒸散量的效果分析

年份	时间段	回归斜率	R^2	$RMSE$ (mm·d^{-1})	IOA	$r_{c,i}$ (s·m^{-1})	ET_{EC}^* (mm·d^{-1})	ET_{rc} (mm·d^{-1})
2015	7:00—8:00	1.201	0.438	1.688	0.796	−24.6	3.835	4.801
	8:00—9:00	1.040	0.762	0.756	0.943	28.5		4.118
	9:00—10:00	1.003	0.924	0.467	0.981	33.4		3.889
	10:00—11:00	0.959	0.934	0.421	0.983	36.4		3.699
	11:00—12:00	0.953	0.848	0.689	0.959	39.9		3.660
	12:00—13:00	0.941	0.911	0.494	0.976	30.3		3.624
	13:00—14:00	0.925	0.862	0.663	0.963	62.2		3.551
	14:00—15:00	0.903	0.873	0.614	0.967	101.0		3.430
	15:00—16:00	0.816	0.774	0.772	0.936	168.6		3.118
2016	7:00—8:00	1.189	0.683	1.449	0.897	−33.8	3.801	4.671
	8:00—9:00	1.074	0.904	0.686	0.974	23.8		4.134
	9:00—10:00	1.013	0.940	0.482	0.986	37.8		3.918
	10:00—11:00	0.974	0.956	0.424	0.989	38.4		3.726
	11:00—12:00	0.950	0.859	0.761	0.962	45.0		3.657
	12:00—13:00	0.964	0.892	0.732	0.945	26.1		3.740
	13:00—14:00	0.919	0.933	0.489	0.981	61.2		3.529
	14:00—15:00	0.934	0.749	1.094	0.928	99.3		3.578
	15:00—16:00	0.871	0.794	0.937	0.942	158.3		3.299

基于太阳辐射正弦关系法的日蒸散量(ET_J)估算结果如表 8.4 所示。2015 年和 2016 年 ET_J 在 7:00—16:00 间均表现为先增加后减小,10:00—11:00 时段达到最大,最大分别为 3.956 和 3.942 mm·d^{-1},对应的太阳辐照度比率 J 表现

为先减小后增加,但 J 最小发生在 11:00—12:00 时段,最小分别为 7.6 和 7.5。 ET_J 与 ET_{EC}^* 的回归斜率先增加后减小,2015 年在 10:00—14:00 期间回归斜率均大于 1,2016 年在 9:00—14:00 期间大于 1,两年均在 11:00—12:00 时段达到最大。2015 年和 2016 年 ET_J 与 ET_{EC}^* 的相关性和一致性也均表现为先提高后降低,R^2、$RMSE$ 和 IOA 三个评价指标均表示 11:00—12:00 时段,正弦关系法扩展得到的日蒸散量模拟效果最好,2015 年 R^2、$RMSE$ 和 IOA 分别为 0.921、0.541 mm·d^{-1} 和 0.974,2016 年分别为 0.937、0.573 mm·d^{-1} 和 0.982。因此,在节水灌溉稻田水稻生育期用正弦关系法估算日时间尺度蒸散量时,可基于 11:00—12:00 时段的小时蒸散量数据和太阳辐照度比率 J 进行估算。

表 8.4 基于正弦关系提升方法估算日蒸散量的效果分析

年份	时间段	回归斜率	R^2	$RMSE$ (mm·d^{-1})	IOA	J	ET_{EC}^* (mm·d^{-1})	ET_J (mm·d^{-1})
2015	7:00—8:00	0.874	0.104	1.319	0.707	16.8	3.835	3.634
	8:00—9:00	0.920	0.543	1.007	0.872	11.1		3.681
	9:00—10:00	0.991	0.805	0.766	0.947	8.9		3.855
	10:00—11:00	1.031	0.893	0.609	0.970	7.9		3.956
	11:00—12:00	1.046	0.921	0.541	0.974	7.6		3.931
	12:00—13:00	1.040	0.888	0.665	0.963	7.8		3.887
	13:00—14:00	1.041	0.854	0.789	0.951	8.7		3.886
	14:00—15:00	0.999	0.778	0.995	0.928	10.8		3.743
	15:00—16:00	0.903	0.647	1.271	0.882	15.7		3.373
2016	7:00—8:00	0.896	0.662	0.957	0.910	17.0	3.801	3.597
	8:00—9:00	0.972	0.822	0.826	0.954	11.1		3.791
	9:00—10:00	1.029	0.903	0.689	0.974	8.6		3.933
	10:00—11:00	1.038	0.917	0.654	0.977	7.8		3.942
	11:00—12:00	1.041	0.937	0.573	0.982	7.5		3.924
	12:00—13:00	1.033	0.923	0.637	0.977	7.8		3.740
	13:00—14:00	1.020	0.879	0.806	0.963	8.7		3.788
	14:00—15:00	0.997	0.840	0.954	0.952	10.8		3.705
	15:00—16:00	0.975	0.776	1.147	0.932	15.9		3.632

图8.1分析了蒸发比法、作物系数法、冠层阻力法和正弦关系法4种方法在水稻全生育期7:00—16:00间9个时段尺度转换关键参数的平均日变化规律。从图8.1(a)可知,水稻全生育期平均蒸发比EF在2015年和2016年的变化趋势相似,总体上呈先减小后增加,但在白天各时段的变幅较为平缓,与第三章中假设一致。可能因为该试验区所处亚热带季风气候,空气湿度大,且下垫面为节水灌溉稻田,θ相对旱作物高,无论在一天中什么时段,潜热蒸散都是能量的主要消耗,因此,计算的EF均较高。同时,一天中正午时段太阳辐射大,空气湿度相对较小,因此相应的EF较其他时刻小。作物系数K_c在2015年和2016年白天各时段同样呈先减小后增加的变化趋势[图8.1(b)],9:00—15:00变幅相对较小,但K_c变幅较EF大,特别在日出后和日落前,湍流交换剧烈,潜热通量变化较大,且风速的易变性明显,使下垫面蒸散能力和蒸散强度均受到影响,K_c波动较大,而EF的计算忽略了这些影响,假设阻抗是恒定的,所以波动较小。2015年和2016年r_c变化

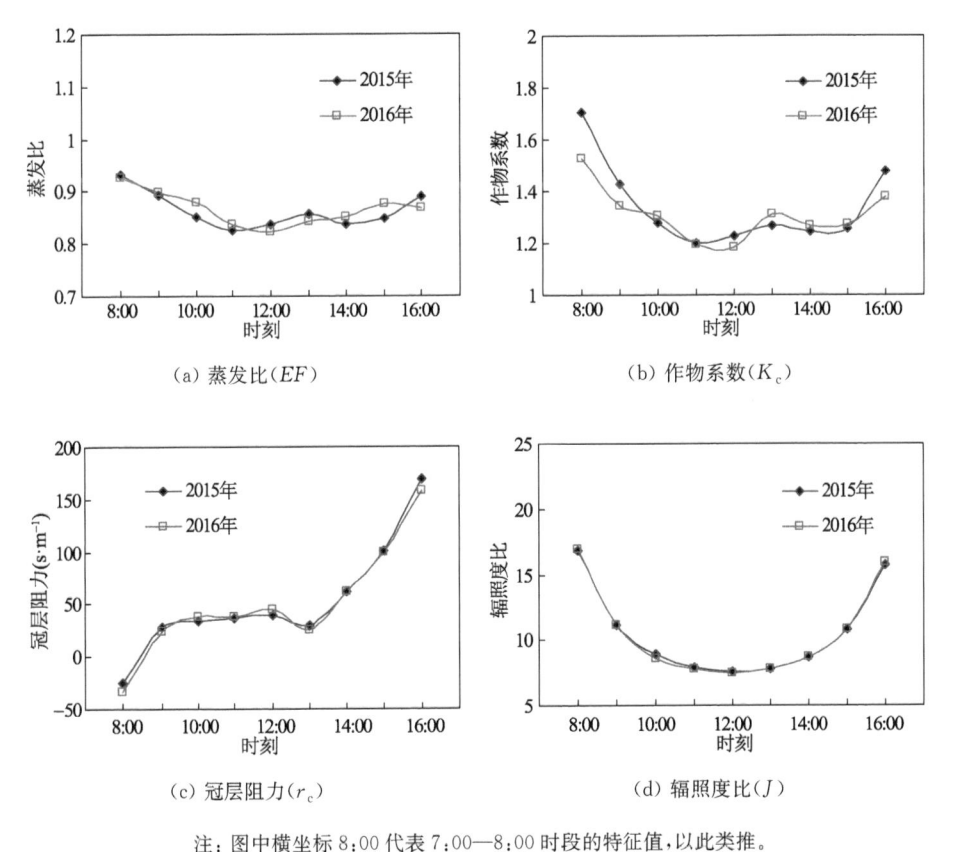

(a) 蒸发比(EF)

(b) 作物系数(K_c)

(c) 冠层阻力(r_c)

(d) 辐照度比(J)

注:图中横坐标8:00代表7:00—8:00时段的特征值,以此类推。

图8.1 水稻蒸发比、作物系数、冠层阻力和辐照度比的生育期平均日变化

趋势一致，总体上逐渐增加[图8.1(c)]，7:00—8:00时段计算的r_c为负，一方面因为昼夜交替时，叶片气孔由仅发生呼吸作用变为同时进行呼吸和光合作用，气孔阻力变化不稳定；另一方面，由于试验区空气湿度较大，夜间凝结水（包含土壤凝结水、叶片凝结水和土壤吸湿水）量大，且在日出后大量蒸发，EC所测水汽通量值大于实际稻田蒸散量，导致用实测蒸散量反算的r_c值过小，甚至小于零。8:00—13:00时段r_c值变化平缓，适宜用作蒸散量尺度提升计算的代表时段。13:00之后，r_c迅速增加，一方面因为午后大气稳定度高，θ降低，稻田整体蒸散阻力大；另一方面因为午后Rn迅速减小，但G_0的减小滞后于Rn，因此计算的有效能量小于实际的有效能量，用P-M公式反算的r_c偏大，估算的日蒸散量偏小。图8.1(d)所示为水稻生育期辐照度比J的平均日变化。2015年和2016年白天，J变化趋势一致，呈明显的"U"形变化。因为J值无须测量任何指标，是一个只与时刻t有关的指标，两年度无变化，该比值仅与计算时段的瞬时辐照度的大小有关，因此，J的日内变化幅度大，但变化趋势稳定。

图8.2～图8.5对比了蒸发比法、作物系数法、冠层阻力法和正弦关系法4种方法用水稻全生育期7:00—16:00之间9个时段小时蒸散量估算日蒸散量的提升效果。从图8.2可知，蒸发比法的回归斜率在各时段均小于1，说明用蒸发比法扩展估算的日尺度蒸散量均小于实测蒸散量。2015年和2016年蒸发比估算值与实测值的回归斜率均在7:00—8:00时段最接近于1，分别在10:00—11:00和11:00—12:00时段最小，随后有所增加，但回归斜率在各时段的变化幅度不大。作物系数法、冠层阻力法和正弦关系法的回归斜率既有大于1时，也有小于1的时候，且均在9:00—10:00时段最接近于1，但3种方法所得结果的斜率的大小变化趋势不同，从7:00到16:00分别表现为先减小后增加、逐渐减小和先增加后减

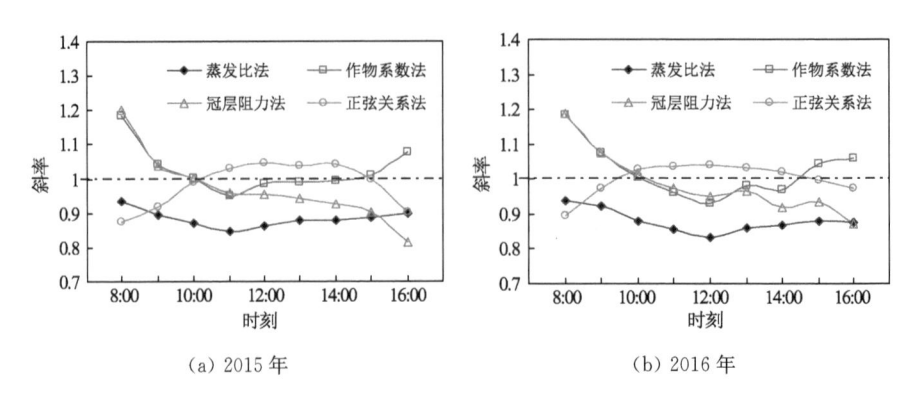

(a) 2015年

(b) 2016年

图8.2 4种尺度提升方法估算日蒸散量与实测蒸散量回归斜率的对比分析

小。对2015年和2016年作物系数法模拟结果的分析还发现,利用10:00前或14:00点后的时段提升估算的日蒸散量较实测值大,其他时段估算值偏小。正弦关系法与作物系数的估算结果相反,10:00—14:00时段的正弦关系法估算结果较实测值大。冠层阻力法则表现为以10:00为分界点,之前时段的扩展结果较实测值大,之后较实测值小。

从4种方法估算结果的确定性系数R^2的对比分析发现(图8.3),蒸发比法的估算效果最好,R^2在各时段变化不大,且都最接近1。作物系数法和冠层阻力法的R^2在9:00—10:00和10:00—11:00两个时段较接近1,但在日出后,冠层阻力法的R^2值较低,2015年和2016年分别仅为0.438和0.683,13:00之后,作物系数法的估算效果相对最差,15:00—16:00时段最低,2015年和2016年均不到0.3。正弦关系法的R^2呈明显的先增加后减小,在11:00—12:00时段较接近1,日出后和日落前均较低。4种方法的模拟效果均在10:00—11:00时段最优。

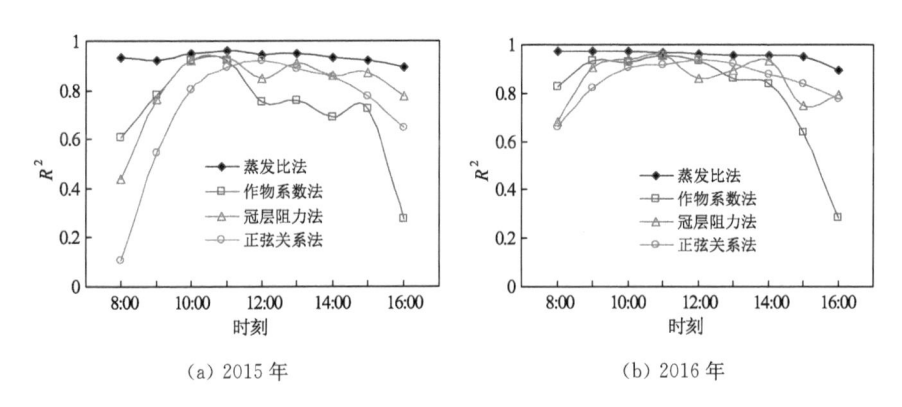

(a) 2015年　　　　　　　　　　　　　(b) 2016年

图8.3　4种尺度提升方法估算日蒸散量与实测蒸散量确定性系数(R^2)的对比分析

图8.4为基于4种时间尺度提升方法估算的日蒸散量与实测蒸散量的均方根误差$RMSE$的对比分析。从$RMSE$的分析可知,蒸发比法的估算效果在2015年和2016年各时段均表现最优。作物系数法、冠层阻力法和正弦关系法的$RMSE$整体呈"U"形变化,但在不同时段大小关系不同,分别在10:00—11:00、10:00—11:00和11:00—12:00达到最小。7:00—8:00冠层阻力法的模拟误差最大,15:00—16:00时段作物系数法的模拟误差最大。8:00—11:00三个时段的正弦关系法的$RMSE$值最大,该方法的估算效果最差。而正午12:00之后,作物系数法的估算效果相对较差。

(a) 2015 年　　　　　　　　　　　　(b) 2016 年

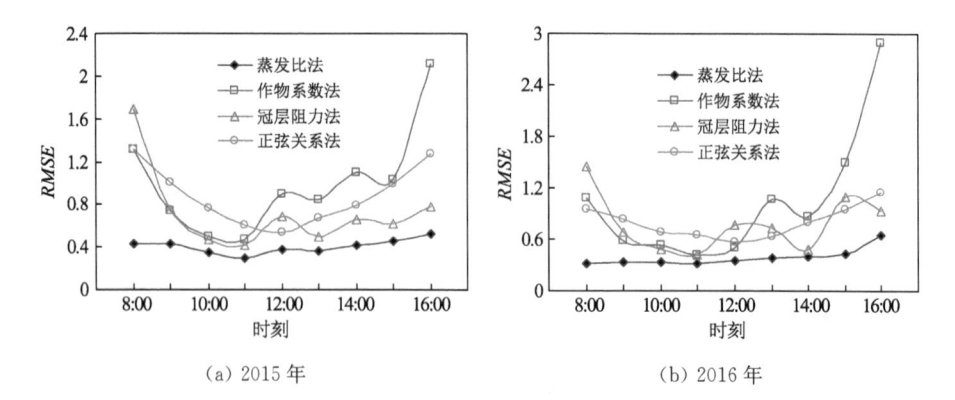

图 8.4　4 种尺度提升方法估算日蒸散量与实测蒸散量均方根误差（$RMSE$）的对比分析

从图 8.5 基于 4 种时间尺度提升方法估算的日蒸散量与实测蒸散量的一致性系数 IOA 分析发现，蒸发比法的估算效果依旧最好。上午（11：00 前）正弦关系法的 IOA 值相对较低，2015 年低于 2016 年，11：00—12：00 时段相对较高，仅次于蒸发比法。12：00 之后，作物系数法的 IOA 值较低，评价结果与 R^2 相似，说明该时段作物系数估算效果相对较差。冠层阻力法的 IOA 值在 7：00—8：00 最低，之后迅速增加，在 9：00—10：00 和 10：00—11：00 两个时段最接近 1。与 R^2 分析结果相同，4 种方法的模拟效果在 10：00—11：00 时段最优。

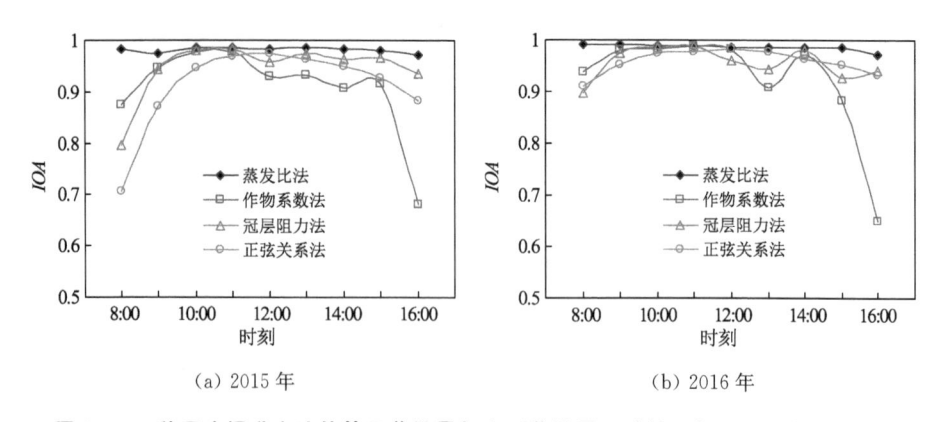

(a) 2015 年　　　　　　　　　　　　(b) 2016 年

图 8.5　4 种尺度提升方法估算日蒸散量与实测蒸散量一致性系数（IOA）的对比分析

8.1.1.3　蒸散量尺度提升方法的改进

(1) 蒸发比法的改进

由各时段蒸发比扩展结果可看出，没有哪个时段的扩展效果有明显的优越性，且各时段的扩展值都有一定程度的低估。此外，由于蒸散量与 Rn 密切相关，

同时也与 EF_i 的大小变化一致。因此,本文考虑依据 Rn 的大小分组,在各组选择不同小时时段对应的 EF_i 值,重新计算 ET_{EF}。本文选择 2015 年的试验数据作为训练样本,2016 年的数据资料作为验证样本。详细分析 2015 年的扩展结果发现,ET_{EF} 较大时,低估较明显,此时应选择 EF_i 较大的小时时段(7:00—8:00)进行蒸散量的扩展。但 ET_{EF} 小于 2 mm·d^{-1} 时,14:00—15:00 时段的扩展值与实测值的回归关系最接近 1:1 线,且离散较小。本文经不断研究发现,将 Rn 的变化范围分为 $Rn>100$、$50 \leqslant Rn \leqslant 100$ 和 $Rn<50$ W·m^{-2} 三部分,分别取 7:00—8:00、12:00—13:00 和 14:00—15:00 三个时段的蒸发比(三个时段蒸发比分别为 0.939、0.803 和 0.752),将小时尺度的蒸散量提升到日尺度。从图 8.6(a) 和表 8.5 分析发现,按 Rn 变化范围改进的蒸发比扩展方法的模拟效果较之前单一时段的模拟效果好,模拟值与实测值的 R^2、$RMSE$ 和 IOA 均达到最优,R^2 和 IOA 分别提高了 0.8%~6.9% 和 0.3%~2.0%,$RMSE$ 减小了 0.6%~40.0%,回归斜率为 0.942,最接近 1。

进一步,为了验证提出的改进计算方法的适用性,同样将 2016 年水稻生育期各日按 $Rn>100$、$50 \leqslant Rn \leqslant 100$ 和 $Rn<50$ W·m^{-2} 进行分类,分别取 7:00—8:00、12:00—13:00 和 14:00—15:00 三个时段的蒸发比(三时段分别为 0.949、0.873 和 0.856),将小时尺度的蒸散量扩展到日尺度。验证结果表明,改进的蒸发比法较之前单一时段的扩展效果好,与实测值的回归斜率为 0.946,R^2 和 IOA 分别高达 0.974 和 0.994,较改进前分别提高了 1.0%~9.1% 和 0.1%~2.4%,$RMSE$ 仅 0.307 mm·d^{-1},较改进前减小了 4.4%~109.1%。因此,改进后的蒸发比法能很好地估算节水灌溉稻田日尺度蒸散量。

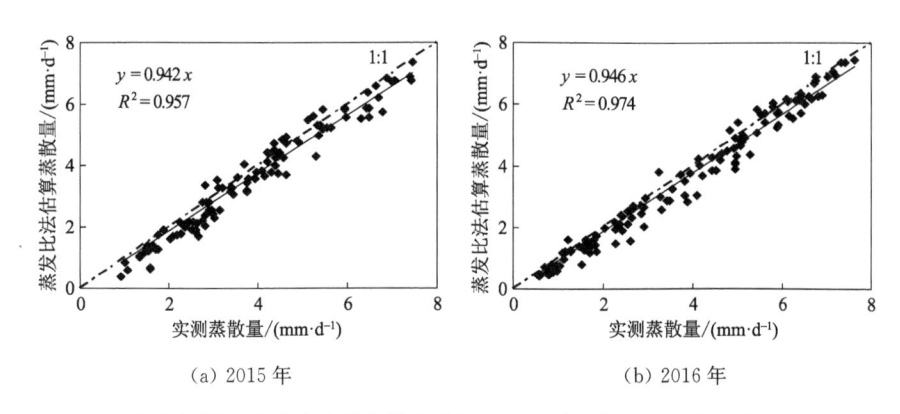

(a) 2015 年

(b) 2016 年

图 8.6 按净辐射大小分类改进的蒸发比提升法估算值与实测日蒸散量的回归分析

表 8.5 按净辐射大小分类改进的蒸发比提升方法估算日蒸散量的效果分析

年份	回归斜率	R^2	RMSE (mm·d^{-1})	IOA	EF_i	ET_{EC}^* (mm·d^{-1})	ET_{EF} (mm·d^{-1})
2015	0.942	0.957	0.311	0.990	0.875	3.835	3.562
2016	0.946	0.974	0.307	0.994	0.912	3.801	3.566

(2) 作物系数法的改进

由上文作物系数法扩展结果的分析发现，9:00—10:00 和 10:00—11:00 两个时段正好是作物系数法估算蒸散量值大于和小于实测值的分界点，且这两时段估算值与实测值的相关性与一致性均最高。因此，本文同样用 2015 年的数据作为训练样本，先将 9:00—11:00 两个小时的实测气象数据进行平均，进而计算两小时的平均参考作物蒸散量和作物系数。基于 9:00—11:00 两小时的平均参考作物蒸散量和作物系数扩展得到的日蒸散量的结果如图 8.7(a) 和表 8.6 所示，研究结果发现，改进后的作物系数扩展值与实测值的相关性和一致性均有所提高，R^2、RMSE 和 IOA 分别为 0.950、0.376 mm·d^{-1} 和 0.987，分别较 9:00—10:00 时段的扩展结果优化了 3.1%、24.2% 和 0.82%，较 10:00—11:00 时段的扩展结果优化了 3.0%、19.5% 和 0.82%。

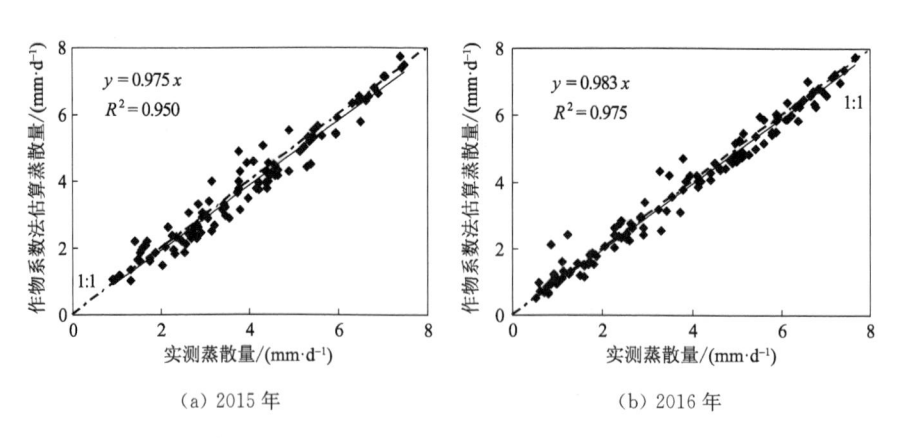

(a) 2015 年

(b) 2016 年

图 8.7 改进后的作物系数提升方法估算日蒸散量与实测蒸散量的回归分析
（基于 9:00—11:00 时段均值）

为了检验改进的作物系数蒸散量提升方法的适用性，将 2016 年的相关数据作为验证样本，用同样的方法计算 9:00—11:00 两小时的平均参考作物蒸散量和作物系数，进而得到估算的日蒸散量。由图 8.7(b) 和表 8.6 可看出，改进后的作物系数法的模拟效果明显更好，R^2 为 0.975，较 9:00—10:00 和 10:00—11:00 时段改进前结果分别提高了 5.3% 和 1.9%，IOA 为 0.994，接近于 1，两时段分别提高了 1.2% 和 0.5%，RMSE 较小，仅 0.314 mm·d^{-1}，分别减小了 42.0% 和 35.4%。由此可知，计算节水灌溉稻田的日蒸散量，可用 9:00—11:00 时段的实测蒸散量，通过作物系数法扩展计算。

表 8.6 改进后的作物系数提升方法估算日蒸散量的效果分析（基于 9:00—11:00 时段均值）

年份	回归斜率	R^2	RMSE (mm·d^{-1})	IOA	$K_{c,i}$	ET_{EC}^* (mm·d^{-1})	ET_{Kc} (mm·d^{-1})
2015	0.975	0.950	0.376	0.987	1.238	3.835	3.753
2016	0.983	0.975	0.314	0.994	1.251	3.801	3.765

（3）冠层阻力法的改进

冠层阻力尺度提升方法的改进思路与作物系数法相似，且两者具有一致性。原因在于两方法都基于阻抗原理，只是 K_c 法假设冠层阻抗恒为 70 s·m^{-1}，但其基本意义相同。所以 9:00—10:00 和 10:00—11:00 两个时段也正好是冠层阻力法估算蒸散量大于和小于 ET_{EC}^* 的分界点。因此，同样用 2015 年的相关数据作为训练样本，计算 9:00—11:00 两小时的平均冠层阻力（r_c 平均为 34.8 s·m^{-1}），再利用 P-M 公式，扩展计算日蒸散量。基于训练样本的模拟效果好于单一时段的扩展结果，评价指标 R^2、RMSE 和 IOA 分别为 0.951、0.362 mm·d^{-1} 和 0.988 [图 8.8(a) 和表 8.7]，较 9:00—10:00 时段的提升效果分别优化了 2.9%、22.5% 和 0.7%，较 10:00—11:00 时段分别优化了 1.8%、14.0% 和 0.5%。基于 2016 年验证样本的模拟效果也明显更好，$R^2 = 0.975$，分别较 9:00—10:00 和 10:00—11:00 时段提高了 3.7% 和 2.0%，RMSE = 0.305 mm·d^{-1}，分别减小了 36.7% 和 28.1%，IOA = 0.994，分别提高了 0.8% 和 0.5%。因此，节水灌溉稻田的日蒸散量估算也可用冠层阻力法，基于 9:00—11:00 时段的实测蒸散量扩展计算。

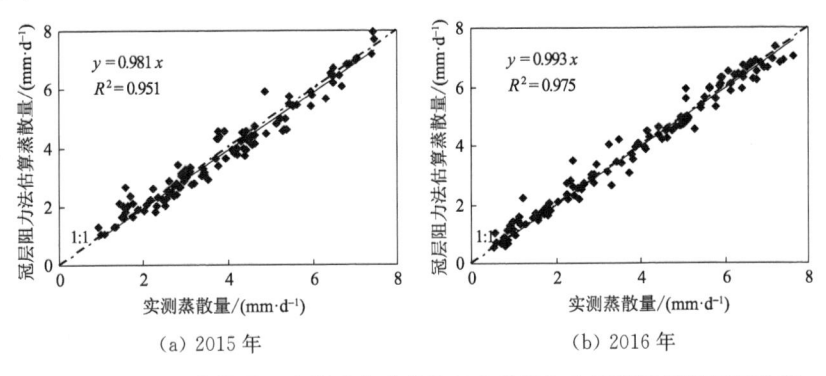

(a) 2015 年

(b) 2016 年

图 8.8 改进后的冠层阻力提升方法估算日蒸散量与实测蒸散量的回归分析

表8.7 改进后的冠层阻力提升方法估算日蒸散量的效果分析

年份	回归斜率	R^2	RMSE (mm·d^{-1})	IOA	$r_{c,i}$ (s·m^{-1})	ET_{EC}^* (mm·d^{-1})	ET_{rc} (mm·d^{-1})
2015	0.981	0.951	0.362	0.988	34.8	3.835	3.789
2016	0.993	0.975	0.305	0.994	38.1	3.801	3.822

(4) 正弦关系法估算结果分析

正弦关系尺度提升方法利用11:00—12:00的小时数据提升估算日尺度蒸散量明显优于其他时段的提升估算结果,且该方法的尺度转换系数,即日总辐照度与小时辐照度的比率J,只取决于试验区所处纬度位置和相应的日照时间,与周围气象环境等因素无关。因此,在该试验区估算日尺度稻田蒸散量时,可直接选择11:00—12:00时段的实测蒸散量和辐照度比率,运用正弦关系法实现小时到日时间尺度的蒸散估算。2015年和2016年的正弦关系提升方法估算日蒸散量与实测蒸散量的回归分析如图8.9所示。虽然该方法的估算效果不及改进后的蒸发比法、作物系数法和冠层阻力法,但计算简单,且估算效果稳定。

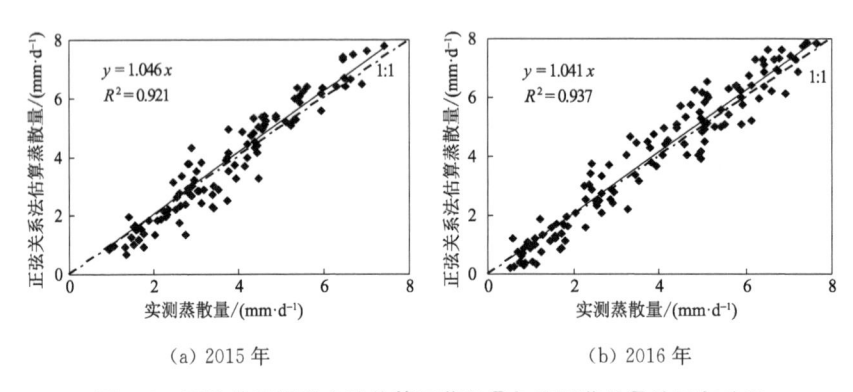

(a) 2015年 (b) 2016年

图8.9 正弦关系提升方法估算日蒸散量与实测蒸散量的回归分析

综上分析可知,节水灌溉稻田日时间尺度的蒸散量可通过蒸发比法、作物系数法、冠层阻力法和正弦关系法,由不同时段的小时蒸散量计算得到。根据试验区具体特征,按Rn分类的蒸发比法,以及利用9:00—11:00时段扩展计算的作物系数法和冠层阻力法,均能很好地模拟节水灌溉稻田日尺度蒸散量,三种方法的R^2均高于0.95,RMSE均低于0.38 mm·d^{-1},IOA均高于0.98,从计算精度和可操作性角度推荐蒸发比法和作物系数法。正弦关系法的模拟效果稍差,但该方法仅与计算区域的纬度位置和作物种植时间有关,不受天气变化和周围环境变化的影响,是一种简便、粗略的日尺度蒸散量估算方法。

8.1.2 生育期尺度蒸散量的估算

8.1.2.1 蒸散量的尺度提升方法

(1) 蒸发比法

日蒸发比的计算原理与小时尺度蒸发比相同，为了估算全生育期稻田蒸散量，可根据典型日蒸发比(EF_d)，用线性内插法获得全生育期每日蒸发比EF_d，再乘以每日有效能量，累积估算全生育期蒸散量(ET_s)，相关公式可表示为(Sugita and Brutsaert, 1991; Chemin and Alexandridis et al., 2001):

$$EF_d = \frac{LE_d}{LE_d + Hs_d} = \frac{\lambda_d ET_d}{Rn_d - G_{0,d}} \tag{8.16}$$

$$ET_s = 24 \times 3600 \times \frac{1}{\lambda_d m} \sum_{k=1}^{m} EF_{d,k}(Rn_{d,k} - G_{0,d,k}) \tag{8.17}$$

式中，EF_d为日蒸发比；ET_s为全生育期平均日蒸散量($mm \cdot d^{-1}$)；m为生育期统计天数(d)，其余符号和意义同前。

(2) 作物系数法

用作物系数尺度提升方法估算生育期蒸散量，先根据所选典型日实测数据计算日尺度作物系数$K_{c,d}$，再用线性插值法计算各典型日之间每日的作物系数$K_{c,d}$，最后计算全生育期稻田蒸散量ET_s(Colaizzi et al., 2006)。

$$K_{c,d} = \frac{ET_d}{ET_{0,d}} \tag{8.18}$$

$$ET_s = \frac{1}{m \cdot \lambda_d} \sum_{K=1}^{m} [K_{c,d,k} \times \lambda ET_{0,d,k}] \tag{8.19}$$

(3) 冠层阻力法

与蒸发比和作物系数法相同，冠层阻力法同样先根据典型日冠层阻力$r_{c,d}$，线性插补非典型日$r_{c,d}$，以得到全生育期每日的$r_{c,d}$，然后根据相应气象数据计算全生育期的蒸散量均值ET_s(Colaizzi et al., 2006; Han et al., 2011; 许迪 等, 2015):

$$r_{c,d} = \frac{r_{a,d}[\Delta_d(R_{n,d} - G_{0,d}) + \rho_d C_p(e_{s,d} - e_{a,d})/r_{a,d} - \lambda_d ET_d(\Delta_d + \gamma_d)]}{\gamma_d \cdot \lambda_d ET_d}$$

$$\tag{8.20}$$

$$r_{a,d} = \frac{\ln\left(\frac{z-d}{h_c - d}\right) \cdot \ln\left(\frac{z-d}{z_0}\right)}{k^2 \cdot u_{2,d}} \tag{8.21}$$

$$ET_s = \frac{1}{\lambda_d \cdot m} \sum_{k=1}^{m} \left[\frac{\Delta_{d,k}(R_{nd,k} - G_{0,d,k}) + \rho_{d,k} C_{pk}(e_{s,d,k} - e_{a,d,k})/r_{a,d,k}}{\Delta_{d,k} + \gamma_{d,k}(1 + r_{c,d,k}/r_{a,d,k})} \right] \tag{8.22}$$

(4) 正弦关系法

正弦关系法估算全生育期尺度蒸散量与前三种方法不同,正弦关系法小时到日的尺度转换系数(辐照度比 J)仅与计算区域纬度位置有关,而生育期各日某一时刻的 J 仅与该日处于一年中的天数有关,因此,可直接利用典型时刻的实测蒸散量值(本研究为 11:00—12:00 时段),通过建立 11:00—12:00 时段 J 值随时间的变化关系,直接估算生育期蒸散量。

8.1.2.2 不同尺度提升方法估算水稻生育期蒸散量的结果分析

本研究基于 2015 年和 2016 年水稻生育期实测气象数据和能量平衡修正后 EC 所测蒸散量(ET_{EC}^*),同样选择蒸发比法、作物系数法、冠层阻力法和正弦关系法,估算全生育期节水灌溉稻田蒸散量。蒸发比法、作物系数法和冠层阻力法在计算得到典型日蒸发比 EF、作物系数 K_c 和冠层阻力 r_c 的基础上,分别就 2 d、5 d、10 d、15 d 和 20 d 共 5 种时间间隔,线性插值获得全生育期每天的 EF、K_c 和 r_c,从而估算全生育期稻田蒸散量 ET_s。正弦关系法由于辐照度比 J 和作物、环境等具体因素无关,可直接建立 J 随水稻生长时间在一年中的天数变化的关系曲线,从而可根据典型小时时段的蒸散量实测值(根据本研究结果,选取 11:00—12:00 时段)直接计算全生育期的稻田蒸散量。

表 8.8 为 2015 年和 2016 年,基于 2 d、5 d、10 d、15 d 和 20 d 时间间隔,蒸发比法估算水稻生育期平均蒸散量的结果分析。结果表明,虽然不同时间间隔的蒸发比法均低估了 EC 实测蒸散量 ET_{EC}^*(回归斜率的变化范围为 0.93~0.95),但不同时间间隔条件下估算效果差别较小,且估算蒸散量与实测蒸散量的相关性和一致性均较高,R^2 均在 0.97 以上,$RMSE$ 均小于 0.3 mm·d^{-1},IOA 更是高达 0.99 以上。其中,15 d 时间间隔的估算蒸散量均值最接近 ET_{EC}^*,2 d 时间间隔估算的 R^2、$RMSE$ 和 IOA 评价结果最优。图 8.10 所示为基于 2 d 和 15 d 时间间隔估算全生育期蒸散量的回归分析,2015 年和 2016 年的模拟效果均较好,可能因为试验区所处亚热带季风区空气湿度大,潜热蒸散是能量消耗的绝对主要去向,同时稻田下垫面 θ 较一般旱作物高,因此,EF 在水稻全生育期均较大,平均值大于 0.9(图 3.21),且变化幅度不大,用不同时间间隔插补后均能与实际值较为接近。由此可知,各时间间隔下的蒸发比法都能较好地估算全生

育期蒸散量,若考虑测量和计算的简便性,可选择较长时间间隔(如:20 d)的蒸发比法实现日到水稻全生育期尺度的蒸散量估算。

表 8.8 基于蒸发比提升方法估算水稻全生育期蒸散量的效果分析

年份	时间间隔 (d)	回归斜率	R^2	RMSE (mm·d^{-1})	IOA	EF_d	ET_{EC}^* (mm·d^{-1})	ET_{EF} (mm·d^{-1})
2015	2	0.939	0.986	0.189	0.997	0.913	3.835	3.583
	5	0.938	0.982	0.222	0.995	0.912		3.582
	10	0.934	0.981	0.226	0.994	0.916		3.582
	15	0.940	0.970	0.278	0.991	0.928		3.618
	20	0.935	0.979	0.239	0.994	0.912		3.580
2016	2	0.940	0.995	0.132	0.998	0.939	3.801	3.556
	5	0.932	0.991	0.190	0.997	0.933		3.532
	10	0.934	0.989	0.206	0.996	0.936		3.542
	15	0.947	0.989	0.204	0.997	0.945		3.588
	20	0.943	0.990	0197	0.997	0.946		3.580

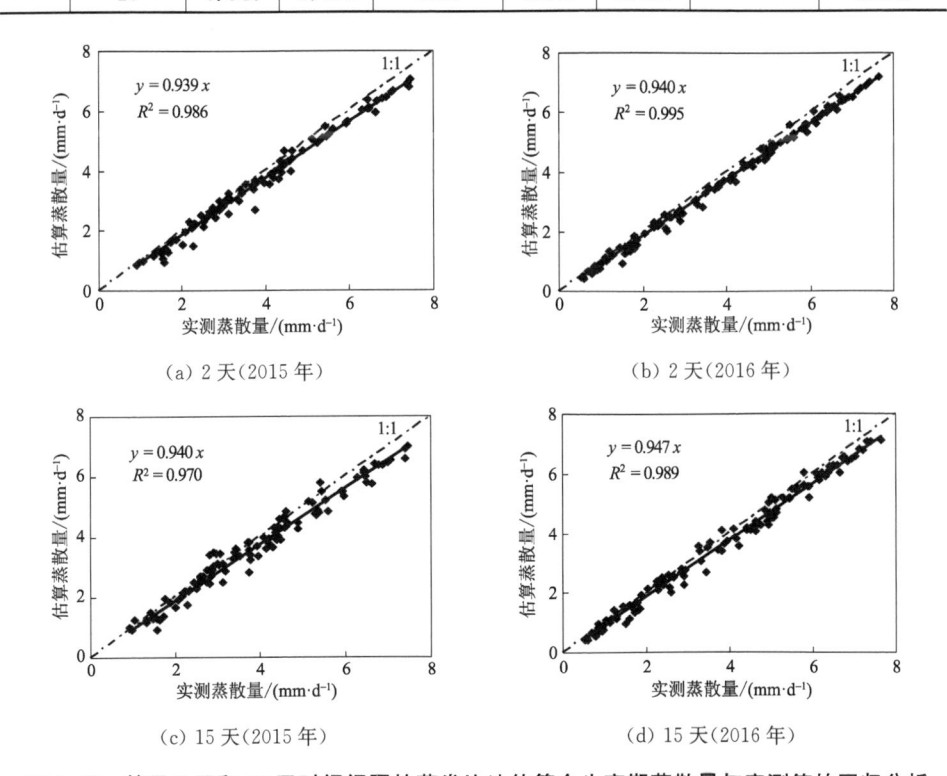

(a) 2 天(2015 年)

(b) 2 天(2016 年)

(c) 15 天(2015 年)

(d) 15 天(2016 年)

图 8.10 基于 2 天和 15 天时间间隔的蒸发比法估算全生育期蒸散量与实测值的回归分析

表 8.9 为 2015 年和 2016 年,基于 2 d、5 d、10 d、15 d 和 20 d 时间间隔,作物系数法估算水稻生育期平均蒸散量的结果分析。作物系数法估算的水稻全生育期蒸散量较蒸发比法更接近实测值。不同时间间隔插补后估算值和实测值的回归斜率变化范围在 0.98~1.02 之间,均接近 1。从评价指标 R^2、$RMSE$ 和 IOA 分析发现,以 2 d 时间间隔插补计算的蒸散量精度最高,2015 年 R^2、$RMSE$ 和 IOA 分别为 0.991、0.167 mm·d^{-1} 和 0.998,2016 年分别为 0.997、0.120 mm·d^{-1} 和 0.999,两年回归斜率也非常接近 1[图 8.11(a)和(b)]。随着插补时间间隔的增加,模拟值的精度有所降低,但最低的相关性和一致性(2015 年,15 d 时间间隔)R^2 和 IOA 也高达 0.977 和 0.994,$RMSE$ 仅 0.262 mm·d^{-1},模拟值偏差最大时(2016 年,15 d 时间间隔),R^2 和 IOA 高达 0.987 和 0.997,$RMSE$ 仅 0.233 mm·d^{-1}[图 8.11(c)和(d)]。由此可知,各时间间隔下的作物系数法也都能较好地估算全生育期蒸散量,以 2 d 时间间隔插补条件下的估算效果最好。

表 8.9 基于作物系数提升方法估算水稻全生育期蒸散量的效果分析

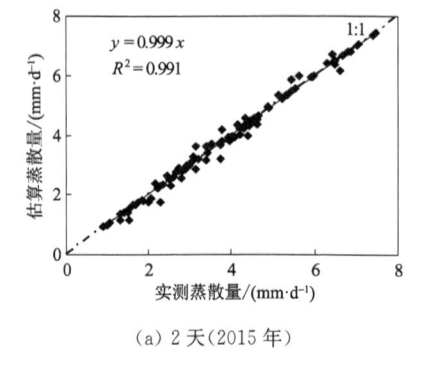

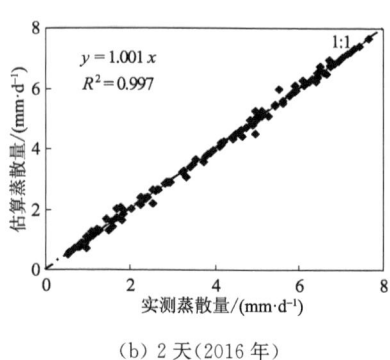

年份	时间间隔(d)	回归斜率	R^2	$RMSE$ (mm·d^{-1})	IOA	$K_{c,d}$	ET_{EC}^* (mm·d^{-1})	ET_{Kc} (mm·d^{-1})
2015	2	0.999	0.991	0.167	0.998	1.228	3.835	3.825
	5	0.994	0.985	0.208	0.996	1.224		3.814
	10	0.986	0.981	0.232	0.995	1.220		3.793
	15	0.999	0.977	0.262	0.994	1.227		3.830
	20	1.000	0.981	0.239	0.995	1.234		3.843
2016	2	1.001	0.997	0.120	0.999	1.240	3.801	3.806
	5	1.002	0.991	0.188	0.998	1.254		3.827
	10	1.004	0.982	0.265	0.996	1.267		3.849
	15	1.019	0.987	0.233	0.997	1.275		3.895
	20	1.008	0.989	0.213	0.997	1.270		3.858

(a) 2 天(2015 年)

(b) 2 天(2016 年)

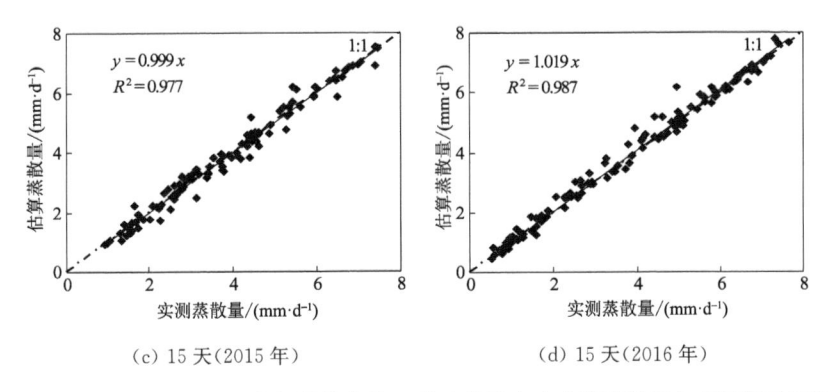

(c) 15 天（2015 年）　　　　　　　　(d) 15 天（2016 年）

图 8.11　基于 2 天和 15 天时间间隔的作物系数法估算全生育期蒸散量与实测值的回归分析

2015 年和 2016 年基于 2 d、5 d、10 d、15 d 和 20 d 时间间隔冠层阻力法估算水稻生育期平均蒸散量的结果如表 8.10 所示。与蒸发比法相同，不同时间间隔条件下的冠层阻力法计算的日 ET_{rc} 较 ET_{EC}^* 也均有不同程度的低估，估算值和实测值的回归斜率的变化范围为 0.904~0.941，ET_{rc} 较 ET_{EC}^* 低估约 0.3 mm·d^{-1}。但估算值与实测值的相关性较好，2015 年和 2016 年 R^2 分别大于 0.95 和 0.98，RMSE 分别小于 0.330 和 0.254 mm·d^{-1}，IOA 数分别高达 0.988 和 0.995 以上。从两年的分析可看出，以 2 d 为时间间隔的插补估算值与实测值的相关性和一致性较高，但估算的蒸散量值并不是最理想（图 8.12）。随着时间间隔的增加，估算效果没有明显的优劣变化规律。图 8.12(a) 和 (b) 为估算相关性与一致性最好的情况，图 8.12(c) 和 (d) 为估算值与实测值最接近的情况。

表 8.10　基于冠层阻力提升方法估算水稻全生育期蒸散量的效果分析

年份	时间间隔 (d)	回归斜率	R^2	RMSE (mm·d^{-1})	IOA	$r_{e,d}$ (s·m^{-1})	ET_{EC}^* (mm·d^{-1})	ET_{rc} (mm·d^{-1})
2015	2	0.915	0.967	0.297	0.991	60.5	3.835	3.496
	5	0.913	0.963	0.302	0.989	54.8		3.508
	10	0.912	0.958	0.330	0.988	57.5		3.496
	15	0.904	0.963	0.304	0.989	61.6		3.468
	20	0.931	0.960	0.322	0.989	44.7		3.578
2016	2	0.931	0.987	0.222	0.996	55.3	3.801	3.531
	5	0.941	0.985	0.244	0.995	46.4		3.574
	10	0.929	0.984	0.248	0.995	58.8		3.514
	15	0.936	0.983	0.254	0.996	57.1		3.535
	20	0.924	0.987	0.227	0.996	58.9		3.505

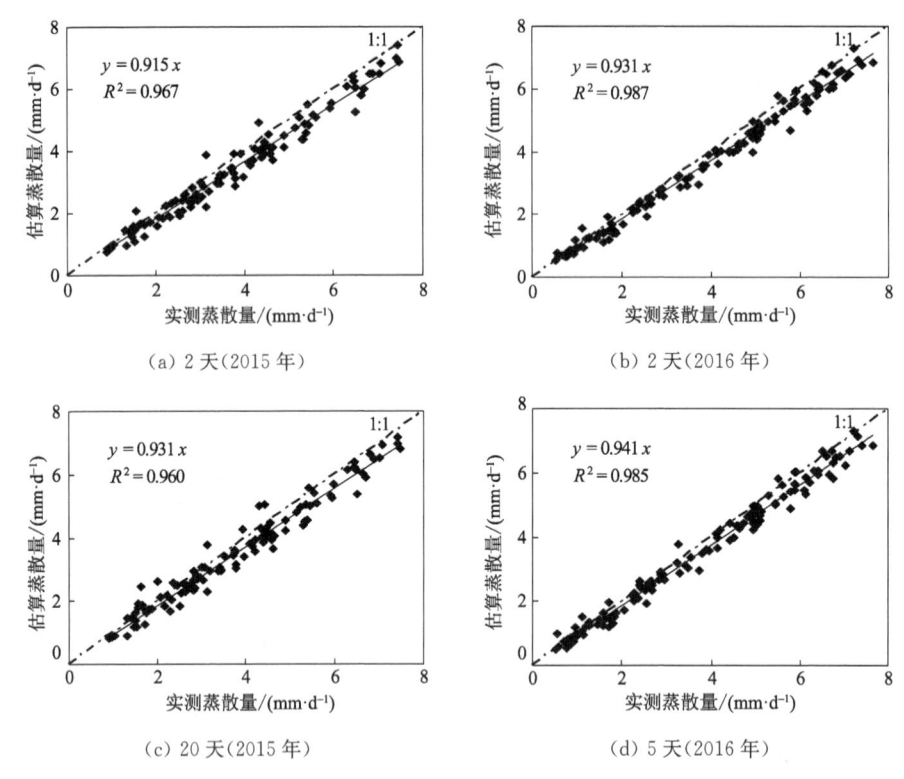

(a) 2 天(2015 年)　　　(b) 2 天(2016 年)

(c) 20 天(2015 年)　　　(d) 5 天(2016 年)

图 8.12　不同时间间隔的冠层阻力法估算全生育期蒸散量与实测值的回归分析

图 8.13 为根据实测蒸散量反算的 r_c 生育期日变化。从 2015 年和 2016 年 r_c 的变化规律可知，r_c 值在水稻全生育期内并非线性变化，这是导致用线性插值估算 r_c 进而计算蒸散量产生误差的重要原因。另一方面，r_c 值虽然波动起伏大，但两年总体变化趋势简单一致，在移栽后的 100 天内均在 40 s·m^{-1} 左右波动变化，100 天后 r_c 值匀速增加，所以用不同时间间隔差值计算 r_c 后估算的蒸散量差异不大。从图 8.13 还能看出，r_c 受土壤水分的影响，θ 越低，r_c 相对越高，当田面有水层时，r_c 明显减小(2016 年移栽后的第 114~120 天)，因此各时间间隔的估算效果也与所选典型日是否有代表性密切相关。节水灌溉稻田 r_c 的生育期变化特征，与旱作物不同(许迪 等，2015)。旱作物生育初期，由于 θ 低，蒸发耗水少，同时作物冠层覆盖度低，蒸腾耗水少，使得 r_c 较大。而水稻生育初期，虽然冠层覆盖度小，但节水灌溉稻田返青期均保留薄水层，蒸发量 E 较大，同时 P-M 模型是将土壤和作物冠层看成一个整体，因此，水稻生长初期稻田蒸散总量较大，用 P-M 公式反算的 r_c 较旱作物小。水稻生长旺盛阶段，受 R_n 和 θ 的影响，稻田蒸散量较大，计算的 r_c 较旱作物小，且多小于 50 s·m^{-1}。当水稻生长进入成熟期，一方面

叶片蒸腾能力减弱，另一方面 Rn 减小，θ 较低（无灌溉），E 也减小，因此计算的 r_c 明显增加。r_c 在水稻生育后期的变化规律与旱作田相似（Colaizzi et al.，2006；Han et al.，2011；许迪 等，2015）。

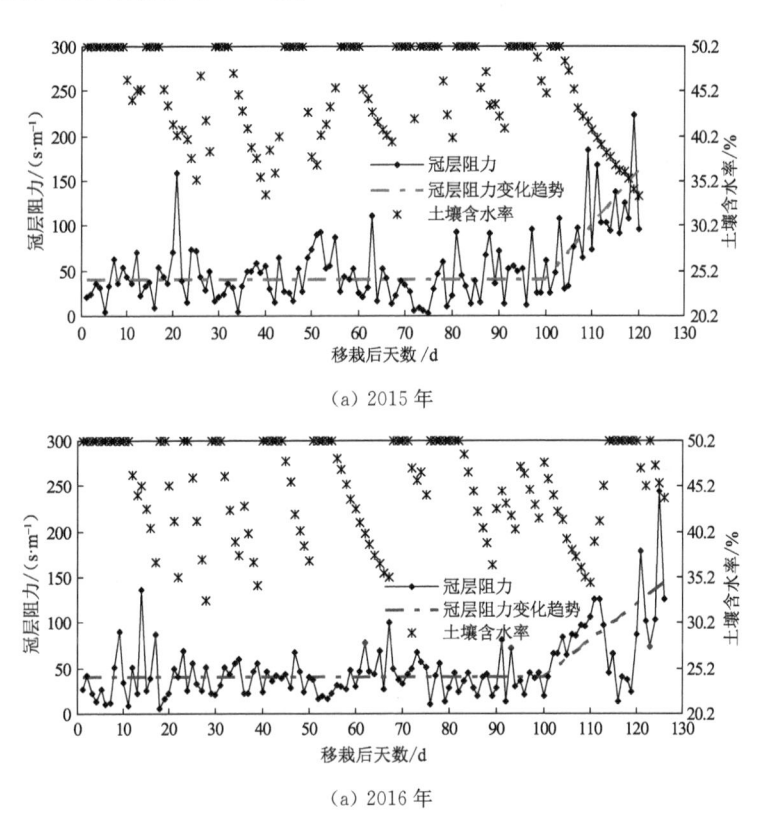

(a) 2015 年

(a) 2016 年

图 8.13 根据 EC 实测蒸散量反算的稻田冠层阻力日均值

选择水稻生育期较长的 2016 年的辐照度比数据，建立该试验区所处纬度位置的辐照度比与一年中日序数（DOY）的二次关系，在 $\alpha < 0.001$ 显著性水平上，拟合曲线 R^2 达到 0.998（图 8.14），二次关系为 $y = -6\text{E}-0.5x^2 + 0.009\ 7x + 8.533\ 1$。通过该二次关系式，可计算出水稻生育期每日的辐照度比，再乘以 11:00—12:00 典型时刻的小时蒸散量，就可估算水稻全生育期的

$y = -6\text{E}-05x^2 + 0.009\ 7x + 8.533\ 1$
$R^2 = 0.998$

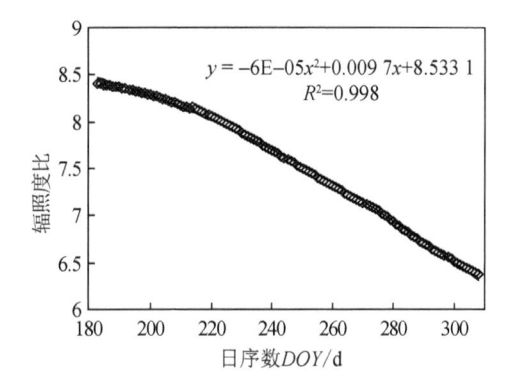

图 8.14 辐照度比随一年中日序数变化的相关关系

蒸散量。2015 年和 2016 年,用小时尺度估算的生育期蒸散量与实测蒸散量的回归关系如图 8.15 所示。通过尺度提升方法估算的蒸散量与实测蒸散量的回归斜率接近 1,2015 年和 2016 年分别为 1.010 和 1.007,R^2、$RMSE$ 和 IOA 分别为 0.910 和 0.934、0.571 和 0.557 mm·d^{-1}、0.973 和 0.982,误差较蒸发比法和作物系数法稍大。

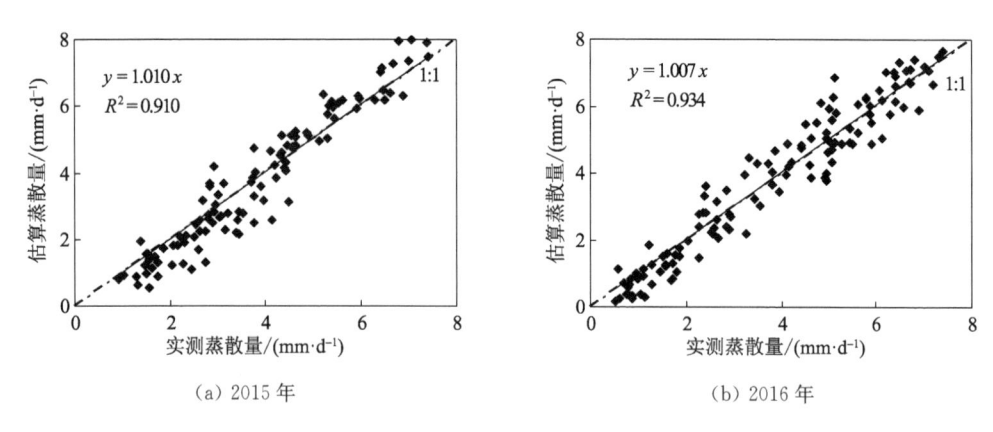

图 8.15 正弦关系法估算水稻全生育期蒸散量与实测值的回归分析

综上分析可知,蒸发比法、作物系数法、冠层阻力法和正弦关系法,均能较好地实现水稻全生育期蒸散量的估算。作物系数法的估算结果 ET_{Kc} 最接近实测值 ET_{EC}^*;蒸发比法估算值 ET_{EF} 与 ET_{EC}^* 的相关性与一致性最好,但存在一定程度的低估;冠层阻力法模拟效果较好,但估算值 ET_{rc} 也存在一定程度的低估;正弦关系法所需参数最少,且能直接从小时尺度实测值提升估算全生育期蒸散量 ET_J,但 ET_J 与 ET_{EC}^* 的相关性和一致性较其他三种方法稍差。此外,蒸发比法、作物系数法和冠层阻力法估算结果与所选典型日有关,总体来看以较短时间间隔的插补估算结果相对更好,较长时间间隔的插补估算精度没有明显的降低,且在有效减少数据输入量的基础上也能较好地估算节水灌溉稻田水稻全生育期蒸散量。

8.2 蒸散量的空间尺度转换

蒸散量空间尺度转换是农业、生态、气候、水文学研究的热点问题,一般分为由小尺度到大尺度的升尺度提升(Up-scaling)和由大尺度到小尺度的降尺度转换(Down-scaling)。一般情况下,农田灌溉和农业水管理等需要掌握较大尺度的蒸散变化特征,作物耗水机理和土壤水分变化等研究又需要较小尺度的蒸发蒸腾数据。但不同空间尺度蒸散量受下垫面条件、气候环境因素以及 ET 监测方法等多方面的影响,存在复杂的相关关系,且实际研究中很难兼顾大小尺度的同时观测。本研究在 ET 空间尺度转换的研究中,提供了两种思路,一种是考虑影响因素的线性转换,该方法所需参数少,是一种尺度扩展的简便方法;另一种是基于 P-M 模型,并考虑影响蒸散量空间尺度差异的主控因素,通过修正 P-M 公式实现蒸散量的空间尺度转换,该方法机理性强,转换关系稳定。本节开展了两种方法的构建和率定,分析其适用性与可靠性,以期实现蒸散量在不同空间尺度的准确提升转换。

8.2.1 蒸散量空间尺度的线性提升

与前文分析蒸散量尺度差异主控影响因素的方法相同,本节采用多元逐步线性回归分析,考虑影响蒸散量尺度差异的主要因素,建立节水灌溉稻田冠层尺度蒸散量到田间尺度蒸散量的尺度提升模型。回归方程和回归系数的显著性水平均选择 $\alpha=0.05$。

由第四章蒸散量空间尺度差异的分析可知,Rn、VPD、T_a 和 u 是影响冠层尺度蒸散量 ET_{CML} 和田间尺度蒸散量 ET_{EC}^* 差异的主要因素。因此,本研究考虑 Rn、VPD、T_a 和 u 的影响,就 2014 年和 2015 年的相关小时数据,建立了 ET_{CML} 到 ET_{EC}^* 的转换关系,不同因素组合条件下满足 $\alpha<0.05$ 显著性水平的多元回归关系如表 8.11 所示。回归方程的排序按自变量由少到多,若自变量相同按方程的复相关系数由大到小。表 8.11 中 7 组方程均能实现 ET_{CML} 到 ET_{EC}^* 的线性提升,各回归方程在 $\alpha<0.001$ 显著性水平显著,复相关系数 R 均达 0.9 以上。自变量包含 Rn 的回归方程(方程②、④～⑦)复相关系数 R 较高,均达到 0.94 以上,Rn 的偏相关系数均在 0.78 以上,说明 Rn 是 ET_{CML} 到 ET_{EC}^* 转换的关键因素。在考虑 Rn 的基础上考虑 VPD 的影响(方程④),以及同时考虑 VPD 和 T_a 的影响(方程⑦),回归方程的 R 均有明显提高($R=0.972$)。在方程④和⑦中,Rn 的偏相关系数分别为 0.824 和 0.825,回归系数均为 0.0008,VPD 的偏相关系数分别为 -0.418 和 -0.386,回归系数分别为 -0.053 和 -0.058,说明 Rn 是蒸散量从冠层尺度到田间尺度转换最关键的影响因素,且影响程度较为稳定,VPD 也是影响蒸散量尺度转换的重要因素。T_a 和 u 是影响蒸散量尺度转换的因素,但其影响作用较小,且影响效果受其他因素干扰较大。

表 8.11　基于训练样本的冠层尺度(ET_{CML})与田间尺度蒸散量(ET_{EC}^*)的回归关系检验

序号	回归方程			显著性水平 $\alpha <0.05$ 自变量				
	复相关系数 R	F 分布	α	自变量	回归系数	标准误差	偏相关系数	t 分布	α
①	0.903	11 198.4	<0.001	ET_{CML}	0.928	<0.001	0.910	105.8	<0.001
				常数	−0.011	<0.001	—	−3.8	<0.001
②	0.966	15 873.1	<0.001	ET_{CML}	0.298	0.012	0.467	25.1	<0.001
				Rn	0.000 8	<0.001	0.784	60.2	<0.001
				常数	0.029	0.002	—	15.1	<0.001
③	0.903	5 466.8	<0.001	ET_{CML}	0.961	0.012	0.862	81.0	<0.001
				VPD	−0.017	0.004	−0.086	−4.1	<0.001
④	0.972	12 975.6	<0.001	ET_{CML}	0.352	0.011	0.556	31.9	<0.001
				Rn	0.000 8	<0.001	0.824	69.4	<0.001
				VPD	−0.053	0.002	−0.418	−21.9	<0.001
				常数	0.056	0.002	—	26.3	<0.001
⑤	0.940	10 977.9	<0.001	ET_{CML}	0.327	0.012	0.494	27.1	<0.001
				Rn	0.001	<0.001	0.791	61.6	<0.001
				T_a	−0.003	<0.001	−0.185	−9.0	0.003
				常数	0.009	0.007	—	12.7	<0.001
⑥	0.966	10 611.2	<0.001	ET_{CML}	0.300	0.012	0.469	25.3	<0.001
				Rn	0.000 8	<0.001	0.783	59.9	<0.001
				u	−0.007	0.003	−0.055	−2.6	0.003
				常数	0.033	0.003	—	13.0	<0.001
⑦	0.972	9 768.0	<0.001	ET_{CML}	0.346	0.011	0.544	30.9	<0.001
				Rn	0.000 8	<0.001	0.825	69.5	<0.001
				VPD	−0.058	0.003	−0.386	−19.9	<0.001
				T_a	0.001	<0.001	0.063	3.0	0.003
				常数	0.036	0.007	—	5.2	<0.001

图 8.16 和图 8.17 分别为基于训练样本(2014 年和 2015 年相关实测小时数据)和验证样本(2016 年相关实测小时数据)用表 8.11 中 7 组空间尺度提升关系

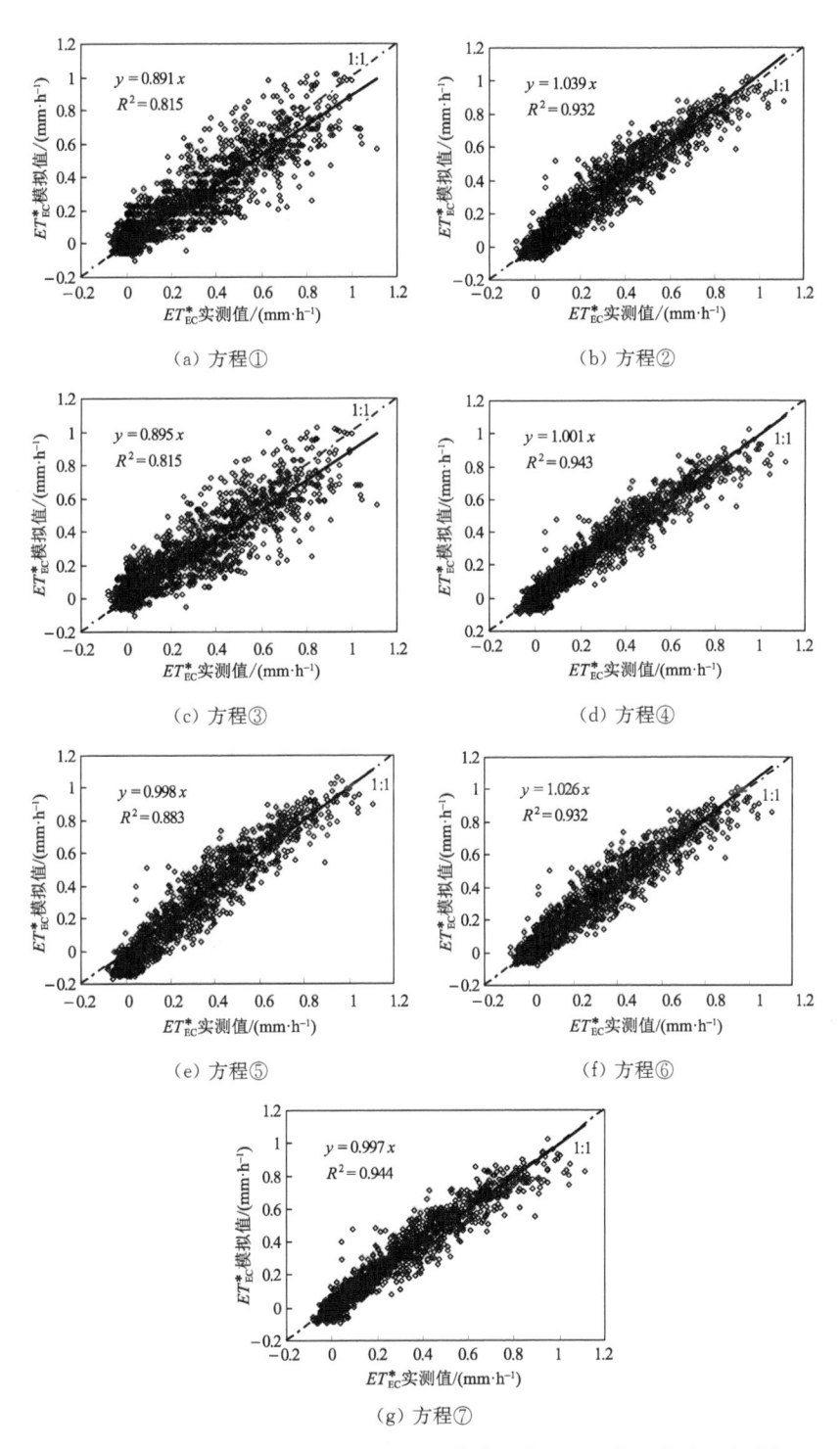

图 8.16 基于训练样本的各线性方程估算蒸散量与实测蒸散量的回归分析

估算的 ET_{EC}^* 与实测 ET_{EC}^* 的线性回归关系,图 8.16 和图 8.17 中(a)~(g)对应表 8.11 中方程①~⑦。

分析训练样本的提升估算结果可知,不考虑相关影响因素的两尺度回归关系最差[图 8.16(a)],R^2、$RMSE$ 和 IOA 分别为 0.815、0.094 mm·h^{-1} 和 0.951,说明蒸散量存在空间尺度差异。若只考虑 VPD 的影响,尺度提升结果也较差[图 8.16(c)],R^2、$RMSE$ 和 IOA 分别为 0.815、0.093 mm·h^{-1} 和 0.951,蒸散量较大时,低估较明显。考虑 Rn 的所有提升方程模拟值与实测值的回归关系明显较好,回归斜率均接近 1。另外,同时考虑 Rn 和 VPD 的尺度提升方程[图 8.16(d)和图 8.16(g)]相比只考虑 Rn[图 8.16(b)]、考虑 Rn 和 T_a[图 8.16(e)]以及 Rn 和 u[图 8.16(f)]的提升方程模拟效果更好,且只考虑 Rn 和 T_a 的提升方程在蒸散量较小时存在明显的低估。分析图 8.16(d)发现,以 Rn 和 VPD 为转换因子的回归方程斜率为 1.001,R^2 和 IOA 较高,分别为 0.943 和 0.986,$RMSE$ 较低(0.059 mm·h^{-1})。以 Rn、VPD 和 T_a 为转换因子的回归方程模拟效果最好[图 8.16(g)],R^2、$RMSE$ 和 IOA 分别为 0.944、0.058 mm·h^{-1} 和 0.986。

进一步,将验证样本分别代入训练样本拟合的 7 个线性方程,以检验基于不同转换因子的空间尺度提升方程在节水灌溉稻田的适用性。与训练样本的模拟结果相同,不考虑影响因素的提升方程的模拟效果最差[图 8.17(a)],回归斜率为 0.923,R^2、$RMSE$ 和 IOA 分别为 0.840、0.102 mm·h^{-1} 和 0.958。仅考虑 VPD 的线性回归方程各评价指标较前者稍好($R^2=0.849$,$RMSE=0.098$ mm·h^{-1},$IOA=0.961$),但模拟值与实测值的相关关系仍相对较差[图 8.17(c)]。考虑 Rn 和 T_a[图 8.17(e)]的尺度提升方程各评价指标有所改善,回归斜率接近 1,R^2 提高到 0.908,但在蒸散量较小时(小于 0.2 mm·h^{-1}),通过回归方程计算的蒸散量明显小于实测值,与图 8.16(e)表现一致,说明该回归关系不适用于蒸散量较小时的尺度提升计算。只考虑 Rn[图 8.17(b)]、考虑 Rn 和 VPD[图 8.17(d)]、Rn 和 u[图 8.17(f)]以及 Rn、VPD 和 T_a[图 8.17(g)]四种回归关系估算的田间尺度蒸散量与实测值较为接近,4 个方程的回归斜率均接近 1,R^2、$RMSE$ 和 IOA 值也较接近,R^2 分别为 0.970、0.964、0.970 和 0.965,IOA 分别为 0.992、0.991、0.992 和 0.991,$RMSE$ 分别为 0.050、0.052、0.050 和 0.050 mm·h^{-1},相关性与一致性均较好。

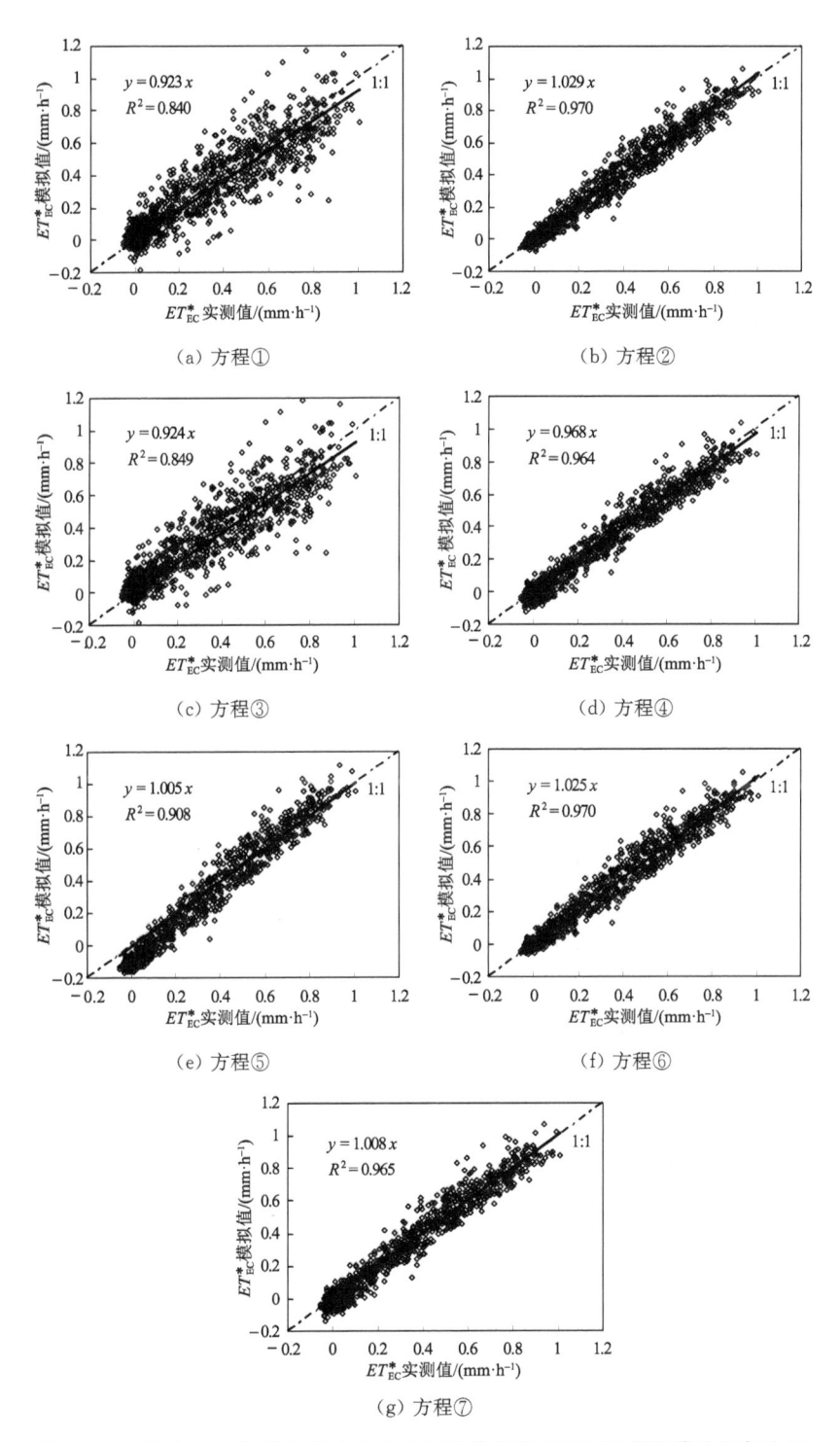

图 8.17　基于 2016 年验证样本的各方程估算蒸散量与实测蒸散量的回归分析

训练样本和验证样本的模拟结果综合说明，Rn 是蒸散量从冠层到田间尺度转换的最关键因素，其次是 VPD，T_a 和 u 也是空间尺度转换的重要因素。其中，考虑 Rn、Rn 和 VPD、Rn 和 u 以及 Rn、VPD 和 T_a 四种情况下的回归方程如表 8.12 所示，回归关系较好，均能较好地实现节水灌溉条件下稻田蒸散量从冠层到田间尺度的提升。

表 8.12　适用于节水灌溉稻田蒸散量空间尺度提升的线性关系

序号	提升转换因素	尺度提升方程
1	Rn	$ET_{EC}^* = 0.298ET_{CML} + 0.0008Rn + 0.029$
2	Rn、VPD	$ET_{EC}^* = 0.352ET_{CML} + 0.0008Rn - 0.053VPD + 0.056$
3	Rn、u	$ET_{EC}^* = 0.300ET_{CML} + 0.0008Rn - 0.007u + 0.033$
4	Rn、VPD、T_a	$ET_{EC}^* = 0.346ET_{CML} + 0.0008Rn - 0.058VPD + 0.001T_a + 0.036$

8.2.2　蒸散量空间尺度的非线性提升

由前文蒸散量的模拟分析可知，不论是冠层尺度还是田间尺度，P-M 模型较 S-W 均能更准确地模拟节水灌溉稻田蒸散特征。再由前文蒸散量尺度差异影响因素的分析发现，Rn 和 VPD 是影响冠层和田间蒸散量差值的主要因素。因此，在前文研究基础上，本节选择 P-M 公式为尺度转换的基础模型，再参考影响蒸散量尺度差异的主要因素 Rn 和 VPD，引入 C_1、C_2 修正系数，实现蒸散量从冠层尺度到田间尺度的空间转换。修正的模型形式为：

$$\lambda ET = 3600 \times \frac{\Delta(C_1 \cdot Rn - G_0) + \rho \cdot C_p \cdot C_2 \cdot VPD/r_a}{\Delta + \gamma(1 + r_c/r_a)} \quad (8.23)$$

以能量闭合修正后的 EC 实测蒸散量（ET_{EC}^*）为目标值，考虑 Rn 和 VPD 对蒸散量空间尺度差异的重要影响，引入 Rn 和 VPD 的修正系数 C_1 和 C_2，基于 5.1 节拟合的计算冠层尺度蒸散量的 r_c 模型参数和 P-M 公式，用 1stopt 1.5 专业版实现 C_1 和 C_2 的非线性拟合。

参数的拟合同样选择 2014 年和 2015 年的 EC 实测量 ET_{EC}^* 和相关气象数据作为训练样本，C_1 和 C_2 的率定结果分别为 1.034 和 0.425，代入公式（8.23）中，计算得到基于训练样本的尺度提升 ET_{EC}^* 值。尺度提升估算结果与田间尺度蒸散量实测值的回归关系如图 8.18 所示，估算值与实测值接近于 1:1 线，R^2 和 IOA

较高,分别为 0.964 和 0.991,RMSE 为 0.044 mm·h^{-1},蒸散模型的尺度提升效果较好。

用 2016 年的 EC 实测 ET_{EC}^* 和相关气象数据作为验证样本,检验基于 P-M 方程的稻田蒸散量尺度提升模型的适用性与准确性。从图 8.19 的回归分析可看出,运用构建的蒸散量空间尺度提升模型估算的田间尺度蒸散量与 EC 实测蒸散量的相关性和一致性均较好,回归方程的斜率为 1.001,$R^2=0.975$,$RMSE=0.037$ mm·h^{-1},$IOA=0.994$。训练样本和验证样本的回归分析均说明,基于该方法的蒸散量尺度提升估算具有较好的理论基础和实际适用性,且模型的可靠性与准确性均较高。

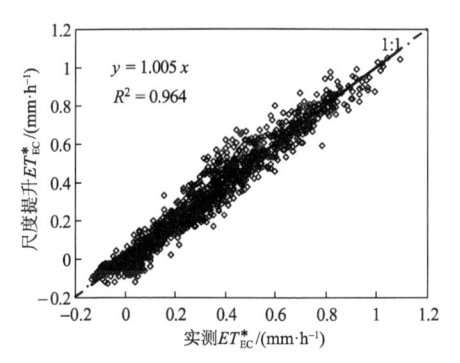

图 8.18 基于训练样本的尺度提升估算蒸散量与实测蒸散量的回归分析

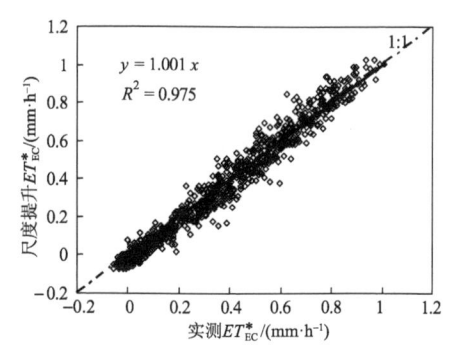

图 8.19 基于验证样本的尺度提升估算蒸散量与实测蒸散量的回归分析

C_1 和 C_2 的率定值分别大于 1 和小于 1,说明 Rn 对田间尺度蒸散量 ET_{EC}^* 的影响程度更大,ET_{EC}^* 较 ET_{CML} 对 Rn 的变化更敏感,这与第四章、第五章不同空间尺度蒸散量的影响因素以及不同尺度蒸散量差异的影响因素的分析结果一致。饱和水汽压差 VPD 的修正系数小于 1,说明 VPD 对冠层尺度蒸散量的影响大于田间尺度,ET_{CML} 变化受 VPD 的影响程度更大。

综上分析可知,考虑 Rn、Rn 和 VPD、Rn 和 u 以及 Rn、VPD 和 T_a 四种情况下的线性关系,以及考虑 Rn 和 VPD 的影响改进的 P-M 公式,均能实现节水灌溉稻田冠层尺度蒸散量到田间尺度的提升。其中,线性关系的提升转换所需参数少,计算简便,在仅有 Rn 资料的条件下也能较好地实现蒸散量的尺度提升。而基于 P-M 公式的非线性提升机理性更强,提升效果更好,模型的适用性更强。

8.3 不同尺度蒸散量差异的影响因素分析

本节通过多元逐步回归($\alpha<0.05$),在前文分别分析了冠层和田间尺度蒸

散量与气象（Rn、VPD、T_a、u）、作物（LAI）和土壤（θ）等多种因子在小时和日时间尺度上的相关关系的基础上，进一步分析了 2014—2016 年，在不同时间尺度上蒸散量的空间尺度差异（$ET_{CML}-ET_{EC}$、$ET_{CML}-ET_{EC}^*$）与相关影响因子的线性关系（表 8.13、表 8.14 和表 8.16、表 8.17），以及能量闭合前后蒸散量差值（$ET_{EC}^*-ET_{EC}$）与影响因子的线性关系（表 8.15 和表 8.18）。各回归方程的显著性均达到 $\alpha<0.001$，逐步回归后保留的各系数均达到 $\alpha<0.05$ 显著性水平。另外，2014 年由于冠层尺度蒸散量缺少返青到分蘖后期（8 月 3 日）的观测值，所以 2014 年蒸散量差值的回归分析选择的是 8 月 4 日以后的统计数据。

普遍研究认为，LAI 不仅是蒸散量在叶片-冠层尺度间转换的关键因素（Kato et al.，2004；王维 等，2015），也是冠层-田间尺度转换的关键（Cai et al.，2010；蔡甲冰 等，2010）。本节对节水灌溉稻田小时数据的研究中发现 LAI 是冠层和田间尺度蒸散量差值在日时间尺度上的显著影响因素，但不是小时尺度上的影响因素。小时尺度上，2014 年、2015 年和 2016 年两尺度蒸散量的差值（$ET_{CML}-ET_{EC}$ 和 $ET_{CML}-ET_{EC}^*$）与 Rn 和 VPD 都显著相关。

Rn 的相关性较高，但能量平衡闭合前，Rn 与尺度间蒸散量差值正相关，偏相关系数分别为 0.302、0.440 和 0.486，而能量闭合后则呈负相关，偏相关系数分别为 -0.479、-0.455 和 -0.435。正负相关性的差异是由于能量平衡闭合修正前，涡度相关系统所测蒸散量低估了稻田实际蒸散量，而能量平衡修正后可能会出现一定程度的高估。实际的能量平衡亏缺（D）不仅包括低估的湍流通量，也包括一些能量平衡方程中未考虑的能量储存项。本研究通过蒸发比强制闭合法分配 D 时，只考虑了湍流通量的低估，从而导致分配后的湍流通量可能高估了稻田实际湍流交换强度。从表 8.15 也可看出，Rn 越大，能量闭合前后蒸散量差值（$ET_{EC}^*-ET_{EC}$）越大，即 ET_{EC}^* 高估越多而 ET_{EC} 低估越多，三年的偏相关系数分别高达 0.821、0.874 和 0.881。所以，在 Rn 与尺度间蒸散量相关性的研究中表现为 Rn 越大，$ET_{CML}-ET_{EC}$ 越大，而 $ET_{CML}-ET_{EC}^*$ 越小。

VPD 是另一影响小时尺度上蒸散量空间尺度差异的重要因素。VPD 的偏相关系数虽然没有 Rn 大，在不同年份偏相关系数大小也不尽相同，但它始终与能量平衡闭合前后空间尺度间蒸散量之差（$ET_{CML}-ET_{EC}$ 和 $ET_{CML}-ET_{EC}^*$）呈正相关（表 8.13 和表 8.14），而与能量闭合前后蒸散量差值（$ET_{EC}^*-ET_{EC}$）呈负相关（表 8.15）。可能因为 VPD 越大，空气相对湿度越小（即潜热通量小），下垫面潜在蒸散能力就越大（CML 重量变化大）。蒸散量的增加进一步促进了大气中水汽的增加，但大气中的水汽含量还受风速等的影响，导致水汽增加的量小于蒸散损失的量。而冠层和田间尺度蒸散量测量原理不同，蒸渗仪直接测量的重量变化较涡度捕捉的大气湍流计算的蒸散量相对较大，导致两尺度蒸散量的差异，且 VPD 越大，差异越大。另一方面，当 VPD 越小，空气相对湿度越大，大气中潜热通量越大，则按蒸发比重新分配能量残余项后增加的潜热通量越大，所以 $ET_{EC}^* - ET_{EC}$ 越大。2014 年 T_a 也是影响蒸散量空间尺度差异的显著影响因子（$α<0.001$）。可能因为 2014 年所统计的生育阶段靠后，该阶段净辐射的影响有所减小，使 T_a 能够表现出一定的影响性（单独分析 2015 年和 2016 年与之对应时段的蒸散影响因素，T_a 同样能够达到显著影响性）。2016 年，回归方程中 u 的偏相关系数虽然不大（0.167 和 0.101），但也是空间尺度间蒸散量之差的显著影响因素（$α<0.001$）。可能因为 2016 年的平均风速为 0.80 m·s^{-1}，稍大于 2014 年（0.75 m·s^{-1}）和 2015 年（0.74 m·s^{-1}）（表 8.19），在风速较大的年份，风速也会影响两尺度间蒸散量的差异。

表 8.13 冠层与能量闭合前田间尺度小时蒸散量之差的影响因素分析

因变量	自变量	回归系数	标准误差	t 分布	各系数显著性水平 $α$	偏相关系数	F 分布	回归方程显著性水平 $α$	复相关系数 R
2014 年 $ET_{CML} - ET_{EC}$	（常数）	−0.090	0.018	−5.110	<0.001	—	76.461	<0.001	0.481
	Rn	0.0002	0.000	8.766	<0.001	0.302			
	VPD	0.050	0.010	5.112	<0.001	0.182			
	T_a	0.008	0.001	8.878	<0.001	0.306			
2015 年 $ET_{CML} - ET_{EC}$	（常数）	0.032	0.004	7.607	<0.001	—	339.654	<0.001	0.557
	Rn	0.0003	0.000	19.029	<0.001	0.440			
	VPD	0.015	0.004	2.883	0.037	0.123			
2016 年 $ET_{CML} - ET_{EC}$	（常数）	−0.011	0.005	−2.280	0.023	—	535.039	<0.001	0.715
	Rn	0.003	0.000	21.770	<0.001	0.486			
	VPD	0.025	0.004	6.048	<0.001	0.153			
	u	0.037	0.006	6.619	<0.001	0.167			

表 8.14　冠层与能量闭合后田间尺度小时蒸散量之差的影响因素分析

因变量	自变量	回归系数	标准误差	t 分布	各系数显著性水平 α	偏相关系数	F 分布	回归方程显著性水平 α	复相关系数 R
2014 年 $ET_{CML}-ET_{EC}^*$	（常数）	−0.086	0.025	−3.397	0.001	—	93.858	<0.001	0.519
	Rn	0.0003	0.000	15.082	<0.001	−0.479			
	VPD	0.083	0.004	3.511	<0.001	0.126			
	T_a	0.008	0.001	12.166	<0.001	0.403			
2015 年 $ET_{CML}-ET_{EC}^*$	（常数）	−0.019	0.004	−4.763	<0.001	—	250.666	<0.001	0.500
	Rn	0.0003	0.000	−19.864	<0.001	−0.455			
	VPD	0.090	0.004	20.853	<0.001	0.473			
2016 年 $ET_{CML}-ET_{EC}^*$	（常数）	−0.047	0.005	−8.647	<0.001	—	169.191	<0.001	0.501
	Rn	0.0002	0.000	−18.899	<0.001	−0.435			
	VPD	0.087	0.004	19.445	<0.001	0.445			
	u	0.024	0.006	3.978	<0.001	0.101			

表 8.15　能量闭合前后田间尺度小时蒸散量之差的影响因素分析

因变量	自变量	回归系数	标准误差	t 分布	各系数显著性水平 α	偏相关系数	F 分布	回归方程显著性水平 α	复相关系数 R
2014 年 $ET_{EC}^*-ET_{EC}$	（常数）	0.055	0.002	16.951	<0.001	—	929.719	<0.001	0.842
	Rn	0.000	0.000	39.768	<0.001	0.821			
	VPD	−0.072	0.005	−14.991	<0.001	−0.477			
2015 年 $ET_{EC}^*-ET_{EC}$	（常数）	0.051	0.002	22.319	<0.001	—	2543.373	<0.001	0.878
	Rn	0.001	0.000	69.870	<0.001	0.874			
	VPD	−0.086	0.002	35.213	<0.001	−0.672			
2016 年 $ET_{EC}^*-ET_{EC}$	（常数）	0.043	0.002	17.715	<0.001	—	3131.354	<0.001	0.896
	Rn	0.0005	0.000	72.924	<0.001	0.881			
	VPD	−0.060	0.002	−25.886	<0.001	−0.551			

进一步对各蒸散量日均值差值（$ET_{CML}-ET_{EC}$、$ET_{CML}-ET_{EC}^*$ 和 $ET_{EC}^*-ET_{EC}$）与各影响因子日均值（LAI、Rn、VPD、T_a、u、θ）的多元逐步回归分析发现，在日时间尺度上影响空间尺度间蒸散量差值的影响因素（$\alpha<0.05$）与小时尺度不尽相同。能量平衡闭合前，除 Rn 是 2014—2016 年 $ET_{CML}-ET_{EC}$ 的显著影响因素外，其他显著影响因子在三年间各不相同（表 8.16）。T_a 是 2014 年和 2015 年 $ET_{CML}-ET_{EC}$ 的显著影响因子（$\alpha<0.01$），偏相关系数为正，分别为 0.389 和 0.262，说明温度越高尺度间差异越大，可能因为高温对蒸渗仪的边界增温效应明显，使 ET_{CML} 增加幅度大。LAI 和 VPD 是 2015 年和 2016 年 $ET_{CML}-ET_{EC}$ 的显著影响因子（$\alpha<0.05$），LAI 与 $ET_{CML}-ET_{EC}$ 负显著相关，说明叶面积指数越大，两尺度蒸散量越接近。一方面，LAI 越大下垫面均一性越好，涡度相关系统的工作条件好，从而测量越准确，使 ET_{EC} 与 ET_{CML} 相关性更好；另一方面，LAI 与田间尺度蒸散量显著正相关，而对冠层尺度蒸散量没有显著影响，所以 LAI 越大，$ET_{CML}-ET_{EC}$ 的差异越小。VPD 与 $ET_{CML}-ET_{EC}$ 正相关（$\alpha<0.05$），说明 VPD 越大，空气湿度越小，两尺度蒸散量差值越大，而 u 仅是 2016 年 $ET_{CML}-ET_{EC}$ 的显著影响因子（$\alpha<0.05$），偏相关系数为 0.229，原因与小时尺度的分析类似。此外，2014 年观测数据从 8 月 4 日开始，所以与该时期对应的影响因素年均值统计结果与 2015 年和 2016 年全生育的统计结果不同，其中 LAI 和 VPD 与全生育期统计结果差异较大（表 8.19），LAI 和 VPD 在水稻生育中后期变化幅度均没有生育前期大，因此，这也可能是导致 LAI 和 VPD 不是 2014 年蒸散量尺度差值的显著影响因素的重要原因。2014—2016 年水稻各生育期的显著影响因素均不相同，除了上述原因，还可能因为各水稻生育期能量平衡程度不同，导致能量不平衡的原因不完全相同，使得影响蒸散量尺度差异的因素也不尽相同。

表 8.16 冠层与能量闭合前田间尺度日蒸散量之差的影响因素分析

因变量	自变量	回归系数	标准误差	t 分布	各系数显著性水平 α	偏相关系数	F 分布	回归方程显著性水平 α	复相关系数 R
2014 年 $ET_{CML}-ET_{EC}$	（常数）	−1.272	0.365	−3.488	0.001	—	94.654	<0.001	0.846
	Rn	0.013	0.001	10.400	<0.001	0.768			
	T_a	0.063	0.017	3.656	<0.001	0.389			
2015 年 $ET_{CML}-ET_{EC}$	LAI	−0.125	0.045	−2.802	0.006	−0.266	63.919	<0.001	0.844
	Rn	0.004	0.02	2.134	0.005	0.206			
	VPD	1.273	0.270	4.711	<0.001	0.421			
	T_a	0.055	0.020	2.754	0.007	0.262			

因变量	自变量	回归系数	标准误差	t 分布	各系数显著性水平 α	偏相关系数	F 分布	回归方程显著性水平 α	复相关系数 R
2016 年 $ET_{CML}-ET_{EC}$	LAI	−0.151	0.048	−3.163	0.002	−0.289	48.394	<0.001	0.799
	Rn	0.008	0.003	3.132	0.002	0.286			
	VPD	0.781	0.332	2.351	0.021	0.219			
	u	0.717	0.291	2.464	0.015	0.229			

表 8.17 冠层与能量闭合后田间尺度日蒸散量之差的影响因素分析

因变量	自变量	回归系数	标准误差	t 分布	各系数显著性水平 α	偏相关系数	F 分布	回归方程显著性水平 α	复相关系数 R
2014 年 $ET_{CML}-ET_{EC}^*$	（常数）	−1.357	0.538	−2.523	0.014	—	28.916	<0.001	0.667
	LAI	−0.199	0.079	−2.511	0.007	−0.280			
	VPD	0.252	0.203	1.097	0.027	0.127			
	T_a	0.106	0.015	6.834	<0.001	0.622			
2015 年 $ET_{CML}-ET_{EC}^*$	LAI	−0.186	0.021	−3.779	<0.001	−0.347	35.404	<0.001	0.711
	VPD	0.864	0.212	4.071	<0.001	0.371			
	T_a	0.064	0.021	2.981	0.004	0.281			
2016 年 $ET_{CML}-ET_{EC}^*$	LAI	−0.136	0.038	−3.587	0.008	−0.332	22.845	<0.001	0.624
	VPD	0.481	0.151	4.303	0.023	0.378			
	T_a	0.024	0.021	1.156	0.025	0.110			
	u	0.813	0.257	3.162	0.002	0.289			

能量平衡强制闭合后，影响空间尺度间蒸散量差异（$ET_{CML}-ET_{EC}^*$）的因素与能量闭合前不完全相同，日尺度上的影响因素与小时尺度的影响因素也不完全相同。能量平衡闭合后，LAI、VPD 和 T_a 是 2014—2016 年水稻生育期 $ET_{CML}-ET_{EC}^*$ 共同的影响因素，2016 年由于平均风速较大，u 也是影响蒸散量差值的影响因素。从表 8.17 还可看出，能量闭合后 LAI 对空间尺度蒸散量差值的影响比能量闭合前大，2014 年、2015 年和 2016 年偏相关系数分别为 −0.280、−0.347 和

−0.332，即 LAI 越大，冠层与田间尺度蒸散量差值越小，原因如前所述。而 Rn 不再是尺度间蒸散量差值的显著影响因素，说明能量平衡的修正消除了 Rn 转换为 LE 的过程中能量损失对田间尺度蒸散量观测结果的影响。对比表 8.17 和表 8.16，能量平衡修正后，三年的显著影响因子基本一致，说明能量平衡闭合消除了部分影响因子的不确定性。再对比表 8.14 和表 8.17，能量平衡闭合后影响蒸散量空间尺度差异的主要因素在小时和日尺度上不尽相同，分别为 Rn、VPD 和 LAI、VPD、T_a，只有 VPD 是共同的显著影响因素。

表 8.18 为能量平衡闭合前后蒸散量之差（$ET_{EC}^*-ET_{EC}$）与相关因素（LAI、Rn、VPD、T_a、u、θ）的多元逐步回归分析结果，LAI 和 Rn 是 2014—2016 年稻季 $ET_{EC}^*-ET_{EC}$ 的共同显著影响因子，Rn 偏相关系数较高，三年分别为 0.893、0.814 和 0.869，LAI 的偏相关系数分别为 0.380、0.403 和 0.346，说明 Rn 和 LAI 越大，能量闭合修正效果越明显。T_a 是 2014 年 $ET_{EC}^*-ET_{EC}$ 的显著影响因子，可能因为 2014 年统计的生育阶段与 2015 年和 2016 年不同，2014 年仅为水稻生育中后期，水稻生育中后期 T_a 较生育前期低，该阶段蒸散变化可能受 T_a 影响显著。对比表 8.15 和表 8.18 可看出，Rn 是 $ET_{EC}^*-ET_{EC}$ 日尺度和小时尺度上共同最主要的影响因素，但 LAI 取代 VPD，成为日尺度上 $ET_{EC}^*-ET_{EC}$ 的另一显著影响因素。

表 8.18 能量闭合前后田间尺度日蒸散量之差的影响因素分析

因变量	自变量	回归系数	标准误差	t 分布	各系数显著性水平 α	偏相关系数	F 分布	回归方程显著性水平 α	复相关系数 R
2014 年 $ET_{EC}^*-ET_{EC}$	LAI	0.146	0.041	3.534	0.001	0.380	102.254	<0.001	0.898
	Rn	0.012	0.001	17.053	<0.001	0.893			
	T_a	−0.037	0.009	−4.156	<0.001	−0.435			
2015 年 $ET_{EC}^*-ET_{EC}$	（常数）	−0.489	0.120	−4.074	<0.001	—	103.328	<0.001	0.814
	LAI	0.094	0.021	4.510	<0.001	0.403			
	Rn	0.008	0.001	14.368	<0.001	0.814			
2016 年 $ET_{EC}^*-ET_{EC}$	LAI	0.082	0.016	2.887	0.018	0.346	211.748	<0.001	0.889
	Rn	0.009	0.000	18.587	<0.001	0.869			

表 8.19　蒸散量相关影响因素的稻季平均值(2014—2016 年)

	LAI	Rn $(W \cdot m^{-2})$	VPD(kPa)	T_a(℃)	u $(m \cdot s^{-1})$	θ(%)
2014,8 月 4 日后	4.6	92.5	0.58	23.1	0.75	45.1
2015 稻季	3.9	143.6	0.93	25.1	0.74	44.8
2016 稻季	3.8	111.4	0.82	25.5	0.80	45.0

综上分析可知,节水灌溉稻田的蒸散变化不仅存在空间尺度效应,也存在明显的时间尺度效应。不同时间尺度,显著影响蒸散量空间尺度差值的因素不同;能量闭合与否,蒸散量差值的影响因素也有明显的差异。与其他生态系统相比,影响下垫面蒸散量及蒸散量差异的因素也有一定的特殊性。

综合前文冠层、田间尺度蒸散量的影响因素以及蒸散量空间尺度差异的影响因素研究结果可以看出,稻田蒸散量的显著影响因素不一定是蒸散量空间尺度差异的影响因素。例如,Rn 是不同时空尺度无论能量闭合与否稻田蒸散变化的重要影响因素,但却不是能量闭合后冠层、田间尺度蒸散量差值的影响因素;LAI 和 θ 都是小时尺度上各空间尺度蒸散量的重要影响因素,但都不是蒸散量差值($ET_{CML}-ET_{EC}$、$ET_{CML}-ET_{EC}^*$、$ET_{EC}^*-ET_{EC}$)的影响因素。因此,本文不仅讨论了不同时、空尺度上蒸散量的影响因素,还深入分析了不同空间尺度间蒸散量差异在不同时间尺度上的影响因素,旨在掌握节水灌溉稻田不同时空尺度蒸散差异的影响因素和主控因子的基础上,明确影响蒸散量尺度差异的原因,为蒸散量尺度效应分析和尺度转换提供基础数据。

8.4　本章小结

本章以节水灌溉稻田为研究对象,基于水热转化关系,构建了蒸发比法、作物系数法、冠层阻力法和正弦关系法等蒸散量"小时-日-生育期"的时间尺度提升方法,通过多元线性方程以及改进的 P-M 方程,构建了稻田蒸散量"冠层-田间"的空间尺度提升模型,推荐了适宜节水灌溉稻田蒸散量在不同时空尺度间的转换方法。研究的主要结论如下:

(1) 蒸发比法、作物系数法、冠层阻力法和正弦关系法对蒸散量的提升估算效果有所差异,但均能较好地实现日尺度和生育期尺度蒸散量的时间尺度提升。

基于水稻生育期白天 9 个小时时段(7:00 至 16:00)的测量数据,蒸发比法、作物系数法、冠层阻力法和正弦关系法估算日尺度蒸散量的效果各不相同。按净辐射不同分段计算的蒸发比法,利用 9:00—11:00 两小时扩展计算的作物系数法和冠层阻力法,均能很好地模拟节水灌溉稻田日尺度蒸散量,从计算精度和可操作性角度更推荐蒸发比法和作物系数法。正弦关系法的模拟效果稍差,但该方法所需参数少,仅与计算区域的纬度位置和作物种植时间有关,是一种简便、粗略的日尺度蒸散量估算方法。

在生育期尺度蒸散量的估算研究中,蒸发比法估算值 ET_{EF} 与 ET_{EC}^* 的相关性与一致性最好,但存在一定程度的低估,作物系数法的估算结果 ET_{Kc} 最接近实测值 ET_{EC}^*,冠层阻力法模拟效果较好,但估算值 ET_{rc} 也存在一定程度的低估,正弦关系法所需参数最少,且能直接从小时尺度实测值提升估算全生育期蒸散量 ET_J,但 ET_J 与 ET_{EC}^* 的相关性和一致性较其他三种方法稍差。ET_{Kc}、ET_{EF} 和 ET_{rc} 的计算结果与所选典型日有关,以较短时间间隔的插补估算结果相对更好,较长时间间隔的插补估算精度没有明显的降低,且能有效减少数据输入量。

(2) Rn 是蒸散量空间尺度转换的最关键因素,以 Rn、Rn 和 VPD、Rn 和 u,Rn、VPD 和 T_a 四种组合的线性关系,以及在 P-M 模型中引入尺度差异主控因素 Rn 和 VPD 有关的修正系数 C_1 和 C_2,可分别实现蒸散量从冠层到田间尺度的线性和非线性提升,且模型的可靠性与准确性均较高。

Rn 是蒸散量从冠层到田间尺度转换的最关键因素,其次是 VPD、T_a 和 u。通过建立与重要影响因素回归关系:$ET_{EC}^* = 0.298 ET_{CML} + 0.000\,8 Rn + 0.029$,$ET_{EC}^* = 0.352 ET_{CML} + 0.000\,8 Rn - 0.053 VPD + 0.056$,$ET_{EC}^* = 0.300 ET_{CML} + 0.000\,8 Rn - 0.007 u + 0.033$,$ET_{EC}^* = 0.346 ET_{CML} + 0.000\,8 Rn - 0.058 VPD + 0.001 T_a + 0.036$,可实现节水灌溉条件下稻田蒸散量从冠层到田间尺度的提升,且提升估算精度较高。以冠层尺度 P-M 公式为尺度转换的基础模型,考虑影响蒸散量尺度差异的主要因素 Rn 和 VPD,分别引入修正系数 C_1 和 C_2,基于训练样本和验证样本估算的田间尺度蒸散量与实测蒸散量的相关性和一致性均较好,回归斜率、R^2、IOA 均接近 1,改进的 P-M 模型能实现蒸散量从冠层尺度到田间尺度的空间转换。C_1 和 C_2 的率定结果分别为 1.034 和 0.425,说明 ET_{EC}^* 较 ET_{CML} 对 Rn 的变化更敏感,而 ET_{CML} 变化受 VPD 的影响程度更大。

(3) 不同时间尺度,显著影响蒸散量空间尺度差值的因素不同,Rn、VPD 和 LAI,VPD、T_a 分别是小时和日尺度 $ET_{CML} - ET_{EC}^*$ 的显著影响因素;能量闭合前后,蒸散量空间尺度差值的影响因素也有明显的差异。

小时尺度上，两空间尺度蒸散量差值（$ET_{CML}-ET_{EC}$ 和 $ET_{CML}-ET_{EC}^*$）与 Rn 和 VPD 显著相关。Rn 的相关性较高，但能量平衡闭合前后分别呈正负相关性，VPD 在不同年份偏相关系数大小不同，但始终与 $ET_{CML}-ET_{EC}$ 和 $ET_{CML}-ET_{EC}^*$ 呈正相关。日尺度上，Rn 是能量平衡闭合前 $ET_{CML}-ET_{EC}$ 的显著影响因素，其他影响因子在三年研究中显著性与偏相关关系各不相同。能量平衡闭合后，LAI、VPD 和 T_a 是 $ET_{CML}-ET_{EC}^*$ 的显著影响因素。此外，Rn 是小时和日尺度上能量闭合前后田间尺度蒸散量差值（$ET_{EC}^*-ET_{EC}$）最主要的影响因素，VPD 和 LAI 分别为小时和日尺度上 ET_{EC}^* 与 ET_{EC} 之差的另一显著影响因素。

第九章

节水灌溉稻田水碳耦合的尺度提升方法研究

稻田水碳通量是涉及作物、气象、土壤等众多因子的复杂物理过程,不同空间尺度的水碳通量存在复杂的非线性关系,具有明显的空间变异性。已有的水碳通量提升模型通常直接将叶片蒸散发和光合模型扩展到冠层蒸散发和光合模型,大体可分为大叶模型(Amthor,1994)、双叶模型(Wang and Leuning,1998)和多叶模型(Zhang et al.,2008;Zhang et al.,2009)。模型建立主要涉及尺度扩展问题,最主要的是需要明确环境要素和叶片生理参数在冠层内的分布,并实现这些参数在冠层内的积分。

本章通过以下三种方法实现控制灌溉稻田叶片到冠层的水碳通量提升:①在冠层内积分 Jarvis 叶片气孔导度得到冠层导度,利用冠层导度连接 P-M 和 Farquhar 大叶模型实现叶片到冠层的水碳通量提升,建立基于 Jarvis 模型的冠层水碳通量耦合模型;②在冠层内积分改进 Jarvis 叶片气孔导度得到冠层导度,利用冠层导度连接 P-M 和 Farquhar 大叶模型实现叶片到冠层的水碳通量提升,建立基于改进 Jarvis 模型的冠层水碳通量耦合模型;③在冠层内累积叶片蒸腾和叶片光合实现水稻植株的水碳通量耦合模拟,结合棵间土壤蒸发和棵间土壤呼吸模型,建立基于水稻植株和棵间土壤水碳耦合的冠层水碳通量提升模型。对于上述三种水碳通量提升模型,首先直接选取叶片参数模拟冠层水碳通量,然后利用 2015—2016 年的实测数据重新率定参数(冠层参数),并利用 2017 年的实测数据进行模型验证。

9.1 基于 Jarvis 模型提升的冠层水碳通量耦合模型

9.1.1 模型描述

本节在冠层内对 Jarvis 叶片气孔导度积分,实现叶片气孔导度到冠层导度的提升,利用冠层导度连接 P-M 和 Farquhar 大叶模型实现叶片到冠层尺度的水碳通量提升,建立基于 Jarvis 模型的冠层水碳通量耦合模型。

9.1.1.1 基于 Jarvis 叶片气孔导度的水碳耦合模型

冠层导度是影响水碳通量模拟精度的重要参数之一,假设冠层下垫面均匀且忽略土壤蒸发影响以及冠层内 VPD 的变化,以光合有效辐射 PAR_a 作为尺度转换因子,对 Jarvis 叶片气孔导度进行积分(式7.27),可实现叶片气孔导度到冠层导度的提升。

假设光在水稻冠层内的衰减服从 Lambert-Beer 定律,叶片截获的光合有效辐射 PAR_a 为

$$PAR_a = -\frac{dPAR}{d\xi} = \alpha PAR_h \exp(-\alpha\xi) \tag{9.1}$$

$$PAR = PAR_h \exp(-k_d \xi) \tag{9.2}$$

式中:ξ 为冠层某高度到冠层顶部的叶面积指数,$m^2 \cdot m^{-2}$;PAR_h 为冠层顶部的光合有效辐射,$\mu mol \cdot m^{-2} \cdot s^{-1}$;$k_d$ 为消光系数,取 0.7。

$$g_{cwCal} = \int_0^{LAI} g_{cwCal} d\xi = \int_0^{LAI} g_{sw}(PAR_a) f(VPD) f(\theta) d\xi$$

$$= \begin{cases} c \dfrac{\theta - \theta_w}{\theta_s - \theta_w} \dfrac{\exp(-bVPD)}{\alpha} \ln\left[\dfrac{\alpha PAR_h + a}{\alpha PAR_h \exp(-\alpha LAI) + a}\right] & (\theta_w < \theta < \theta_s) \\ \dfrac{\exp(-bVPD)}{\alpha} \ln\left[\dfrac{\alpha PAR_h + a}{\alpha PAR_h \exp(-\alpha LAI) + a}\right] & (\theta \geqslant \theta_s) \\ 0 & (\theta < \theta_w) \end{cases}$$

$$\tag{9.3}$$

式中,g_{cwCal} 为基于 Jarvis 叶片气孔导度模型估算的叶片气孔导度,$mol \cdot m^{-2} \cdot s^{-1}$;$a$、$b$ 和 c 取值分别为 347.84、0.3611 和 0.975(详见 7.5.3 节)。

将式(9.3)的模拟结果 g_{cwCal} 代入 P-M 大叶模型,估算冠层水通量

$$ET_{CMLCal} = \frac{\Delta(Rn - G_0) + \rho C_p VPD g_a}{\lambda(\Delta + \gamma(1 + g_a/g_{cwCal}))} \tag{9.4}$$

同样不考虑冠层内叶片间最大羧化速率 V_{max}($\mu mol \cdot m^{-2} \cdot s^{-1}$)和最大电子传递传输速率 J_{max}($\mu mol \cdot m^{-2} \cdot s^{-1}$)的差异,$V_{max}$ 和 J_{max} 选取通用 CO_2 响应模

型率定参数 153.60 μmol·m^{-2}·s^{-1} 和 163.14 μmol·m^{-2}·s^{-1}（详见 7.4.4 节）。

选用 Farquhar 大叶模型计算冠层碳通量

$$A_{cCal} = \frac{1}{2}\left((Ca+K)g_{cCalCO_2}+V_{cmaxCal}-R_d\right.$$
$$\left.-\sqrt{[(Ca+K)g_{cCalCO_2}+V_{cmaxCal}-R_d]^2-4(V_{cmaxCal}(Ca-\Gamma)-(Ca+K)R_d)g_{cCalCO_2}}\right) \quad (9.5)$$

$$A_{jCal} = \frac{1}{2}\left((Ca+2.3\Gamma^*)g_{cCalCO_2}+0.2J_{cCal}-R_d\right.$$
$$\left.-\sqrt{[(Ca+2.3\Gamma^*)g_{cCalCO_2}+0.2J_{cCal}-R_d]^2-4(0.2J_{cCal}(Ca-\Gamma^*)-(Ca+2.3\Gamma^*)R_d)g_{cCalCO_2}}\right)$$
$$(9.6)$$

式中，A_{cCal} 和 A_{jCal} 是分别受 Rubisco 限制和光限制的冠层碳通量（μmol·m^{-2}·s^{-1}），g_{cCalCO_2} 是冠层 CO_2 导度（μmol·m^{-2}·s^{-1}），J_{cCal} 由最大电子传递速率 $J_{cmaxCal}$（μmol·m^{-2}·s^{-1}）求得

$$g_{cCalCO_2} \approx 10^6 g_{cwCal}/1.56 \quad (9.7)$$

$$kJ_{cCal}^2-(\varphi PAR_a+J_{cmaxCal})J_{cCal}+\alpha PAR_a J_{cmaxCal}=0 \quad (9.8)$$

最后计算的冠层碳通量取 A_{cCal} 与 A_{jCal} 的最小值，即

$$A_{Cal} = LAI \min(A_{cCal}, A_{jCal}) \quad (9.9)$$

9.1.1.2 基于 Jarvis 冠层导度的水碳耦合模型

另外利用 2015—2016 年的实测冠层水通量结果以及气象数据等资料，基于冠层 P-M 大叶模型反推冠层导度 g_{cw}，重新率定冠层导度中的参数 a、b 和 c，得到 Jarvis 冠层导度模型；同时利用 2015 年和 2016 年的实测冠层碳通量，基于 Farquhar 大叶模型反推冠层最大羧化速率 V_{cmax} 和冠层最大电子传递速率 J_{cmax}。利用 2017 年实测冠层水碳通量对冠层参数 a、b、c 和 V_{cmax}、J_{cmax} 进行参数验证。

9.1.2 模型运行

控制灌溉稻田基于 Jarvis 模型的冠层水碳耦合模型计算流程见图 9.1。输入

常规气象参数（Rn、T_a 和 RH）和稻田土壤水分状态（θ 或 h），给定光合参数（V_{max} 和 J_{max}）和 Jarvis 模型参数（a、b 和 c），结合时间参数（DAT、t）便可进入稻田冠层水碳通量耦合模拟。模型输入参数及输出结果见表 9.1 和表 9.2。对于基于 Jarvis 叶片气孔导度的水碳耦合模型，Jarvis 模型参数 a、b 和 c 取式（7.24）中的率定值，V_{max} 和 J_{max} 选取通用 CO_2 响应模型率定参数；对于基于冠层导度的水碳耦合模型，Jarvis 模型参数 a、b、c 和叶片光合参数 V_{max}、J_{max} 由 2015—2016 年实测冠层水碳通量率定，用 2017 年实测冠层水碳通量验证。

输入：（1）：常规气象参数：Rn、RH、T_a （2）时间：DAT、t （3）田间水分状态：θ 或 h （4）叶片光合参数：V_{max}、J_{max} （5）叶片 Jarvis 参数：a、b、c

计算冠层 LAI ｜ 计算变量 G_0

计算 g_{cwCal}

计算变量 $V_{cmaxCal}$、J_{eCal}、R_d、Γ^* 和 K ｜ 计算 g_{cCalCO_2}

基于 Farquhar 大叶模型计算冠层碳通量 ｜ 基于 P-M 大叶模型计算冠层水汽通量

基于 Jarvis 模型的冠层水碳通量耦合模型

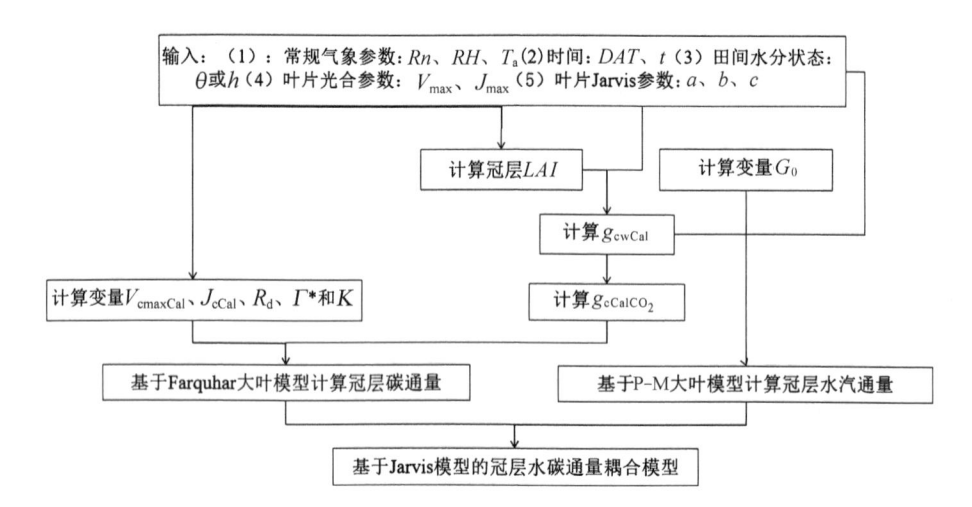

图 9.1　基于 Jarvis 模型的冠层水碳通量耦合模型计算流程图

表 9.1　基于 Jarvis 模型的冠层水碳通量耦合模型的输入变量

变量	中文含义	单位	数据来源
Rn	净辐射	$W \cdot m^{-2}$	EC 系统和气象站
RH	空气相对湿度	%	EC 系统和气象站
T_a	空气温度	℃	EC 系统和气象站
P_a	大气压	Pa	EC 系统和气象站
θ	田间土壤含水率	$cm^3 \cdot cm^{-3}$	TDR
h	田间水层	mm	水尺
θ_s	田间饱和含水率	$cm^3 \cdot cm^{-3}$	TDR
θ_w	田间凋萎含水率	$cm^3 \cdot cm^{-3}$	TDR
DAT	移栽天数	d	—

续表

变量	中文含义	单位	数据来源
t	时刻	h	—
a	Jarvis 模型参数	无量纲	叶片参数(7.5节)或冠层参数(本章率定)
b	Jarvis 模型参数	无量纲	叶片参数(7.5节)或冠层参数(本章率定)
c	Jarvis 模型参数	无量纲	叶片参数(7.5节)或冠层参数(本章率定)
V_{max}	叶片最大羧化速率	$\mu mol \cdot m^{-2} \cdot s^{-1}$	叶片参数(7.4节)或冠层参数(本章率定)
J_{max}	叶片最大电子传递速率	$\mu mol \cdot m^{-2} \cdot s^{-1}$	叶片参数(7.4节)或冠层参数(本章率定)

表 9.2 基于 Jarvis 模型的冠层水碳通量耦合模型的输出变量

变量	单位	模型变量计算公式
ET_{CMLCal}	$mmol \cdot m^{-2} \cdot s^{-1}$	$ET_{CMLCal} = \dfrac{\Delta(Rn-G_0)+\rho C_p VPD g_a}{\lambda[\Delta+\gamma(1+g_a/g_{cwCal})]}$ $A_{cn} = \min(A_{cc}, A_{cj})$
A_{Cal}	$\mu mol \cdot m^{-2} \cdot s^{-1}$	$A_{cc} = \dfrac{1}{2}\Big((Ca+K)g_{csCO_2}+V_{cm}-R_d$ $\quad -\sqrt{[(Ca+K)g_{csCO_2}+V_{cm}-R_d]^2-4(V_{cm}(Ca-\Gamma^*)-(Ca+K)R_d)g_{csCO_2}}\Big)$ $A_{cj} = \dfrac{1}{2}\Big((Ca+2.3\Gamma^*)g_{csCO_2}+0.2J_c-R_d$ $\quad -\sqrt{[(Ca+2.3\Gamma^*)g_{csCO_2}+0.2J_c-R_d]^2-4(0.2J_c(Ca-\Gamma^*)-(Ca+2.3\Gamma^*)R_d)g_{csCO_2}}\Big)$

9.1.3 冠层水碳通量模拟

9.1.3.1 基于 Jarvis 叶片气孔导度的水碳耦合模型

忽略冠层内叶片气孔导度 g_{sw} 及光合参数最大羧化速率 V_{max} 和最大电子传递传输速率 J_{max} 的差异,基于 Jarvis 叶片气孔导度的水碳耦合模型估算 2015—2017 年各生育阶段典型晴天的冠层水通量 ET_{CML},模拟的冠层水通量 ET_{CMLCal} 日变化如图 9.2 和表 9.4 所示。在水稻的三个生育季内,ET_{CMLCal} 与实测冠层水通量 ET_{CMLMea} 的日变化趋势保持一致,但 ET_{CMLCal} 低估 ET_{CMLMea}。2015—2017 年 ET_{CMLCal} 与 ET_{CMLMea} 的线性回归斜率 k 分别为 0.682 8、0.644 9 和 0.629 0,确定性系数 R^2 分别为 0.940 6、0.959 5 和 0.937 8,均方根误差 $RMSE$ 分别为 2.388 0、

2.806 8 和 3.073 1 mmol·m^{-2}·s^{-1}，平均绝对误差 MAE 分别为 1.470 5、1.710 8 和 1.685 6 mmol·m^{-2}·s^{-1}，模拟值分别低估实测值 31.72%、35.51% 和 37.10%。在 2015 年的 9 月 9 日、2016 年的 7 月 23 日和 8 月 22 日、2017 年的 8 月 10 日和 8 月 28 日，ET_{CMLCal} 对日间的 ET_{CMLMea} 低估尤为明显，这可能是由于这些典型晴天的叶面积指数 LAI 较小或者田间土壤含水率 θ 较大（表 9.3），棵间土壤蒸发占冠层水通量相当大比重，基于 Jarvis 叶片参数的模型忽略了棵间土壤蒸发，造成 ET_{CMLCal} 明显低估 ET_{CMLMea}。

表 9.3　2015—2017 年水稻各生育阶段典型晴天气象和田间水分状态

生长季	生育阶段	日期	Rn W·m^{-2}	LAI m^2·m^{-2}	θ %	RH_a %	T_a ℃	VPD kPa
2015 年	分蘖中期	7 月 19 日	172.7	1.6	40.6	82.1	26.9	0.553
	分蘖后期	8 月 4 日	174.1	3.2	35.8	65.7	32.0	1.413
	拔节孕穗前期	8 月 17 日	139.6	4.3	42.3	76.0	27.0	0.761
	拔节孕穗后期	9 月 3 日	141.5	5.5	35.2	73.2	25.9	0.799
	抽穗开花期	9 月 9 日	143.7	5.6	43.0	70.8	23.8	0.804
	乳熟期	9 月 21 日	126.0	5.1	42.9	75.1	22.8	0.651
2016 年	分蘖中期	7 月 23 日	194.9	1.3	52.4	65.2	33.1	1.484
	分蘖后期	8 月 8 日	102.0	3.2	34.9	73.9	29.6	0.898
	拔节孕穗前期	8 月 22 日	166.1	4.6	49.7	75.1	30.1	0.923
	拔节孕穗后期	9 月 3 日	122.2	5.4	35.6	66.3	26.6	1.133
	抽穗开花期	9 月 13 日	106.0	5.8	41.6	77.1	24.6	0.636
	乳熟期	9 月 25 日	109.9	5.7	38.2	72.2	24.2	0.778
2017 年	分蘖中期	7 月 21 日	196.2	1.6	34.7	61.6	33.5	1.694
	分蘖后期	8 月 10 日	168.2	3.7	52.4	77.4	29.2	0.790
	拔节孕穗前期	8 月 16 日	127.9	4.2	43.0	79.6	27.4	0.629
	拔节孕穗后期	8 月 28 日	168.6	5.0	49.7	71.4	31.0	1.093
	抽穗开花期	9 月 10 日	162.4	5.5	42.3	77.8	28.0	0.726
	乳熟期	9 月 26 日	119.8	5.7	47.8	92.3	27.3	0.267

表 9.4　基于 Jarvis 叶片气孔导度和冠层导度的水碳耦合模型模拟结果

参数	Jarvis 模型参数			光合参数		生育季	水通量				碳通量		
	a	b	c	V_{cmax}	J_{cmax}		k	R^2	RMSE	MAE	k	R^2	RMSE	MAE
	—	—	—	$\mu mol \cdot m^{-2} \cdot s^{-1}$			—	—	$mmol \cdot m^{-2} \cdot s^{-1}$		—	—	$\mu mol \cdot m^{-2} \cdot s^{-1}$	
叶片参数	347.84	0.3611	0.975	153.60	163.14	2015 年	0.6828	0.9406	2.3880	1.4705	2.9802	0.6298	33.0957	21.7062
						2016 年	0.6449	0.9595	2.8068	1.7108	3.1173	0.5964	34.9487	21.5846
						2017 年	0.6290	0.9378	3.0731	1.6856	2.9634	0.5223	36.1012	22.7039
冠层参数	148.89	0.0812	1.026	29.35	77.23	2015 年	0.9010	0.8996	1.7667	1.1212	0.9733	0.6668	7.1273	5.6486
						2016 年	0.8449	0.9208	1.8518	1.1220	1.0288	0.6413	7.8749	5.5989
						2017 年	0.7911	0.8724	2.4566	1.4098	0.9771	0.5861	8.7127	6.2978

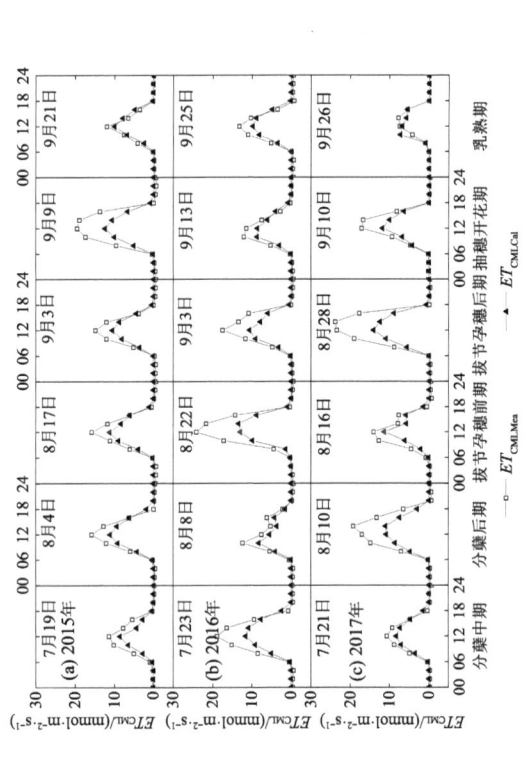

图 9.2　基于 Jarvis 叶片气孔导度的冠层水通量 ET_{CML} 典型日变化模拟（2015—2017 年）

忽略冠层内叶片气孔导度 g_{sw}、叶片最大羧化速率 V_{max} 和最大电子传递传输速率 J_{max} 的差异，基于 Jarvis 叶片气孔导度提升的冠层导度、通用 CO_2 响应模型率定的 V_{max} 和 J_{max}，利用 Farquhar 大叶模型估算冠层碳通量 A。在水稻的三个生育季内，冠层碳通量估算值 A_{Cal} 与实测值 A_{Mea} 的日变化过程基本保持一致，但日间 A_{Cal} 极大地高估 A_{Mea}（图 9.3）。2015—2017 年模拟值与实测值的线性回归斜率 k 分别为 2.980 2、3.117 3 和 2.963 4，确定性系数 R^2 分别为 0.629 8、0.596 4 和 0.522 3，模型计算的 A_{Cal} 分别高估冠层实际碳通量 A_{Mea} 198.02%、211.73%和 196.34%。

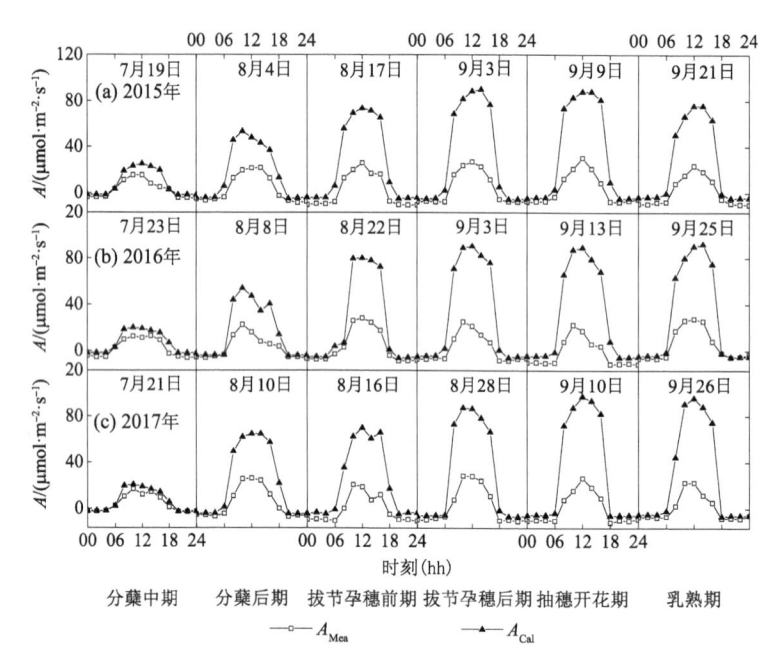

图 9.3 基于 Jarvis 叶片气孔导度的冠层碳通量 A 典型日变化模拟（2015—2017 年）

9.1.3.2 基于 Jarvis 冠层导度的水碳耦合模型

由上述结果可知，基于 Jarvis 叶片气孔导度模型参数以及通用 CO_2 响应模型率定的最大羧化速率 V_{cmax} 和最大电子传递速率 J_{cmax} 的水碳耦合模型对冠层水碳模拟精度较低。本节利用 2015—2016 年的实测冠层水碳通量数据以及气象数据等资料，重新率定冠层导度的 Jarvis 模型参数 a、b、c 和冠层最大羧化速率 V_{cmax} 和最大电子传递速率 J_{cmax}，率定结果见表 9.4。基于 Jarvis 冠层导度的水碳耦合模型估算的冠层水通量 $ET_{CML,Cal-R}$ 与 $ET_{CML,Mea}$ 的日变化过程基本一致（图 9.4）。在 2015 年和 2016 年，$ET_{CML,Cal-R}$ 与 $ET_{CML,Mea}$ 的回归系数分别为 0.901 0 和 0.844 9，

确定性系数 R^2 分别为 0.899 6 和 0.920 8，均方根误差 $RMSE$ 分别为 1.766 7 mmol·m^{-2}·s^{-1} 和 1.851 8 mmol·m^{-2}·s^{-1}，平均绝对误差 MAE 为 1.121 2 和 1.122 0 mmol·m^{-2}·s^{-1}，模拟值分别低估实测值 9.90% 和 15.51%（表 9.4）。利用 2017 年冠层水通量实测数据对模型进行验证。估算 $ET_{\text{CMLCal-R}}$ 与 ET_{CMLMea} 的回归系数为 0.791 1，确定性系数 R^2 为 0.872 4，均方根误差 $RMSE$ 为 2.456 6 mmol·m^{-2}·s^{-1}，平均绝对误差 MAE 为 1.409 8 mmol·m^{-2}·s^{-1}，模拟值低估实测值 20.89%。与 2015 年和 2016 年率定样本相比，2017 年验证样本的计算误差增加，基于 Jarvis 冠层导度的水碳耦合模型的冠层参数年际变化较大。

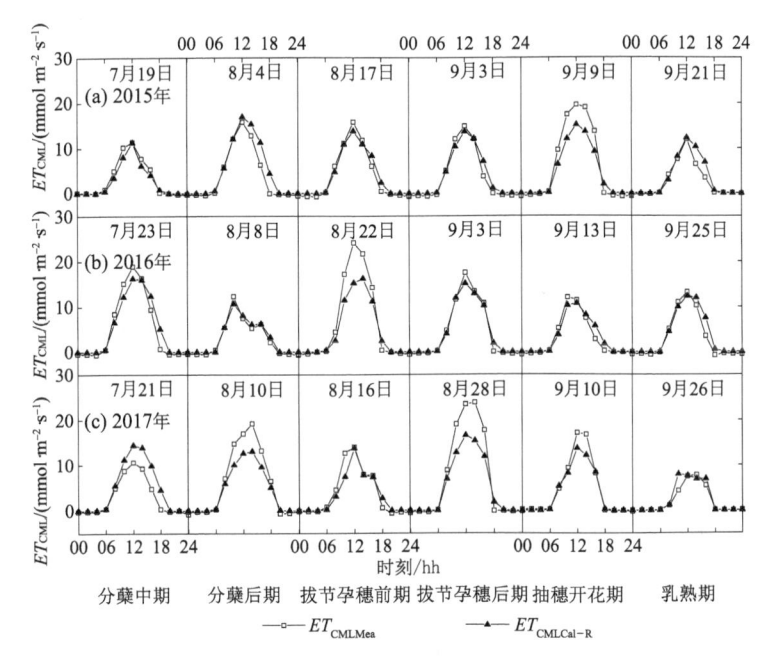

图 9.4　基于 Jarvis 冠层导度的冠层水通量 ET_{CML} 典型日变化模拟（2015—2017 年）

对比基于 Jarvis 叶片气孔导度和 Jarvis 冠层导度的水碳耦合模型的率定参数，冠层参数和叶片参数的 a、b、c 分别为 148.89、0.081 2、1.026 和 347.84、0.361 1、0.975。虽然两尺度的 Jarvis 模型结构相同，但参数不同，特别是用来校核光合有效辐射 PAR_a 和饱和水汽压差 VPD 的参数差异性较大。另外用 2015 年和 2016 年校核的冠层参数估算 2017 年的冠层水通量误差较大，这可能是由于参数控制的各因素相互关联且相互影响，在各因素的协同作用下参数变化关系复杂，在不同条件下拟合的参数值没有明显的大小变化规律所致。

利用 2015—2016 年的实测冠层碳通量 A_{Mea}，基于 Farquhar 大叶模型反推的冠层参数 V_{cmax} 和 J_{cmax} 分别为 29.35 $\mu mol \cdot m^{-2} \cdot s^{-1}$ 和 77.23 $\mu mol \cdot m^{-2} \cdot s^{-1}$。在 2015 年和 2016 年，基于冠层 V_{cmax} 和 J_{cmax} 的模型估算的冠层碳通量 A_{Cal-R} 与 A_{Mea} 的回归系数分别为 0.973 3 和 1.028 8，确定性系数 R^2 分别为 0.666 8 和 0.641 3，均方根误差 $RMSE$ 分别为 7.127 3 $\mu mol \cdot m^{-2} \cdot s^{-1}$ 和 7.874 9 $\mu mol \cdot m^{-2} \cdot s^{-1}$，平均绝对误差 MAE 分别为 5.648 6 $\mu mol \cdot m^{-2} \cdot s^{-1}$ 和 5.598 9 $\mu mol \cdot m^{-2} \cdot s^{-1}$，2015 年和 2016 年 A_{Cal-R} 分别低估 A_{Mea} 2.67% 和高估 A_{Mea} 2.88%（表 9.4）。利用 2017 年 A_{Mea} 对模型进行验证，A_{Cal-R} 与 A_{Mea} 的回归系数为 0.977 1，R^2 为 0.586 1，$RMSE$ 为 8.712 7 $\mu mol \cdot m^{-2} \cdot s^{-1}$，$MAE$ 为 6.297 8 $\mu mol \cdot m^{-2} \cdot s^{-1}$，$A_{Cal-R}$ 低估 A_{Mea} 2.29%。基于冠层参数 V_{cmax} 和 J_{cmax} 的 Farquhar 模型可以提高冠层碳通量的模拟精度，但日间碳通量模拟值趋于平稳，无法模拟日间碳通量的变化趋势（图 9.5）。

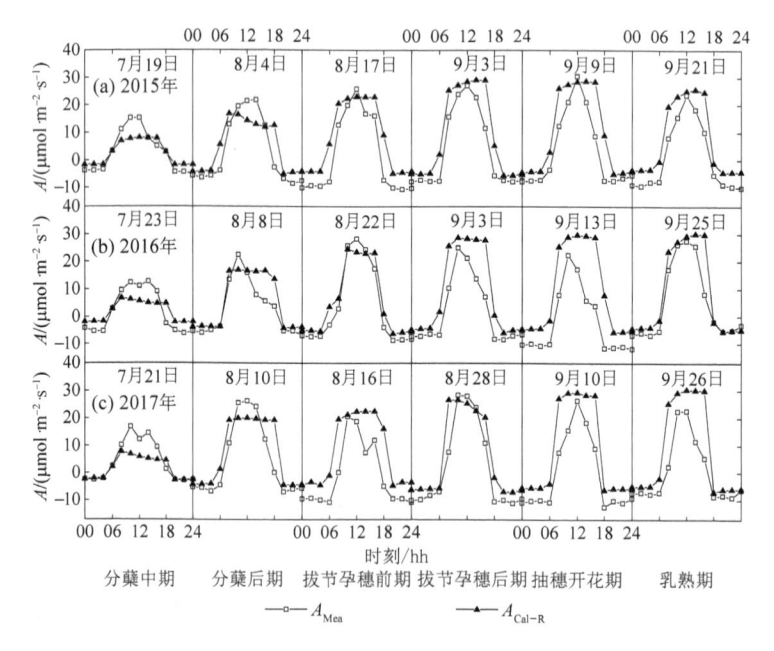

图 9.5 基于 Jarvis 冠层导度的冠层碳通量 A 典型日变化模拟（2015—2017 年）

叶片参数 V_{max} 和 J_{max}（153.60 $\mu mol \cdot m^{-2} \cdot s^{-1}$ 和 163.14 $\mu mol \cdot m^{-2} \cdot s^{-1}$）远大于冠层参数 V_{cmax} 和 J_{cmax}（29.35 $\mu mol \cdot m^{-2} \cdot s^{-1}$ 和 77.23 $\mu mol \cdot m^{-2} \cdot s^{-1}$），这说明通用 CO_2 响应模型率定的 V_{max} 和 J_{max} 参数显著高估水稻冠层光合潜能，冠层参数 V_{cmax} 和 J_{cmax} 反映了冠层的平均光合能力，其取值可以较

好地解释冠层固碳能力。

9.2 基于改进 Jarvis 模型提升的冠层水碳通量耦合模型

9.2.1 模型描述

本节在冠层内对改进 Jarvis 叶片气孔导度积分,实现叶片气孔导度到冠层导度的提升,利用冠层导度连接 P-M 和 Farquhar 大叶模型实现叶片到冠层尺度的水碳通量提升,建立基于改进 Jarvis 模型的冠层水碳通量耦合模型。

9.2.1.1 基于改进 Jarvis 叶片气孔导度的水碳耦合模型

以光合有效辐射 PAR_a 和叶龄 LA 作为尺度转换因子,假设冠层下垫面均匀,忽略土壤蒸发影响以及冠层内气象环境因子(除辐射外)变化,对不同叶龄叶片的气孔导度按照式(9.10)累加,获得基于改进 Jarvis 叶片模型估算的冠层导度

$$g_{cwCor1} = \sum g_{swCori} LAI_i \tag{9.10}$$

式中:g_{cwCor1} 为基于改进 Jarvis 叶片模型估算的冠层导度,$mol \cdot m^{-2} \cdot s^{-1}$;$g_{swCori}$ 为叶龄为 i 的叶片基于改进 Jarvis 叶片模型估算的叶片气孔导度,$mol \cdot m^{-2} \cdot s^{-1}$;Jarvis 叶片模型参数 a、b、c、d 和 e 分别为 274.69、0.277 7、0.955、0.023 1 和 1.532;LAI_i 为叶龄为 i 的叶面积指数,$m^2 \cdot m^{-2}$,取值为

$$LAI_i = LAI^{DAT-i} - LAI^{DAT-i-1} + LAI_{sDAT-i-1} \tag{9.11}$$

$$LAI_{sj} = LAI_s^{j+1} - LAI_s^j \tag{9.12}$$

式中,LAI^{DAT-i} 和 $LAI^{DAT-i-1}$ 分别为移栽天数为 $DAT-i$ 和 $DAT-i-1$ 天时的叶面积指数,$m^2 \cdot m^{-2}$,取值由图 2.4 拟合函数确定;$LAI_{sDAT-i-1}$、LAI_{sj} 分别为第 $DAT-i-1$ 和第 j 天时的衰老叶片叶面积指数,$m^2 \cdot m^{-2}$;LAI_s^{j+1} 和 LAI_s^j 分别为移栽天数为 $j+1$ 和 j 天的累积衰老叶面积指数,$m^2 \cdot m^{-2}$,取值由图 2.5 拟合函数确定。

将式(9.10)的模拟值 g_{cwCor1} 代入 P-M 大叶模型,估算冠层水通量

$$ET_{CMLCor1} = \frac{\Delta(Rn - G_0) + \rho C_p VPD g_a}{\lambda[\Delta + \gamma(1 + g_a/g_{cwCor1})]} \tag{9.13}$$

按照叶面积的叶龄分布加权计算冠层最大羧化速率 $V_{cmaxCorl}$（$\mu mol \cdot m^{-2} \cdot s^{-1}$）和冠层最大电子传递传输速率 $J_{cmaxCorl}$（$\mu mol \cdot m^{-2} \cdot s^{-1}$）

$$V_{cmaxCorl} = \frac{\sum LAI_i V_{maxi}}{\sum LAI_i} \tag{9.14}$$

$$J_{cmaxCorl} = \frac{\sum LAI_i J_{maxi}}{\sum LAI_i} \tag{9.15}$$

式中，V_{maxi} 和 J_{maxi} 为叶龄为 i 的叶片 V_{max} 和 J_{max}，取值为 $V_{max} = 369.04 e^{-0.0330 LA}(1 - e^{-0.1611 LA})$ 和 $J_{max} = 95901.5 e^{-0.0767 LA}(1 - e^{-0.0005 LA})$。

选用 Farquhar 大叶模型计算冠层尺度碳通量

$$A_{cCorl} = \frac{1}{2} \Big((Ca + K)g_{cCorlCO_2} + V_{cmaxCorl} - R_d$$
$$- \sqrt{[(Ca + K)g_{cCorlCO_2} + V_{cmaxCorl} - R_d]^2 - 4(V_{cmaxCorl}(Ca - \Gamma) - (Ca + K)R_d)g_{cCorlCO_2}} \Big)$$
$$\tag{9.16}$$

$$A_{jCorl} = \frac{1}{2} \Big((Ca + 2.3\Gamma^*)g_{cCorlCO_2} + 0.2 J_{cCorl} - R_d$$
$$- \sqrt{[(Ca + 2.3\Gamma^*)g_{cCorlCO_2} + 0.2 J_{cCorl} - R_d]^2 - 4(0.2 J_{cCorl}(Ca - \Gamma^*) - (Ca + 2.3\Gamma^*)R_d)g_{cCorlCO_2}} \Big)$$
$$\tag{9.17}$$

式中：A_{cCorl} 和 A_{jCorl} 是分别受 Rubisco 限制和光限制的冠层碳通量，$\mu mol \cdot m^{-2} \cdot s^{-1}$；$g_{cCorlCO_2}$ 是冠层 CO_2 导度，$\mu mol \cdot m^{-2} \cdot s^{-1}$；$J_{cCorl}$ 由最大电子传递速率 $J_{cmaxCorl}$（$\mu mol \cdot m^{-2} \cdot s^{-1}$）求得

$$g_{cCorlCO_2} \approx 10^6 g_{cwCorl}/1.56 \tag{9.18}$$

$$k J_{cCorl}^2 - (\varphi PAR_h + J_{cmaxCorl}) J_{cCorl} + \alpha PAR_h J_{cmaxCorl} = 0 \tag{9.19}$$

最后计算的冠层碳通量取 A_{cCorl} 与 A_{jCorl} 的最小值，即

$$A_{Corl} = LAI \min(A_{cCorl}, A_{jCorl}) \tag{9.20}$$

9.2.1.2 基于改进Jarvis冠层导度的水碳耦合模型

利用2015—2016年的实测冠层水通量以及气象数据等资料，基于P-M大叶模型率定重新率定公式(7.25)～(7.29)中的参数a、b、c、d和e，得到改进Jarvis冠层导度模型；同时利用2015年和2016年的实测冠层碳通量数据重新率定公式(7.19)和公式(7.20)中的参数V_{opt}、J_{opt}、d_1、d_2、d_3和d_4，得到适合计算冠层最大羧化速率V_{cmax}和冠层最大电子传递速率J_{cmax}的参数。利用2017年实测冠层水碳通量对冠层参数a、b、c、d、e和V_{opt}、J_{opt}、d_1、d_2、d_3、d_4进行参数验证。

9.2.2 模型运行

基于改进Jarvis叶片模型的冠层水碳耦合模型计算流程见图9.6。输入常规气象参数(Rn、T_a和RH)和稻田土壤水分状态(θ或h)，给定叶片或冠层光合参数(V_{max}或V_{cmax}的率定参数V_{opt}、d_1、d_2，J_{max}和J_{cmax}的率定参数)和叶片或冠层Jarvis模型参数(a、b、c、d和e)，结合时间参数(DAT、t)便可进入冠层水碳通量耦合模拟。模型输入参数及输出结果见表9.5和表9.6。对于基于改进Jarvis叶片气孔导度的水碳耦合模型的率定参数V_{opt}、d_1、d_2和J_{opt}、d_3、d_4取公式(7.19)和公式(7.20)的率定值，Jarvis模型参数a、b、c、d和e取公式(7.28)的率定值；对于基于改进Jarvis冠层导度的水碳耦合模型，参数V_{opt}、d_1、d_2、J_{opt}、d_3、d_4和参数a、b、c、d、e由2015—2016年实测冠层水碳通量重新率定，用2017年实测冠层水碳通量验证。

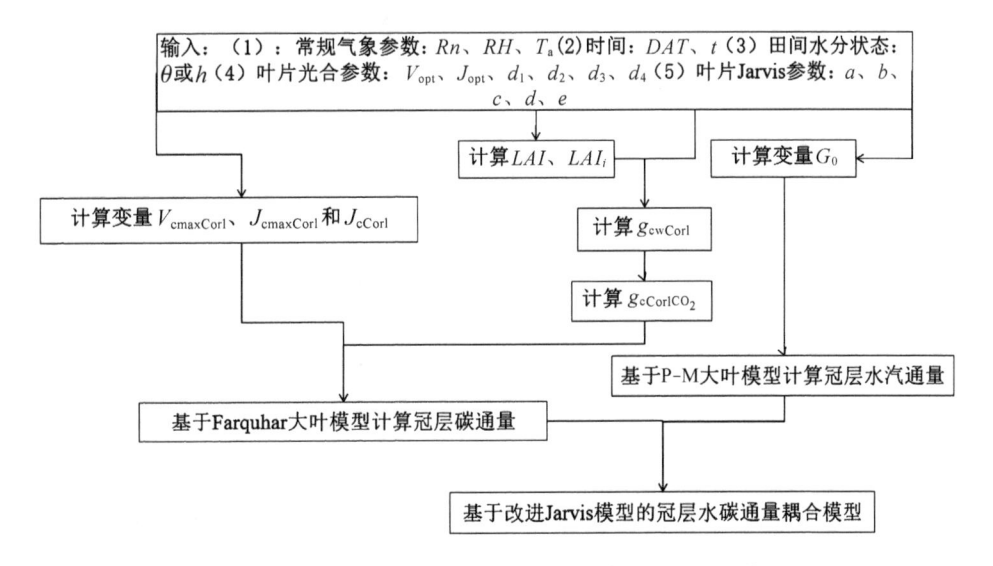

图9.6 基于改进Jarvis模型的冠层水碳通量耦合模型计算流程图

表9.5 基于改进 Jarvis 模型的冠层水碳通量耦合模型的输入变量

变量	中文含义	单位	数据来源
Rn	净辐射	W·m^{-2}	EC 系统和气象站
RH	空气相对湿度	%	EC 系统和气象站
T_a	空气温度	℃	EC 系统和气象站
P	大气压	Pa	EC 系统和气象站
θ	田间土壤含水率	cm^3·cm^{-3}	TDR
h	田间水层	mm	水尺
θ_s	田间饱和含水率	cm^3·cm^{-3}	TDR
θ_w	田间凋萎含水率	cm^3·cm^{-3}	TDR
DAT	移栽天数	d	—
t	时刻	h	
a	Jarvis 模型参数	无量纲	叶片参数(7.5节)或冠层参数(本章率定)
b	Jarvis 模型参数	无量纲	叶片参数(7.5节)或冠层参数(本章率定)
c	Jarvis 模型参数	无量纲	叶片参数(7.5节)或冠层参数(本章率定)
d	Jarvis 模型参数	无量纲	叶片参数(7.5节)或冠层参数(本章率定)
e	Jarvis 模型参数	无量纲	叶片参数(7.5节)或冠层参数(本章率定)
V_{opt}	最大羧化速率参数	μmol·m^{-2}·s^{-1}	叶片参数(7.4节)或冠层参数(本章率定)
J_{opt}	最大电子传递速率参数	μmol·m^{-2}·s^{-1}	叶片参数(7.4节)或冠层参数(本章率定)
d_1	最大羧化速率参数	μmol·m^{-2}·s^{-1}	叶片参数(7.4节)或冠层参数(本章率定)
d_2	最大羧化速率参数	μmol·m^{-2}·s^{-1}	叶片参数(7.4节)或冠层参数(本章率定)
d_3	最大电子传递速率参数	μmol·m^{-2}·s^{-1}	叶片参数(7.4节)或冠层参数(本章率定)
d_4	最大电子传递速率参数	μmol·m^{-2}·s^{-1}	叶片参数(7.4节)或冠层参数(本章率定)

表9.6 基于改进 Jarvis 模型的冠层水碳通量耦合模型的输出变量

变量	单位	模型变量计算公式
$ET_{CMLCor1}$	mmol·m^{-2}·s^{-1}	$ET_{CMLCor1} = \dfrac{\Delta(Rn-G_0)+\rho C_p VPD g_a}{\lambda[\Delta+\gamma(1+g_a/g_{cwCor1})]}$
A_{Cal}	μmol·m^{-2}·s^{-1}	$A_{Cal1} = LAI \min(A_{cCor1}, A_{jCor1})$

9.2.3 冠层尺度水碳通量模拟结果

9.2.3.1 基于改进 Jarvis 叶片气孔导度的水碳耦合模型

基于改进 Jarvis 叶片气孔导度的水碳耦合模型模拟水稻不同生育阶段典型晴天的冠层水碳通量,模拟结果见表 9.7 和图 9.7～图 9.8。模拟值明显低估冠层水通量 ET_{CMLMea},尤其在 2015 年的 9 月 9 日,2016 年的 7 月 23 日和 8 月 22 日以及 2017 年的 8 月 10 日、8 月 28 日和 9 月 10 日,日间水通量模拟值 $ET_{CMLCorl}$ 明显低于实测值 ET_{CMLMea}。2015—2017 年 $ET_{CMLCorl}$ 分别为 ET_{CMLMea} 的 76.52%、73.10% 和 69.66%,分别低估实测值 23.48%、26.90% 和 30.34%。模型低估冠层水通量的原因有可能是通过累积叶片气孔导度得到的冠层导度没考虑棵间土壤的影响。另外,基于叶龄分布加权累积的冠层最大羧化速率 $V_{cmaxCorl}$ 和冠层最大电子传递传输速率 $J_{cmaxCorl}$ 的 Farquhar 模型极大高估冠层尺度的碳通量,特别在分蘖后期至乳熟期的水稻生长盛期(图 9.8)。2015—2017 年模型估算的冠层碳通量 A_{CCorl} 分别为实测值 A_{CMea} 的 272.23%、285.01% 和 272.77%,A_{CCorl} 高估 A_{CMea} 172.23%、185.01% 和 172.77%。

表 9.7 基于改进 Jarvis 叶片气孔导度和冠层导度的水碳耦合模型模拟结果

参数	生育季	水通量				碳通量			
		k	R^2	RMSE mmol·m^{-2}·s^{-1}	MAE mmol·m^{-2}·s^{-1}	k	R^2	RMSE μmol·m^{-2}·s^{-1}	MAE μmol·m^{-2}·s^{-1}
叶片参数	2015	0.765 2	0.927 4	1.999 9	1.284 5	2.722 3	0.678 5	28.371 2	19.059 4
	2016	0.731 0	0.948 5	2.280 2	1.389 6	2.850 1	0.634 8	30.472 2	18.795 9
	2017	0.696 6	0.922 9	2.678 6	1.435 2	2.727 7	0.608 4	30.563 8	19.502 0
冠层参数	2015	0.901 1	0.899 8	1.765 3	1.119 4	0.855 7	0.862 5	4.485 6	3.517 1
	2016	0.854 6	0.920 8	1.852 5	1.122 5	0.892 4	0.801 3	5.420 0	4.177 3
	2017	0.791 0	0.873 2	2.455 7	1.409 8	0.913 7	0.770 0	6.294 4	4.834 5

综上,基于改进 Jarvis 叶片气孔导度的水碳耦合模型会低估 ET_{CML},高估 A_C;基于改进 Jarvis 叶片气孔导度的水碳耦合模型不能直接应用于冠层尺度的水碳通量模拟,特别是对于碳通量,模拟值会极大高估实测碳通量。

9.2.3.2 基于改进 Jarvis 冠层导度的水碳耦合模型

基于改进 Jarvis 模型的水碳耦合模型的冠层率定参数 a、b、c、d、e 和 V_{opt}、J_{opt}、d_1、d_2、d_3、d_4 分别为 214.26、0.081 8、1.032、0.021 9、2.136 和 10 361.86、

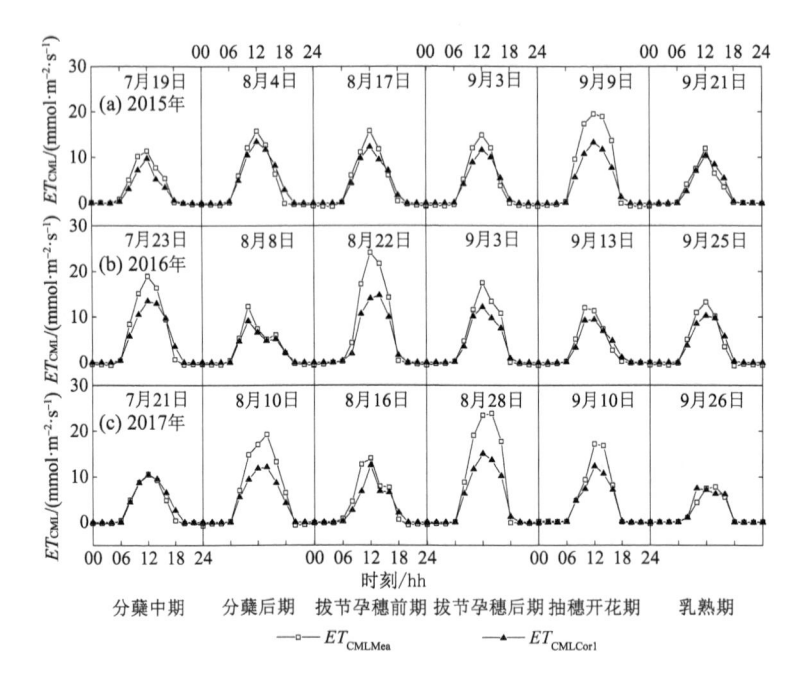

图 9.7 基于改进 Jarvis 叶片气孔导度的冠层水通量 ET_{CML} 典型日变化模拟（2015—2017 年）

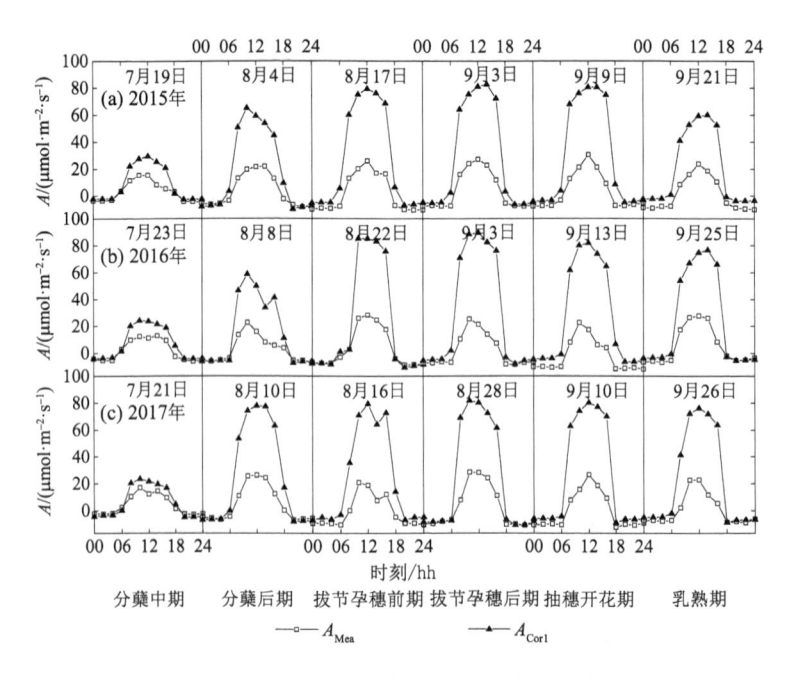

图 9.8 基于改进 Jarvis 叶片气孔导度的冠层碳通量 A 典型日变化模拟（2015—2017 年）

36 562.61、0.029 8、0.002 2、0.069 5、0.000 5，与叶片参数的 274.69、0.277 7、0.955、0.023 1、1.532 和 369.04、95 901.50、0.033 0、0.161 1、0.076 7、0.000 5 相比，两种模型的参数存在明显的尺度效应（表 9.8）。

表 9.8 基于改进 Jarvis 叶片气孔导度和冠层导度的水碳耦合模型参数

	Jarvis 气孔导度拟合参数					V_{cmax} 参数			J_{cmax}		
	a	b	c	d	e	V_{opt}	d_1	d_2	J_{opt}	d_3	d_4
叶片参数	274.69	0.277 7	0.955	0.023 1	1.532	369.04	0.033 0	0.161 1	95 901.50	0.076 7	0.000 5
冠层参数	214.26	0.081 8	1.032	0.021 9	2.136	10 361.86	0.029 8	0.002 2	36 562.61	0.069 5	0.000 5

2015—2017 年，基于冠层参数的模型估算的 $ET_{CMLCor1-R}$ 与实测值 ET_{CMLMea} 的线性回归斜率 k 分别为 0.901 1、0.854 6 和 0.791 0，确定性系数 R^2 分别为 0.899 8、0.920 8 和 0.873 2，均方根误差 $RMSE$ 分别为 1.119 4、1.122 5 和 1.409 8 mmol·m^{-2}·s^{-1}，相对误差 MAE 分别为 1.119 4、1.122 5 和 1.409 8 mmol·m^{-2}·s^{-1}。与基于叶片参数的模型相比，基于冠层参数的水碳耦合模型估算的 2015—2017 年冠层水通量 $ET_{CMLCor1-R}$ 模拟精度分别提高 13.59%、12.36% 和 9.44%，$RMSE$ 分别减小 0.234 6、0.427 7 和 0.222 9，MAE 分别减小

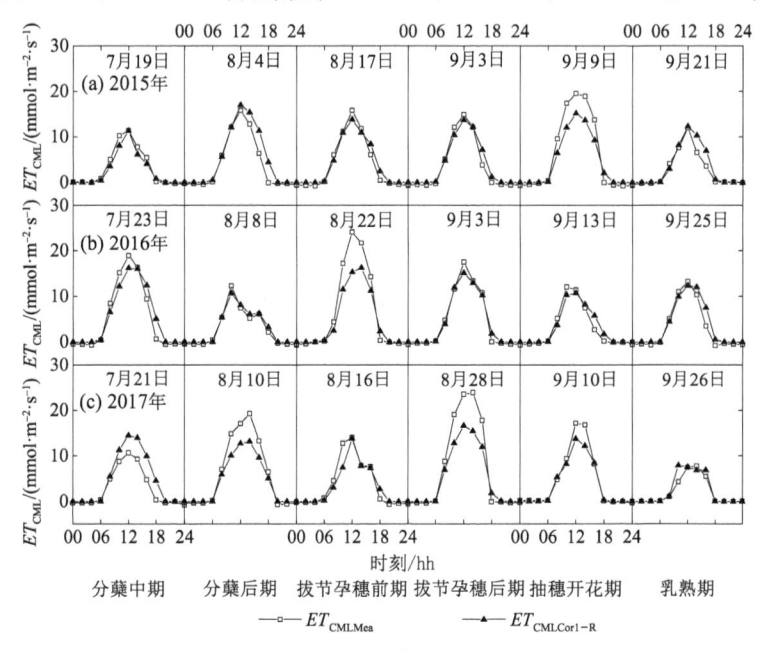

图 9.9 基于改进 Jarvis 冠层导度的冠层水通量 ET_{CML} 典型日变化模拟（2015—2017 年）

0.165 1、0.267 1 和 0.025 4(表 9.7)。基于冠层参数的模型明显提高冠层水通量 ET_{CML} 的计算精度。

2015—2017 年,基于冠层参数的模型估算的 A_{Cor1-R} 与实测值 A_{Mea} 的 k 分别为 0.855 7、0.892 4 和 0.913 7,R^2 分别为 0.862 5、0.801 3 和 0.770 0,$RMSE$ 分别为 4.485 6、5.420 0 和 6.294 4 $\mu mol \cdot m^{-2} \cdot s^{-1}$,$MAE$ 分别为 3.517 1、4.177 3 和 4.834 5 $\mu mol \cdot m^{-2} \cdot s^{-1}$。与基于叶片参数的模型相比,$R^2$ 分别提高 0.184 0、0.166 5 和 0.161 6,$RMSE$ 分别减小 23.885 6、25.052 2 和 24.269 4,MAE 分别减小 15.542 3、14.618 6 和 14.667 5。基于冠层参数的模型明显提高冠层碳通量 A 的计算精度,但模拟的日间碳通量比较平稳,无法模拟日间碳通量变化趋势。

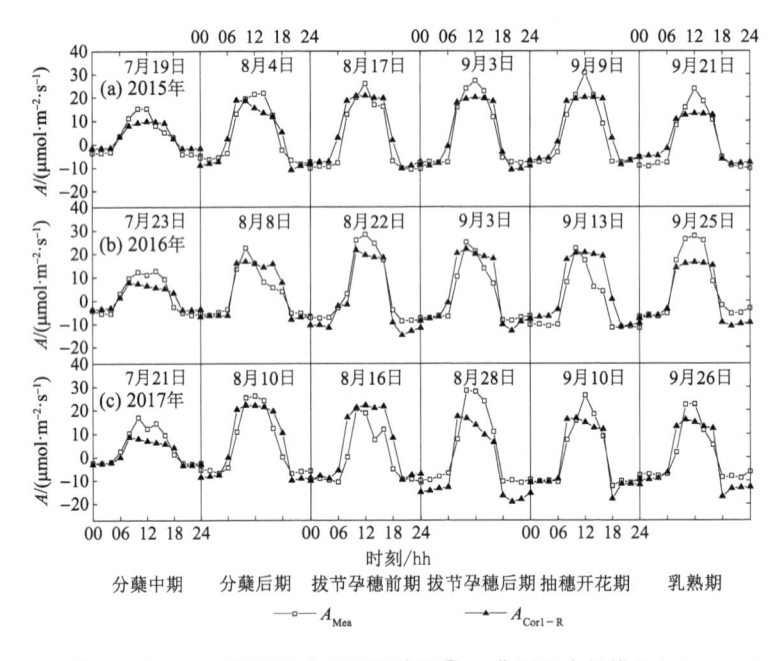

图 9.10 基于改进 Jarvis 冠层导度的冠层碳通量 A 典型日变化模拟(2015—2017 年)

9.3 基于水稻植株和棵间土壤水碳耦合的冠层水碳通量提升模型

9.3.1 模型描述

冠层水通量由棵间土壤蒸发(棵间土壤水通量)和水稻植株蒸腾(水稻植株水

通量)构成,冠层碳通量由棵间土壤呼吸(棵间土壤碳通量)和水稻植株光合(水稻植株碳通量)构成。研究分别实现水稻植株和棵间土壤的水碳通量耦合,依据水稻种植间距确定水稻植株和棵间土壤所占权重,最终建立基于水稻植株和棵间土壤水碳耦合的冠层水碳通量提升模型。

对于水稻植株的水碳通量,采用叶片水碳通量耦合模型分别计算冠层内各叶龄的水碳通量,再按各自叶面积的权重加权求和推求水稻植株的水碳通量。模型涉及的 Jarvis 叶片模型参数 a、b、c、d、e 和叶片光合参数 V_{opt}、J_{opt}、d_1、d_2、d_3、d_4 首先直接选取叶片参数(详见 7.5 节),然后利用 2015—2016 年的实测数据重新率定参数(冠层参数),并利用 2017 年的实测数据进行模型验证。

9.3.1.1 棵间土壤水碳通量耦合模型

棵间土壤的水碳通量即棵间土壤蒸发和棵间土壤呼吸。棵间水通量 E(即棵间土壤蒸发)是陆地蒸散的重要部分,Penman Monteith(P-M)模型是计算蒸散发最经典最具有代表性的参数模型,对于无积雪覆盖时的蒸发量,采用 Penman Monteith(P-M)公式(葛琴,2013)

$$E = 3600 \frac{1}{\lambda} \frac{\Delta Rn^s + \rho_a C_p VPD/r_a}{\Delta + \gamma(1+(r_s^s/r_a))} \tag{9.21}$$

$$Rn^s = Rn \exp(-k_d LAI) \tag{9.22}$$

$$r_s^s = \alpha \left(\frac{\theta_{st}}{\theta_t}\right)^\beta \tag{9.23}$$

式中,Rn^s 为土壤表面接收到的净辐射通量,$W \cdot m^{-2}$;r_s^s 为土壤表面阻力,$s \cdot m^{-1}$,计算公式见式(5.22);k_d 为消光系数,取 0.7;LAI 为叶面积指数,$m^2 \cdot m^{-2}$;θ_{st}、θ_t 为表层土壤(0~10 cm)的饱和含水率和实际含水率,%。

土壤温度和土壤湿度是影响棵间碳通量 R_s(即棵间土壤呼吸)最重要的因子(Pangle and Seiler,2002;Ma et al.,2019),对于控制灌溉稻田,田间表层土壤含水率为 43%的水分状态和田间从无水层到有水层的转变是土壤呼吸发生改变的两个临界点(杨士红 等,2015),本研究采用三段式拟合土壤呼吸

$$R_s = \begin{cases} a_1 e^{b_1 T_{soil}} \theta_a^{c_1}, & \theta_a \leqslant 43\% \\ a_2 T_{soil} + b_2 \theta_a + c_2, & 43\% < \theta_a \leqslant 51.2\% \\ a_3 T_{soil} + b_3 \theta_a + c_3, & h > 0 \end{cases} \tag{9.24}$$

式中，R_s 为土壤呼吸，$\mu mol \cdot m^{-2} \cdot s^{-1}$；$T_{soil}$ 为土壤 10 cm 处温度，℃；θ_a 为表层土壤体积含水率，%；a_1、b_1、c_1、a_2、b_2、c_2、a_3、b_3、c_3 均为拟合参数。

9.3.1.2 水稻植株水碳通量耦合模型

根据不同叶龄叶片接收到的光合有效辐射 PAR_a，基于 P-M 叶片模型和 Farquhar 叶片模型分别计算其蒸腾和光合速率，再按各自叶面积的权重加权求和获得任一叶龄叶片的蒸腾和光合总量，通过以下方法建立水稻植株的水碳通量耦合模型：①累积各叶龄叶片的蒸腾得到水稻植株的水通量；②累积各叶龄叶片的光合得到所有叶片的碳通量，同时考虑水稻植株的自养呼吸，求得水稻植株的碳通量。具体计算如下：

$$T = \sum T_{ri} LAI_i \tag{9.25}$$

$$A_p = A_l + R_a \tag{9.26}$$

$$A_l = \sum P_{ni} LAI_i \tag{9.27}$$

式中，T 为水稻植株的水通量，$mmol \cdot m^{-2} \cdot s^{-1}$；$A_p$ 为水稻植株的碳通量，$\mu mol \cdot m^{-2} \cdot s^{-1}$；$A_l$ 为水稻植株的光合量，$\mu mol \cdot m^{-2} \cdot s^{-1}$；$R_a$ 为水稻植株自养呼吸，$\mu mol \cdot m^{-2} \cdot s^{-1}$；$T_{ri}$、$P_{ni}$ 为叶龄为 i 的叶片的 T_r 和 P_n，单位分别为 $mmol \cdot m^{-2} \cdot s^{-1}$ 和 $\mu mol \cdot m^{-2} \cdot s^{-1}$。

叶龄为 i 的叶片接收到的光强由 Lambert-Beer 定律得到(Wu et al.，2016)，

$$I_i = I_0 e^{k_d \sum LAI} \tag{9.28}$$

式中，k_d 为消光系数，I_i 和 I_0 分别为叶龄为 i 的叶片接收到和冠层顶部的光合有效辐射 PAR_a 或太阳净辐射 Rn，单位分别为 $\mu mol \cdot m^{-2} \cdot s^{-1}$ 或 $W \cdot m^{-2}$。

水稻的自养呼吸通常由维持性呼吸和生长性呼吸组成，即

$$R_a = R_m + R_g = \sum (R_{m,i} + R_{g,i}) \tag{9.29}$$

式中，R_a 为自养呼吸，$\mu mol \cdot m^{-2} \cdot s^{-1}$；$R_m$ 为维持性呼吸，$\mu mol \cdot m^{-2} \cdot s^{-1}$；$R_g$ 为生长性呼吸，$\mu mol \cdot m^{-2} \cdot s^{-1}$。$i=1, 2, 3, 4$ 分别代表叶片、茎、根和穗。

$$R_{m,i} = -\frac{1}{25.92} M_i r_{m,i} Q_{10}^{(T_a - 25)/10} \tag{9.30}$$

式中,M_i 为植物器官 i 的生物量,叶片、茎和穗的干物质量取值由 Oryza 2000 模型模拟(Bouman et al.,2001),根的干物质量取值由地上干物质量决定,kg·ha^{-1},叶片、茎、根和穗的取值见图2.3;Q_{10} 是温度敏感因子,取值为2.0;$r_{m,i}$ 是器官 i 的维持性呼吸系数或基温(25℃)时的呼吸速率,水稻叶、茎、根和穗的取值分别为0.02、0.01、0.01和0.003(Penning et al.,1989;Bouman et al.,2001),kg CH$_2$O kg^{-1}·d^{-1};T_a 是空气温度,℃。其中 1/25.92 为 kg CH$_2$O ha^{-1}·d^{-1} 换算为 μmol·m^{-2}·s^{-1} 的换算系数(1 kg CH$_2$O ha^{-1}·d^{-1}=1/25.92 μmol·CO$_2$ m^{-2}·s^{-1})。

$R_{g,i}$ 一般认为与温度无关,而与总生产力 GPP(gross primary production)成正比,即:

$$R_{g,i} = -r_{g,i} r_{a,i} \text{GPP} \tag{9.31}$$

$$\text{GPP} = 0.98 A_l \tag{9.32}$$

式中,$r_{g,i}$ 为器官 i 的生长性呼吸系数,总生长呼吸系数为0.25;$r_{a,i}$ 为相应的碳固定率,叶、茎和穗总碳固定率为0.60,根碳固定率为0.40(Ryan,1991;Chen et al.,1999)。

由于叶片尺度 Farquhar 模型模拟的水稻叶片光合速率为叶片的净光合速率,夜间水稻不进行光合作用,日间冠层碳通量由叶片总光合速率、维持性呼吸(茎、根和穗部分)和生长性呼吸(叶片、茎、根和穗)组成,夜间冠层碳通量由维持性呼吸(叶片、茎、根和穗部分)和生长性呼吸(叶片、茎、根和穗)组成。

9.3.1.3 冠层尺度的水碳通量

冠层尺度的水碳通量水稻植株蒸腾和固碳量由棵间土壤蒸发和土壤呼吸构成,研究以累加的方式进行统计,即

$$ET_{\text{CML}} = T + E \tag{9.33}$$

$$A = A_p + R_s \tag{9.34}$$

9.3.2 模型运行

基于水稻植株和棵间土壤水碳耦合的冠层水碳通量模型计算流程见图9.11。输入常规气象参数(Rn、T_a 和 RH)、稻田土壤水分状态(θ、h、θ_t),给定土壤表面阻力参数(α 和 β)、土壤呼吸模型参数(a_1、b_1、c_1、a_2、b_2、c_2、a_3、b_3 和 c_3)、叶片光合参数(V_{cm} 和 J_{cmax} 的率定参数 V_{opt}、d_1、d_2 和 J_{opt}、d_3、d_4)和叶片 Jarvis 模型

参数（a、b、c、d 和 e），结合时间参数（DAT 和 t）便可进入稻田冠层水碳通量模拟。模型输入参数及输出结果见表 9.9 和表 9.10。其中，土壤表面阻力参数 α 和 β 取 5.1.4 节中的率定值，土壤呼吸模型参数 a_1、b_1、c_1、a_2、b_2、c_2、a_3、b_3 和 c_3 取 9.3.3.1 节中的率定值，V_{cm} 和 J_{cmax} 的率定参数 V_{opt}、d_1、d_2 和 J_{opt}、d_3、d_4 以及 Jarvis 模型参数 a、b、c、d 和 e 取 7.4~7.5 节率定值或本章基于实测冠层水碳通量重新率定值。

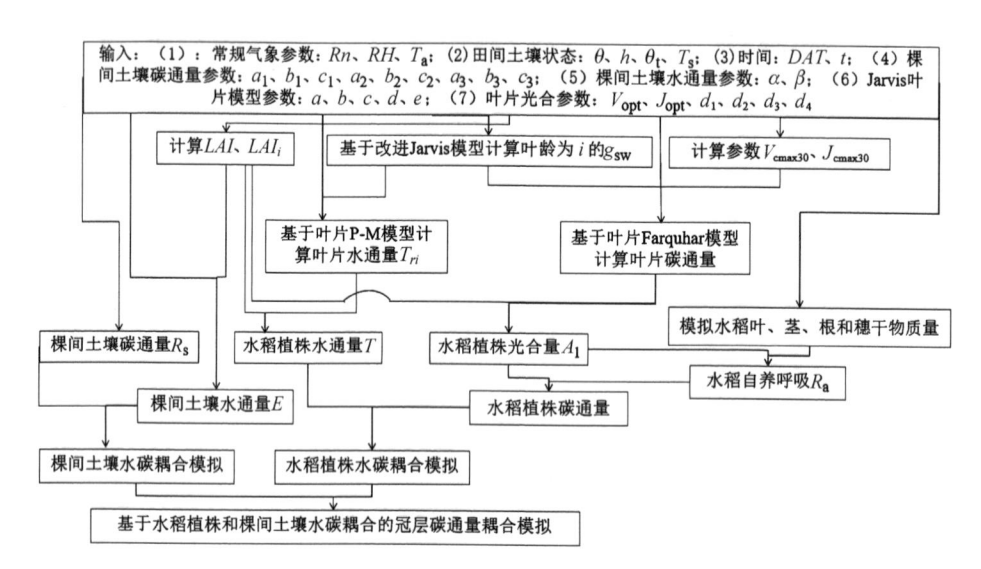

图 9.11 基于水稻植株和棵间土壤水碳耦合的冠层水碳通量模型计算流程图

9.3.3 冠层尺度水碳通量模拟结果

9.3.3.1 棵间土壤水碳通量模拟

（1）棵间土壤水通量模拟

棵间土壤水通量 E 是农田蒸散的重要部分，土壤表面阻力 r_s^s 是地表 E 的关键控制因素，其准确计算是研究 E 的前提条件，研究选用 5.1.4 节拟合值。利用式（9.21）计算 E。

表 9.9 基于水稻植株和棵间土壤水碳耦合的冠层水碳通量模型的输入变量

变量	中文含义	单位	数据来源
Rn	净辐射	W·m^{-2}	EC 系统和气象站
RH	空气相对湿度	%	EC 系统和气象站

续表

变量	中文含义	单位	数据来源
T_a	空气温度	℃	EC 系统和气象站
P	大气压	Pa	EC 系统和气象站
θ_a	耕作层土壤含水率	$cm^3 \cdot cm^{-3}$	TDR
h	田间水层	mm	水尺
θ_t	表层土壤(0~10 cm)含水率	$cm^3 \cdot cm^{-3}$	TDR
DAT	移栽天数	d	—
t	时刻	h	—
α	土壤表面阻力参数	无量纲	5.1.4 节
β	土壤表面阻力参数	无量纲	5.1.4 节
a_1	土壤呼吸模型参数	无量纲	本章率定
b_1	土壤呼吸模型参数	无量纲	本章率定
c_1	土壤呼吸模型参数	无量纲	本章率定
a_2	土壤呼吸模型参数	无量纲	本章率定
b_2	土壤呼吸模型参数	无量纲	本章率定
c_2	土壤呼吸模型参数	无量纲	本章率定
a_3	土壤呼吸模型参数	无量纲	本章率定
b_3	土壤呼吸模型参数	无量纲	本章率定
c_3	土壤呼吸模型参数	无量纲	本章率定
a	Jarvis 模型参数	无量纲	叶片参数(7.5 节)或冠层参数(本章率定)
b	Jarvis 模型参数	无量纲	叶片参数(7.5 节)或冠层参数(本章率定)
c	Jarvis 模型参数	无量纲	叶片参数(7.5 节)或冠层参数(本章率定)
d	Jarvis 模型参数	无量纲	叶片参数(7.5 节)或冠层参数(本章率定)
e	Jarvis 模型参数	无量纲	叶片参数(7.5 节)或冠层参数(本章率定)
V_{opt}	最大羧化速率参数	$\mu mol \cdot m^{-2} \cdot s^{-1}$	叶片参数(7.4 节)或冠层参数(本章率定)
J_{opt}	最大电子传递速率参数	$\mu mol \cdot m^{-2} \cdot s^{-1}$	叶片参数(7.4 节)或冠层参数(本章率定)
d_1	最大羧化速率参数	$\mu mol \cdot m^{-2} \cdot s^{-1}$	叶片参数(7.4 节)或冠层参数(本章率定)
d_2	最大羧化速率参数	$\mu mol \cdot m^{-2} \cdot s^{-1}$	叶片参数(7.4 节)或冠层参数(本章率定)

续表

变量	中文含义	单位	数据来源
d_3	最大电子传递速率参数	$\mu mol \cdot m^{-2} \cdot s^{-1}$	叶片参数(7.4节)或冠层参数(本章率定)
d_4	最大电子传递速率参数	$\mu mol \cdot m^{-2} \cdot s^{-1}$	叶片参数(7.4节)或冠层参数(本章率定)

表9.10 基于水稻植株和棵间土壤水碳耦合的冠层水碳通量模型的输出变量

变量	单位	模型变量计算公式
E	$mmol \cdot m^{-2} \cdot s^{-1}$	$E = 3600 \frac{1}{\lambda} \frac{\Delta Rn^s + \rho_a C_p VPD/r_a}{\Delta + \gamma[1+(r_s^s/r_a)]}$
R_s	$\mu mol \cdot m^{-2} \cdot s^{-1}$	$R_s = \begin{cases} a_1 e^{b_1 T_{soil}} \theta_a^{c_1}, & \theta_a \leq 43\% \\ a_2 T_{soil} + b_2 \theta_a + c_2, & 43\% < \theta_a \leq 51.2\% \\ a_3 T_{soil} + b_3 \theta_a + c_3, & h > 0 \end{cases}$
T	$mmol \cdot m^{-2} \cdot s^{-1}$	$T = \sum T_{ri} LAI_i$
A_p	$\mu mol \cdot m^{-2} \cdot s^{-1}$	$A_p = A_l + R_a$
ET_{CML}	$mmol \cdot m^{-2} \cdot s^{-1}$	$ET_{CML} = T + E_s$
A	$\mu mol \cdot m^{-2} \cdot s^{-1}$	$A = A_p + R_s$

由图9.12和表9.11可知,基于P-M模型估算的棵间土壤蒸发 E_{Cal} 和实测棵间土壤蒸发 E_{Mea} 一致性较高。2015—2017年的拟合直线斜率分别为0.9675、0.9745和0.9355,RMSE分别为0.2899、0.2927和0.2752 $mmol \cdot m^{-2} \cdot s^{-1}$, R^2 分别为0.8018、0.9492和0.9056,模拟值存在一定程度的低估,三年估算棵间蒸发 E_{Mea} 分别为实测棵间蒸发 E_{Cal} 的96.75%、97.45%和93.55%。

表9.11 棵间土壤水碳通量的模拟结果

生育季	水通量				碳通量			
	k	R^2	RMSE $mmol \cdot m^{-2} \cdot s^{-1}$	MAE $mmol \cdot m^{-2} \cdot s^{-1}$	k	R^2	RMSE $\mu mol \cdot m^{-2} \cdot s^{-1}$	MAE $\mu mol \cdot m^{-2} \cdot s^{-1}$
2015	0.9675	0.8018	0.2899	0.2430	0.9846	0.9751	0.2539	0.2120
2016	0.9745	0.9492	0.2927	0.2360	0.9951	0.9857	0.1430	0.1233
2017	0.9355	0.9056	0.2752	0.2214	0.9754	0.9887	0.1927	0.1593

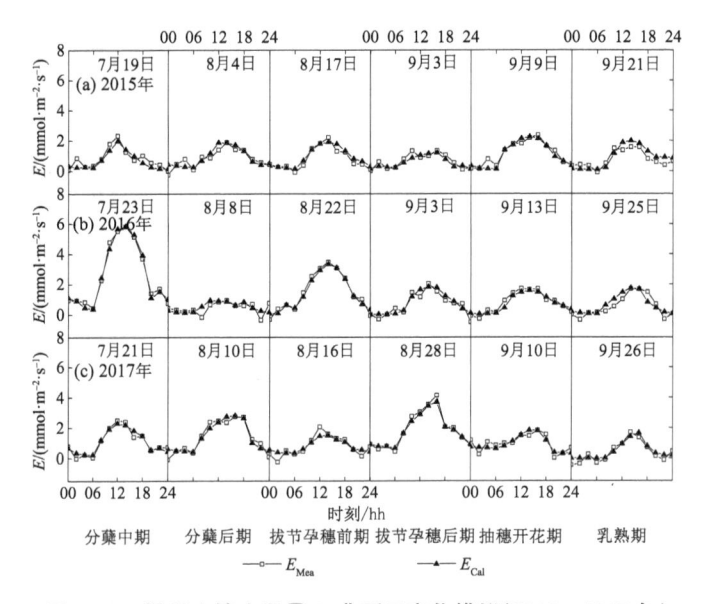

图 9.12　棵间土壤水通量 E 典型日变化模拟（2015—2017 年）

（2）棵间土壤碳通量模拟

研究首先基于 2015—2016 年的田间实测土壤呼吸速率 R_{sMea} 数据，对土壤呼吸参数进行分段率定，基于 2017 年的 R_{sMea} 数据对参数进行验证，结果如图 9.13 和图 9.14 所示。模型参数 a_1、b_1、c_1、a_2、b_2、c_2、a_3、b_3、c_3 率定值分别为 -0.172、0.048、1.440、-0.007、0.005、-0.225、-0.013、0.004 和 0.154。基于模型估算的土壤呼吸速率 R_{sCal} 和 R_{sMea} 一致性较高，在土壤绝对含水率 $\theta_a < 43\%$、$\theta_a > 43\%$ 和田间水深 $h > 0$ 三种田间水分条件下，R_{sCal} 分别为 R_{sMea} 的 98.43%、99.49% 和 98.82%，模拟 R_{sCal} 分别低估 1.57%、0.51% 和 1.18%，均方根误差 $RMSE$ 分别为 0.0203、0.0138 和 0.0156 $\mu mol \cdot m^{-2} \cdot s^{-1}$，平均相对误差 MAE

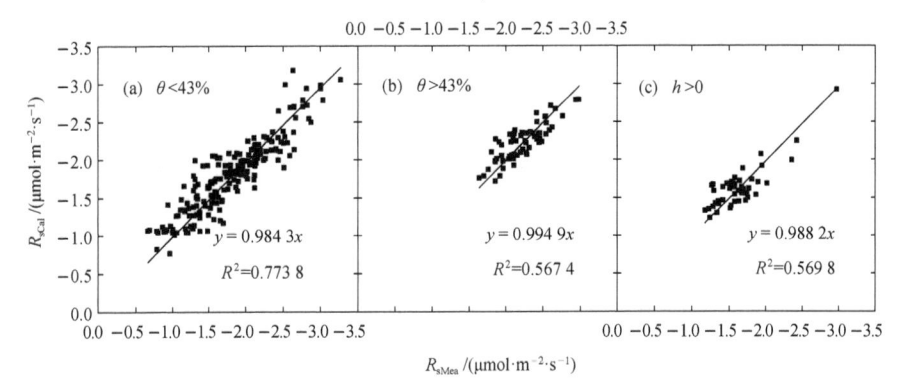

图 9.13　基于率定样本的棵间土壤碳通量模拟值 R_{sCal} 与实测值 R_{sMea} 线性回归分析（2015—2016 年）

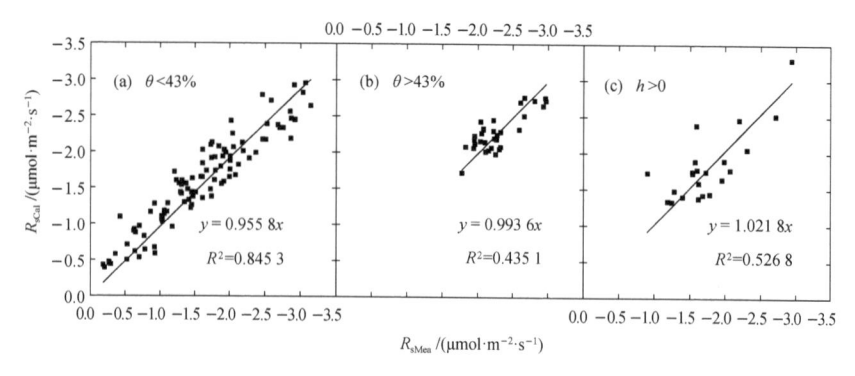

图 9.14　基于验证样本的棵间土壤碳通量模拟值 R_{sCal} 与实测值 R_{sMea} 线性回归分析（2017 年）

为 11.83%、6.26% 和 9.57%。三段式拟合土壤呼吸可以较好地模拟不同田间土壤水分状况下的棵间土壤呼吸情况。

基于 2017 年的 R_{sMea} 对模型进行验证，在三种田间水分条件下，R_{sCal} 和 R_{sMea} 的回归斜率分别为 0.955 8、0.993 6 和 1.021 8。在 $\theta_a < 43\%$ 和 $\theta_a > 43\%$ 土壤水分状况下，模拟 R_{sCal} 分别低估 R_{sMea} 4.42% 和 0.64%，在田间存在水层的条件下，模拟 R_{sCal} 高估 R_{sMea} 2.18%。从数据的整体相关性和一致性来看，模型有较好的适用性。

研究基于上述率定的土壤呼吸模型模拟 2015—2017 年分蘖中期至乳熟期典型晴天的土壤碳通量 R_s 的日变化过程，结果如图 9.15。基于三段式模型估算的

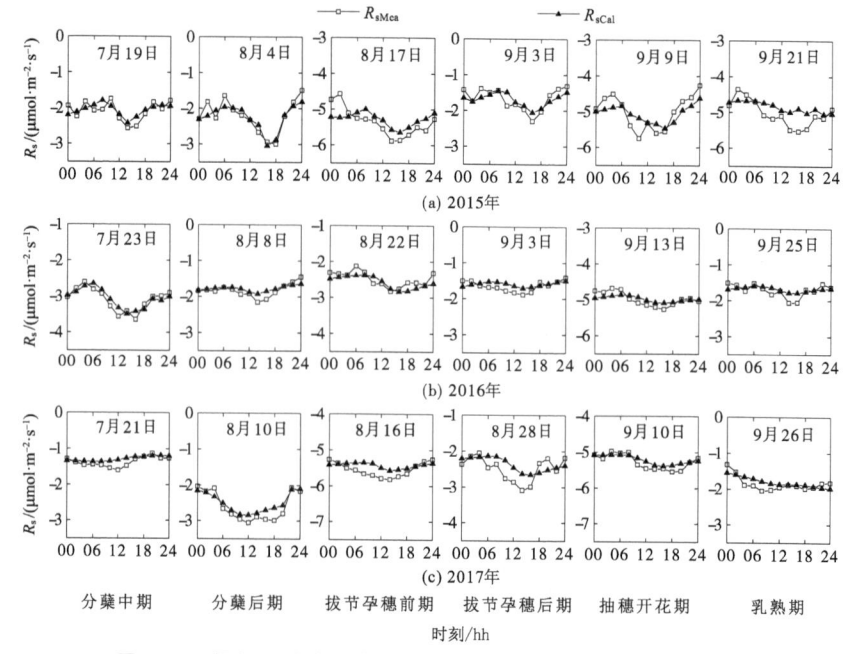

图 9.15　棵间土壤碳通量 R_s 典型日变化模拟（2015—2017 年）

碳通量可以较好地模拟棵间土壤的日变化进程。2015—2017 年的拟合直线斜率分别为 0.984 6、0.995 1 和 0.975 4，RMSE 分别为 0.253 9、0.143 0 和 0.192 7 $\mu mol \cdot m^{-2} \cdot s^{-1}$，$R^2$ 分别为 0.975 1、0.985 7 和 0.988 9，R_{sCal} 分别为 R_{sMea} 的 98.46%、99.51% 和 97.54%。模拟值存在一定程度的低估，但总体可以较好地模拟棵间土壤碳通量。

9.3.3.2 水稻植株水碳通量模拟

研究首先采用 7.5 节 Jarvis 叶片模型参数 a、b、c、d、e 和叶片光合参数 V_{opt}、J_{opt}、d_1、d_2、d_3、d_4 估算水稻植株的水通量 T_{Cal} 和碳通量 A_{pCal} 的典型日变化（图 9.16 和图 9.17）。2015—2017 年的植株水通量模拟值 T_{Cal} 分别高估实测值 T_{Mea} 19.67%、18.62% 和 17.60%，2015 年和 2016 年的植株碳通量模拟值 A_{Cal} 分别高估实测值 A_{pMea} 4.70% 和 0.92%，2017 年 A_{Cal} 低估 A_{pMea} 6.17%（表 9.12）。基于叶片参数的模型高估水稻植株水通量，对植株碳通量模拟精度较高。

表 9.12 水稻植株水碳通量的模拟结果

参数	生育季	水通量				碳通量			
		k	R^2	RMSE mmol · $m^{-2} \cdot s^{-1}$	MAE mmol · $m^{-2} \cdot s^{-1}$	k	R^2	RMSE μmol · $m^{-2} \cdot s^{-1}$	MAE μmol · $m^{-2} \cdot s^{-1}$
叶片参数	2015	1.196 7	0.873 1	2.490 6	1.705 8	1.047 0	0.954 9	2.960 6	2.243 9
	2016	1.186 2	0.876 8	2.528 6	1.671 2	1.009 2	0.951 9	2.719 4	1.863 0
	2017	1.176 0	0.927 9	2.105 0	1.616 5	0.938 3	0.972 0	2.176 0	1.572 9
冠层参数	2015	0.942 0	0.909 2	1.489 2	1.154 7	0.962 9	0.973 2	2.064 3	1.663 1
	2016	0.890 9	0.903 4	1.637 8	1.208 0	0.979 9	0.967 2	2.136 7	1.595 3
	2017	0.864 1	0.930 2	1.555 8	1.181 9	0.954 4	0.978 0	1.870 0	1.337 1

为了提高模型对冠层水碳通量的估算精度，利用 2015—2016 年的实测冠层水碳通量（ET_{CMLMea} 和碳通量 A_{Mea}）重新率定 Jarvis 模型冠层参数和冠层光合参数，并利用 2017 年实测数据进行验证。重新率定的冠层参数 a、b、c、d、e 和 V_{opt}、J_{opt}、d_1、d_2、d_3、d_4 分别为 635.02、0.320 1、1.167、0.020 0、1.220 和 316.93、0.025 4、0.018 5、91 891.13、0.088 1、0.000 5，分别为叶片参数的 2.31、1.15、1.22、0.87、0.80 和 0.86、0.77、0.11、0.96、1.15、1.00 倍（表 9.13）。基于冠层参数估算的植株的水通量 T_{Cal-R} 和碳通量 A_{pCal-R} 的典型日变化见图 9.16 和图 9.17。2015—2017 年植株水通量模拟值 T_{Cal-R} 分别低估 T_{Mea} 5.8%、10.91% 和 13.59%，碳通量模拟值 A_{pCal-R} 分别低估 A_{pMea} 3.71%、2.01% 和 4.56%。

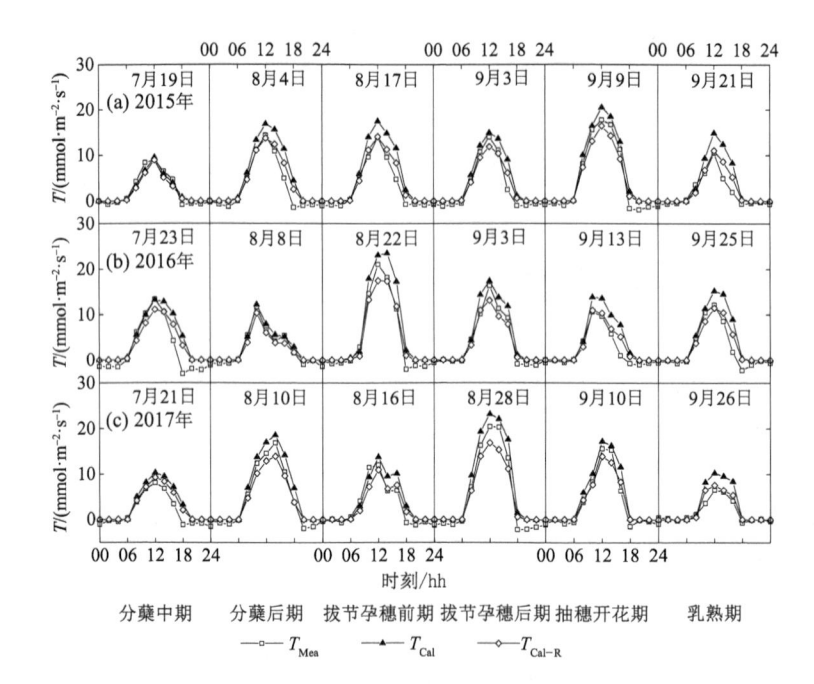

图 9.16 水稻植株水通量 T 典型日变化模拟（2015—2017 年）

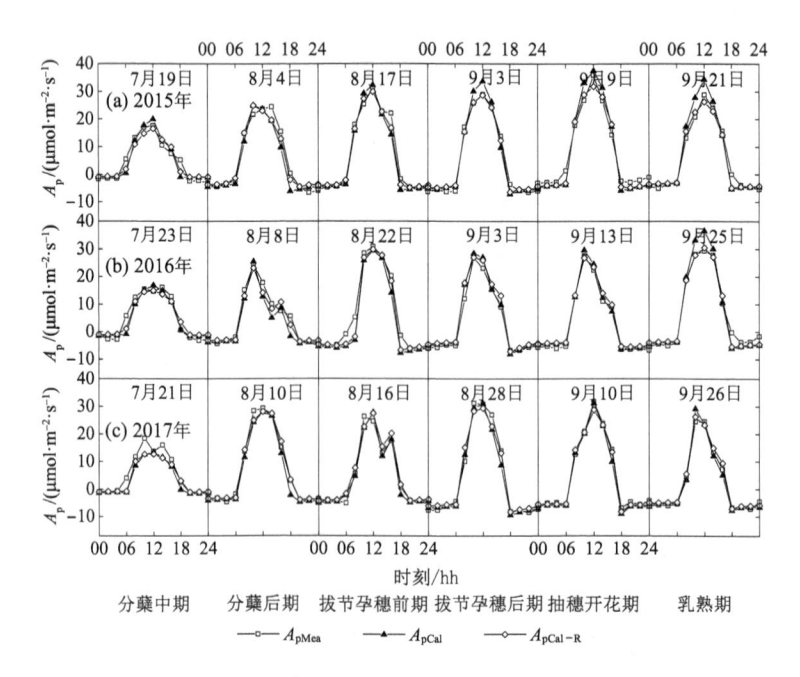

图 9.17 水稻植株碳通量 A_P 典型日变化模拟（2015—2017 年）

表 9.13 基于水稻植株和棵间土壤水碳耦合的冠层水碳通量提升模型参数

参数	Jarvis 气孔导度拟合参数					V_{cmax} 参数			J_{cmax} 参数		
	a	b	c	d	e	V_{opt}	d_1	d_2	J_{opt}	d_3	d_4
叶片参数	274.69	0.2777	0.955	0.0231	1.532	369.04	0.0330	0.1611	95 901.50	0.0767	0.0005
冠层参数	635.02	0.3201	1.167	0.0200	1.220	316.93	0.0254	0.0185	91 891.13	0.0881	0.0005

与基于叶片参数的模型相比,基于冠层参数估算的 2015—2017 年的植株水通量 T_{Cal-R} 估算精度提高了 13.87%、7.71% 和 4.01%,确定性系数 R^2 提高 0.0361、0.0266 和 0.0023,均方根误差 RMSE 减小 1.0014、0.8908 和 0.5492 mmol·m^{-2}·s^{-1},平均误差 MAE 减小 0.5511、0.4632 和 0.4346 mmol·m^{-2}·s^{-1};基于冠层参数估算的 2015—2017 年的植株碳通量 A_{Cal-R} 估算精度提高了 0.99%、−1.09% 和 1.61%(负值为估算精度降低),确定性系数 R^2 提高 0.0183、0.0153 和 0.0060,均方根误差 RMSE 减小 0.8963、0.5827 和 0.3060 μmol·m^{-2}·s^{-1},平均误差 MAE 减小 0.5808、0.2677 和 0.2358 μmol·m^{-2}·s^{-1}。综上,基于叶片参数的模型对水稻植株水通量的模拟精度较低,可以较好地模拟植株碳通量;基于冠层参数的模型可以较好地模拟水稻植株的水碳通量。

9.3.3.3 冠层尺度的水碳通量模拟结果

2015—2017 年冠层尺度典型晴天的水通量和碳通量日变化模拟过程见图 9.18 和图 9.19。从模拟的冠层碳通量的日变化过程可知,基于叶片参数的模型模拟的冠层水通量 $ET_{CML,Cor2}$ 和冠层碳通量 A_{Cor2} 高估实测值 $ET_{CML,Mea}$ 和 A_{Mea}。由表 9.14 可知,2015—2017 年,基于叶片参数估算的冠层水通量 $ET_{CML,Cor2}$ 与实测值 $ET_{CML,Mea}$ 的拟合直线斜率 k 分别为 1.1973、1.1860 和 1.1629,确定性系数 R^2 分别为 0.8971、0.9169 和 0.9504,均方根误差 RMSE 分别为 2.5407、2.5275 和 2.0531 mmol·m^{-2}·s^{-1},平均误差 MAE 分别为 1.7124、1.7093 和 1.5726 mmol·m^{-2}·s^{-1},模型高估冠层水通量 19.73%、18.60% 和 16.29%。基于叶片参数估算的冠层碳通量 A_{Cor2} 与实测值 A_{Mea} 的拟合直线斜率 k 分别为 1.0706、1.0221 和 0.9586,R^2 分别为 0.9553、0.9522 和 0.9715,RMSE 分别为 2.9948、2.7391 和 2.1033 μmol·m^{-2}·s^{-1},MAE 分别为 2.2419、1.8664 和 1.5143 μmol·m^{-2}·s^{-1},模型高估冠层水通量 7.06%、2.21% 和 −4.14%(负值为低估)。冠层碳通量的高估主要是在模型中未区分叶片受光状况,实际上同一叶龄的阴叶和阳叶具有不同的光截获,且叶片光合作用对光的反应是非线性的,在模型中将同一叶龄叶片按均匀受光处理,结果会显著高估冠层光合作用,这与大叶模型普遍高估作物冠层光合作用相似(De et al.,1997)。另外,模型中选用的温度为地面2 m以上的大气温度,通常情况下冠层内部有较低的叶温,温度的高估也是导致高估冠层水碳通量的原因之一。

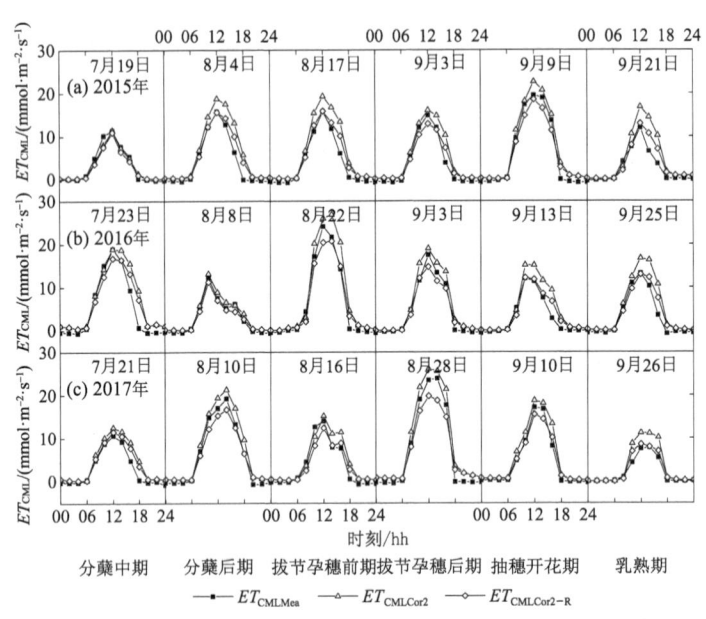

图9.18 冠层水通量 ET_{CML} 典型日变化模拟(2015—2017年)

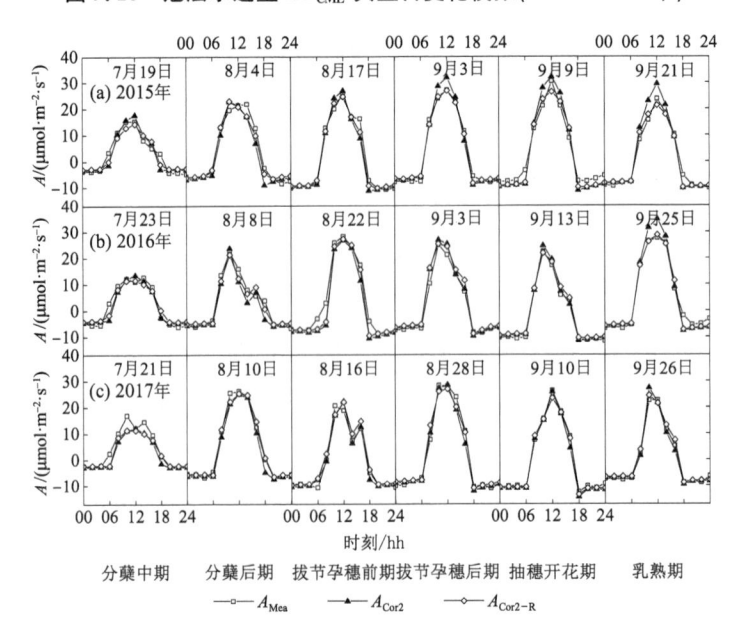

图9.19 冠层尺度碳通量 A 日变化模拟(2015—2017年)

表 9.14 基于叶片参数和冠层参数的冠层水碳通量模拟结果

参数	生育季	水通量				碳通量			
		k	R^2	$RMSE$ mmol·m^{-2}·s^{-1}	MAE mmol·m^{-2}·s^{-1}	k	R^2	$RMSE$ μmol·m^{-2}·s^{-1}	MAE μmol·m^{-2}·s^{-1}
叶片参数	2015	1.197 3	0.897 1	2.540 7	1.712 4	1.070 6	0.955 3	2.994 8	2.241 9
	2016	1.186 0	0.916 9	2.527 5	1.709 3	1.022 1	0.952 2	2.739 1	1.866 4
	2017	1.162 9	0.950 4	2.053 1	1.572 6	0.958 6	0.971 5	2.103 3	1.514 3
冠层参数	2015	0.967 1	0.920 8	1.523 5	1.158 9	0.974 2	0.972 6	2.043 8	1.630 2
	2016	0.933 8	0.927 4	1.616 6	1.195 7	0.981 1	0.967 1	2.152 3	1.585 4
	2017	0.891 9	0.943 2	1.558 3	1.173 1	0.956 2	0.978 3	1.840 4	1.313 2

2015—2017 年，基于冠层参数模型估算的冠层水通量 $ET_{\text{CMLCor2-R}}$ 低估 ET_{CMLMea} 3.29%、6.62% 和 10.81%，估算碳通量 $A_{\text{Cor2-R}}$ 低估 A_{Mea} 2.58%、1.89% 和 4.38%。与 ET_{CMLCor2} 相比，$ET_{\text{CMLCor2-R}}$ 的估算精度提高 16.44%、11.98% 和 5.48%，R^2 提高 0.023 7、0.010 5 和 −0.007 2（负值为 R^2 减小），$RMSE$ 减小 1.017 2、0.910 9 和 0.494 8 mmol·m^{-2}·s^{-1}，MAE 减小 0.553 5、0.513 6 和 0.399 5 mmol·m^{-2}·s^{-1}。与 A_{Cor2} 相比，$A_{\text{Cor2-R}}$ 的估算精度提高 4.48%、0.32% 和 −0.24%（负值为估算精度减小），R^2 提高 0.017 3、0.014 9 和 0.006 8，$RMSE$ 减小 0.951 0、0.586 8 和 0.262 9 μmol·m^{-2}·s^{-1}，MAE 减小 0.611 7、0.281 0 和 0.201 1 μmol·m^{-2}·s^{-1}。基于叶片参数的模型对冠层水通量的模拟精度较低，基于冠层参数的模型可以较好地模拟冠层水碳通量。

9.4 叶片到冠层的水碳通量提升方法对比

对比不同水碳通量模型的参数输入变量（表 9.15），三种模型均需要常规气象数据（Rn、RH、T_a 和 P）、田间水分状态（θ_a 和 h）以及所需计算时刻（DAT 和 t）。对于基于 Jarvis 模型的冠层水碳通量耦合模型（模型一），模型需要输入 Jarvis 模型参数（a、b、c）和最大羧化速率 V_{cmax}、最大电子传递速率 J_{cmax}；对于基于改进 Jarvis 模型的冠层水碳通量耦合模型（模型二），模型需要输入改进 Jarvis 模型参数（a、b、c、d、e）和最大羧化速率 $V_{\max}$、最大电子传递速率 $J_{\max}$ 的参数（V_{opt}、J_{opt}、d_1、d_2、d_3、d_4）；对于基于水稻植株和棵间土壤水碳耦合提升的冠层水碳通量耦合模型（模型三），输入模型二参数的同时，还需要输入计算棵间土壤水通量的参数（α 和 β）和计算棵间碳通量的参数（a_1、b_1、c_1、a_2、b_2、c_2、a_3、b_3、c_3）。模型一和模型二的输出变量仅包括冠层水碳通量；而模型三在输出冠层水碳通量的同时，也输出冠层水碳通量的组成部分，即水稻植株的水碳通量和棵间土壤的水碳通量（表9.16）。

表9.15 不同水碳通量提升模型输入变量对比

变量	模型一	模型二	模型三	变量	模型一	模型二	模型三	变量	模型一	模型二	模型三
Rn	是	是	是	a_1	否	否	是	c	是	是	是
RH	是	是	是	b_1	否	否	是	d	否	是	是
T_a	是	是	是	c_1	否	否	是	e	否	是	是
P	是	是	是	a_2	否	否	是	V_{cmax}	是	否	否
θ_a	是	是	是	b_2	否	否	是	J_{cmax}	是	否	否
h	是	是	是	c_2	否	否	是	V_{opt}	否	是	否
θ_t	否	否	是	a_1	否	否	是	J_{opt}	否	是	否
DAT	是	是	是	b_2	否	否	是	d_1	否	是	是
t	是	是	是	c_3	否	否	是	d_2	否	是	是
α	否	否	是	a	是	是	是	d_3	否	是	是
β	否	否	是	b	是	是	是	d_4	否	是	是

注：模型一、二、三分别是冠层水碳通量耦合模型、基于改进Jarvis模型的冠层水碳通量耦合模型和基于水稻植株和棵间土壤水碳耦合的冠层水碳通量提升模型（下同）

表9.16 不同水碳通量提升模型输出变量对比

变量	模型一	模型二	模型三	变量	模型一	模型二	模型三
E	否	否	是	A_p	否	否	是
R_s	否	否	是	ET_{CML}	是	是	是
T	否	否	是	A	是	是	是

表9.17为三种水碳通量提升模型的叶片和冠层率定参数，三种模型的叶片参数和冠层参数均存在差别。从表9.18可知，基于冠层参数的模型模拟的冠层水碳通量均优于基于叶片参数的模拟值。对于叶片参数模型，基于模型一、模型二和模型三的冠层水通量模拟值（2015—2017年均值）分别为实测水通量的65.22%、73.09%和118.21%，确定性系数R^2分别为0.9460、0.9326和0.9215，均方根误差$RMSE$分别为2.7560、2.3196和2.3738 mmol·m^{-2}·s^{-1}，平均绝对误差MAE分别为1.6223、1.3698和1.6648 mmol·m^{-2}·s^{-1}，R^2、$RMSE$和MAE

第九章 节水灌溉稻田水碳耦合的尺度提升方法研究

表 9.17 不同水碳通量提升模型参数对比

<table>
<tr><th rowspan="3">模型提升方法</th><th rowspan="3">参数</th><th colspan="4">Jarvis 气孔导度拟合参数</th><th colspan="4">V_{cmax} 相关参数</th><th colspan="4">J_{cmax} 相关参数</th></tr>
<tr><th>a</th><th>b</th><th>c</th><th>d</th><th>V_{cmax}
μmol·
m^{-2}·s^{-1}</th><th>e</th><th>V_{opt}</th><th>d_1</th><th>d_2</th><th>J_{cmax}
μmol·
m^{-2}·s^{-1}</th><th>J_{opt}</th><th>d_3</th><th>d_4</th></tr>
<tr><th></th><th></th><th></th><th></th><th></th><th></th><th></th><th></th><th></th><th></th><th></th><th></th><th></th></tr>
<tr><td rowspan="2">模型一</td><td>叶片</td><td>347.84</td><td>0.3611</td><td>0.975</td><td>—</td><td>153.60</td><td>—</td><td>—</td><td>—</td><td>—</td><td>163.14</td><td>—</td><td>—</td><td>—</td></tr>
<tr><td>冠层</td><td>148.89</td><td>0.0812</td><td>1.026</td><td>—</td><td>29.35</td><td>—</td><td>—</td><td>—</td><td>—</td><td>77.23</td><td>—</td><td>—</td><td>—</td></tr>
<tr><td rowspan="2">模型二</td><td>叶片</td><td>274.69</td><td>0.2777</td><td>0.955</td><td>0.0231</td><td>—</td><td>1.532</td><td>369.04</td><td>0.0330</td><td>0.1611</td><td>—</td><td>95901.50</td><td>0.0767</td><td>0.0005</td></tr>
<tr><td>冠层</td><td>214.26</td><td>0.0818</td><td>1.032</td><td>0.0219</td><td>—</td><td>2.136</td><td>10361.86</td><td>0.0298</td><td>0.0022</td><td>—</td><td>36562.61</td><td>0.0695</td><td>0.0005</td></tr>
<tr><td rowspan="2">模型三</td><td>叶片</td><td>274.69</td><td>0.2777</td><td>0.955</td><td>0.0231</td><td>—</td><td>1.532</td><td>369.04</td><td>0.0330</td><td>0.1611</td><td>—</td><td>95901.50</td><td>0.0767</td><td>0.0005</td></tr>
<tr><td>冠层</td><td>635.02</td><td>0.3201</td><td>1.167</td><td>0.0200</td><td>—</td><td>1.220</td><td>316.93</td><td>0.0254</td><td>0.0185</td><td>—</td><td>91891.13</td><td>0.0881</td><td>0.0005</td></tr>
</table>

表 9.18 模型模拟精度对比

<table>
<tr><th rowspan="3">模型提升方法</th><th rowspan="3">参数</th><th rowspan="3">生育季</th><th colspan="6">冠层水碳通量模拟</th><th colspan="6">水稻植株水碳通量模拟</th></tr>
<tr><th colspan="3">水通量</th><th colspan="3">碳通量</th><th colspan="3">水通量</th><th colspan="3">碳通量</th></tr>
<tr><th>k</th><th>R^2</th><th>RMSE
mmol·m^{-2}·s^{-1}</th><th>MAE
mmol·m^{-2}·s^{-1}</th><th>k</th><th>R^2</th><th>RMSE
μmol·m^{-2}·s^{-1}</th><th>MAE
μmol·m^{-2}·s^{-1}</th><th>k</th><th>R^2</th><th>RMSE
mmol·m^{-2}·s^{-1}</th><th>MAE
mmol·m^{-2}·s^{-1}</th><th>k</th><th>R^2</th><th>RMSE
μmol·m^{-2}·s^{-1}</th><th>MAE
μmol·m^{-2}·s^{-1}</th></tr>
<tr><td rowspan="8">基于Jarvis模型提升</td><td rowspan="4">叶片</td><td>2015</td><td>0.6828</td><td>0.9406</td><td>2.3880</td><td>1.4705</td><td>2.9802</td><td>0.6298</td><td>33.0957</td><td>21.7062</td><td>—</td><td>—</td><td>—</td><td>—</td><td>—</td><td>—</td><td>—</td><td>—</td></tr>
<tr><td>2016</td><td>0.6449</td><td>0.9595</td><td>2.8068</td><td>1.7108</td><td>3.1173</td><td>0.5963</td><td>34.9487</td><td>21.5846</td><td>—</td><td>—</td><td>—</td><td>—</td><td>—</td><td>—</td><td>—</td><td>—</td></tr>
<tr><td>2017</td><td>0.6290</td><td>0.9378</td><td>3.0731</td><td>1.6856</td><td>2.9634</td><td>0.5223</td><td>36.1012</td><td>22.7039</td><td>—</td><td>—</td><td>—</td><td>—</td><td>—</td><td>—</td><td>—</td><td>—</td></tr>
<tr><td>平均值</td><td>0.6522</td><td>0.9460</td><td>2.7560</td><td>1.6223</td><td>3.0203</td><td>0.5828</td><td>34.7152</td><td>21.9982</td><td>—</td><td>—</td><td>—</td><td>—</td><td>—</td><td>—</td><td>—</td><td>—</td></tr>
<tr><td rowspan="4">冠层</td><td>2015</td><td>0.9010</td><td>0.8996</td><td>1.7667</td><td>1.1212</td><td>0.9733</td><td>0.6666</td><td>7.1273</td><td>5.6486</td><td>—</td><td>—</td><td>—</td><td>—</td><td>—</td><td>—</td><td>—</td><td>—</td></tr>
<tr><td>2016</td><td>0.8449</td><td>0.9208</td><td>1.8518</td><td>1.1220</td><td>1.0288</td><td>0.6413</td><td>7.8749</td><td>5.5989</td><td>—</td><td>—</td><td>—</td><td>—</td><td>—</td><td>—</td><td>—</td><td>—</td></tr>
<tr><td>2017</td><td>0.7911</td><td>0.8724</td><td>2.4566</td><td>1.4098</td><td>0.9771</td><td>0.5861</td><td>8.7127</td><td>6.2978</td><td>—</td><td>—</td><td>—</td><td>—</td><td>—</td><td>—</td><td>—</td><td>—</td></tr>
<tr><td>平均值</td><td>0.8457</td><td>0.8976</td><td>2.0253</td><td>1.2177</td><td>0.9931</td><td>0.6314</td><td>7.9050</td><td>5.8487</td><td>—</td><td>—</td><td>—</td><td>—</td><td>—</td><td>—</td><td>—</td><td>—</td></tr>
</table>

续表

模型提升方法	参数	生育季	水通量				碳通量			
			k	R^2	RMSE mmol·m^{-2}·s^{-1}	MAE mmol·m^{-2}·s^{-1}	k	R^2	RMSE μmol·m^{-2}·s^{-1}	MAE μmol·m^{-2}·s^{-1}
基于改进Jarvis模型提升	叶片	2015	0.7652	0.9274	1.9999	1.2845	2.7223	0.6785	28.3712	19.0594
		2016	0.7310	0.9485	2.2802	1.3896	2.8501	0.6348	30.4722	18.7959
		2017	0.6966	0.9229	2.6786	1.4352	2.7277	0.6084	30.5638	19.5020
		平均值	0.7309	0.9329	2.3196	1.3698	2.7667	0.6406	29.8024	19.1191
	冠层	2015	0.9011	0.8998	1.7653	1.1194	0.8557	0.8625	4.4856	3.5171
		2016	0.8546	0.9208	1.8525	1.1225	0.8924	0.8013	5.4200	4.1773
		2017	0.7910	0.8732	2.4557	1.4098	0.9137	0.7700	6.2944	4.8345
		平均值	0.8489	0.8979	2.0245	1.2172	0.8873	0.8113	5.4000	4.1763
基于水稻植株和裸同土壤耦合提升	叶片	2015	1.1973	0.8971	2.5407	1.7124	1.0706	0.9553	2.9948	2.2419
		2016	1.1860	0.9169	2.5275	1.7093	1.0221	0.9521	2.7391	1.8664
		2017	1.1620	0.9504	2.0531	1.5726	0.9586	0.9715	2.1033	1.5143
		平均值	1.1821	0.9215	2.3738	1.6648	1.0171	0.9597	2.6124	1.8742
	冠层	2015	0.9671	0.9208	1.5235	1.1589	0.9741	0.9726	2.0438	1.6302
		2016	0.9338	0.9274	1.6166	1.1957	0.9811	0.9671	2.1523	1.5854
		2017	0.8919	0.9432	1.5583	1.1731	0.9562	0.9783	1.8404	1.3132
		平均值	0.9309	0.9305	1.5661	1.1759	0.9705	0.9727	2.0122	1.5096

续表

模型提升方法	参数	生育季	水稻植株水碳通量模拟							
			水通量				碳通量			
			k	R^2	RMSE mmol·m^{-2}·s^{-1}	MAE mmol·m^{-2}·s^{-1}	k	R^2	RMSE μmol·m^{-2}·s^{-1}	MAE μmol·m^{-2}·s^{-1}
冠层水碳通量模拟	叶片	2015	—	—	—	—	—	—	—	—
		2016	—	—	—	—	—	—	—	—
		2017	—	—	—	—	—	—	—	—
		平均值	—	—	—	—	—	—	—	—
	冠层	2015	—	—	—	—	—	—	—	—
		2016	—	—	—	—	—	—	—	—
		2017	—	—	—	—	—	—	—	—
		平均值	—	—	—	—	—	—	—	—
水稻植株水碳通量模拟	叶片	2015	1.1967	0.8731	2.4906	1.7058	1.0470	0.9549	2.9606	2.2439
		2016	1.1862	0.8768	2.5286	1.6712	1.0092	0.9519	2.7194	1.8630
		2017	1.1760	0.9270	2.1057	1.6165	0.9383	0.9720	2.1760	1.5729
		平均值	1.1863	0.8926	2.3747	1.6645	0.9982	0.9596	2.6187	1.8933
	冠层	2015	0.9420	0.9092	1.4897	1.1547	0.9629	0.9732	2.0643	1.6631
		2016	0.8909	0.9034	1.6378	1.208	0.9799	0.9672	2.1367	1.5953
		2017	0.8641	0.9302	1.5558	1.1819	0.9544	0.9780	1.8700	1.3371
		平均值	0.8990	0.9143	1.5609	1.1815	0.9657	0.9728	2.0237	1.5318

注:表中"—"表示无此项

差异不大，但模拟精度按模型一、模型二和模型三顺序明显提高。基于模型一、模型二和模型三模拟的冠层碳通量模拟值（2015—2017 年均值）分别为实测碳通量的 302.03%、276.67% 和 101.71%，R^2 分别为 0.582 8、0.640 6 和 0.959 7，$RMSE$ 分别为 34.715 2、29.802 4 和 2.612 4 $\mu mol \cdot m^{-2} \cdot s^{-1}$，$MAE$ 分别为 21.998 2、19.119 1 和 1.874 2 $\mu mol \cdot m^{-2} \cdot s^{-1}$，冠层碳通量模拟精度和 R^2 按模型一、模型二和模型三顺序明显提高，$RMSE$ 和 MAE 按模型一、模型二和模型三顺序明显减小。

对于冠层参数模型，基于模型一、模型二和模型三的冠层水通量模拟值（2015—2017 年均值）分别为实测水通量的 84.57%、84.89% 和 93.09%，R^2 分别为 0.897 6、0.897 9 和 0.930 5，$RMSE$ 分别为 2.025 3、2.024 5 和 1.566 1 $mmol \cdot m^{-2} \cdot s^{-1}$，$MAE$ 分别为 1.217 7、1.217 2 和 1.175 9 $mmol \cdot m^{-2} \cdot s^{-1}$；基于模型一、模型二和模型三的冠层碳通量模拟值分别为实测碳通量的 99.31%、88.73% 和 97.05%，R^2 分别为 0.631 4、0.811 3 和 0.972 7，$RMSE$ 分别为 7.905 0、5.400 0 和 2.012 2 $\mu mol \cdot m^{-2} \cdot s^{-1}$，$MAE$ 分别为 5.848 7、4.176 3 和 1.509 6 $\mu mol \cdot m^{-2} \cdot s^{-1}$，冠层水碳通量的模拟精度和 R^2 均按模型一、模型二和模型三顺序明显提高，$RMSE$ 和 MAE 按模型一、模型二和模型三顺序明显减小。

模型三模拟冠层水碳通量的同时，也可以模拟水稻植株的水碳通量和棵间土壤的水碳通量。其中基于叶片参数的水稻植株水通量和碳通量模拟值（三年平均）分别为实测值的 118.63% 和 99.82%，R^2 分别为 0.892 6 和 0.959 6，$RMSE$ 分别为 2.374 7 $mmol \cdot m^{-2} \cdot s^{-1}$ 和 2.618 7 $\mu mol \cdot m^{-2} \cdot s^{-1}$，$MAE$ 分别为 1.664 5 $mmol \cdot m^{-2} \cdot s^{-1}$ 和 1.893 3 $\mu mol \cdot m^{-2} \cdot s^{-1}$。基于冠层参数的水稻植株水通量和碳通量模拟值（三年平均）分别为实测值的 89.90% 和 96.57%，R^2 分别为 0.914 3 和 0.972 8，$RMSE$ 分别为 1.560 9 $mmol \cdot m^{-2} \cdot s^{-1}$ 和 2.023 7 $\mu mol \cdot m^{-2} \cdot s^{-1}$，$MAE$ 分别为 1.181 5 $mmol \cdot m^{-2} \cdot s^{-1}$ 和 1.531 8 $\mu mol \cdot m^{-2} \cdot s^{-1}$。基于叶片参数的模型对水稻植株水通量的模拟精度较低，可以较好地模拟植株碳通量；基于冠层参数的模型可以较好地模拟水稻植株的水碳通量。

综上，基于 Jarvis 模型的冠层水碳通量耦合模型需要最少的输入参数，采用叶片参数的模型低估冠层水通量高估冠层碳通量，采用重新率定的冠层参数可以提高冠层水碳通量模拟值；基于改进 Jarvis 模型的冠层水碳通量耦合模型需要的输入参数增加，采用叶片参数的模型低估冠层水通量高估冠层碳通量，重新率定的冠层参数提高水碳通量模拟精度；基于水稻植株和棵间土壤水碳耦合的冠层水碳通量提升模型需要更多的输入参数，但模型能够较好地模拟水稻植株的水碳通量和棵间土壤的水碳通量,且对于冠层的水碳通量模拟精度最高。

9.5 本章小结

本章通过累积 Jarvis 或改进 Jarvis 叶片气孔导度得到冠层导度,利用冠层导度连接 P-M 和 Farquhar 大叶模型,建立了基于 Jarvis 和改进 Jarvis 模型的冠层水碳通量耦合模型;结合棵间土壤蒸发和土壤呼吸模型,通过在冠层内累积叶片蒸腾和叶片光合实现水稻植株的水碳通量耦合,建立了基于水稻植株和棵间土壤水碳耦合的冠层水碳通量提升模型。对于三种模型,分别采用叶片尺度率定的参数和利用实测冠层水碳通量数据率定的参数模拟冠层水碳通量。主要结论如下:

(1) 基于 Jarvis 叶片气孔导度提升的冠层气孔导度 g_{cwCal} 计算冠层蒸散量 ET_{CMLCal} 低估冠层实际蒸散发,基于 g_{cwCal}、冠层内的叶片最大羧化速率 V_{max} 和最大电子传递传输速率 J_{max} 计算的冠层碳通量极大高估实际碳通量。

基于 Jarvis 叶片气孔导度提升的冠层气孔导度计算冠层蒸散量 ET_{CMLCal} 低估冠层实测蒸散发 31.69%、35.99% 和 37.47%,叶片尺度和冠层尺度的 Jarvis 模型模拟参数存在明显的尺度效应;冠层内叶片 V_{max} 和 J_{max} 分别为 192.86 $\mu mol \cdot m^{-2} \cdot s^{-1}$ 和 221.28 $\mu mol \cdot m^{-2} \cdot s^{-1}$ 远大于基于 Farquhar 公式反推的冠层 V_{cmax}(29.35 $\mu mol \cdot m^{-2} \cdot s^{-1}$)和 J_{cmax}(77.23 $\mu mol \cdot m^{-2} \cdot s^{-1}$),造成基于 g_{cwCal}、V_{max} 和 J_{max} 最大值计算的冠层碳通量高估实测碳通量 283.52%、297.16% 和 274.44%。

(2) 基于改进 Jarvis 叶片气孔导度提升的冠层气孔导度 g_{cwCorl} 计算冠层蒸散量 $ET_{CMLCorl}$ 低估冠层实际蒸散发,基于 g_{cwCorl}、叶龄分布加权计算的 $V_{cmaxCorl}$ 和最大 $J_{cmaxCorl}$ 模型计算的冠层碳通量高估实际碳通量。

基于改进 Jarvis 叶片气孔导度提升的冠层气孔导度计算冠层蒸散量 ET_{CMLCal} 低估冠层实测蒸散发 23.43%、27.13% 和 30.53%;基于 $V_{cmaxCorl}$ 和 $J_{cmaxCorl}$ 参数计算冠层碳通量较实测值高估 157.19%、274.53% 和 253.89%。

(3) 基于叶片蒸腾和光合估算模型的冠层水碳模型,总体上能较好地反映节水灌溉稻田冠层尺度的蒸散发和碳通量变化。

采用不同叶龄叶面积的权重加权求和获得冠层所有叶片的蒸腾速率和光合总量(考虑植物的自养呼吸和异养呼吸)计算单株水稻的水碳通量,同时采用 Penman Monteith(P-M)模型和三段式土壤呼吸模型模拟棵间土壤蒸发和土壤呼吸,较为精确地实现了叶片尺度蒸腾速率和光合作用向冠层水通量和碳通量的空间尺度提升。

第十章 主要结论与建议

10.1 主要结论

（1）能量平衡各通量特征是稻田水热碳通量研究的关键,能量各通量占 Rn 的比例大小不同,LE 是节水灌溉稻田能量的主要消耗项,占 Rn 的 89%,Hs 与 G_0 所占比例较小。考虑土壤热储量和修正能量转换的相位差异是提高能量闭合度的关键,能量平衡的强制闭合法是解决涡度相关系统低估湍流通量导致能量不闭合的有效方法。

LE、Hs 和 $Gs(G_0)$ 的日内和逐日变化均随 Rn 而变化,但与 Rn 存在相位滞后。LE 是节水灌溉稻田能量的主要消耗项,变化趋势与 Rn 相似,但全天均为正值;Hs 白天为正夜间为负,与 Rn 进程相似;$Gs(G_0)$ 在典型晴天峰值大小与变化趋势均与 Hs 相似,但阴天多于 2/3 的时间土壤降温,并向大气释放热量,Hs 和 Gs 所占比例均约 5%。节水灌溉稻田能量闭合修正前,日尺度能量平衡比率（EBR）为 0.83。考虑地表到土壤热通量板之间的热储量后,G_0 较 Gs 均值稍有增加,但变化幅度明显增大,约为 Gs 的 3.1 倍,且 G_0 的相位超前于 Gs;OLS 回归斜率在小时和日尺度上分别提高 13.4% 和 15.2%,日尺度 EBR 提高 8.4%,D 值减小 29.0% 且变化幅度明显减小。能量转换的相位差异修正后,小时尺度的 OLS 回归斜率平均提高了 8.8%,D 的变化范围缩小了 35.1%,日尺度闭合度没有变化。修正后的能量闭合度较高（$EBR=0.88$）,但仍不能完全闭合。蒸发比法重新分配能量残余项后,LE 和 Hs 分别增加了 19.8% 和 13.6%,占 Rn 的比例分别为 89.4% 和 5.4%,LE 占 Rn 的比例明显增加。能量强制闭合使观测数据更可靠,为后续研究奠定了基础。

（2）叶片尺度水稻气孔导度 g_{sw}、蒸腾速率 T_r 和光合速率 P_n 呈现早晚低中午高的单峰变化,取值随冠层自上而下平行降低;光合有效辐射 PAR_a、叶龄 LA 和田间含水率 θ 是 T_r 和 P_n 共同的显著影响因素。冠层尺度和田间尺度水碳通量的典型日变化均呈现明显的倒"U"形单峰变化趋势,且均表现为冠层尺度通量大于田间尺度通量;在不同水稻生长季,LAI、Rn、VPD、θ 和 Rn、VPD、u、θ、LAI 分别是对冠层尺度水通量 ET_{CML} 和田间尺度水通量 ET_{EC}^* 有显著影响的共同因子,而 Rn、LAI、VPD、T_a、RH、θ 和 u 均显著田间尺度碳通量 F_C;Rn 和 VPD 是引起水通量尺度差异的显著影响因子,LAI 是引起碳通量差异的显著影响因子。

叶片 g_{sw}、T_r 和 P_n 三个光合指标均与光合有效辐射表现出同增同减的趋势,日变化呈现先升高后降低的单峰变化趋势,取值随冠层自上而下平行降低。在分蘖前中期三个光合指标的层间差异较小,随着生育期的推进,层间差异性增加,且下两层的差异大于上两层的差异,进入乳熟期后差异性开始减小。PAR_a、大气温度 T_a、LA、θ 和 PAR_a、LA、大气饱和水汽压差 VPD、θ 分别作为 T_r 和 P_n 的显著影响因子,对 T_r 和 P_n 的影响程度依次降低;叶片 T_r 随着 PAR_a、T_a、θ 的增加和 LA 的减小而增加,叶片 P_n 随着 PAR_a、θ 的增加和 LA、VPD 的减小而增加。

冠层水通量典型日夜间由于水汽凝结水通量稳定在 0 附近,日出后随着太阳净辐射 Rn 和大气温度 T_a 的增加水通量迅速增加,日峰值出现在正午 12:00 左右,之后逐渐减小,到日落后又减小到 0 左右。碳通量典型日夜间稻田以土壤和水稻植株呼吸为主,A 保持在 0 $\mu mol \cdot m^{-2} \cdot s^{-1}$ 以下,日出后随着太阳辐射 Rn 逐渐增加,叶片光合作用变强,A 开始表现为正值,在 12:00 左右达到最大值,之后随着 Rn 的减小 A 开始减小,至 18:00 左右,A 减小到夜间负值。水稻全生育期中,冠层尺度和田间尺度的水碳通量总体呈现先增大后减小的趋势,但受到净辐射与气温的影响,其又呈现多峰多谷的变化。谷值一般出现在辐射较低或者降雨的天气,而峰值则出现在田间水分较高且辐射与气温均较高的天气。不同的下垫面状况和大气湍流状况造成冠层尺度的水通量明显大于田间尺度碳通量,冠层尺度白天碳通量吸收值和夜间碳通量排放值均高于田间尺度值。LAI、Rn、VPD 和 θ 是冠层尺度 ET_{CML} 共同的显著影响因素,Rn 是不同生育年显著影响 A 的唯一共同因子;Rn、VPD、u、LAI 和 θ 显著影响水稻生育期蒸散量;Rn 和 LAI 是影响 F_C 的主要因素;Rn 和 VPD 是引起水通量尺度差异的显著影响因子;LAI 是引起碳通量差异的显著影响因子。

(3) 引入反映土壤水分变化的参数 a_4,选择饱和含水率作为土壤含水率响应函数的重要因子,考虑叶面积指数与有效叶面积指数的差异,改进的阻力模型能更好地体现干湿交替的土壤水分条件对蒸散的影响,阻力参数按不同空间尺度率定并运用于 P-M 和 S-W 模型后,均能较好地模拟不同时空尺度稻田蒸散量,P-M 的模拟效果优于 S-W,且田间尺度的模拟精度更高,蒸散量对阻力参数的敏感性小于阻力本身及气象环境因素,模型稳定性较好。

参考 Jarvis 气孔阻力模型,结合节水灌溉稻田水热环境特征,引入反映干湿交替土壤水分变化的参数 a_4,选择饱和含水率作为土壤含水率响应函数的重要因子,考虑叶面积指数与有效叶面积指数的差异,在不同空间尺度构建了冠层阻力(r_s^c)与土壤表面阻力(r_s^s)模型,并运用于 P-M 和 S-W 模型,能更好地模拟干湿交替条件下稻田蒸散过程。P-M、S-W 与 ET_{CML} 的回归斜率分别为 0.967 和 0.969,与 ET_{EC}^* 的回归斜率分别为 1.051 和 1.002,R^2 和 IOA 均较高。P-M 和 S-W 模型在不同冠层覆盖度和不同典型天气条件下均能较好地模拟蒸散变化规律,总体上 P-M 的模拟效果较 S-W 好,田间尺度的模拟效果较冠层尺度好,且 LAI 低时的模拟效果较 LAI 高时好。与已有稻田蒸散模型相比,模拟效果在蒸散量较小时有明显提高。小时尺度率定的蒸散模型直接估算日尺度蒸散量,在田间尺度的模拟效果较好,在冠层尺度较实测值有一定程度的低估,P-M 的模拟效果也较 S-W 好。P-M 和 S-W 模型计算的蒸散量对阻力参数、阻力值和气象环境因子的敏感性不尽相同,但蒸散量对阻力参数的敏感性小于阻力本身以及相关气象环境因素的敏感性,模型稳定性较好。

(4) 基于水热平衡与水汽传输理论,以蒸散量和土壤含水率耦合水与热过程,构建了适用于节水灌溉稻田的水热耦合模型,能准确刻画稻田水热状态之间的耦合关系,较好地模拟干湿交替条件下稻田水分和热量的通量过程和状态特征,模型在小时和日尺度上均具有较好的适用性和可靠性。

基于地表的能量与水量传输与交换机制,以蒸散量和土壤含水率为耦合变量,通过常规气象资料(Rn、T_a、VPD 和 u)和少量给定初值(θ^0 和 T_{s-10}^0),实现了节水灌溉稻田的水热耦合,以及小时和日尺度的水热动态模拟。能量平衡中的 LE 和水量平衡中的 ET 是水热耦合的关键变量,基于验证样本的各输出量均能达到 $\alpha<0.001$ 显著性水平,模拟的相关性和一致性均较高。LAI 和 h_c 是水热模型中反映作物生长状况的重要输出项,为各水热通量的精确模拟提供了可靠的基础数据。土壤水分状态(θ 和 h_w)、ET_{EC}^* 和 E 是水热耦合模型中重要的水分输出项。模拟值能较好地反映节水灌溉稻田干湿交替的土壤水分状态和蒸散变化。G_0、Hs、T_{s-10} 和 T_c 是模型重要的热输出项,虽然其计算过程中包含了其他变量的模拟误差,但仍能较好地反映稻田热传输与转换过程。

(5) 引入叶龄的光响应曲线和 CO_2 响应曲线可以实现用一套光响应参数计算所有叶龄叶片的光响应曲线;研究通过 Jarvis 气孔导度模型联系 Penman Monteith(P-M)模型和 Farquhar 模型,建立了适合于不同叶龄的水稻叶片尺度水碳通量联合模拟模型,选用改进 Jarvis 气孔导度模型计算的 g_{swCal} 估算叶片 T_r 具有更好的精度,基于 Jarvis 和改进 Jarvis 气孔导度模型计算的 g_{swCal} 的 Farquhar 模型估算 P_n 具有相似的精度。冠层和田间的 P-M 和 Farquhar 模型参数存在尺度效应,P-M 和 Farquhar 模型可以较好地模拟两种尺度下的蒸散发和碳通量的白天变化,对夜间变化模拟效果较差。

叶片气孔导度 g_{sw}、蒸腾速率 T_r 和净光合速率 P_n 对光合有效辐射 PAR_a 和大气 CO_2 浓度 Ca 的响应均受叶龄 LA 影响;引入叶龄的光响应曲线和 CO_2 响应曲线可以实现用一套光响应参数计算所有叶龄叶片的光响应曲线。基于 PAR_a、VPD 和 θ 因子的 Jarvis 气孔导度模型估算的叶片气孔导度 g_{sw} 具有较高的精度,但确定性系数较差,基于 PAR_a、VPD、θ 和 LA 四个因子的改进 Jarvis 气孔导度模型计算 g_{sw} 的精度略有提高,相关系数调高显著;选用 Jarvis 气孔导度模型计算的 g_{swCal} 的 P-M 模型估算的 T_{rCal} 高估实测 T_{rMea} 3.79%,但相关系数 R^2 较低,选用改进 Jarvis 模型计算的叶片 g_{swCal} 的 P-M 模型估算的 T_{rCal} 相关系数调高显著,P-M 模型选用改进 Jarvis 模型计算的 g_{sw} 对田间观测的 T_r 具有较高的解释能力;基于 Jarvis 气孔导度模型和改进 Jarvis 气孔导度模型的 Farquhar 模型均可较好地估计叶片尺度的 P_n。

冠层尺度和田间尺度的阻力模型参数不同,其中最大羧化速率 V_{cm} 均随着水稻生育期的推进不断增加,在拔节孕穗期达到最大值,之后开始减小,且冠层尺度的 V_{cm} 均大于田间尺度的 V_{cm}。P-M 模型能很好地模拟不同冠层覆盖度和不同生育阶段下冠层和田间蒸散发的白天变化,模拟精度随着冠层覆盖度的增加而增加,夜间蒸散发实测值 $ET_{CML,Mea}$ 波动起伏较大,而模拟值变化连续且较为平稳;P-M 模型可以精确模拟水稻全生育期内 10:00 的冠层和田间蒸散发。Farquhar 模型能很好地模拟不同冠层覆盖度和不同生育阶段下冠层和田间碳通量的白天变化,模拟精度随着冠层覆盖度的增加而增加,但明显低估夜间冠层和田间碳排放量;模型可以精确模拟水稻全生育期内 10:00 的冠层和田间碳通量。

(6)结合试验区具体气候环境条件,基于水热转化关系优化的蒸发比法、作物系数法、冠层阻力法和正弦关系法,能较好地实现稻田蒸散量"小时-日-生育期"的时间尺度提升;考虑影响尺度差异的多元线性关系,以及引入 Rn 和 VPD 修正系数后改进的 P-M 模型,均能实现"冠层-田间"空间尺度稻田蒸散量的提升转换,各模型的可靠性与准确性均较高。

按净辐射不同分段计算的蒸发比法,利用 9:00~11:00 两小时扩展计算的作物系数法和冠层阻力法,均能很好地模拟节水灌溉稻田日尺度蒸散量,三种方法

的 R^2 均高于 0.95，$RMSE$ 均低于 0.38 mm·d^{-1}，IOA 均高于 0.98。正弦关系法仅与计算区域的纬度位置和日序数 J 有关，模拟效果稍差，是一种简便、粗略的日尺度蒸散量估算方法。四种方法均能较好地实现水稻生育期尺度的蒸散量估算，其中基于日序数计算的 ET_J 与 ET_{EC}^* 的相关性和一致性较其他三种方法稍差，其他三种方法较短时间间隔的插补估算效果较好，较长时间间隔的插补估算精度稍有降低，但能有效减少数据输入量。

Rn 是蒸散量空间尺度线性提升的最关键因素，以 Rn、Rn 和 VPD、Rn 和 u 以及 Rn、VPD 和 T_a 四种组合的线性关系均能很好地实现节水灌溉稻田蒸散量从冠层到田间尺度的扩展。基于尺度差异影响因素的分析，在 P-M 模型中引入尺度差异主控因素 Rn 和 VPD 的修正系数 C_1 和 C_2，可实现蒸散量从冠层到田间尺度的非线性转换，模型的可靠性与准确性均较高，该方法具有较好的理论基础和实际适用性。

（7）研究对叶片尺度上的气孔导度-光合速率-蒸腾速率耦合模型在冠层尺度上进行了扩展，探讨了水碳通量的提升方法，通过在冠层内对叶片气孔导度的积分或叶片蒸腾和光合的积分实现叶片尺度到冠层尺度的水碳通量提升，建立了冠层尺度的水碳耦合模型。

基于 Jarvis 叶片气孔导度（忽略冠层内叶片间气孔差异）提升的冠层气孔导度 g_{cwCal} 计算冠层蒸散量 ET_{CMLCal} 低估冠层实际蒸散发，基于 g_{cwCal}、冠层内的叶片最大羧化速率 V_{max} 和最大电子传递传输速率 J_{max} 计算的冠层碳通量极大高估实际碳通量；基于改进 Jarvis 叶片气孔导度（考虑叶龄引起的叶片间气孔差异）提升的冠层气孔导度 g_{cwCorl} 计算冠层蒸散量 $ET_{CMLCorl}$ 低估冠层实际蒸散发，基于 g_{cwCorl}、叶龄分布加权计算的 $V_{cmaxCorl}$ 和 $J_{cmaxCorl}$ 模型计算的冠层碳通量高估实际碳通量；基于叶片蒸腾和光合估算模型的冠层水碳估算模型，即累积冠层内不同叶龄叶片蒸腾和叶片光合速率，并考虑棵间蒸发与棵间土壤呼吸，总体上模拟值能较好地反映节水灌溉稻田冠层尺度的蒸散发和碳通量变化。

10.2 建议

本书针对节水灌溉稻田，根据现场试验观测资料，对稻田水、热、碳通量转换过程和不同时空尺度蒸散过程进行了全面的分析，建立了适用于不同尺度的蒸散模型和水热耦合模型，以及适合于不同叶龄的水稻叶片尺度水碳通量联合模拟模型，实现了蒸散量在不同时空尺度间的转换，并通过在冠层内对叶片气孔导度的积分或叶片蒸腾和光合的积分实现叶片尺度到冠层尺度的水碳通量提升。但受试验时间、试验条件、观测仪器和作者知识储备的限制，还存在一些不足，后续研究应在不断改善客观试验条件的基础上不断学习，从以下几方面对相关研究加以改进和完善：

（1）在称重式蒸渗仪测量冠层尺度蒸散量的试验中发现，夜间（特别 3:00～6:00 空气湿度较大时）测量值常出现负值，可能因为夜间水汽凝结于作物和土壤表面，且水汽凝结速率大于蒸散速率。后续研究应进一步明确稻田水汽凝结发生条件和概率，以及水汽凝结对稻田水循环的贡献和意义。

（2）在阻力模型或蒸散模型中，有效叶面积指数 LAI_a 的计算多来自经验假设，且多假定为实际叶面积指数 LAI 的分段函数，由此使 LAI_a 的计算带来一定误差。今后的研究中应设法直接测定 LAI_a，或区分不同作物类型建立 LAI_a 与 LAI 的函数关系，以准确获得作物不同生育阶段的 LAI_a，提高阻力模型和蒸散模型的模拟精度。

（3）本书实现了水碳通量在不同空间尺度的提升，但在叶片到冠层水碳通量的提升过程中，冠层内部叶片的受光情况不同，导致冠层内部各叶片的温湿度存在差异；同时，本书概化水稻新生叶片仅出生在冠层最上层，叶片叶龄在水稻冠层内自上而下递增，且不区分冠层内阴阳叶分布，按照同一叶龄叶片均匀受光处理，后续模型优化过程中要考虑冠层内空气温湿度变化、新生叶片在冠层内的分布以及阴阳叶在冠层内的分布。

（4）本书利用 P-M 和 Farquhar 模型可以较好地模拟冠层和田间尺度水碳通量的日间动态特征，但在模拟夜间的碳排放和蒸散量动态过程的响应方面存在很大误差。精确模拟夜间的水碳通量是未来模型需要进一步改进的重要方面。

（5）本书探讨了节水灌溉稻田水热碳通量过程，氮素也是水稻生长和稻田环境的关键元素，后续研究应考虑对水、热、碳、氮进行综合分析，并将节水灌溉研究向大尺度拓展，实现气候变化条件下的作物生长与水肥诊断（遥感、模型），形成农田"水-热-碳-氮"可持续利用模式，实现农田土水资源高效利用与低碳（或增强碳汇）的有机统一，实现稻田控污减排可持续灌溉。

参考文献

Aboitiz M, Labadie J W, Heermann D F, 1986. Stochastic Soil Moisture Estimation and Forecasting for Irrigated Fields[J]. Water Resources Research, 22(2): 180-190.

Agam N, Berliner P R, Zangvil A, et al, 2004. Soil water evaporation during the dry season in an arid zone[J]. Journal of Geophysical Research Atmospheres, 109(16): 1355-1363.

Alfieri J G, Kustas W P, Prueger J H, et al, 2012. On the discrepancy between eddy covariance and lysimetry-based surface flux measurements under strongly advective conditions[J]. Advances in Water Resources, 50(6): 62-78.

Allen R G, Pruitt W O, Wright J L, et al, 2006. A recommendation on standardized surface resistance for hourly calculation of reference ET o by the FAO56 Penman-Monteith method [J]. Agricultural Water Management, 81: 1-22.

Alves I, Perrier A, Pereira L S, 1998. Aerodynamic and surface resistances of complete cover crops: How good is the "big leaf"? [J]. Transactions of the ASAE, 41(2): 345-351.

Amthor J S, 1994. Scaling CO_2 photosynthesis relationships from the leaf to the canopy[J]. Photosynthesis Research, 39(3): 321-350.

Anderson R G, Wang D, 2014. Energy budget closure observed in paired Eddy Covariance towers with increased and continuous daily turbulence [J]. Agricultural and Forest Meteorology, 184(210): 204-209.

Anderson-Teixeira K J, Delong J P, Fox AM, et al, 2011. Differential responses of production and respiration to temperature and moisture drive the carbon balance across a climatic gradient in New Mexico[J]. Global Change Biology, 17(1): 410-424.

Anthoni P M, Freibauer A, Kolle O, et al, 2004. Winter wheat carbon exchange in Thuringia, Germany[J]. Agricultural and Forest Meteorology, 121(1): 55-67.

Arain M A, Black T A, Barr A, G et al, 2002. Effects of seasonal and interannual climate variability on net ecosystem productivity of boreal deciduous and conifer forests[J]. Canadian Journal of Forest Research, 32: 878-891.

Aston A R, 1985. Heat storage in a young eucalypt forest[J]. Agricultural and Forest Meteorology, 35(1): 281-297.

Aubinet M, Grelle A, Ibrom A, et al, 1999. Estimates of the annual net carbon and water exchange of forests: the EUROFLUX methodology[J]. Advances in Ecological Research, 30(1): 113-175.

Aubinet M, Vesala T, Papale D, 2012. Eddy Covariance: A Practical Guide to Measurement and Data Analysis[M]. Springer: 365-376.

Ács F, Mihailovi D T, Rajkovi B, 1991. A Coupled Soil Moisture and Surface Temperature Prediction Model[J]. Journal of Applied Meteorology, 30(6): 812-822.

Baldocchi D D, Law B E, Anthoni P M, 2000. On measuring and modeling energy fluxes above the floor of a homogeneous and heterogeneous conifer forest[J]. Agricultural and Forest Meteorology, 102(2-3): 187-206.

Baldocchi D D, Wilson K B, 2001. Modeling CO_2 and water vapor exchange of a temperate broadleaved forest across hourly to decadal time scales[J]. Ecological Modelling, 142(1): 155-184.

Baldocchi D, 1992. A lagrangian random-walk model for simulating water vapor, CO_2 and sensible heat flux densities and scalar profiles over and within a soybean canopy[J]. Boundary-Layer Meteorology, 61(1): 113-144.

Baldocchi D, Falge E, Gu L, et al, 2001. FLUXNET: A New Tool to Study the Temporal and Spatial Variability of Ecosystem-Scale Carbon Dioxide, Water Vapor, and Energy Flux Densities[J]. Bulletin of the American Meteorological Society, 82(11): 2415-2434.

Ball J T, Woodrow I E, Berry J A, et al, 1987. A model predicting stomatal conductance and its contribution to the control of photosynthesis under different environmental conditions[C]. Progress in photosynthesis research: proceedings of the Ⅶth international congress on photosynthesis. Springer Netherlands, 221-224.

Barr A G, Morgenstern K, Black T A, et al, 2006. Surface energy balance closure by the eddycovariance method above three boreal forest stands and implications for the measurement of the CO_2 flux[J]. Agricultural and Forest Meteorology, 140(1-4): 322-337.

Bastiaanssen W G M, Metselaar K, 1990. Correlation between remotely sensed land surface parameters and soil resistance: the parameterization of soil hydraulic properties[C]. International Symposium remote sensing and water resources, 24: 287-293.

Bernacchi C J, Long S P, 2002. Temperature response of mesophyll conductance. Implications for the determination of Rubisco enzyme kinetics and for limitations to photosynthesis in vivo [J]. Plant Physiology, 130(4): 1992-1998.

Bernacchi C J, Singsaas E C, Portis A R, et al, 2010. Improved temperature response functions for models of Rubisco-limitedphotosynthesis[J]. Plant Cell & Environment, 24(2): 253-259.

Beyrich F, De Bruin HAR, Meijninger WML, et al, 2002. Results from one-year continuous operation of a large aperture scintillometer over a heterogeneous land surface[J]. Boundary-Layer Meteorology, 105(1): 85-97.

Binks O, Finnigan J, Coughlim I, et al, 2021. Canopy wetness in the Eastern Amazon[J]. Agricultural and Forest Meteorology, 297: 108250.

Bonan G B, 1995. Land-atmosphere CO_2 exchange simulated by a land surface process model coupled to an atmospheric general circulation model [J]. Journal of Geophsical: Atmospheres, 100(D2): 2817-2831.

Bonan G B, Patton E G, Finnigan J J, et al, 2021. Moving beyond the incorrect but useful paradigm: reevaluating big-leaf and multilayer plant canopies to model biosphere-atmosphere fluxes-a review[J]. Agricultural and Forest Meteorology, 306: 108435.

Boote K J, Loomis R S, 1991. Modeling crop photosynthesis-from biochemistry to canopy[M]. Crop Science Society of America.

Bouman B A M, Kropff M J, Tuong T P, et al, 2001. ORYZA2000: modeling lowland rice [M]. International Rice Research Institute.

Bouwman A F, 1990. Soils and the greenhouse effect[M]. John Wiley & Sons.

Bresta P, Nikolopoulos D, Economou G, et al, 2011. Modification of water entry (xylem vessels) and water exit (stomata) orchestrates long term drought acclimation of wheat leaves [J]. Plant and Soil, 347(1): 179-193.

Brisson N, Seguin B, Bertuzzi P, 1992. Agrometeorological soil water balance for crop simulation models[J]. Agricultural and Forest Meteorology, 59(34): 267-287.

Burba G G, Verma S B, 2006. Seasonal and interannual variability in evapotranspiration of native tallgrass prairie and cultivated wheat ecosystems [J]. Agricultural and Forest Meteorology, 135(1): 190-201.

Burkart S, Manderscheid R, Weigel H J, 2007. Design and performance of a portable gas exchange chamber system for CO_2- and H_2O-flux measurements in crop canopies[J]. Environmental and Experimental Botany, 61(1): 25-34.

Cai J B, Xu D, Yu L, et al, 2010. Scaling effects and transformation of crop evapotranspiration for winter wheat after reviving[J]. Journal of Hydraulic Engineering, 41(7): 862-869.

Camillo P J, Gurney R J, 1986. A resistance parameter for bare-soil evaporation models[J]. Soil Science, 141(2): 95-105.

Cammalleri C, Anderson M C, Gao F, et al, 2013. A data fusion approach for mapping daily evapotranspiration at field scale[J]. Water Resources Research, 49(8): 4672-4686.

Campos S, Mendes K R, Silva L, et al, 2019. Closure and partitioning of the energy balance in a preserved area of a Brazilian seasonally dry tropical forest[J]. Agricultural and Forest Meteorology, 271: 398-412.

Castellanos A E, Hinojo-Hinojo C, Rodriguez J C, et al, 2022. Plant functional diversity influences water and carbon fluxes and their use efficiencies in native and disturbed dryland ecosystems[J]. Ecohydrology, 15(5): e2415.

Castellví F, Snyder R L, Baldocchi D D, 2008. Surface energy-balance closure over rangeland grass using the eddy covariance method and surface renewal analysis[J]. Agricultural and Forest Meteorology, 148(6-7): 1147-1160.

Cava D, Contini D, Donateo A, et al, 2008. Analysis of short-term closure of the surface energy balance above short vegetation[J]. Agricultural and Forest Meteorology, 148(1): 82-93.

Cellier P, Brunet Y, 1992. Flux-gradient relationships above tall plant canopies[J]. Agricultural and Forest Meteorology, 58(1-2): 93-117.

Chambers A, Lal R, Paustian K, 2016. Soil carbon sequestration potential of US croplands and grasslands: Implementing the 4 per Thousand Initiative[J]. Journal of Soil and Water Conservation, 71(3): 68A-74A.

Chanzy A, Bruckler L, 1993. Significance of soil surface moisture with respect to daily bare soil evaporation[J]. Water Resources Research, 29(4): 1113-1126.

Chemin Y, Alexandridis T, 2001. Improving spatial resolution of ET seasonal for irrigated rice in Zhanghe, China[C]. the 22nd Asian Conference on Remote Sensing. Singapore.

Chen J M, Liu J, 2020. Evolution of evapotranspiration models using thermal and shortwave remote sensing data[J]. Remote Sensing of Environment, 237: 111594.

Chen J M, Liu J, Cihlar J, et al, 1999. Daily canopy photosynthesis model through temporal and spatial scaling for remote sensing applications[J]. Ecological Modelling, 124(2-3): 99-119.

Chen J, Chen W J, Liu J, et al, 2000. Annual carbon balance of Canada. s forests during 1895-1996[J]. Global Biogeochemical Cycles, 14(3): 839-49.

Choudhury B J, Monteith J L, 1988. A 4 layer model for the heat budget of homogenous land surfaces[J]. Quarterly Journal of the Royal Meteorological Society, 114(480): 373-398.

Christian B, Markus R, Enrico T, et al, 2010. Terrestrial gross carbon dioxide uptake: global distribution and covariation with climate[J]. Science, 329(5993): 834-838.

Chávez J L, Howell T A, Copeland K S, 2009. Evaluating eddy covariance cotton ET measurements in an advective environment with large weighing lysimeters[J]. Irrigation Science, 28(1): 35-50.

参考文献

Colaizzi P D, Evett S R, Howell T A, et al, 2006. Comparison of five models to scale daily evapotranspiration from one-time-of-day measurements[J]. Transactions of the ASAE, 49 (5): 1409-1417.

Collatz G J, Ball J T, Grivet C, et al, 1991. Physiological and environmental regulation of stomatal conductance, photosynthesis and transpiration: a model that includes a laminar boundary layer[J]. Agricultural and Forest Meteorology, 54(91): 107-136.

Collatz G J, Ribascarbo M, Berry J A, 1992. Coupled Photosynthesis-Stomatal Conductance Model for Leaves of C_4 Plants[J]. Functional Plant Biology, 19(5): 519-538.

Cui Y K, Jia L, 2021. Estimation of evapotranspiration of "soil-vegetation" system with a scheme combining a dual-source model and satellite data assimilation[J]. Journal of Hydrology, 603: 127145.

Dai Y J, Dickinson R E, Wang Y P, 2004. A two-big-leaf model for canopy temperature, photosynthesis, and stomatal conductance[J]. Journal of Climate, 17(12): 2281-2299.

Davidson E A, Savage K, Verchot L V, et al, 2002. Minimizing artifacts and biases in chamber-based measurements of soil respiration[J]. Agricultural and Forest Meteorology, 113(1-4): 21-37.

De P D, Farquhar G D, Dgg D P, 2010. Simple scaling of photosynthesis from leaves to canopies without the errors of big-leaf models[J]. Plant Cell and Environment, 20(5): 537-557.

Denning A S, Randall D A, Collatz G J, et al, 1996. Simulations of terrestrial carbon metabolism and atmospheric CO_2 in a general circulation model. Part 2: simulated CO_2 concentrations[J]. Tellus Series B-chemical and Physical Meteorology, 48(4): 543-567.

Dhungel R, Aiken R, Evett S R, et al, 2021. Energy imbalance and evapotranspiration hysteresis under an advective environment: evidence from lysimeter, eddy covariance, and energy balance modeling[J]. Geophysical Research Letters, 48(1): e2020GL091203.

Ding Z, Wen Z, Wu R, et al, 2013. Surface energy balance measurements over a banana plantation in South China[J]. Theoretical and Applied Climatology, 114(1-2): 349-363.

Dolman A J, 1993. A multiple-source land surface energy balance model for use in general circulation models[J]. Agricultural and Forest Meteorology, 65(93): 21-45.

Dugas W, Fritschen A, 1991. Bowen radio, eddy correlation, and portable chamber measurements of sensible and latent heat flux over irrigated spring wheat[J]. Agricultural and Forest Meteorology, 56(1-2): 1-20.

Ershadi A, Mccabe M F, Evans J P, et al, 2015. Impact of model structure and parameterization on Penman-Monteith type evaporation models[J]. Journal of Hydrology,

525: 521-535.

Eshonkulov R A, Poyda A, Ingwersen J, et al, 2019. Improving the energy balance closure over a winter wheat field by accounting for minor storage terms[J]. Agricultural and Forest Meteorology, 264: 283-296.

Evett S R, Schwartz R C, Howell T A, et al, 2012. Can weighing lysimeter ET represent surrounding field ET well enough to test flux station measurements of daily and sub-daily ET? [J]. Advances in Water Resources, 50(6): 79-90.

Falge E, Baldocchi D, Olson R, et al, 2001. Gap filling strategies for long term energy flux data sets[J]. Agricultural and Forest Meteorology, 107(1): 71-77.

Farquhar G D and Caemmerer S V. Modelling of photosynthetic response to environmental conditions[M]. Springer Berlin Heidelberg, 1982.

Farquhar G D, Caemmerer S V, Berry J A, 1980. A biochemical model of photosynthetic CO_2 assimilation in leaves of C3 species[J]. Planta, 149(1): 78-90.

Flerchinger G N, Hanson C L, Wight J R, 1996. Modeling Evapotranspiration and Surface Energy Budgets Across a Watershed[J]. Water Resources Research, 32(8): 2539-2548.

Foken T, 2008. The energy balance closure problem: an overview[J]. Ecological Applications, 18(6): 1351-1367.

Foken T, Göockede M, Mauder M, et al, 2004. Post-field data quality control[C]. In Lee X H, Massman W, Law B(Eds.), Handbook of micrometeorology: a guide for surface flux measurement and analysis. Springer Netherlands, 181-208.

Frank J M, Massman W J, Ewers B E, 2013. Underestimates of sensible heat flux due to vertical velocity measurement errors in non-orthogonal sonic anemometers[J]. Agricultural and Forest Meteorology, 171-172(8): 72-81.

French A N, Jacob F, Anderson M C, et al, 2005. Surface energy fluxes with the Advanced Spaceborne Thermal Emission and Reflection Radiometer (ASTER) at the Iowa 2002 SMACEX site (USA)[J]. Remote Sensing of Environment, 99(1-2): 55-65.

Friend A D, 2001. Modelling canopy CO_2 fluxes: are 'big - leaf' simplifications justified? [J]. Global Ecology and Biogeography, 10(6): 603-619.

Furon A C, Warland J S, Wagnerriddle C, 2007. Analysis of Scaling-Up Resistances from Leaf to Canopy Using Numerical Simulations[J]. Agronomy Journal, 99(6): 1483-1491.

Garbach K, Milder J C, Montenegro M, et al, 2014. Biodiversity and ecosystem services in agroecosystems[M]. In Van Alfen NK(Ed.), Encyclopedia of agriculture and food systems. Elsevier: 21-40.

Gardiol J M, Serio L A, Maggiora A I D, 2003. Modelling evapotranspiration of corn (Zea mays) under different plant densities[J]. Journal of Hydrology, 271(1-4): 188-196.

Gardner W R, 1958. Some steady-state solutions of the unsaturated moisture flow equation with application to evaporation from a water table[J]. Soil Science, 85(4): 228-232.

Gebler S, Franssen H J H, Pütz T, et al, 2014. Actual evapotranspiration and precipitation measured by lysimeters: a comparison with eddy covariance and tipping bucket[J]. Hydrology & Earth System Sciences, 19(5): 2145-2161.

Gentine P, Entekhabi D, Chehbouni A, et al, 2007. Analysis of evaporative fraction diurnal behaviour[J]. Agricultural and Forest Meteorology, 143(1-2): 13-29.

Girona J, Campo J D, Mata M, et al, 2011. A comparative study of apple and pear tree water consumption measured with two weighing lysimeters[J]. Irrigation Science, 29(1): 55-63.

Goto S, Kuwagata T, Konghakote P, et al, 2008. Characteristics of water balance in a rainfed paddy field in Northeast Thailand[J]. Paddy and Water Environment, 6(1): 153-167.

Granier A, Loustau D, Bréda N, 2000. A generic model of forest canopy conductance dependent on climate, soil water availability and leaf area index[J]. Annals of Forest Science, 57(8): 755-765.

Green S, Clothier B, Jardine B, 2003. Theory and practical application of heat pulse to measure sap flow[J]. Agronomy Journal, 95(6): 1371-1379.

Gu L, Shugart H H, Fuentes J D, et al, 1999. Micrometeorology, biophysical exchanges and NEE decomposition in a two-story boreal forest — development and test of an integrated model[J]. Agricultural and Forest Meteorology, 94(2): 123-148.

Han S, Hu H, Yang D, et al, 2011. A complementary relationship evaporation model referring to the Granger model and the advection-aridity model[J]. Hydrological Processes, 25(13): 2094-2101.

Han X, Wei Z, Zhang B, et al, 2021. Crop evapotranspiration prediction by considering dynamic change of crop coefficient and the precipitation effect in back-propagation neural network model[J]. Journal of Hydrology, 596: 126104.

Hanks R J, 1958. Water vapor transfer in dry soil[J]. Soil Science Society of America Journal, 22(5): 372-374.

Hanks R J, 2012. Applied soil physics: soil water and temperature applications[M]. Springer Science & Business Media.

Harley P C, Baldocchi D D, 1995. Scaling carbon dioxide and water vapor exchange from leaf to canopy in a deciduous forest. II. Model testing and application[J]. Plant Cell and Environment, 18(10): 1146-1156.

Hatfield J L, 1996. Evapotranspiration estimates under deficient water supplies[J]. Journal of

Irrigation and Drainage Engineering, 122(5): 301-308.

Hatton T J, Walker J, Dawes W R, et al, 1992. Simulations of hydroecological responses to elevated CO_2 at the catchment scale[J]. Australian Journal of Botany, 40(5): 679-696.

Heitman J L, Horton R, Sauer T J, et al, 2010. Latent heat in soil heat flux measurements[J]. Agricultural and Forest Meteorology, 150(78): 1147-1153.

Heusinkveld B G, Jacobs A F G, Holtslag A A M, et al, 2004. Surface energy balance closure in an arid region: role of soil heat flux[J]. Agricultural and Forest Meteorology, 122(12): 21-37.

Hiyama T, Strunin M A, Tanaka H, et al, 2007. The development of local circulations around the Lena River and their effect on tower—observed energy imbalance[J]. Hydrological Processes, 21(15): 2038-2048.

Hofstra G, Hesketh J D, 1969. The effect of temperature on stomatal aperture in different species[J]. Canadian Journal of Botany, 47(8): 1307-1310.

Hunsaker D J, Kimball B A, Pinter P J, et al, 2000. CO_2 enrichment and soil nitrogen effects on wheat evapotranspiration and water use efficiency[J]. Agricultural & Forest Meteorology, 104(2): 85-105.

Hutchinson J J, Campbell C A, Desjardins R L, 2007. Some perspectives on carbon sequestration in agriculture[J]. Agricultural and Forest Meteorology, 142(2): 288-302.

Idso S B, Jackson R D, Pinter Jr P J, et al, 1981. Normalizing the stress-degree-day parameter for environmental variability[J]. Agricultural Meteorology, 24(1): 45-55.

IPCC, 2022. Climate Change 2022: Impacts, Adaptation, and Vulnerability[R]. Contribution of Working Group II to the Sixth Assessment Report of the Intergovernmental Panel on Climate Change. Cambridge University Press.

Irmak S, Mutiibwa D, Irmak A, et al, 2008. On the scaling up leaf stomatal resistance to canopy resistance using photosynthetic photon flux density[J]. Agricultural and Forest Meteorology, 148(6-7): 1034-1044.

Jackson R D, Hatfield J L, Reginato R J, et al, 1983. Estimation of daily evapotranspiration from one time-of-day measurements[J]. Agricultural Water Management, 7(1-3): 351-362.

Jackson R D, Idso S B, Reginato R J, et al, 1981. Canopy temperature as a crop water stress indicator[J]. Water Resources Research, 17(4): 1133-1138.

Januskaitiene I, 2014. The dynamics of photosynthetic parameters of phaseolus vulgaris and vicia fabo under strong cadmium stress[J]. Biologija, 60(3): 155-164.

Jarvis P G, 1976. The interpretation of the variations in leaf water potential and stomatal conductance found in canopies in the field[J]. Philosophical Transactions of the Royal Society of London. B, Biological Sciences, 273(927): 593-610.

Jensen M E, Burman R D, Allen R G, 1990. Evapotranspiration and irrigation water requirements[C]. American Society of Civil Engineers.

Ji X B, Kang E S, Chen R S, et al, 2007. A mathematical model for simulating water balances in cropped sandy soil with conventional flood irrigation applied[J]. Agricultural Water Management, 87(3): 337-346.

Jin Y, Liu Y, Liu J, et al, 2022. Energy balance closure problem over a tropical seasonal rainforest in xishuangbanna, southwest china: role of latent heat flux. Water[J], 14(3): 395.

Joaquim B, Héctor N, Ana P, et al, 2021. Remote sensing energy balance model for the assessment of crop evapotranspiration and water status in an almond rootstock collection[J]. Frontiers in Plant Science, 12: 608967.

Jones H G, 2013. Plants and microclimate: a quantitative approach to environmental plant physiology[M]. Cambridge University Press.

Jury W A and Horton R. Soil physics[M]. John Wiley & Sons, 2004.

Kang M, Cho S, 2021. Progress in water and energy flux studies in Asia: A review focused on eddy covariance measurements[J]. Journal of Agricultural Meteorology, 77(1): 2-23.

Katerji N, Perrier A, Renard D, et al, 1983. Modélisation de l. évapotranspiration réelle ETR d. une parcelle de luzerne : rôe d. un coefficient cultural[J]. Agronomie, 3(6): 513-521.

Katerji N, Rana G, 2006. Modelling evapotranspiration of six irrigated crops under Mediterranean climate conditions[J]. Agricultural and Forest Meteorology, 138(1-4): 142-155.

Katerji N, Rana G, Fahed S, 2011. Parameterizing canopy resistance using mechanistic and semi-empirical estimates of hourly evapotranspiration: critical evaluation for irrigated crops in the Mediterranean[J]. Hydrological Processes, 25(1): 117-129.

Kato T, Kimura R, Kamichika M, 2004a. Estimation of evapotranspiration, transpiration ratio and water-use efficiency from a sparse canopy using a compartment model[J]. Agricultural Water Management, 65(3): 173-191.

Kato T, Tang Y, 2010. Spatial variability and major controlling factors of CO_2 sink strength in Asian terrestrial ecosystems: evidence from eddy covariance data[J]. Global Change Biology, 14(10): 2333-2348.

Kato T, Tang Y, Song G, et al, 2004b. Carbon dioxide exchange between the atmosphere and an alpine meadow ecosystem on the Qinghai-Tibetan Plateau, China[J]. Agricultural and

Forest Meteorology, 124(1-2): 121-134.

Kessomkiat W, Franssen H J H, Graf A, et al, 2013. Estimating random errors of eddy covariance data: An extended two-tower approach[J]. Agricultural and Forest Meteorology, 171 172(3): 203-219.

Kim C P, Entekhabi D, 1998. Impact of soil heterogeneity in a mixed-layer model of the planetary boundary layer[J]. Hydrological Sciences Journal, 43(4): 633-658.

Kim J, Verma S B, 1991. Modeling canopy photosynthesis: scaling up from a leaf to canopy in a temperate grassland ecosystem[J]. Agricultural and Forest Meteorology, 57: 187-208.

Kochendorfer J, Meyers T P, Frank J, et al, 2012. How well can we measure the vertical wind speed? Implications for fluxes of energy and mass[J]. Boundary-Layer Meteorology, 145(2): 383-398.

Kohsiek W, Liebethal C, Foken T, et al, 2007. The energy balance experiment EBEX-2000. Part III: Behaviour and quality of the radiation measurements[J]. Boundary-Layer Meteorology, 123(1): 55-75.

Kondo J, Saigusa N, 1990. A parameterization of evaporation from bare soil surfaces[J]. Journal of Applied Meteorology, 29(5): 385-389.

Kruk B C, Insausti P, Razul A, et al, 2006. Light and thermal environments as modified by a wheat crop: effects on weed seed germination[J]. Journal of Applied Ecology, 43(2): 227-236.

Kustas W P, Schmugge T J, Hipps L E, 1996. On using mixed-layer transport parameterizations with radiometric surface temperature for computing regional scale sensible heat flux[J]. Boundary-Layer Meteorology, 80(3): 205-221.

Lal R, Bruce J P, 1999. The potential of world cropland soils to sequester C and mitigate the greenhouse effect[J]. Environmental Science and Policy, 2(2): 177-185.

Le Treut H, Somerville R, Cubasch U, et al, 2007. Historical Overview of Climate Change [R]. // Climate Change 2007: The Physical Science Basis. Contribution of Working Group I to the Fourth Assessment Report of the Intergovernmental Panel on Climate Change. Cambridge University Press.

Lee M S, Nakane K, Nakatsubo T, et al, 2002. Effects of rainfall events on soil CO_2 flux in a cool temperate deciduous broad-leaved forest[J]. Ecological Research, 17(3): 401-409.

Lee X, 1998. On micrometeorological observations of surface-air exchange over tall vegetation [J]. Agricultural and Forest Meteorology, 91(1-2): 39-49.

Lei H M, Yang D W, 2010a. Interannual and seasonal variability in evapotranspiration and energy partitioning over an irrigated cropland in the North China Plain[J]. Agricultural and

Forest Meteorology, 150(4): 581-589.

Lei H M, Yang D W, 2010b. Seasonal and interannual variations in carbon dioxide exchange over a cropland in the North China Plain[J]. Global Change Biology, 16(11): 2944-2957.

Leuning R, 1995. A critical appraisal of a combined stomatal-photosynthesis model for C_3 plamts[J]. Plant Cell and Environment, 18(4): 339-355.

Leuning R, Dunin F X, Wang Y P, 1998. A two-leaf model for canopy conductance, photosynthesis and partitioning of available energy. II. Comparison with measurements[J]. Agricultural and Forest Meteorology, 91(12): 113-125.

Leuning R, Gorsel E V, Massman W J, et al, 2012. Reflections on the surface energy imbalance problem[J]. Agricultural and Forest Meteorology, 156(156): 65-74.

Leuning R, Kelliher F M, Pury D G G, et al, 1995. Leaf nitrogen, photosynthesis, conductance and transpiration: scaling from leaves to canopies [J]. Plant Cell and Environment, 18(10): 1183-1200.

Li Z Q, Yu G R, Wen X F, et al. 2005. Energy balance closure at ChinaFLUX sites[J]. Science in China Series D Earth Sciences, 48(S1): 51-62.

Lindroth A, Mölder M, Lagergren F, 2010. Heat storage in forest biomass improves energy balance closure[J]. Biogeosciences, 7(1): 301-313.

Linquist B, Snyder R, Anderson F, et al, 2015. Water balances and evapotranspiration in water-and dry-seeded rice systems[J]. Irrigation Science, 33(5): 375-385.

Liu J, Chen J M, Chen J C, 2002. Net Primary Productivity Mapped for Canada at 1 km Resolution[J]. Global Ecology and Biogeography, 11(2): 115-129.

Liu X Y, Xu J Z, Yang S H, et al, 2018. Rice evapotranspiration at the field and canopy scales under water-saving irrigation[J]. Meteorology and Atmospheric Physics, 130(2): 227-240.

Liu Z, Yang H, 2021. Estimation of water surface energy partitioning with a conceptual atmospheric boundary layer model [J]. Geophysical Research Letters, 48(9): e2021GL092643.

Lund M, Lafleur P M, Roulet N T, et al, 2010. Variability in exchange of CO_2 across 12 northern peatland and tundra sites[J]. Global Change Biology, 16(9): 2436-2448.

Ma M Z, Zang Z H, Xie Z Q, et al, 2019. Soil respiration of four forests along elevation gradient in northern subtropical China[J]. Ecology and Evolution, 9: 12846-12857.

Magnani F, Leonardi S, Tognetti R, et al, 1998. Modelling the surface conductance of a broad-leaf canopy: effects of partial decoupling from the atmosphere[J]. Plant Cell and Environment, 21(8): 867-879.

Malek E, Bingham G E, Mccurdy G D, 1992. Continuous measurement of aerodynamic and alfalfa canopy resistances using the Bowen ratio-energy balance and Penman-Monteith methods[J]. Boundary-Layer Meteorology, 59(1): 187-194.

Masseroni D, Corbari C, Mancini M, 2014. Limitations and improvements of the energy balance closure with reference to experimental data measured over a maize field[J]. Atmósfera, 27(4): 335-352.

Massman W J, Lee X, 2002. Eddy covariance flux corrections and uncertainties in long-term studies of carbon and energy exchanges[J]. Agricultural and Forest Meteorology, 113(1): 121-144.

Mauder M, Cuntz M, Drüe C, et al, 2013. Strategy for quality and uncertainty assessment of long-term eddy-covariance measurements[J]. Agricultural and Forest Meteorology, 169(4): 122-135.

Mauder M, Liebethal C, Gökede M, et al, 2006. Processing and quality control of flux data during LITFASS-2003[J]. Boundary-Layer Meteorology, 121(1): 67-88.

Mauder M, Oncley S P, Vogt R, et al, 2007. The energy balance experiment EBEX-2000. Part II: Intercomparison of eddy-covariance sensors and post-field data processing methods [J]. Boundary-Layer Meteorology, 123(1): 29-54.

Mayocchi C L, Bristow K L, 1995. Soil surface heat flux: some general questions and comments on measurements[J]. Agricultural and Forest Meteorology, 75(1-3): 43-50.

Mccabe M F, Wood E F, 2006. Scale influences on the remote estimation of evapotranspiration using multiple satellite sensors[J]. Remote Sensing of Environment, 105(4): 271-285.

Medlyn B E, De Pury D G G, Barton C V M, et al, 1999. Effects of elevated [CO_2] on photosynthesis in European forest species: a meta-analysis of model parameters[J]. Plant Cell and Environment, 22(12): 1475-1495.

Medlyn B E, Dreyer E, Ellsworth D, et al, 2010. Temperature response of parameters of a biochemically based model of photosynthesis. II. A review of experimental data[J]. Plant Cell and Environment, 25(9): 1167-1179.

Medlyn B E, Duursma R A, Eamus D, et al, 2011. Reconciling the optimal and empirical approaches to modelling stomatal conductance[J]. Global Change Biology, 17(6): 2134-2144.

Meijninger W M L, Hartogensis O K, Kohsiek W, et al, 2002. Determination of area-averaged sensible heat fluxes with a large aperture scintillometer over a heterogeneous surface-flevoland field experiment[J]. Boundary-Layer Meteorology, 105(1): 37-62.

Mendes K R, Campos S, Mutti P R, et al, 2021. Assessment of SITE for CO_2 and energy fluxes simulations in a seasonally dry tropical forest (Caatinga Ecosystem)[J]. Forests, 12(1): 86.

Meraz-Maldonado N, Flores-Magdaleno H, 2019. Maize evapotranspiration estimation using penman-monteith equation and modeling the bulk canopy resistance[J]. Water, 11(12): 2650.

Miao Z, Xu M, Lathrop R G, et al, 2009. Comparison of the A-Cc curve fitting methods in determining maximum ribulose 1.5 bisphosphate carboxylase/oxygenase carboxylation rate, potential light saturated electron transport rate and leaf dark respiration[J]. Plant Cell and Environment, 32(2): 109-122.

Mielnick P C, Dugas W A, 2000. Soil CO_2 flux in a tallgrass prairie[J]. Soil Biology and Biochemistry, 32(2): 221-228.

Moderow U, Aubinet M, Feigenwinter C, et al, 2009. Available energy and energy balance closure at four coniferous forest sites across Europe[J]. Theoretical and Applied Climatology, 98(3-4): 397-412.

Moderow U, Grünwald T, Queck R, et al, 2020. Energy balance closure and advective fluxes at ADVEX sites[J]. Theoretical and Applied Climatology, 143: 761-779.

Monteith J L, 1965. Evaporation and environment[J]. Symposia of the Society for Experimental Biology, 19(19): 205-234.

Monteith J L, 1973. Principles of environmental physics (Contemporary biology)[M]. Edward Arnold.

Monteith J L, 1975. Vegetation and the atmosphere, Volume 1: Principles[M]. Academic Press.

Moore C J, 1986. Frequency response corrections for eddy correlation systems[J]. Boundary-Layer Meteorology, 37(1-2): 17-35.

Morison J, Gifford R M, 1984. Plant growth and water use with limited water supply in high CO_2 concentrations. I. Leaf area, water use and transpiration[J]. Australian Journal of Plant Physiology, 11(5): 361-374.

Nakano H, 1997. The effect of elevated partial pressures of CO_2 on the relationship between photosynthetic capacity and N content in rice leaves[J]. Plant Physiology, 115(1): 191-198.

Noilhan J, Planton S, 1989. A simple parameterization of land surface processes for meteorological models[J]. Monthly Weather Review, 117(3): 536-549.

Ochsner T E, Sauer T J, Horton R, 2007. Soil heat storage measurements in energy balance studies[J]. Agronomy Journal, 99(1): 311-319.

Olejnik J, Eulenstein F, Kedziora A, et al, 2001. Evaluation of a water balance model using data for bare soil and crop surfaces in Middle Europe[J]. Agricultural and Forest Meteorology, 106(2): 105-116.

Oltchev A, Constantin J, Gravenhorst G, et al, 1996. Application of a six-layer SVAT model for simulation of evapotranspiration and water uptake in a spruce forest[J]. Physics and Chemistry of the Earth, 21(3): 195-199.

Oltchev A, Ibrom A, Constantin J, et al, 1998. Stomatal and surface conductance of a spruce forest: Model simulation and field measurements[J]. Physics & Chemistry of the Earth, 23(4): 453-458.

Oncley S P, Foken T, Vogt R, et al, 2007. The energy balance experiment EBEX 2000. Part I: overview and energy balance[J]. Boundary-Layer Meteorology, 123(1): 1-28.

Or D, Hanks R J, 1993. Irrigation scheduling considering soil variability and climatic uncertainty: simulation and field studies[M]. // Russo D and Dagan G(eds.), Water flow and solute transport in soils: developments and applications. Springer Berlin Heidelberg, 262-282.

Ortega-Farias S, Olioso A, Antonioletti R, et al, 2004. Evaluation of the Penman-Monteith model for estimating soybean evapotranspiration[J]. Irrigation Science, 23(1): 1-9.

Ortega-Farias S, Pobleteecheverría C, Brisson N, 2010. Parameterization of a two-layer model for estimating vineyard evapotranspiration using meteorological measurements [J]. Agricultural and Forest Meteorology, 150(2): 276-286.

Oue H, 2001. Effects of vertical profiles of plant area density and stomatal resistance on the energy exchange processes within a rice canopy[J]. Journal of the Meteorological Society of Japan, 79(4): 925-938.

Oue H, 2005. Influences of meteorological and vegetational factors on the partitioning of the energy of a rice paddy field[J]. Hydrological Processes, 19(8): 1567-1583.

Pang H, Pouillot R, Van Doren J M, 2023. Quantitative risk assessment-epidemic curve prediction model for leafy green outbreak investigation[J]. Risk Analysis, 43(9): 1713-1732.

Pangle R E and Seiler J, 2002. Influence of seedling roots, environmental factors and soil characteristics on soil CO_2 efflux rates in a 2-year-old loblolly pine (Pinus taeda L.) plantation in the Virginia Piedmont[J]. Environmental Pollution, 116: S85-S96.

Papale D, 2020. Ideas and perspectives: enhancing the impact of the FLUXNET network of eddy covariance sites[J]. Biogeosciences, 17(22): 5587-5598.

Paustian K, Andrén O, Janzen H H, et al, 1997. Agricultural soils as a sink to mitigate CO_2 emissions[J]. Soil Use and Management, 13(4): 230-244.

Pauwels V R N, Samson R, 2006. Comparison of different methods to measure and model actual evapotranspiration rates for a wet sloping grassland [J]. Agricultural Water Management, 82(1-2): 1-24.

Penman H L, 1948. Natural evaporation from open water, hare soil and grass[J]. Proceedings of the Royal Society of London, 193(1032): 120-145.

Penning de Vries F W T, Jansen D M, ten Berge H F M, et al, 1989. Simulation of ecophysiological processes of growth in several annual crops[M]. Centre of agricultural Publishing and Documentaition.

Peters-Lidard C D, Zion M S, Wood E F, 1997. A soil-vegetation-atmosphere transfer scheme for modeling spatially variable water and energy balance processes[J]. Journal of Geophysical Research: Atmospheres, 102: 4303-4324.

Piao S L, Fang J Y, Ciais P, et al, 2009. The carbon balance of terrestrial ecosystems in China [J]. Nature, 458(7241): 1009-1013.

Poblete-Echeverría C, Sepúlveda-Reyes D, Ortega-Farías S, 2014. Effect of height and time lag on the estimation of sensible heat flux over a drip-irrigated vineyard using the surface renewal (SR) method across distinct phenological stages[J]. Agricultural Water Management, 141: 74-83.

Qian T, Elings A, Dieleman J A, et al, 2012. Estimation of photosynthesis parameters for a modified Farquhar-von Caemmerer-Berry model using simultaneous estimation method and nonlinear mixed effects model[J]. Environmental and Experimental Botany, 82(3): 66-73.

Rana G, Katerji N, Ittersum M K V, 2000. Measurement and estimation of actual evapotranspiration in the field under Mediterranean climate: a review[J]. European Journal of Agronomy, 13(2): 125-153.

Ross J, 1981. The radiation regime and architecture of plant stands[M], Springer Netherlands, 1981.

Ross P J, 2003. Modeling soil water and solute transport — Fast, simplified numerical solutions [J]. Agronomy Journal, 95(6): 1352-1361.

Rossi F S, La Scala N L, Capristo-Silva G F, 2023. Implications of CO_2 emissions on the main land and forest uses in the Brazilian Amazon[J]. Environmental Research, 227: 115729.

Ryan M G, 1991. A simple method for estimating gross carbon budgets for vegetation in forest ecosystems[J]. Tree Physiology, 9(12): 255-266.

Schmid H P, 1994. Source areas for scalars and scalar fluxes[J]. Boundary-Layer Meteorology, 67(3): 293-318.

Schmid H P, 1997. Experimental design for flux measurements: matching scales of observations and fluxes[J]. Agricultural and Forest Meteorology, 87(2-3): 179-200.

Schmid H P, Grimmond C S B, Cropley F, et al, 2000. Measurements of CO_2 and energy fluxes over a mixed hardwood forest in the mid-western United States[J]. Agricultural and

Forest Meteorology, 103(4): 357-374.

Schulze E D, Lloyd J, Kelliher F M, et al, 1999. Productivity of forests in the Eurosiberian boreal region and their potential to act as a carbon sink — a synthesis[J]. Global Change Biology, 5(6): 703-722.

Sell M, Ostonen I, Rohula‐Okunev G, et al, 2022. Responses of fine root exudation, respiration and morphology in three early successional tree species to increased air humidity and different soil nitrogen sources[J]. Tree Physiology, 42(3): 557-569.

Sellers P J, Berry J A, Collatz G J, et al, 1992. Canopy reflectance, photosynthesis, and transpiration. III. A reanalysis using improved leaf models and a new canopy integration scheme. [J]. Remote Sensing of Environment , 42(3): 187-216.

Sellers P J, Dickinson R E, Randall D A, et al, 1997. Modeling the exchanges of energy, water, and carbon between continents and the atmosphere[J]. Science, 275(5299): 502-509.

Sellers P J, Mintz Y, Sud Y C, et al, 1986. Simple biosphere model (SiB) for use within general circulation models[J]. Journal of the Atmospheric Sciences, 43(6): 505-531.

Sellers P J, Randall D A, Collatz G J, et al, 1996. A Revised Land Surface Parameterization (SiB2) for Atmospheric GCMS. Part I: Model Formulation[J]. Journal of Climate, 9(4): 676-705.

Sha J, Zou J, Sun J N, 2021. Observational study of land-atmosphere turbulent flux exchange over complex underlying surfaces in urban and suburban areas[J]. Science China Earth Sciences, 64(7): 1050-1064.

Sharkey T D, Bernacchi C J, Farquhar G D, et al, 2007. Fitting photosynthetic carbon dioxide response curves for C_3 leaves[J]. Plant Cell and Environment, 30(9): 1035-1040.

Shen Y, Zhang Y, Kondoh A, et al, 2004. Seasonal variation of energy partitioning in irrigated lands[J]. Hydrological Processes, 18(12): 2223-2224.

Shuttleworth W J, Gurney R J, Hsu A Y, et al, 1989. FIFE: The variation in energy partition at surface flux sites[C]. Remote Sensing and Large-Scale Global Processes (Proceedings of the IAHS Third Int. Assembly, Baltimore, MD, May 1989). Iahs Publication, No. 186.

Shuttleworth W J, Wallace J S, 1985. Evaporation from sparse crops‐an energy combination theory[J]. Quarterly Journal of the Royal Meteorological Society, 111(469): 839-855.

Sinclair T R, Murphy C E, Knoerr K R, 1976. Development and evaluation of simplified models for simulating canopy photosynthesis and transpiration[J]. Journal of Applied Ecology, 13(3): 813-829.

Skaggs T H, Anderson R G, Alfieri J G, et al, 2018. Fluxpart: Open source software for partitioning carbon dioxide and water vapor fluxes[J]. Agricultural and Forest Meteorology, 253: 218-224.

Spitters C J T, 1986. Separating the diffuse and direct component of global radiation and its implications for modeling canopy photosynthesis. Part II: Calculation of canopy photosynthesis[J]. Agricultural and Forest Meteorology, 38(1-3): 231-242.

Stannard D I, Blanford J H, Kustas W P, et al, 1994. Interpretation of surface flux measurements in heterogeneous terrain during the Monsoon'90 experiment[J]. Water Resources Research, 30(5):1227-1239.

Steduto P, Hsiao T C, 1998a. Maize canopies under two soil water regimes. : I . Diurnal patterns of energy balance, carbon dioxide flux, and canopy conductance[J]. Agricultural and Forest Meteorology, 89(3-4): 169-184.

Steduto P, Hsiao T C, 1998b. Maize canopies under two soil water regimes: II. Seasonal trends of evapotranspiration, carbon dioxide assimilation and canopy conductance, and as related to leaf area index[J]. Agricultural and Forest Meteorology, 89(3-4): 185-200.

Stoy P C, Mauder M, Foken T, et al, 2013. A data-driven analysis of energy balance closure across FLUXNET research sites: The role of landscape scale heterogeneity[J]. Agricultural and Forest Meteorology, 171: 137-152.

Sugita M, Brutsaert W, 1991. Daily evaporation over a region from lower boundary layer profiles measured with radiosondes[J]. Water Resources Research, 27(5): 747-752.

Sun J L, Ye M, Peng S B, et al, 2016. Nitrogen can improve the rapid response of photosynthesis to changing irradiance in rice (Oryza sativaL.) plants[J]. Scientific Reports, 6(1): 31305.

Sun J, Desjardins R, Mahrt L, et al, 1998. Transport of carbon dioxide, water vapor, and ozone by turbulence and local circulations [J]. Journal of Geophysical Research: Atmospheres, 103(D20): 25873-25885.

Sun S F, 1982. Moisture and heat transport in a soil layer forced by atmospheric conditions[D]. University of Connecticut.

Sun X M, Zhu Z L, Xu J P, et al, 2005. Determination of averaging period parameter and its effects analysis for eddy covariance measurements[J]. Science in China Ser. D Earth Sciences, 48(s1): 33-41.

Tanaka K, 2002. Multi-layer model of CO_2 exchange in a plant community coupled with the water budget of leaf surfaces[J]. Ecological Modelling, 147(1): 85-104.

Tang A C I, Melling L, Stoy P C, et al, 2020. A Bornean peat swamp forest is a net source of carbon dioxide to the atmosphere[J]. Global Change Biology, 26(12): 6931-6944.

Teng D X, He X M, Qin L, et al, 2021. Energy balance closure in the Tugai forest in Ebinur Lake Basin, Northwest China[J]. Forests, 12(2): 243.

Tian Y, Zhang Q L, Liu X, et al, 2019. The relationship between stem diameter shrinkage and tree bole moisture loss due to transpiration[J]. Forests, 10(3): 290.

Timmermans W J, Kustas W P, Anderson M C, et al, 2007. An intercomparison of the Surface Energy Balance Algorithm for Land (SEBAL) and the Two-Source Energy Balance (TSEB) modeling schemes[J]. Remote Sensing of Environment, 108(4): 369-384.

Twine T E, Kustas W P, Norman J M, et al, 2000. Correcting eddy-covariance flux underestimates over a grassland[J]. Agricultural and Forest Meteorology, 103(3): 279-300.

Ueyama M, Hirata R, Mano M, et al, 2012. Influences of various calculation options on heat, water and carbon fluxes determined by open- and closed-path eddy covariance methods[J]. Tellus Series B-chemical and Physical Meteorology, 64(1): 19048.

Unland H E, Houser P R, Shuttleworth W J, et al, 1996. Surface flux measurement and modeling at a semi-arid Sonoran Desert site[J]. Agricultural and Forest Meteorology, 82(1-4): 119-153.

Valentini R, Matteucci G, Dolman A J, et al, 2000. Respiration as the main determinant of carbon balance in European forests[J]. Nature, 404(6780): 861-865.

van Dijke A J H, Mallick K, Schlerf M, et al, 2020. Examining the link between vegetation leaf area and land-atmosphere exchange of water, energy, and carbon fluxes using FLUXNET data[J]. Biogeosciences, 17(17): 4443-4457.

Varado N, Braud I, Ross P J, 2006. Development and assessment of an efficient vadose zone module solving the 1D Richards equation and including root extraction by plants[J]. Journal of Hydrology, 323(1-4): 258-275.

Vickers D, Göckede M, Law B, 2010. Uncertainty estimates for 1h averaged turbulence fluxes of carbon dioxide, latent heat and sensible heat[J]. Tellus Series B-Chemical and Physical Meteorology, 62(2): 87-99.

Vleeshouwers L M and Verhagen A, 2002. Carbon emission and sequestration by agricultural land use: a model study for Europe[J]. Global Change Biology, 8: 519-530.

Wallace J S, Shuttleworth W J, Gash J H C, et al, 1985. Measurement and prediction of actual evaporation from sparse dryland crops[R]. An interim report on phase I of ODA project 149, Unpublished.

Wang H B, Ma M G, Xie Y M, et al. 2014. Parameter inversion estimation in photosynthetic models: Impact of different simulation methods[J]. Photosynthetica, 52(2): 233-246.

Wang Y P, Leuning R, 1998. A two-leaf model for canopy conductance, photosynthesis and partitioning of available energy I: Model description and comparison with a multi-layered model[J]. Agricultural and Forest Meteorology, 91(1-2): 89-111.

Wang Y S, Wang Y H, 2003. Quick measurement of CH4, CO_2 and N_2O emissions from a short-plant ecosystem[J]. Advances in Atmospheric Sciences, 20(5): 842-844.

Wani O A, Kumar S S, Hussain N, 2023. Multi-scale processes influencing global carbon storage and land-carbon-climate nexus: A critical review[J]. Pedosphere, 33(2): 250-267.

Webber H, Ewert F, Kimball B A, et al, 2016. Simulating canopy temperature for modelling heat stress in cereals[J]. Environmental Modelling & Software, 77(C): 143-155.

Wegehenkel M, Kersebaum K C, 1997. SVAT — Modellierung auf GIS — Basis am beispiel der agrarlandschaft chorine[J]. Archiv für Naturgeschichte-Lands, 36: 149-164.

Welles J M, Demetriades-Shah T H, Mcdermitt D K, 2001. Considerations for measuring ground CO_2 effluxes with chambers[J]. Chemical Geology, 177(1-2): 3-13.

Wilson K B, Hanson P J, Baldocchi D D, 2000. Factors controlling evaporation and energy partitioning beneath a deciduous forest over an annual cycle[J]. Agricultural and Forest Meteorology, 102(2-3): 83-103.

Wilson K, Goldstein A, Falge E, et al, 2002. Energy balance closure at FLUXNET sites[J]. Agricultural and Forest Meteorology, 113(1-4): 223-243.

Wofsy S C, Goulden M L, Munger J W, et al, 1993. Net exchange of CO_2 in a mid-latitude forest[J]. Science, 260(5112): 1314-1317.

Wohlfahrt G, Widmoser P, 2013. Can an energy balance model provide additional constraints on how to close the energy imbalance? [J]. Agricultural Forest Meteorology, 169: 85-91.

Wolf A, Saliendra N, Akshalov K, et al, 2008. Effects of different eddy covariance correction schemes on energy balance closure and comparisons with the modified Bowen ratio system [J]. Agricultural and Forest Meteorology, 148(6-7): 942-952.

Wu A, Song Y H, Van Oosterom E J, et al, 2016. Connecting biochemical photosynthesis models with crop models to support crop improvement[J]. Frontiers in Plant Science, 7: 207087.

Wu J, 2011. Carbon accumulation in paddy ecosystems in subtropical China: evidence from landscape studies[J]. European Journal of Soil Science, 62(1): 29-34.

Wullschleger S D, 1993. Biochemical limitations to carbon assimilation in C_3 plants—Aretrospective analysis of the A/Ci curves from 109 species[J]. Journal of Experimental Botany, 44(5): 907-920.

Xu J Z, Liao Q, Yang S H, et al, 2018. Variability of parameters of ORYZA (v3) for rice under different water and nitrogen treatments and the cross treatments validation[J]. International Journal of Agriculture and Biology, 20(2): 221-229.

Xu J Z, Yu Y M, Peng S Z, et al, 2014. A modified nonrectangular hyperbola equation for photosynthetic light-response curves of leaves with different nitrogen status[J]. Photosynthetica, 52 (1): 117-123.

Yamori W, Kusumi K, Iba K, et al, 2020. Increased stomatal conductance induces rapid changes to photosynthetic rate in response to naturally fluctuating light conditions in rice[J]. Plant, Cell and Environment, 43(5): 1230-1240.

Yamori W, Nagai T, Makino A, 2011. The rate-limiting step for CO_2 assimilation at different temperatures is influenced by the leaf nitrogen content in several C_3 crop species[J]. Plant Cell and Environment, 34(5): 764-777.

Yan H F, Zhang C, Oue H, et al, 2015. Study of evapotranspiration and evaporation beneath the canopy in a buckwheat field[J]. Theoretical and Applied Climatology, 122(3): 721-728.

Yan X Y, Akiyama H, Yagi K, et al, 2009. Global estimations of the inventory and mitigation potential of methane emissions from rice cultivation conducted using the 2006 Intergovernmental Panel on Climate Change Guidelines[J]. Global Biogeochemical Cycles, 23(2): GB2002.

Yang H, Li J W, Yang J P, et al, 2014. Effects of nitrogen application rate and leaf age on the distribution pattern of leaf SPAD readings in the rice canopy[J]. PloS ONE, 9(2): e88421.

Yang K, Wang J M, 2008. A temperature prediction-correction method for estimating surface soil heat flux from soil temperature and moisture data[J]. Science in China series D: Earth sciences, 51(5): 721-729.

Yao J M, Zhao L, Ding Y J, et al, 2008. The surface energy budget and evapotranspiration in the Tanggula region on the Tibetan Plateau[J]. Cold Regions Science and Technology, 52 (3): 326-340.

Yi C X, Ricciuto D, Li R Z, et al, 2010. Climate control of terrestrial carbon exchange across biomes and continents[J]. Environmental Research Letters, 5(3): 034007.

Yu G R, Kobayashi T, Zhuang J, et al, 2003. A coupled model of photosynthesis-transpiration based on the stomatal behavior for maize (Zea mays L.) grown in the field[J]. Plant and Soil, 249(2): 401-416.

Yu G R, Nakayama K, Matsuoka N, et al, 1998. A combination model for estimating stomatal conductance of maize (Zea mays L.) leaves over a long term[J]. Agricultural and Forest Meteorology, 92(1): 9-28.

Yu G R, Zhuang J, Yu Z L, 2001. An attempt to establish a synthetic model of photosynthesis-transpiration based on stomatal behavior for maize and soybean plants grown in field[J]. Journal of Plant Physiology, 158(7): 861-874.

Yu O, Goudriaan J, Wang T D, 2001. Modelling diurnal courses of photosynthesis and transpiration of leaves on the basis of stomatal and non–stomatal responses, including photoinhibition[J]. Photosynthetica, 39(1): 43-51.

Yu Q, Zhang Y Q, Liu Y F, et al, 2004. Simulation of the stomatal conductance of winter wheat in response to light, temperature and CO_2 changes[J]. Annals of Botany, 93(4): 435-441.

Yunusa I A M, Walker R R, Lu P, 2004. Evapotranspiration components from energy balance, sapflow and microlysimetry techniques for an irrigated vineyard in inland Australia[J]. Agricultural and Forest Meteorology, 127(1-2): 93-107.

Zhan X W, Xue Y K, Collatz G J, 2003. An analytical approach for estimating CO_2 and heat fluxes over the Amazonian region[J]. Ecological Modelling, 162(12): 97-117.

Zhang B Z, Kang S Z, Li F S, et al, 2008. Comparison of three evapotranspiration models to Bowen ratioenergy balance method for a vineyard in an arid desert region of northwest China [J]. Agricultural and Forest Meteorology, 148(10): 1629-1640.

Zhang B Z, Kang S Z, Zhang L, et al, 2009. An evapotranspiration model for sparsely vegetated canopies under partial root-zone irrigation[J]. Agricultural and Forest Meteorology, 149(11): 2007-2011.

Zhang C, Yan H F, Shi H B, et al, 2013. Study of crop coefficient and the ratio of soil evaporation to evapotranspiration in an irrigated maize field in an arid area of Yellow River Basin in China[J]. Meteorology and Atmospheric Physics, 121(3): 207-214.

Zhang J H, Ding Z H, Han S J, et al, 2002. Turbulence regime near the forest floor of a mixed broad leaved/Korean pine forest in Changbai Mountains[J]. Journal of Forestry Research, 13(2): 119-122.

Zhang L, Lemeur R, 1995. Evaluation of daily evapotranspiration estimates from instantaneous measurements[J]. Agricultural and Forest Meteorology, 74(12): 139-154.

Zhang X, Dong Q J, Zhang Q, et al, 2020. A unified framework of water balance models for monthly, annual, and mean annual timescales[J]. Journal of Hydrology, 589: 125186.

Zhao H X, Zhang P, Wang Y Y, et al, 2020. Canopy morphological changes and water use efficiency in winter wheat under different irrigation treatments[J]. Journal of Integrative Agriculture, 19(4): 1105-1116.

Zhao P, Li S E, Li F S, et al, 2015. Comparison of dual crop coefficient method and Shuttleworth-Wallace model in evapotranspiration partitioning in a vineyard of northwest

China[J]. Agricultural Water Management, 160: 41-56.

Zhao Z M, Zhao C Y, Yan Y Y, et al, 2012. Interpreting the dependence of soil respiration on soil temperature and moisture in an oasis cotton field, central Asia [J]. Agriculture Ecosystems & Environment, 108: 119-134.

卞林根,高志球,陆龙骅,等,2003. 长江下游农业生态区 CO_2 通量的观测试验[J]. 应用气象学报,16(6): 828-834.

蔡甲冰,许迪,刘钰,等,2010. 冬小麦返青后作物腾发量的尺度效应及其转换研究[J]. 水利学报,41(7): 862-869.

陈琛,2012. 淮河流域农田生态系统能量平衡与闭合研究[D]. 合肥:安徽农业大学.

陈鹤,杨大文,吕华芳,2013. 不同作物类型下蒸散发时间尺度扩展方法对比[J]. 农业工程学报,29(06): 73-81.

陈雷,2013. 全面贯彻落实党的十八大精神努力谱写民生水利发展新篇章——在2013年全国水利厅局长会议上的讲话[J]. 水利发展研究,13(1): 1-8.

陈雷,2016. 全面贯彻落实党的十八届五中全会精神奋力谱写"十三五"水利改革发展新篇章——在全国水利厅局长会议上的讲话[J]. 水利发展研究,16(2): 1-11.

陈泮勤. 中国陆地生态系统碳收支与增汇对策[M]. 北京:科学出版社,2008.

丛振涛,雷志栋,胡和平,等,2005. 冬小麦生长与土壤植物大气连续体水热运移的耦合研究Ⅱ:模型验证与应用[J]. 水利学报,36(6): 741-745.

丁日升,康绍忠,张彦群,2010. 涡度相关法与蒸渗仪法测定作物蒸发蒸腾的对比研究[C]. 全国农业水土工程第六届学术研讨会论文集. 北京:中国农业工程学会.

丁日升,康绍忠,张彦群,等,2014. 干旱内陆区玉米田水热通量多层模型研究[J]. 水利学报,45(1): 27-35.

窦兆一,2009. 涡度相关法观测数据的质量评价和质量控制[D]. 杨凌:西北农林科技大学.

杜妮妮,韩磊,2012. 土壤植被大气传输模型的组成及其耦合方法研究[J]. 宁夏农林科技,53(8): 119-121.

高冠龙,张小由,鱼腾飞,等,2016. Shuttleworth-Wallace 双源蒸散发模型阻力参数的确定[J]. 冰川冻土,38(1): 170-177.

高俊凤,白锦鳞,张一平,等,1990. 不同水分状况下 SPAC 水分热力学函数特征和水势温度效应[J]. 西北农林科技大学学报(自然科学版),18(4): 51-56.

葛琴,2013. 基于 BEPS 模型模拟地表蒸散的干旱监测技术研究[D]. 南京:南京信息工程大学.

龚元石,李保国,1996. 农田水量平衡模型对作物根系吸水函数及蒸散公式的敏感性[J]. 水土保持研究,3(3): 1-7.

郭家选,李巧珍,严昌荣,等,2008. 干旱状况下小区域灌溉冬小麦农田生态系统水热传输

[J]. 农业工程学报,24(12):20-24.

郭建侠,卞林根,戴永久,2008. 玉米生育期地表能量平衡的多时间尺度特征分析及不平衡原因的探索[J]. 中国科学(D辑:地球科学),38(9):1103-1111.

郭乙霏,张利平,王纲胜,等,2022. 耕作方式与水肥组合对小麦玉米田温室气体排放的影响[J]. 农业工程学报,38(13):95-104.

郭映,2015. 应用Shuttleworth-Wallace双源模型对玉米蒸散的研究[D]. 兰州:兰州大学.

韩吉梅,张旺锋,熊栋梁,等,2017. 植物光合作用叶肉导度及主要限制因素研究进展[J]. 植物生态学报,41(08):914-924.

韩娟,2000. 利用大型蒸渗仪测定蒸发蒸腾量及作物需水量计算方法的研究[D]. 杨凌:西北农林科技大学.

郝庆菊,王跃思,宋长春,等,2004. 三江平原湿地CH_4排放通量研究[J]. 水土保持学报,18(3):194-199.

胡继超,张佳宝,朱安宁,等,2005. 基于冠层温度的农田蒸散估算和作物水分胁迫指数研究[C]. 中国气象学会2005年年会论文集. 北京:中国气象学会.

胡兴波,2010. 山西方山主要造林树种的蒸腾特性模拟研究[D]. 北京:北京林业大学.

黄绍文,唐继伟,李春花,等,2017. 我国蔬菜化肥减施潜力与科学施用对策[J]. 植物营养与肥料学报,23(06):1480-1493.

黄松宇,贾昕,郑甲佳,等,2021. 中国典型陆地生态系统波文比特征及影响因素[J]. 植物生态学报,45(02):119-130.

贾芳,樊贵盛,2022. 黄土丘陵沟壑区自然条件下不同辐射面蒸发蒸腾量的预测[J]. 节水灌溉,(04):89-93.

贾红,2008. 稻田双源蒸散模型研究[D]. 南京:南京信息工程大学.

贾红,胡继超,张佳宝,等,2008. 应用Shuttleworth-Wallace模型对夏玉米农田蒸散的估计[J]. 灌溉排水学报,27(4):77-80.

贾志军,张稳,黄耀,2010. 三江平原稻田能量通量研究[J]. 中国生态农业学报,18(4):820-826.

金艳,廖立国,张颖,等,2022. 西双版纳热带季雨林通量分配及能量平衡问题[J]. 热带亚热带植物学报,30(04):472-482.

康绍忠,刘晓明,1992. 冬小麦根系吸水模式的研究[J]. 西北农林科技大学学报(自然科学版),20(2):5-12.

康绍忠,1994. 土壤—植物—大气连续体水分传输理论及其应用[M]. 北京:水利电力出版社.

康燕霞,2006. 波文比和蒸渗仪测量作物蒸发蒸腾量的试验研究[D]. 杨凌:西北农林科技大学.

雷慧闽,2011. 华北平原大型灌区生态水文机理与模型研究[D]. 北京:清华大学.

雷慧闽,杨大文,沈彦俊,等,2007. 黄河灌区水热通量的观测与分析[J]. 清华大学学报(自然科学版),47(6):801-804.

李宝珍,周萍,李宇虹,等,2022. 亚热带稻田土壤持续固碳机制研究进展[J]. 华中农业大学学报,41(06):71-78.

李道西,彭世彰,徐俊增,等,2005. 节水灌溉条件下稻田生态与环境效应[J]. 河海大学学报(自然科学版),33(6):629-633.

李宏,刘帮,程平,等,2016. 不同灌水量下幼龄枣树茎流变化规律[J]. 干旱地区农业研究,34(1):23-30.

李君,许振柱,王云龙,等,2007. 玉米农田水热通量动态与能量闭合分析[J]. 植物生态学报,31(6):1132-1144.

李泉,张宪洲,石培礼,等,2008. 西藏高原高寒草甸能量平衡闭合研究[J]. 自然资源学报,23(3):391-399.

李胜功,赵哈林,何宗颖,等,1997. 灌溉与无灌溉大豆田的热量平衡[J]. 兰州大学学报(自然科学版),33(1):98-104.

李思恩,康绍忠,朱治林,等,2008a. 应用涡度相关技术监测地表蒸发蒸腾量的研究进展[J]. 中国农业科学,41(9):2720-2726.

李思恩,张宝忠,胡萌,等,2008b. 基于涡度相关法的西北旱区葡萄园蒸发比值研究[C]. 北京:中国农业工程学会农业水土工程专业委员会全国学术会议.

李艳,刘海军,黄冠华,2015. 麦秸覆盖条件下土壤蒸发阻力及蒸发模拟[J]. 农业工程学报,31(1):98-106.

李勇,彭少兵,黄见良,等,2013. 叶肉导度的组成、大小及其对环境因素的响应[J]. 植物生理学报,49(11):1143-1154.

李远华,1999. 节水灌溉理论与技术[M]. 武汉:武汉水利电力大学出版社.

李召宝,2010. 冬小麦和夏玉米气孔阻力与冠层阻力监测与估算方法研究[D]. 武汉:华中农业大学.

李正泉,于贵瑞,温学发,等,2004. 中国通量观测网络(ChinaFLUX)能量平衡闭合状况的评价[J]. 中国科学(D辑:地球科学),34(S2):46-56.

梁浩,胡克林,李保国,等,2014. 土壤作物大气系统水热碳氮过程耦合模型构建[J]. 农业工程学报,30(24):54-66.

林琭,2011. 温室切花菊叶片气孔导度、光合速率及冠层蒸腾对水分胁迫的响应与模拟研究[D]. 南京:南京农业大学.

刘斌,胡继超,张雪松,等,2014. 稻田逐时蒸散量的测定及其模拟方法的比较[J]. 灌溉排水学报,33(Z1):369-373.

刘昌明,1999. 土壤—作物—大气界面水分过程与节水调控[M]. 北京:科学出版社.

刘渡, 李俊, 同小娟, 等, 2012. 华北平原冬小麦/夏玉米轮作田能量闭合状况分析[J]. 中国农业气象, 33(4): 493-499.

刘奉觉, 1990. 用快速称重法测定杨树蒸腾速率的技术研究[J]. 林业科学研究, 3(2): 162-165.

刘国水, 刘钰, 蔡甲冰, 等, 2011a. 农田不同尺度蒸散量的尺度效应与气象因子的关系[J]. 水利学报, 42(3): 284-289.

刘国水, 刘钰, 许迪, 2011b. 基于蒸渗仪的蒸散量时间尺度扩展方法对比[J]. 遥感学报, 15(2): 270-280.

刘国水, 许迪, 刘钰, 2012. 空间观测尺度差异对蒸散量时间尺度扩展方法估值的影响[J]. 水利学报, 43(8): 999-1003.

刘杰云, 邱虎森, 张文正, 等, 2019. 节水灌溉对农田土壤温室气体排放的影响[J]. 灌溉排水学报, 38(6): 1-7.

刘笑吟, 高明逸, 周心怡, 等, 2021. 蒸发比法能量强制闭合及其对稻田蒸散量估算精度的影响[J]. 农业工程学报, 37(11): 121-130.

刘允芬, 于贵瑞, 李菊, 等, 2006. 红壤丘陵区人工林能量平衡闭合研究——以江西省泰和县千烟洲为例[J]. 林业科学, 42(2): 13-20.

陆宣承, 文军, 杨越, 等, 2022. 若尔盖高寒湿地夏季近地面水平热平流对地表能量闭合度的影响研究[J]. 高原气象, 41(1): 122-131.

罗文兵, 孟小军, 李亚龙, 等, 2020. 南方地区水稻节水灌溉的综合效应研究进展[J]. 水资源与水工程学报, 31(04): 145-151.

毛晓敏, 杨诗秀, 雷志栋, 1998. 叶尔羌灌区冬小麦生育期 SPAC 水热传输的模拟研究[J]. 水利学报, 29(7): 35-40.

莫兴国, 刘苏峡, 1997. 麦田能量转化和水分传输特征[J]. 地理学报, 52(1): 37-44.

聂会东, 屈忠义, 杨威, 等, 2023. 秸秆生物炭对河套灌区膜下滴灌玉米农田生态系统碳足迹的影响[J]. 环境科学, 44(10): 47-57.

潘莹, 胡正华, 吴杨周, 等, 2014. 保护性耕作对后茬冬小麦土壤 CO_2 和 N_2O 排放的影响[J]. 环境科学, 35(7): 2771-2776.

强小嫚, 蔡焕杰, 王健, 2009. 波文比仪与蒸渗仪测定作物蒸发蒸腾量对比[J]. 农业工程学报, 25(2): 12-17.

秦钟, 2005. 华北平原农田水热、CO_2 通量的研究[D]. 杭州: 浙江大学.

任传友, 于贵瑞, 王秋凤, 等, 2004. 冠层尺度的生态系统光合蒸腾耦合模型研究[J]. 中国科学(D辑:地球科学), 34(S2): 141-151.

任孝俭, 彭雨瑄, 韩凯艳, 等, 2022. 水稻植株对稻田甲烷排放的影响及其生物学机理研究进展[J]. 中国农学通报, 38(36): 80-87.

申双和, 张雪松, 邓爱娟, 等, 2009. 不同高度层冬小麦叶片水分利用效率对 CO_2 浓度变化的响应[J]. 中国农业气象, 30(4): 547-552.

石俊杰, 龚道枝, 梅旭荣, 等, 2012. 稳定同位素法和涡度微型蒸渗仪区分玉米田蒸散组分的比较[J]. 农业工程学报, 28(20): 114-120.

石艳芬, 缴锡云, 罗玉峰, 等, 2013. 水稻作物系数与稻田渗漏模型参数的同步估算[J]. 水利水电科技进展, 33(4): 27-30.

孙景生, 1996. 夏玉米叶片气孔阻力与冠层阻力估算模型的研究[J]. 灌溉排水学报, 15(3): 16-20.

孙景生, 康绍忠, 2004. 沟灌夏玉米棵间土壤蒸发规律研究[J]. 沈阳农业大学学报, 35(5-6): 399-401.

孙龙, 王传宽, 杨国亭, 等, 2007. 应用热扩散技术对红松人工林树干液流通量的研究[J]. 林业科学, 43(11): 8-14.

田永超, 曹卫星, 王绍华, 等, 2004. 不同水、氮条件下水稻不同叶位水、氮含量及光合速率的变化特征[J]. 作物学报, 30(11): 1129-1134.

王靖, 于强, 李湘阁, 等, 2004. 用光合蒸散耦合模型模拟冬小麦水热通量的日变化[J]. 应用生态学报, 15(11): 2077-2082.

王培娟, 孙睿, 朱启疆, 等, 2005. 陆地植被二氧化碳通量尺度扩展研究进展[J]. 遥感学报, 9(6): 751-759.

王全九, 王文焰, 白锦鳞, 1994. 土壤水分运移热力学特性的研究[J]. 水土保持学报, 8(1): 63-68.

王维, 王鹏新, 解毅, 2015. 基于动态模拟的作物系数优化蒸散量估算研究[J]. 农业机械学报, 46(11): 129-136.

王喜花, 徐俊荣, 2017. 吉尔吉斯柯孜尔河上游河谷草场能量闭合分析[J]. 干旱区地理, 40(2): 373-379.

王彦兵, 游翠海, 谭星儒, 等, 2022. 中国北方干旱半干旱区草原生态系统能量平衡闭合的季节和年际变异[J]. 植物生态学报, 46(12): 1448-1460.

王毅勇, 杨青, 张光, 等, 2003. 三江平原大豆田蒸散特征及能量平衡研究[J]. 中国生态农业学报, 11(4): 82-85.

王跃思, 王明星, 胡玉琼, 等, 2002. 半干旱草原温室气体排放/吸收与环境因子的关系研究[J]. 气候与环境研究, 7(3): 295-310.

王云龙, 2008. 克氏针茅草原的碳通量与碳收支[D]. 北京: 中国科学院植物研究所.

温学发, 于贵瑞, 孙晓敏, 等, 2004. 复杂地形条件下森林植被湍流通量测定分析[J]. 中国科学(D辑: 地球科学), 34(S2): 57-66.

吴洪颜, 申双和, 徐为根, 2001. 棉田SPAS水热传输的多层模式[J]. 大气科学学报, 24(1): 137-142.

吴家兵,关德新,施婷婷,等,2006. 非生长季长白山红松针阔叶混交林 CO_2 通量特征[J]. 林业科学,42(9):1-6.

吴家兵,关德新,施婷婷,等,2006. 非生长季长白山红松针阔叶混交林 CO_2 通量特征[J]. 林业科学,42(9):1-6.

伍琼,2009. 淮河流域农田近地层湍流通量特征研究[D]. 合肥:安徽农业大学.

肖万川,贾宏伟,邱昕恺,等,2017. 水稻适雨灌溉对稻田 CH_4 和 N_2O 排放的影响[J]. 灌溉排水学报,36(11):36-40.

肖文发,1998. 杉木人工林单叶至冠层光合作用的扩展与模拟研究[J]. 生态学报,18(6):621-628.

谢高地,肖玉,2013. 农田生态系统服务及其价值的研究进展[J]. 中国生态农业学报,21(6):645-651.

谢五三,田红,童应祥,等,2009. 基于淮河流域农田生态系统观测资料的通量研究[J]. 气象科技,37(5):601-606.

谢小立,段华平,王凯荣,2003. 红壤坡地农业景观(旱季)地表界面水分传输研究—Ⅱ.叶面冠层大气界面水分传输[J]. 中国生态农业学报,11(4):59-62.

谢永玉,陈冰,徐俊增,等,2022. 小型地中式称重蒸渗仪系统的研制[J]. 水资源与水工程学报,33(6):204-212.

熊隽,吴炳方,闫娜娜,等,2008. 遥感蒸散模型的时间重建方法研究[J]. 地理科学进展,27(2):53-59.

熊伟,王彦辉,于澎涛,等,2008. 华北落叶松树干液流的个体差异和林分蒸腾估计的尺度上推[J]. 林业科学,44(1):34-40.

徐昔保,杨桂山,孙小祥,2015. 太湖流域典型稻麦轮作农田生态系统碳交换影响因素[J]. 生态学报,35(20):6655-6665.

许迪,刘钰,杨大文,等,2015. 蒸散发尺度效应与时空尺度拓展[M]. 北京:科学出版社.

许洁,2020. 西北干旱农田生态系统水碳通量特征及模拟研究[D]. 兰州:兰州大学.

杨邦杰,Blackwell PS,Nicholson D F,1997. 土壤表面蒸发阻力模型与田间测定方法[J]. 地理学报,52(2):177-183.

杨红旗,郝仰坤,2011. 中国水稻生产制约因素及发展对策[J]. 中国农学通报,27(8):351-354.

杨士红,王乙江,徐俊增,等,2015. 节水灌溉稻田土壤呼吸变化及其影响因素分析[J]. 农业工程学报,31(8):140-146.

杨晓光,沈彦俊,2000. 麦田水热传输的控制效应及非线性特征分析[J]. 中国农业大学学报,5(1):101-104.

杨宜,李银坤,陶虹蓉,等,2018. 基于称重式蒸渗仪的温室秋茬礼品西瓜蒸散特征及影响因子[J]. 节水灌溉,(12):8-11.

姚德良,冯金朝,杜岳,等,2001. 红壤农田水热动态耦合模式和观测研究[J]. 中央民族大学学报(自然科学版),10(2):99-105.

易永红,杨大文,刘钰,等,2008. 区域蒸散发遥感模型研究的进展[J]. 水利学报,39(9):1118-1124.

于贵瑞,伏玉玲,孙晓敏,等,2006. 中国陆地生态系统通量观测研究网络(ChinaFLUX)的研究进展及其发展思路[J]. 中国科学(D辑:地球科学),36(S1):1-21.

于贵瑞,孙晓敏,2006. 陆地生态系统通量观测的原理与方法[M]. 北京:高等教育出版社.

于贵瑞,孙晓敏,2008. 中国陆地生态系统碳通量观测技术及时空变化特征[M]. 科学出版社.

于贵瑞,2010. 植物光合蒸腾与水分利用效率生理生态学研究[M]. 北京:科学出版社.

于强,刘建栋,罗毅,2000. 几个气孔模型在自然条件下的适用性[J]. 植物学报(英文版),42(2):203-206.

于强,任保华,王天铎,等,1998. C_3 植物光合作用日变化的模拟[J]. 大气科学,22(6):867-880.

于占辉,陈云明,杜盛,2009. 乔木蒸腾耗水量研究方法述评与展望[J]. 水土保持研究,16(03):281-285.

岳广阳,赵哈林,张铜会,等,2009. 小叶锦鸡儿灌丛群落蒸腾耗水量估算方法[J]. 植物生态学报,33(3):508-515.

岳平,张强,牛生杰,等,2012. 半干旱草原下垫面能量平衡特征及土壤热通量对能量闭合率的影响[J]. 气象学报,70(1):136-143.

岳平,张强,杨金虎,等,2011. 黄土高原半干旱草地地表能量通量及闭合率[J]. 生态学报,31(22):6866-6876.

岳天祥,刘纪远,2003. 生态地理建模中的多尺度问题[J]. 第四纪研究,23(3):256-261.

曾思栋,夏军,杜鸿,等,2020. 生态水文双向耦合模型的研发与应用:Ⅰ模型原理与方法[J]. 水利学报,51(1):33-43.

张宝珠,王仰仁,李金玉,等,2021. 基于称重式蒸渗仪的春玉米蒸散量研究[J]. 灌溉排水学报,40(11):17-25.

张传更,高阳,王广帅,等,2018. 干湿交替和外源氮对农田土壤 CO_2 和 N_2O 释放的影响[J]. 农业环境科学学报,37(09):2079-2090.

张和喜,迟道才,刘作新,等,2006. 作物需水耗水规律的研究进展[J]. 现代农业科技,(3):52-54.

张杰,刘洋,张强,等,2010. 能量转换滞后性导致能量平衡不闭合及其时空差异[C]. 第27届中国气象学会年会干旱半干旱区地气相互作用分会场论文集. 北京:中国气象学会.

张军辉,韩士杰,孙晓敏,等,2004. 冬季强风条件下森林冠层/大气界面开路涡动相关 CO_2 净交换通量的 UU 修正[J]. 中国科学(D辑:地球科学), 34(S2): 77-83.

张强, 曹晓彦, 2003. 敦煌地区荒漠戈壁地表热量和辐射平衡特征的研究[J]. 大气科学, 27(2): 245-254.

张一平, 白锦鳞, 1990. 温度对土壤水势影响的研究[J]. 土壤学报, 27(4): 454-458.

张怡彬, 李俊改, 王震, 等, 2021. 有机替代下华北平原旱地农田氨挥发的年际减排特征[J]. 植物营养与肥料学报, 27(1): 1-11.

张永强, 刘昌明, 孙宏勇, 等, 2002. 华北平原典型农田水、热与 CO_2 通量的测定[J]. 地理学报, 57(3): 333-342.

张永强, 于强, 刘昌明, 等, 2004. 植被光合、冠层导度和蒸散的耦合模拟[J]. 中国科学(D辑:地球科学), 34(S2): 152-160.

赵华, 申双和, 华荣强, 等, 2015. Penman-Monteith 模型中水稻冠层阻力的模拟[J]. 中国农业气象, 36(1): 17-23.

赵静, 2013. 干湿状况下黄土高原半干旱区荒草下垫面能量闭合特征[D]. 兰州: 兰州大学.

赵文智, 吉喜斌, 刘鹄, 2011. 蒸散发观测研究进展及绿洲蒸散研究展望[J]. 干旱区研究, 28(3): 463-470.

郑培龙, 2006. 黄土高原半干旱地区林木蒸腾过程及与环境因素关系的研究[D]. 北京: 北京林业大学.

郑循华, 徐仲均, 王跃思, 等, 2002. 开放式空气 CO_2 浓度增高影响稻田大气 CO_2 净交换的静态暗箱法观测研究[J]. 应用生态学报, 13(10): 1240-1244.

周存宇, 张德强, 王跃思, 等, 2004. 鼎湖山针阔叶混交林地表温室气体排放的日变化[J]. 生态学报, 24(8): 1738-1741.

周静雯, 苏保林, 黄宁波, 等, 2016. 不同灌溉模式下水稻田径流污染试验研究[J]. 环境科学, 37(3): 963-969.

周学雅, 王安志, 关德新, 等, 2014. 科尔沁草地棵间土壤蒸发[J]. 中国草地学报, 36(1): 90-97.

朱咏莉, 吴金水, 胡晶亮, 等, 2007. 亚热带稻田能量平衡闭合状况分析[J]. 中国农学通报, 23(8): 536-539.

朱治林, 孙晓敏, 温学发, 等, 2006. 中国通量网(ChinaFLUX)夜间 CO_2 涡度相关通量数据处理方法研究[J]. 中国科学(D辑:地球科学), 36(S1): 34-44.

宗毓铮, 张函青, 李萍, 等, 2021. 大气 CO_2 与温度升高对北方冬小麦旗叶光合特性、碳氮代谢及产量的影响[J]. 中国农业科学, 54(23): 4984-4995.

左大康, 谢贤群, 1991. 农田蒸发研究[M]. 北京: 气象出版社.